精通Excel数据统计与分析

蒲括 邵朋 编著

人民邮电出版社
北京

图书在版编目（CIP）数据

精通Excel数据统计与分析 / 蒲括，邵朋编著. --
北京 ：人民邮电出版社，2013.9(2022.1重印)
ISBN 978-7-115-33103-8

Ⅰ. ①精… Ⅱ. ①蒲… ②邵… Ⅲ. ①表处理软件
Ⅳ. ①TP391.13

中国版本图书馆CIP数据核字(2013)第216110号

内 容 提 要

本书由简单到复杂，详细介绍了各种统计分析功能在 Excel 中的实现过程。通过对统计理论的回顾和操作实例的讲解，实现以 Excel 为工具解决统计分析问题，帮助读者在掌握统计学原理的基础上，熟练运用 Excel 进行统计分析。

全书共 11 章，系统讲解统计分析中的各类问题，包含描述性统计、统计图绘制、假设检验、方差分析、回归分析、相关分析、判别分析、时间序列分析、马尔可夫链分析，聚类分析，以及因子分析与主成分分析等。书中选取有针对性的例子讲解具体操作，个别章节还介绍如何用 VBA 编程的方法来解决统计分析问题。全书知识全面，实例丰富、翔实，操作具体详尽，可使读者轻松入门并快速提高。

本书可供从事数据统计与分析的人员以及想深入了解 Excel 统计功能的读者使用，也可作为 Excel 统计学参考书供高校以及各类相关培训班使用。

◆ 编　　著 蒲　括　邵　朋
责任编辑 贾鸿飞
责任印制 程彦红
◆ 人民邮电出版社出版发行　　北京市丰台区成寿寺路 11 号
邮编 100164　　电子邮件 315@ptpress.com.cn
网址 https://www.ptpress.com.cn
涿州市京南印刷厂印刷
◆ 开本：787×1092　1/16
印张：16.75　　　　2013 年 10 月第 1 版
字数：400 千字　　　2022 年 1 月河北第 26 次印刷

定价：49.00 元

读者服务热线：(010)81055410　印装质量热线：(010)81055316
反盗版热线：(010)81055315
广告经营许可证：京东市监广登字 20170147 号

前　言

1980 年，著名未来学家阿尔文·托夫勒在其出版的经典著作《第三次浪潮》中预言：如果说 IBM 的主机拉开了信息化革命的大幕，那么“大数据”则是第三次浪潮的华彩乐章。

2011 年 5 月，麦肯锡公司发布了《大数据：创新、竞争和生产力的下一个前沿领域》报告，陈述了“大数据”时代的到来，指出“数据已经渗透到每一个行业和业务职能领域，逐渐成为重要的生产因素”。

2012 年，Twitter 上每天发布超过 4 亿条微博，Facebook 上每天更新的照片超过 1000 万张，Farecast 公司用将近 10 万亿条价格记录来预测机票价格。

关于数据在我们这个时代所起的作用，其实也无需赘言。但如何把隐没在一大批看起来杂乱无章的数据里的信息、规律、关键点萃取出来，却是很多人都应该了解，甚至是应该深入研究的学问。对很多在工作中需要跟数据打交道的人，或者就是以数据统计、分析为工作的人来说，不仅仅是需要一定的统计学知识，而且还需要用统计分析工具将结果呈现出来。

毋庸置疑，对大多数人来讲，用得最多的可以用来进行数据统计与分析的工具就是 Excel——这不仅仅是因为 Excel 相对容易获得，还因为 Excel 具备丰富的统计与分析功能，可以满足大多数人的大部分需求。

而这些需要用 Excel 进行数据统计与分析的人，大致可以分为这么几类：普通的办公一族，经常需要对数据进行统计与分析，而且想让自己的分析更加专业；从事数据统计与分析工作，使用专业的数据分析软件，也以 Excel 作为备用工具；统计学及相关专业的学生；想从事数据分析相关工作的人。

本书在对用 Excel 进行数据统计与分析的讲解上，紧扣这部分人的学习需求——先给出实例，然后讲解需要应用的分析原理，最后详细给出用 Excel 实现的方法与步骤。

需要说明的是，本书默认读者已经掌握以下内容：创建工作簿、插入工作表、保存文件等基本操作；在各个工作簿之间浏览；使用 Windows 基本功能，例如文件管理、复制和粘贴等操作。

本书的组织结构

本书分为两个部分。

第一部分：基础知识。

这一部分包括第 1 章和第 2 章。这一部分首先总体介绍了统计分析中需要用到的统计工具和统计图形等。目的是让读者对 Excel 在统计分析中的应用有一个基本的了解。

第二部分：统计分析。

第 3～11 章，分别介绍了假设检验、方差分析、回归分析、相关分析、判别分析、时间序列分析、马尔可夫链分析、聚类分析以及主成分分析等内容。对这些分析方法，本书给出了详细的例子及操作过程，以供读者参考。

章节结构

本书在介绍每种分析方法时也分为两个部分。

第一部分：分析原理。

本书在每章都会先介绍分析方法的原理，方便读者理解每步操作的实际作用，进而学会理解得到的结果的意义，以及如何对结果进行判定。

第二部分：分析实例。

为了方便读者学习如何在 Excel 中实现分析方法，每种分析方法都会分别以统计函数、趋势线和数学分析工具等不同的方式来实现。对于不同的实例，最简洁方便的分析方法不可能完全一样，所以需要在熟练使用各种实现方式之后，才能在实际中灵活使用，提高效率。

致　谢

在成书过程中，需要感谢门春杰、张铮、王杉、马宏和李广鹏等参与了本书的部分编写工作，感谢杜强和王命达等参与本书的审校对并对本书策划提出了宝贵意见。同时，也向关心本书的同仁和朋友表示诚挚的感谢。

尽管本书编者尽了最大努力，仍难免有不尽如人意之处，恳请广大读者提出宝贵意见和建议，发邮件至 jiahongfei@ptpress.com.cn 与图书编辑联系。

编　者

2013 年夏

目　录

第 1 章　描述性统计

描述性统计（Descriptive Statistic）是通过图表或数学方法，对统计数据进行整理、分析，并对数据的分布状态、数字特征和随机变量之间的关系进行估计和描述的方法。描述性统计的任务就是描述随机变量的统计规律。

要完整地描述随机变量的统计特性需要用分布函数，但求随机变量的分布函数并不容易。实际上，对于一些问题也不需要去全面考察随机变量的变化规律，而只需知道随机变量的某些特征。

例如，研究某一地区居民的消费水平，只需知道该地区的平均消费水平即可；但如检查一批灯泡的质量时，则既需要注意灯泡的平均寿命，又需要注意灯泡寿命与平均寿命的偏离程度。尽管这些数值不能完整地描述随机变量，但能描述随机变量在某些方面的重要特征，这些数字特征在理论和实践上都具有重要的意义。

因此，在分析数据时，一般首先要对数据进行描述性统计分析，以发现其内在的规律，再选择进一步分析的方法。在描述性统计中，主要使用集中趋势、离散程度、偏度度量、峰度度量等方法来描述数据的集中性、分散性、对称性和尖端性，以归纳数据的统计特性。常用的描述统计量有众数、中位数、算术平均数、调和平均数、几何平均数、四分位差、标准差、方差、变异系数等。

集中趋势测度：算术平均值、几何平均数、调和平均数、中位数、众数。

离散程度测度：极差（全距）、标准差、方差、四分位差、变异系数。

数据分布测度：偏度、峰度。

数值统计：最小值、最大值、总和、总个数。

Excel 中用于计算描述统计量的方法有两种：函数方法和描述统计工具的方法。本章将首先介绍列联表的使用以及数据的频数分析，然后详细介绍如何使用 Excel 2007 中给出的统计函数来求解各种统计量和使用描述统计工具来实现对统计数据的描述性统计。

1.1　列　联　表

列联表是观测数据按两个或更多属性（定性变量）进行交叉分类时所列出的频数表。列联表分析常用来判断同一个调查对象的两个特性之间是否存在明显相关性。例如，房地产商常常设计相关列联表问卷，调查顾客的职业类型和顾客所选房子的户型是否有明显的相关性。同样，列联表分析也可以在 Excel 2007 中实现。

一个实际频数 f_{ij} 的期望频数 e_{ij}，是总频数的个数 n 乘以该实际频数 f_{ij} 落入第 i 行和第 j 列的概率，即

$$e_{ij} = n \cdot \left(\frac{r_i}{n}\right) \cdot \left(\frac{c_j}{n}\right) = \frac{r_i c_j}{n}$$

χ^2 统计量的计算公式为

$$\chi^2 = \sum_{i=1}^{r}\sum_{j=1}^{c}\frac{(f_{ij} - e_{ij})^2}{e_{ij}}$$

其自由度为（r−1）（c−1）。χ^2 独立性检验可以检验列联表中行变量与列变量之间的相关性。根据显著性水平α和自由度（r−1）（c−1）查出临界值 χ^2_α，若 $\chi^2 \geqslant \chi^2_\alpha$，则行变量与列变量之间是相关的；若 $\chi^2 < \chi^2_\alpha$，则行变量与列变量之间独立。

Excel 提供函数 CHITEST 计算χ^2 统计量的概率，提供函数 CHIINV 计算临界值 χ^2_α。

函数语法：CHITEST(actual_range,expected_range)

CHITEST 函数语法具有以下参数。

- actual_range 为包含观察值的数据区域，将对期望值作检验。
- expected_range 为包含行列汇总的乘积与总计值之比率的数据区域。

函数语法：CHIINV(probability,degrees_freedom)

CHIINV 函数语法具有以下参数。

- probability 为与χ^2 分布相关的概率。
- degrees_freedom 为自由度的数值。

例 1.1 顾客所在地区和所选房子地板类型之间的相关性分析

下面用一个具体例子说明列联表相关性分析。表 1.1 是某装修公司的调查报告数据表，用列联表分析方法分析顾客所在地区与所选房子地板类型之间是否存在明显的相关性。

表 1.1　　某装修公司的调查报告数据表

	地区 1	地区 2	地区 3	地区 4	行总数
大理石地板	7	10	14	19	50
钢砖地板	26	10	16	33	85
木质地板	72	8	12	23	115
列总数	105	28	42	75	250

新建工作表“例 1.1 装修公司的调查报告数据.xlsx”，输入表 1.1 中的调查报告数据，如图 1.1 所示。

	A	B	C	D	E	F
1	列联表分析					
2	真实频数	地区1	地区2	地区3	地区4	行总数
3	大理石地板	7	10	14	19	50
4	钢砖地板	26	10	16	33	85
5	木质地板	72	8	12	23	115
6	列总数	105	28	42	75	250
7						

图 1.1　装修公司的调查报告数据

下面使用 Excel 2007 进行相关性分析，具体操作步骤如下。

Step 01：打开“例 1.1 装修公司的调查报告数据.xlsx”，如图 1.2 所示，先在 A8:F12 单元格范围建立期望频数表的框架。

	A	B	C	D	E	F
8	期望频数	地区1	地区2	地区3	地区4	行总数
9	大理石地板					
10	钢砖地板					
11	木质地板					
12	列总数					

图 1.2　装修公司的调查报告数据图

Step 02：单击 B9 单元格，在编辑栏中输入公式“=B$6*$F3/$F$6”，然后按回车键结束；再单击 B9 单元格，将鼠标指针移动至 B9 单元格右下角，当鼠标指针变为小黑色十字形状时按下鼠标左键拖曳至 E11 单元格，求出 B9:E11 各单元格值。

Step 03：利用 Excel 的求和函数 SUM 计算行总数。单击 F9 单元格，在编辑栏中输入“=SUM(B9:E9)”，按回车键；再单击 F9 单元格，将鼠标指针移动至 F9 单元格右下角，当鼠标指针变为黑色十字形状时，按下鼠标左键拖曳至 F12 单元格，利用自动填充功能求出各行总数。

Step 04：计算列总数。单击 B12，在编辑栏中输入“=SUM(B9:B12)”，按回车键；然后单击 B12 单元格，将鼠标指针移动至 B12 单元格右下角，当鼠标指针变为黑色十字形状时，按下鼠标左键并拖曳至 F12 单元格，求出各列总数，从而建立期望频数表，如图 1.3 所示。

	A	B	C	D	E	F
8	期望频数	地区1	地区2	地区3	地区4	行总数
9	大理石地板	21	5.6	8.4	15	50
10	钢砖地板	35.7	9.52	14.28	25.5	85
11	木质地板	48.3	12.88	19.32	34.5	115
12	列总数	105	28	42	75	250

图 1.3　期望频数

Step 05：在 A14 单元格输入标志项“卡方概率值”，先点击 B14 单元格，单击菜单栏【公式】/【插入函数】命令，弹出【插入函数】对话框，在【或选择类别】一项选择【统计】；在【选择函数】中选择【CHITEST】函数，如图 1.4 所示。

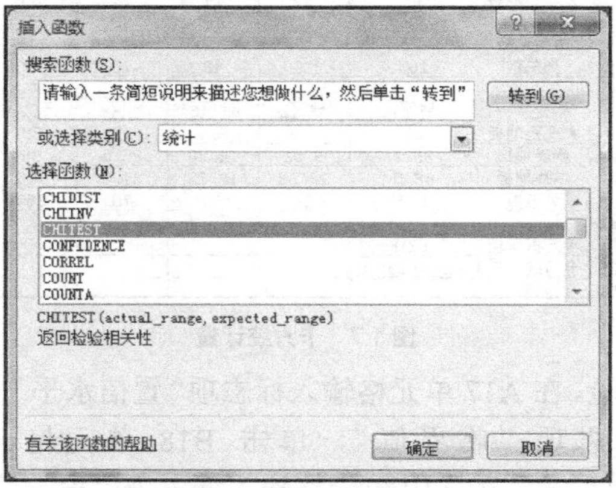

图 1.4　插入函数对话框

Step 06：单击【插入函数】对话框【确定】按扭，弹出【函数参数】对话框；单击【Actual_range】后的折叠按钮，选择 B3:E5 单元格区域；单击打开折叠按钮，返回【函数参数】对话框；单击【Expected_range】后的折叠按钮，选择 B9:E11 单元格区域；单击打开折叠按钮，返回【函数参数】对话框，如图 1.5 所示。最后单击【确定】按扭，即可得到卡方概率值 1.30821E-07，如图 1.6 所示。

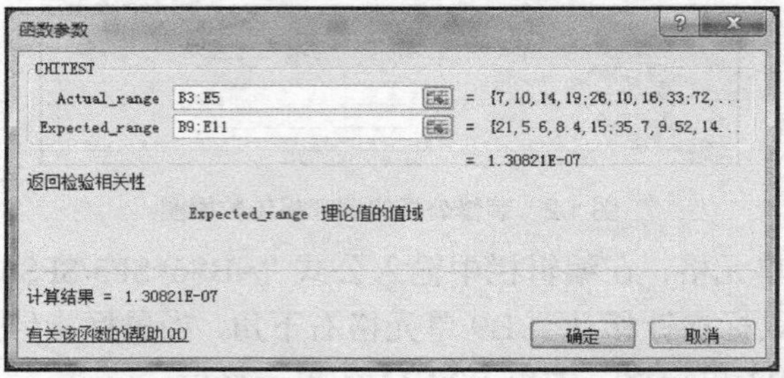

图 1.5 函数参数对话框

	A	B	C	D	E	F
1			列联表分析			
2	真实频数	地区1	地区2	地区3	地区4	行总数
3	大理石地板	7	10	14	19	50
4	钢砖地板	26	10	16	33	85
5	木质地板	72	8	12	23	115
6	列总数	105	28	42	75	250
7						
8	期望频数	地区1	地区2	地区3	地区4	行总数
9	大理石地板	21	5.6	8.4	15	50
10	钢砖地板	35.7	9.52	14.28	25.5	85
11	木质地板	48.3	12.88	19.32	34.5	115
12	列总数	105	28	42	75	250
13						
14	卡方概率值	1.30821E-07				
15						

图 1.6 卡方概率值计算结果

Step 07：求 χ^2 统计量。在 A15 单元格输入标志项“卡方统计量”，单击 B15 单元格，在编辑栏中输入公式“=SUM((B3:E5-B9:E11)^2/B9:E11)”，完成后按 Ctrl+Shift+Enter 组合键结束，结果如图 1.7 所示。

B15 {=SUM((B3:E5-B9:E11)^2/B9:E11)}

	A	B	C	D	E	F
1			列联表分析			
2	真实频数	地区1	地区2	地区3	地区4	行总数
3	大理石地板	7	10	14	19	50
4	钢砖地板	26	10	16	33	85
5	木质地板	72	8	12	23	115
6	列总数	105	28	42	75	250
7						
8	期望频数	地区1	地区2	地区3	地区4	行总数
9	大理石地板	21	5.6	8.4	15	50
10	钢砖地板	35.7	9.52	14.28	25.5	85
11	木质地板	48.3	12.88	19.32	34.5	115
12	列总数	105	28	42	75	250
13						
14	卡方概率值	1.30821E-07				
15	卡方统计量	42.74819145				
16						

图 1.7 卡方统计量

Step 08：进行假设检验。在 A17 单元格输入标志项“置信水平”，在 B17 单元格输入 0.01；在 A18 单元格输入标志项“临界值”，单击 B18 单元格，在编辑栏中输入公式“=CHIINV(B17,6)”，按回车键；在 A19 单元格输入标志项“检验结果”，单击 B19 单元格，在编辑栏中输入公式“=IF(B15>B18,"拒绝两种属性不相关的假设","接受两种属性不相关的假设")”，按回车键。结果如图 1.8 所示。

【注意】CHIINV 函数的自由度=(第一类属性的分类数−1)×(第二类属性的分类数−1)，即 $(r-1)(c-1)=(3-1)\times(4-1)=6$。

	A	B	C	D	E	F
1			列联表分析			
2	真实频数	地区1	地区2	地区3	地区4	行总数
3	大理石地板	7	10	14	19	50
4	钢砖地板	26	10	16	33	85
5	木质地板	72	8	12	23	115
6	列总数	105	28	42	75	250
7						
8	期望频数	地区1	地区2	地区3	地区4	行总数
9	大理石地板	21	5.6	8.4	15	50
10	钢砖地板	35.7	9.52	14.28	25.5	85
11	木质地板	48.3	12.88	19.32	34.5	115
12	列总数	105	28	42	75	250
13						
14	卡方概率值	1.30821E-07				
15	卡方统计量	42.74819145				
16						
17	置信水平	0.01				
18	临界值	16.81189383				
19	检验结果	拒绝两种属性不相关的假设				
20						

图 1.8　列联表分析结果

【结论】

以上的操作步骤即完成对整个列联表的分析，从图 1.8 所示中可以看出，B14 单元格的卡方概率值与 B15 单元格的卡方统计量是表格的两个重要计算结果。其中卡方概率值等于 1.30821E−07，表明如果总体的两类属性，即所在地区和所选地板类型，是不相关的，那么得到以上观察的样本的概率是 0.000000130821，这个概率几乎等于 0，所以可以认为总体的这两个属性是显著相关的。

1.2　数据频数分析

频数也称“次数”，是对总数据按某种标准进行分组，统计出各个组内含个体的个数。通过统计调查得到的数据往往是杂乱，没有规则的，因此，必须对得到的大量原始数据进行加工整理，经过数据分析得出科学结论。对于一组数据，考察不同数值出现的频数，或者是数据落入指定区域内的频数，可以了解数据的分布状况。在 Excel 2007 中，数据频数分析主要通过频数分布函数与直方图分析工具等来进行。

1.2.1　频数分布函数

例 1.2　居民购买消费品支出频数分析

某县城统计部门抽样调查 50 户居民购买消费品支出，支出资料如图 1.9 所示（单位：元）。

	A	B	C	D	E
1	880	1180	1100	860	1420
2	1210	1260	1180	1250	1510
3	1050	1230	1420	1510	1180
4	1630	1250	1410	1420	1200
5	1170	1100	1510	1160	1070
6	1010	1210	1140	1030	1270
7	1190	1370	1420	1230	1370
8	1080	1070	1160	830	960
9	1320	1460	930	1190	810
10	1050	1230	860	1340	870
11					

图 1.9　居民购买消费品月支出

对其按 800～900、900～1000、1000～1100、1100～1200、1200～1300、1300～1400、1400～1500、1500～1600、1600 以上分为 9 个组进行频数分析。

Excel 提供了一个专门用于统计分组的频数分布函数 FREQUENCY，它以一列垂直数组返回某个区域中的数据分布，描述数据分布状态。

函数语法：FREQUENCY(data_array,bins_array)

FREQUENCY 函数语法具有以下参数。

- data_array 是一个数组或对一组数值的引用，要为数组或数值计算频率。如果 data_array 中不包含任何数值，函数 FREQUENCY 将返回一个零数组。
- bins_array 是一个区间数组或对区间的引用，该区间用于对 data_array 中的数值进行分组。如果 bins_array 中不包含任何数值，函数 FREQUENCY 返回的值与 data_array 中的元素个数相等。

【注意】在选择了用于显示返回分布结果的相邻单元格区域后，函数 FREQUENCY 应以数组公式的形式输入。返回数组中的元素个数比 bins_array 中的元素个数多 1 个。多出来的元素表示最高区间之上的数值个数。函数 FREQUENCY 将忽略空白单元格和文本。

在使用此函数时，先将样本数据排成一列。新建工作表“例 1.2 居民购买消费品支出资料.xlsx”。将图 1.9 所示的数据排成一列，本例中为 A1:A50。

利用频数分布函数进行统计分组和计算频数，具体操作步骤如下。

❧ Step 01：打开工作表“居民购买消费品支出资料.xlsx”。选定单元格区域，本例中选定的区域为 D1:D9，单击菜单栏【公式】/【函数库】/【插入函数】命令，弹出【插入函数】对话框，如图 1.10 所示。

❧ Step 02：在【选择类别】中选择【统计】，在【选择函数】中选择【FREQUENCY】，如图 1.11 所示。

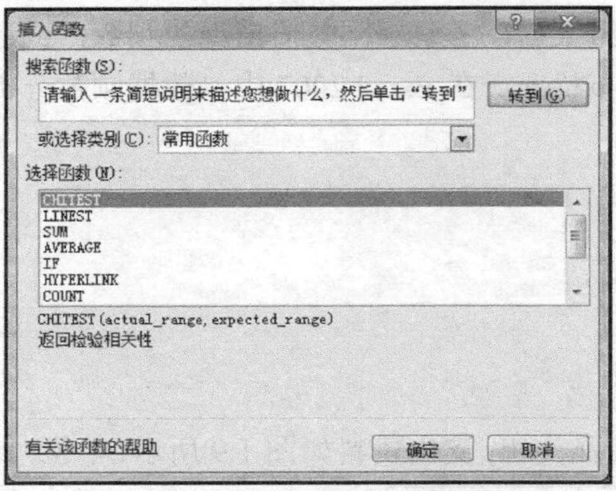

图 1.10　插入函数对话框

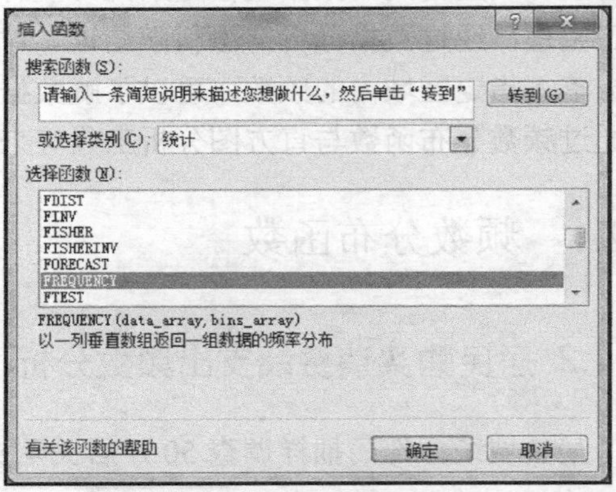

图 1.11　选择“FREQUENCY”对话框

❧ Step 03：单击图 1.11 中【确定】按钮，弹出 FREQUENCY【函数参数】对话框；单击【Data_array】后的折叠按钮，选择 A1:A50 单元格区域；单击打开折叠按钮，返回【函数参数】对话框；在【Bins_array】栏中填写“{899;999;1099;1199;1299;1399;1499;1599;1699}”，如图 1.12 所示。

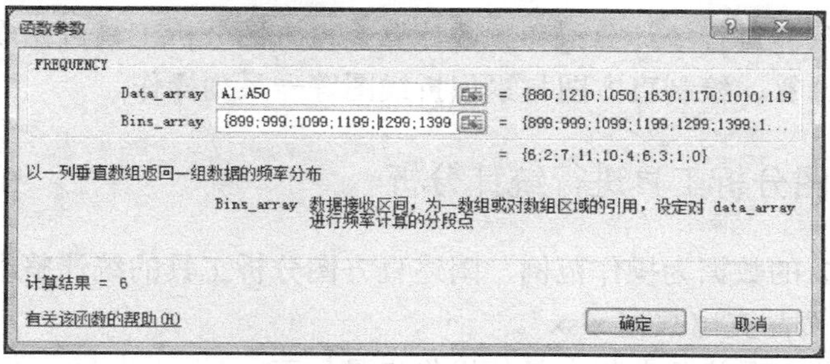

图 1.12　FREQUENCY【函数参数】对话框

【注意】data_array 用于计算频率的数组，或对数组单元区域的引用。本例中为 A1:A50。bins_array 是数据接受区间，为一组数或对数组区间的引用，设定对 data_array 进行频率计算的分段点。本例中为 899、999、1099、1199、1299、1399、1499、1599、1699。频数分布函数要求按组距的上限分组，不接受非数值的分组标志（如“不足××”或“××以上”等）。在输入的数据两端必须加大括号，各数据之间用分号隔开。输入完成后，由于频数分布是数组操作，所以不能单击【确定】按钮。

Step 04：按“Ctrl+Shift+Enter”组合键，在最初选定单元格区域 D1:D9 内得到频数分布结果，如图 1.13 所示。至此，频数分布函数进行统计分析的功能就全部操作完成了。

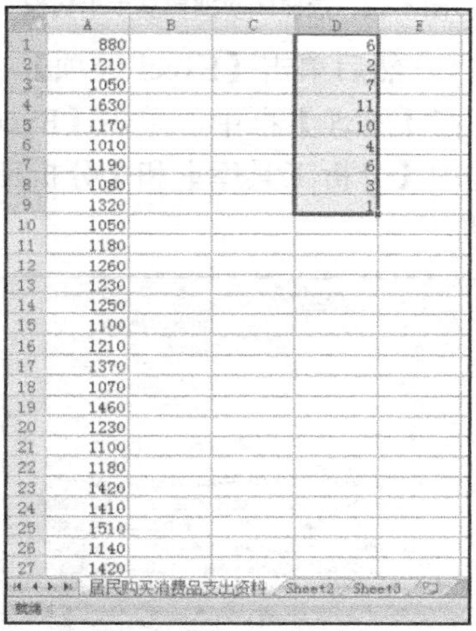

图 1.13　频数分布结果

【结论】

通过以上分析步骤可看出，使用 Excel 2007 中提供的 FREQUENCY 函数，可以很方便地求出频数分布。从图 1.13 所示的结果中，可以看到居民购买消费品的花销在不同分段点间的分布状况。

1.2.2　直方图分析工具

直方图是将所收集的测定值、特性值或结果值，分为几个相等的区间作为横轴，并将各区间内所测定值依据所出现的次数累积而成的面积，用“柱子”排起来的图形。因此，也叫做柱形图。

频数分布函数只能进行统计分组和频数计算，直方图分析工具可完成数据的分组、频数分布与累积频数的计算、绘制直方图与累积折线图等一系列操作。

例 1.3 利用直方图分析工具进行统计分析

这里仍以例 1.2 的数据为操作范例，阐述直方图分析工具的统计整理功能，新建工作表“例 1.3 居民购买消费品支出数据.xlsx”。

利用直方图分析工具进行分析，具体操作步骤如下。

Step 01：在 G1 单元格输入分组标志，在 G2:G10 单元格区域输入 899、999、1099、1199、1299、1399、1499、1599、1699，如图 1.14 所示。

	A	B	C	D	E	F	G
1			消费品支出				分组
2	880	1180	1100	860	1420		899
3	1210	1260	1180	1250	1510		999
4	1050	1230	1420	1510	1180		1099
5	1630	1250	1410	1420	1200		1199
6	1170	1100	1510	1160	1070		1299
7	1010	1210	1140	1030	1270		1399
8	1190	1370	1420	1230	1370		1499
9	1080	1070	1160	830	960		1599
10	1320	1460	930	1190	810		1699
11	1050	1230	860	1340	870		
12							

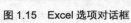

图 1.14 居民购买消费品支出数据

Step 02：单击 Office 按钮，然后单击【Excel 选项】。弹出【Excel 选项】对话框，单击【加载项】，如图 1.15 所示。在【管理】框中，单击【Excel 加载项】，然后单击【转到】，弹出【加载宏】对话框；单击选中【分析工具库】和【分析工具库-VBA】复选框，如图 1.16 所示，完成后单击【确定】按钮。

图 1.15 Excel 选项对话框

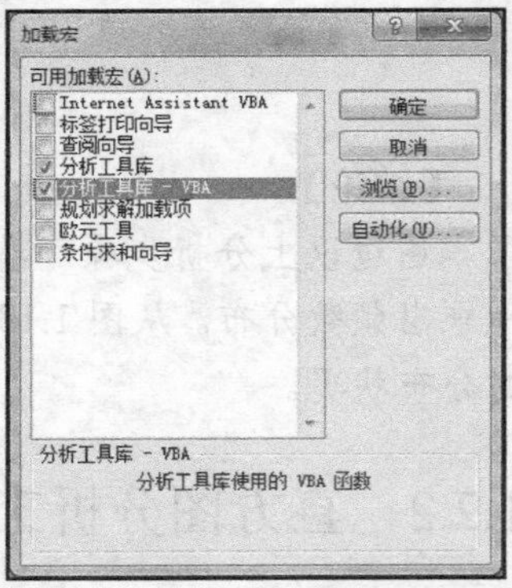

图 1.16 加载宏对话框

【注意】一般在安装 Excel 后都有加载项，如果在【Excel 加载项】中没有需要的加载项，则可能需要安装该加载项。若要安装通常随 Excel 一起安装的加载项（例如规划求解或分析工具库），请运行 Excel 或 Microsoft Office 的安装程序，并选择【更改】选项以安装加载项。重新启动 Excel 之后，加载项显示在【可用加载项】框中。

Step 03：单击菜单栏【数据】/【分析】/【数据分析】命令，弹出【数据分析】对话框，从【分析工具】列表框中选择【直方图】选项，如图 1.17 所示。

Step 04：单击【确定】按钮，弹出【直方图】对话框（如图 1.18 所示）；单击【输入区域】后的折叠按钮，将对话框折叠，选择 A2:E11 单元格区域；单击打开折叠按钮，返回【直方图】对话框；单击【接收区域】后的折叠按钮，将对话框折叠，选择接收区域对应的 G2:G10 单元格；单击打开折叠按钮，返回【直方图】对话框。

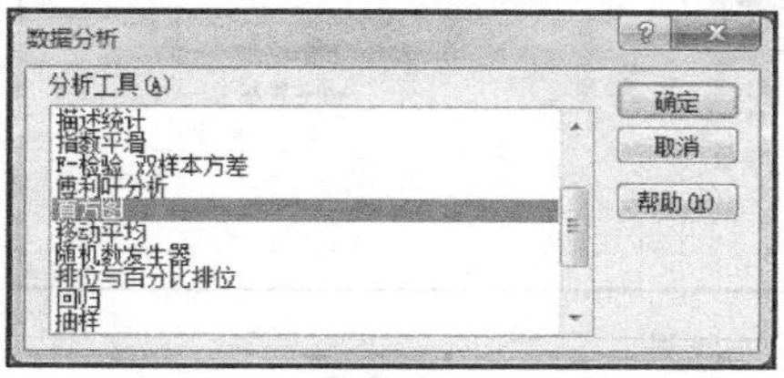

图 1.17　数据分析对话框

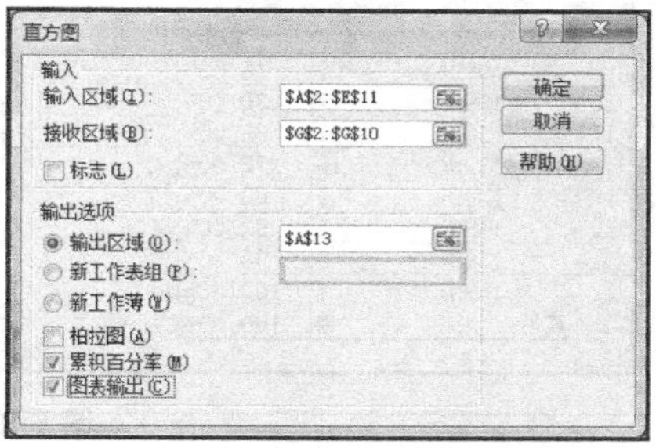

图 1.18　直方图对话框

Step 05：单击【输出区域】单选按钮，单击【输出区域】后的折叠按钮，选择 A13 单元格区域，单击打开折叠按钮，返回【直方图】对话框；单击选中【累积百分率】和【图表输出】复选框，如图 1.18 所示。

说明：【直方图】对话框。

【输入区域】：输入待分析数据区域的单元格引用，本例中输入区域为$A$2:$E$11。

【接收区域】：输入接收区域的单元格引用，该框为空，则系统自动利用输入区域中的最小值和最大值建立平均分布的区间间隔的分组，本例中接收区域为$G$2:$G$10。

【标志】：若输入区域有标志项，则选中【标志】复选框，否则，系统自动生成数据标志。

【输出区域】：在此选项中可选择输出去向，输入在对输出表左上角单元格的引用。本例中选择【输出区域】为$A$13。

【新工作表组】：单击此选项可在当前工作簿中插入新工作表，并从新工作表的 A1 单元表开始粘贴计算结果。若要为新工作表命名，请在其右侧的框中输入名称。

【新工作簿】：单击此选项，可创建一新工作簿，并在新工作簿的新工作表中粘贴计算结果。

【柏拉图】：可以在输出表中同时按降序排列频数数据。

【累积百分率】：可在输出表中增加一列累积百分比数值，并绘制一条累积百分比曲线。

【图表输出】：可生成一个嵌入式直方图。

Step 06：单击【确定】按钮，在输出区域单元格可得到频数分布，如图 1.19 所示。

Step 07：左键单击条形图的任一直条，再单击右键，在快捷菜单中选取【设置数据系列格式】，弹出【设置数据系列格式】对话框；在【系列选项】中将【分类间距】滑块拖动到最左边，即复选框中显示“0%”，如图 1.20 所示，单击【关闭】按钮即可，从而将条形图转换成标准直方图，如图 1.21 所示。

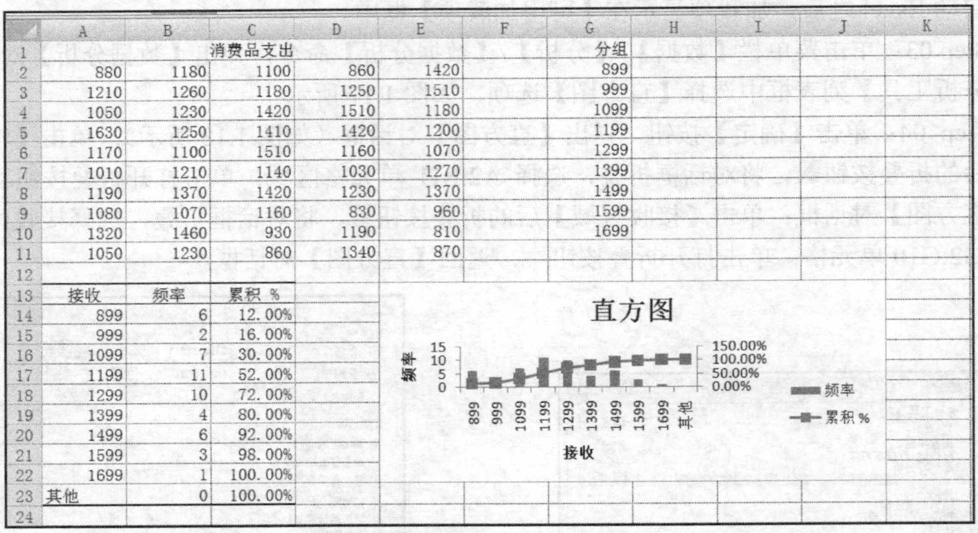

	A	B	C	D	E	F	G
1			消费品支出				分组
2	880	1180	1100	860	1420		899
3	1210	1260	1180	1250	1510		999
4	1050	1230	1420	1510	1180		1099
5	1630	1250	1410	1420	1200		1199
6	1170	1100	1510	1160	1070		1299
7	1010	1210	1140	1030	1270		1399
8	1190	1370	1420	1230	1370		1499
9	1080	1070	1160	830	960		1599
10	1320	1460	930	1190	810		1699
11	1050	1230	860	1340	870		
12							
13	接收	频率	累积 %				
14	899	6	12.00%				
15	999	2	16.00%				
16	1099	7	30.00%				
17	1199	11	52.00%				
18	1299	10	72.00%				
19	1399	4	80.00%				
20	1499	6	92.00%				
21	1599	3	98.00%				
22	1699	1	100.00%				
23	其他	0	100.00%				

图 1.19 直方图频数分布结果

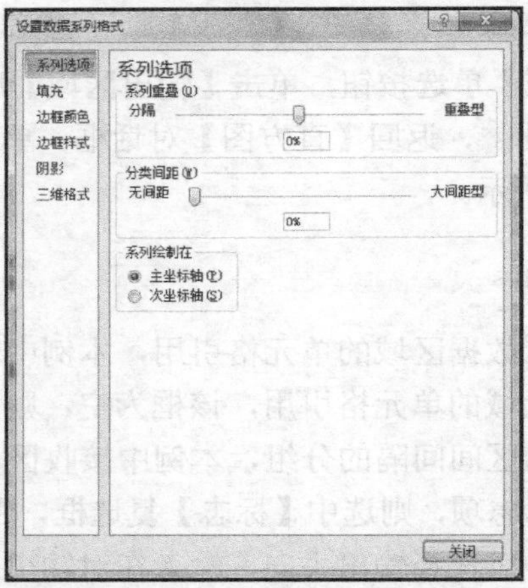

图 1.20 设置数据系列格式对话框

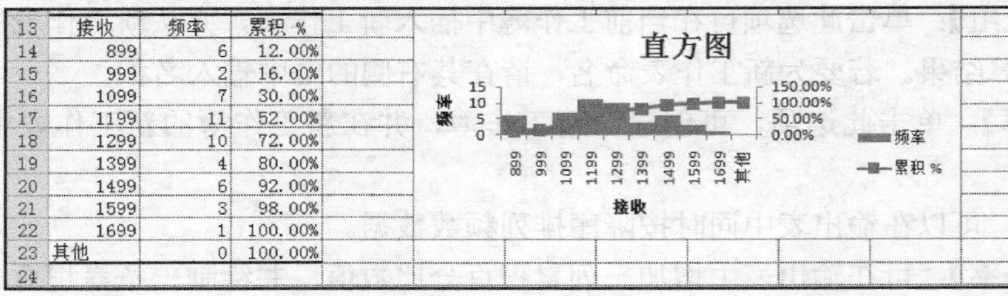

	接收	频率	累积 %
13	接收	频率	累积 %
14	899	6	12.00%
15	999	2	16.00%
16	1099	7	30.00%
17	1199	11	52.00%
18	1299	10	72.00%
19	1399	4	80.00%
20	1499	6	92.00%
21	1599	3	98.00%
22	1699	1	100.00%
23	其他	0	100.00%

图 1.21 标准直方图

【结论】

从图 1.21 所示中可以观察不同分组段的频率，简洁直观。直方图分析工具不仅仅能计算出各组频率大小，还可以绘制出直方图和累积折线图，使数据的频数分析更加方便直观，一目了然。

1.3　数据集中趋势分析

在统计研究中，需要搜集大量数据并对其进行加工整理。我们对这些数据进行整理之后发现：大多数情况下数据都会呈现出一种钟形分布，即各个变量值与中间位置的距离越近，出现的次数越多；与中间位置距离越远，出现的次数越少，从而形成了一种以中间值为中心的集中趋势。这个集中趋势是现象共性的特征，也是现象规律性的数量表现。

根据统计学知识，集中趋势指平均数，是一组数据中有代表性的值，这些数值趋向于落在数值大小排列的数据中心，被称为中心趋势度量。最常用的中心趋势度量有算术平均数、几何平均数、调和平均数、众数和中位数。

均值是一组数据的算术平均，它利用了全部数据信息，是概括一组数据最常用的一个值。

众数是一组数据中出现次数最多的变量值，它用于对分类数据的概括性度量，其特点是不受极端值的影响，但它没有利用全部数据信息，而且还具有不唯一性。一组数据可能有众数，也可能没有众数；可能有一个众数，也可能有多个众数。

中位数是一组数据按大小顺序排序后处于中间位置上的变量，它主要用于对顺序数据的概括性度量。

1.3.1　算术平均值

算术平均值（arithmetic mean）也被称为平均值（average）。在实际应用中，平均值大部分都是指算术平均值，算术平均值是集中趋势中最主要的测度值。根据数据类型不同，可将算术平均值分为非组数据的算术平均值和组数据的算术平均值。

将所有单个观测值相加，再除以观测值总数目，即可得到非组数据的算术平均值。n 个观测值 $X_1,X_2,X_3,\cdots,X_n$ 的算术平均值为

$$\overline{X}=\frac{X_1+X_2+X_3+\cdots+X_n}{n}=\frac{\sum_{i=1}^{n}X_i}{n}$$

组数据是指将要被划分为各种区间的数据。在通常情况下，区间的上下限没有确定，需要先根据数据的特性假定限值，然后再求算术平均值。组数据的算术平均值计算公式为

$$\overline{X}=\frac{\sum_{i=1}^{m}fX_i}{n}$$

其中，X_i 为每个等级区间的中点，f 为每个等级区间的频率，m 为等级区间的数目，n 为数据观测值的总数目。

例 1.4 非组数据的算术平均值实例

某商场电视机的销售情况如表 1.2 所示，试求该商场电视机销售量平均值。

表 1.2　　　　商场电视机销售数据

月　份	电视机销售台数	月　份	电视机销售台数
1	100	7	100
2	110	8	110
3	120	9	115
4	100	10	120
5	96	11	90
6	100	12	95

1. 根据公式求算术平均值

Step 01：新建工作表“例 1.4 某商场电视机销售情况.xlsx”，输入表 1.2 中的调查报告数据，如图 1.22 所示。

Step 02：单击 B14 单元格，然后单击菜单栏【开始】/【编辑】/【自动求和】按钮 Σ 自动求和，Excel 自动对 B2:B13 单元格区域进行求和，按回车键即可。

Step 03：求算术平均数。单击选中 B15 单元格，在编辑栏中输入“=B14/12”，完成后按回车键确认，结果如图 1.23 所示。

	A	B
1	月份	电视机销售台数
2	1月	100
3	2月	110
4	3月	120
5	4月	100
6	5月	96
7	6月	100
8	7月	100
9	8月	110
10	9月	115
11	10月	120
12	11月	90
13	12月	95
14		

图 1.22　商场电视机销售

	A	B	C
1	月份	电视机销售台数	
2	1月	100	
3	2月	110	
4	3月	120	
5	4月	100	
6	5月	96	
7	6月	100	
8	7月	100	
9	8月	110	
10	9月	115	
11	10月	120	
12	11月	90	
13	12月	95	
14	求和	1256	
15	算术平均值	104.6666667	
16			

图 1.23　电视机销售量的算术平均值

【结论】

从图 1.23 中可以看出，该商场电视机销售量的算术平均值为 104.6666667。

2. 使用 AVERAGE 函数求算术平均值

除了使用上述公式法外，Excel 还给出了 AVERAGE 函数来计算算术平均值。

函数语法：AVERAGE(number1,[number2],...)

AVERAGE 函数语法具有下列参数（参数：为操作、事件、方法、属性、函数或过程提供信息的值）：

- number1：必需。要计算平均值的第一个数字、单元格引用或单元格区域。
- number2，...：可选。要计算平均值的其他数字、单元格引用或单元格区域，最多可包含 255 个。

应用 AVERAGE 函数求解具体操作步骤如下。

Step 01：打开工作表“例 1.4 某商场电视机销售情况.xlsx”，单击 B14 单元格，然后单击菜单栏【公式】/【插入函数】命令，弹出【插入函数】对话框。

Step 02：在【选择类别】下拉列表中选择【统计】，然后在【选择函数】中选择【AVERAGE】函数，如图 1.24 所示。单击【确定】按钮，Excel 默认选择 B2:B13 单元格区域，按回车键即可。最终结果如图 1.25 所示。

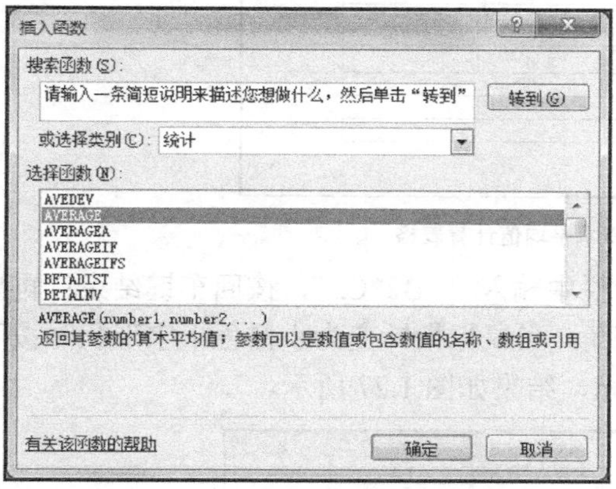

图 1.24　AVERAGE 插入函数对话框

	A	B	C
1	月份	电视机销售台数	
2	1月	100	
3	2月	110	
4	3月	120	
5	4月	100	
6	5月	96	
7	6月	100	
8	7月	100	
9	8月	110	
10	9月	115	
11	10月	120	
12	11月	90	
13	12月	95	
14	算术平均值	104.6666667	
15			

图 1.25　用 AVERAGE 函数求解结果

【结论】

从图 1.23 和图 1.25 可以看出，以上两种方法求算术平均值计算结果完全相同。

例 1.5 组数据的算术平均值计算实例

某省 2005 年城镇居民可支配收入抽样数据如表 1.3 所示，试用 Excel 计算城镇居民可支配收入的算术平均值。

表 1.3　　　某省城镇居民可支配收入抽样数据

按收入高低分组	2005 年	
	可支配收入（元/人）	调查人数（人）
最低收入	2970.38	418
低收入	4718.44	398
中下收入	6517.29	763
中等收入	8986.99	738
中上收入	12251.28	693
高收入	17091.81	313
最高收入	26948.70	305

1. 根据公式求组数据的算术平均值

计算组数据的平均值最直观的方法是按照计算公式求解，可以使用 SUM 函数求中点值与频率值乘积的总和，然后除以总数。

根据公式求组数据的算术平均值的具体操作步骤如下。

Step 01：新建工作表“例 1.5 某省 2005 年城镇居民可支配收入抽样数据.xlsx”，输入

表 1.3 中的已知数据。依次添加表格名称和需要统计的数据名称，并选择 C11 和 D11 单元格，单击菜单栏【开始】/【对齐方式】/【合并后居中】按钮，如图 1.26 所示。

	A	B	C	D	E
1	按收入高低分组	可支配收入(元/人)	调查人数(人)	fX	
2	最低收入	2970.38	418		
3	低收入	4718.44	398		
4	中下收入	6517.29	763		
5	中等收入	8986.99	738		
6	中上收入	12251.28	693		
7	高收入	17091.81	313		
8	最高收入	26948.7	305		
9					
10	总和				
11	算术平均值				
12					
13					

图 1.26　组数据的算术平均值计算表格

Step 02：求 fX。单击 D2 单元格，在编辑栏中输入"=B2*C2"，按回车键结束；再单击 D2 单元格，将鼠标指针移动至 D2 单元格右下角，当鼠标指针变为小黑色十字形状时按下鼠标左键拖曳至 D8 单元格，完成单元格自动填充，结果如图 1.27 所示。

	A	B	C	D	E
1	按收入高低分组	可支配收入(元/人)	调查人数(人)	fX	
2	最低收入	2970.38	418	1241618.84	
3	低收入	4718.44	398	1877939.12	
4	中下收入	6517.29	763	4972692.27	
5	中等收入	8986.99	738	6632398.62	
6	中上收入	12251.28	693	8490137.04	
7	高收入	17091.81	313	5349736.53	
8	最高收入	26948.7	305	8219353.5	
9					
10	总和				
11	算术平均值				
12					
13					

图 1.27　fX 值

Step 03：求数据观测值的总数目。单击 C10 单元格，单击菜单栏【开始】/【编辑】/【自动求和】按钮Σ 自动求和，按回车键即可，结果如图 1.28 所示。

	A	B	C	D	E
1	按收入高低分组	可支配收入(元/人)	调查人数(人)	fX	
2	最低收入	2970.38	418	1241618.84	
3	低收入	4718.44	398	1877939.12	
4	中下收入	6517.29	763	4972692.27	
5	中等收入	8986.99	738	6632398.62	
6	中上收入	12251.28	693	8490137.04	
7	高收入	17091.81	313	5349736.53	
8	最高收入	26948.7	305	8219353.5	
9					
10	总和		3628		
11	算术平均值				
12					

图 1.28　数据观测值的总数目

Step 04：求 fX 的和。单击 D10 单元格，单击菜单栏【开始】/【编辑】/【自动求和】按钮Σ 自动求和，按回车键结束，结果如图 1.29 所示。

Step 05：单击 C11 单元格，在编辑栏输入"=D10/C10"，按回车键，得到算术平均值，计算结果如图 1.30 所示。

	A	B	C	D	E
1	按收入高低分组	可支配收入(元/人)	调查人数(人)	fX	
2	最低收入	2970.38	418	1241618.84	
3	低收入	4718.44	398	1877939.12	
4	中下收入	6517.29	763	4972692.27	
5	中等收入	8986.99	738	6632398.62	
6	中上收入	12251.28	693	8490137.04	
7	高收入	17091.81	313	5349736.53	
8	最高收入	26948.7	305	8219353.5	
9					
10	总和		3628	36783875.92	
11	算术平均值				
12					

图 1.29 *fX* 的和

	A	B	C	D	E
1	按收入高低分组	可支配收入(元/人)	调查人数(人)	fX	
2	最低收入	2970.38	418	1241618.84	
3	低收入	4718.44	398	1877939.12	
4	中下收入	6517.29	763	4972692.27	
5	中等收入	8986.99	738	6632398.62	
6	中上收入	12251.28	693	8490137.04	
7	高收入	17091.81	313	5349736.53	
8	最高收入	26948.7	305	8219353.5	
9					
10	总和		3628	36783875.92	
11	算术平均值		10138.88531		
12					

图 1.30 算术平均值计算结果

2. 用 SUMPRODUCT 求组数据的算术平均值

Excel 除了提供 SUM 函数之外，还提供了 SUMPRODUCT 函数将数组间对应的元素相乘，并返回乘积总和，然后再除以总数，从而得到平均值。

函数语法：SUMPRODUCT(array1,array2,array3,...)

- array1,array2,array3,...：为 2 到 255 个数组，其相应元素需要进行相乘并求和。
- 数组参数必须具有相同的维数，否则函数 SUMPRODUCT 返回错误值“#VALUE!”。
- 函数 SUMPRODUCT 把非数值型的数组元素作为 0 处理。

下面使用 SUMPRODUCT 函数求解例 1.4，具体操作步骤如下。

Step 01：打开工作表“例 1.5 某省 2005 年城镇居民可支配收入抽样数据.xlsx”，通过复制粘贴，在“Sheet2”工作表中创建新的数据表格。

Step 02：单击 B11 单元格，在编辑栏中输入“=SUM(C2:C8)”，按回车键，数据观测值的总数目结果如图 1.31 所示。

	A	B	C	D
1	按收入高低分组	可支配收入(元/人)	调查人数(人)	
2	最低收入	2970.38	418	
3	低收入	4718.44	398	
4	中下收入	6517.29	763	
5	中等收入	8986.99	738	
6	中上收入	12251.28	693	
7	高收入	17091.81	313	
8	最高收入	26948.7	305	
9				
10				
11	总和	3628		
12	算术平均值			
13				

图 1.31 调查总人数

Step 03：单击 C11 单元格，在编辑栏中输入“=SUMPRODUCT(B2:B8,C2:C8)”，然后按

下“Ctrl+Shift+Enter”组合键，结果如图 1.32 所示。

C11 | {=SUMPRODUCT(B2:B8,C2:C8)}

	A	B	C	D
1	按收入高低分组	可支配收入(元/人)	调查人数(人)	
2	最低收入	2970.38	418	
3	低收入	4718.44	398	
4	中下收入	6517.29	763	
5	中等收入	8986.99	738	
6	中上收入	12251.28	693	
7	高收入	17091.81	313	
8	最高收入	26948.7	305	
9				
10				
11	总和	3628	36783875.92	
12	算术平均值			
13				

图 1.32　计算可支配收入总和

Step 04：在 B12 单元格输入“=C11/B11”，从而求得算术平均值，结果如图 1.33 所示。

B12 | =C11/B11

	A	B	C	D
1	按收入高低分组	可支配收入(元/人)	调查人数(人)	
2	最低收入	2970.38	418	
3	低收入	4718.44	398	
4	中下收入	6517.29	763	
5	中等收入	8986.99	738	
6	中上收入	12251.28	693	
7	高收入	17091.81	313	
8	最高收入	26948.7	305	
9				
10				
11	总和	3628	36783875.92	
12	算术平均值	10138.88531		
13				

图 1.33　算术平均值结果

【结论】

图 1.30 和图 1.33 所示的计算结果是相同的，城镇居民可支配收入算术平均值为 10138.88531 元/人。

1.3.2　几何平均值

几何平均值（geometric mean）是日常生活中很常见的度量平均值的统计方法，在计算增长率、收益率、等比数列或对数时常被使用，比较不受极端值影响，但数据不可以是零和负数，而且有开口组时无法计算。

几何平均值是所有样本（个数记为 n）数值乘积的 n 次方根，以 $\bar{X}_G$ 表示。几何平均值公式为

$$\bar{X}_G = \sqrt[n]{X_1 \times X_2 \times \cdots \times X_n}$$

其中，X 为变量，$\bar{X}_G$ 是几何平均值，n 为样本个数。

在 Excel 中，可以同求解算术平均值一样，通过上述公式计算几何平均值。同时，Excel 还给出了 GEOMEAN 函数，可用来求非组数据的几何平均值。

函数语法：GEOMEAN(number1,number2,...)

- number1,number2,...：是用于计算平均值的 1 到 255 个参数，也可以不使用这种用逗号分隔参数的形式，而用单个数组或对数组的引用。

例 1.6 用 GEOMEAN 函数计算几何平均值

某产品生产需要经过 6 道工序，每道工序的合格率分别为 98%、91%、93%、98%、98%、91%，求这六道工序的平均合格率。

因为成品的合格率等于各道工序产品合格率的连乘积，所以要用几何平均数来计算这六道工序的平均合格率。这里我们不再使用公式方法，而直接使用 GEOMEAN 函数来计算几何平均值。

求解几何平均值的具体操作步骤如下。

- Step 01：新建工作表“例 1.6 某产品六道工序的平均合格率.xlsx”，输入例 1.6 中的已知数据，依次添加表格名称，如图 1.34 所示。
- Step 02：单击 B9 单元格，在编辑栏中输入“=GEOMEAN(B2:B7)”，如图 1.35 所示，然后按回车键，结果如图 1.36 所示。

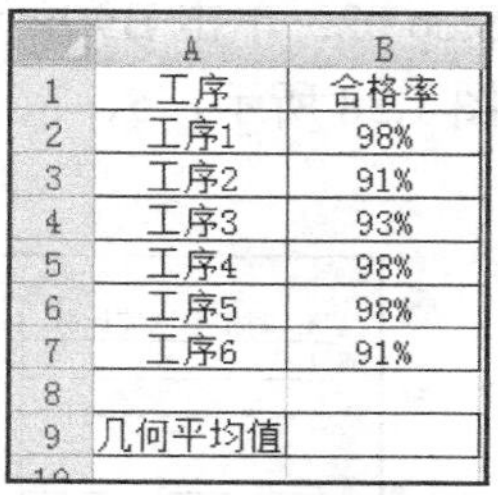

	A	B
1	工序	合格率
2	工序1	98%
3	工序2	91%
4	工序3	93%
5	工序4	98%
6	工序5	98%
7	工序6	91%
8		
9	几何平均值	

图 1.34　各工序的合格率

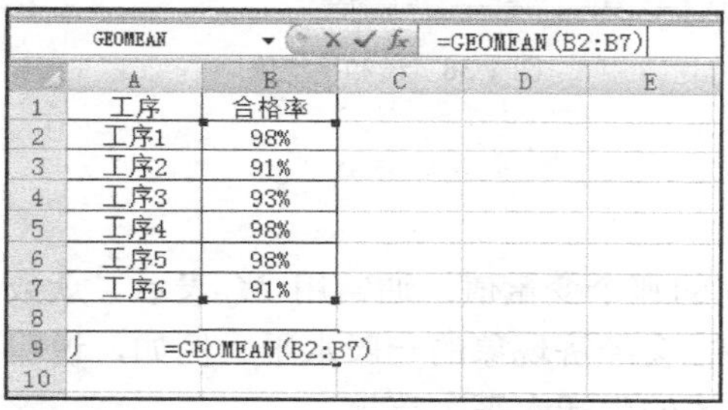

GEOMEAN　=GEOMEAN(B2:B7)

	A	B	C	D	E
1	工序	合格率			
2	工序1	98%			
3	工序2	91%			
4	工序3	93%			
5	工序4	98%			
6	工序5	98%			
7	工序6	91%			
8					
9	J	=GEOMEAN(B2:B7)			
10					

图 1.35　输入 GEOMEAN 函数

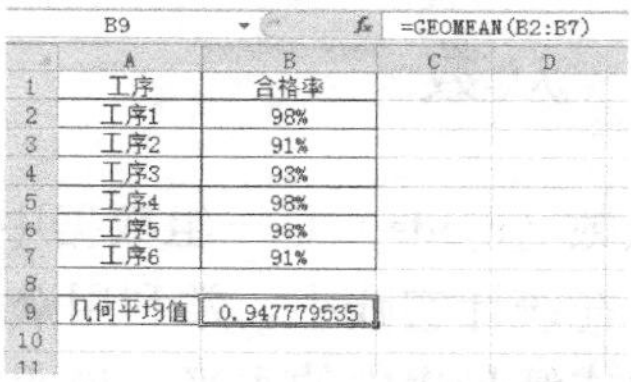

B9　=GEOMEAN(B2:B7)

	A	B	C	D
1	工序	合格率		
2	工序1	98%		
3	工序2	91%		
4	工序3	93%		
5	工序4	98%		
6	工序5	98%		
7	工序6	91%		
8				
9	几何平均值	0.947779535		
10				

图 1.36　工序的平均合格率

【结论】

从图 1.36 中可以看出，使用 GEOMEAN 函数求得六道工序的平均合格率为 0.9477795。

1.3.3　调和平均值

根据统计学的知识，调和平均值表示所有数据倒数的算术平均数的倒数。n 个变量 $X_1, X_2, X_3, \cdots, X_n$ 的调和平均值的计算公式为

$$H=\frac{1}{\frac{1}{n}\sum_{i=1}^{n}\frac{1}{X_i}}=\frac{n}{\sum_{i=1}^{n}\frac{1}{X_i}}$$

调和平均值适用于对调和级数的数据求平均值（分子固定），不可有数值为 0 的数据，最好也不要有小于 1 且接近 0 的数据，而且有一组正值数据属于开口组时无法计算。

在 Excel 2007 中，提供了 HARMEAN 函数计算调和平均值。

函数语法：HARMEAN(number1,number2,...)

- number1,number2,...：是用于计算平均值的 1 到 255 个参数，也可以使用单个数组或对数组的引用，而不使用这种用逗号分隔参数的形式。

例 1.7 HARMEAN 函数求解调和平均值

求 5、7、11、9、16、22、18 的调和平均值。

根据 HARMEAN 函数求解调和平均值具体步骤如下。

Step 01：新建工作表“例 1.7 调和平均值.xlsx”，输入例 1.7 中的已知数据。如图 1.37 所示。

Step 02：单击 B9 单元格，在编辑栏中输入“=HARMEAN(A2:A8)”，然后按回车键，结果如图 1.38 所示，5、7、11、9、16、22、18 的调和平均值为 9.881598。

	A	B
1	调和平均值计算	
2	5	
3	7	
4	11	
5	9	
6	16	
7	22	
8	18	
9	调和平均值	
10		

图 1.37 调和平均值数据

B9 f_x =HARMEAN(A2:A8)

	A	B	C	D
1	调和平均值计算			
2	5			
3	7			
4	11			
5	9			
6	16			
7	22			
8	18			
9	调和平均值	9.881598		
10				

图 1.38 调和平均值

1.3.4 众数

众数（mode）是一组数据中出现次数最多的那个变量值，通常用 M_o 表示。众数具有普遍性，在统计实践中，常利用众数来近似反映社会经济现象的一般水平。例如，说明某次考试学生成绩最集中的水平，说明城镇居民最普遍的生活水平，等等。

众数的确定要根据掌握的资料而定。未分组数据众数的确定比较容易，即在一组数列或单项数列中，出现次数最多的变量值就是众数。

组数据的众数确定比较复杂。首先要确定众数所在的组，若为等距数列，次数最多的那个组就是众数所在组；若为异距数列，需将其换算为次数密度（或标准组距次数），换算后次数密度最多的一组即为众数所在组。然后按公式近似求出众数。公式如下：

$$M_o = L + \frac{f_m - f_{m-1}}{\left(f_m - f_{m-1}\right) + \left(f_m - f_{m+1}\right)} \bullet c$$

其中，L 为众数所在组的下限；f_m 为众数所在组的次数；f_{m-1} 为众数所在组前一组的次数；f_{m+1} 为众数所在组后一组的次数；c 为众数所在组的组距宽度。

Excel 提供了 MODE 函数计算非组数据的众数。

函数语法：MODE(number1,number2,...)

- number1,number2,...：是用于计算众数的 1 到 255 个参数，也可以不用这种用逗号分隔参数的形式，而选择用单个数组或对数组的引用。

例 1.8 计算非组数据的众数

求下列序列的众数：

151 189 189 214 217 173
160 189 183 215 119 121
169 189 189 189 189 189
144 144 144 156 156 156
113 124 136 143 163 175

计算非组数据的众数的具体操作步骤如下。

Step 01：新建工作表“例 1.8 非组数据的众数.xlsx”，在 A2:F6 单元格区域输入上述序列数据。合并 A1:F1 单元格，并添加单元格名称。

Step 02：单击 D8 单元格，在编辑栏中输入“=MODE(A2:F6)”，完成后按回车键，结果如图 1.39 所示，求的序列众数为 189。

D8　=MODE(A2:F6)

	A	B	C	D	E	F	G
1	非组数据的众数						
2	151	189	189	214	217	173	
3	160	189	183	215	119	121	
4	169	189	189	189	189	189	
5	144	144	144	156	156	156	
6	113	124	136	143	163	175	
7							
8			众数	189			
9							

图 1.39　非组数据的众数

例 1.9 计算组数据的众数

某车间统计了车间零件加工数据，根据车间统计的零件数分组和职工人数，计算车间零件加工的众数。其中，原始的统计数据如表 1.4 所示。

表 1.4　车间零件加工数据

按零件数分组	职 工 人 数
40～50	20
50～60	40
60～70	80
70～80	50
80～90	10

利用公式求车间零件数的众数，具体操作步骤如下。

Step 01：新建工作表“例 1.9 车间零件加工数据.xlsx”，输入表 1.4 中的数据，样式如图 1.40 所示。

Step 02：确定众数所在组的下限 L。这里次数最大为 80，对应的组为“60～70”，所以对应的下限 L 为 60。

Step 03：确定众数所在组的次数减去众数所在组前一组的次数的值 f_m-f_{m-1}，单击 B8 单元格，在编辑栏中输入“=B4-B3”，然后按回车键，如图 1.41 所示。

	A	B	C
1	按零件数分组	职工人数	
2	40～50	20	
3	50～60	40	
4	60～70	80	
5	70～80	50	
6	80～90	10	
7			
8	f_m-f_{m-1}		
9	f_m-f_{m+1}		
10	众数		
11			

图 1.40　车间零件加工数据

B8　=B4-B3

	A	B	C
1	按零件数分组	职工人数	
2	40～50	20	
3	50～60	40	
4	60～70	80	
5	70～80	50	
6	80～90	10	
7			
8	f_m-f_{m-1}	40	
9	f_m-f_{m+1}		
10	众数		
11			

图 1.41　众数组和前一组的次数差

Step 04：确定众数所在组的次数减去众数所在组后一组的次数的值 f_m-f_{m+1}，单击 B9 单元格，在编辑栏中输入“=B4-B5”，完成后按回车键，结果如图 1.42 所示。

Step 05：依据公式求众数。单击单元格 B10，在编辑栏中输入“=60+B8/(B8+B9)*10”，完成后按回车键结束。最终求得众数，结果如图 1.43 所示。

B9　=B4-B5

	A	B	C
1	按零件数分组	职工人数	
2	40～50	20	
3	50～60	40	
4	60～70	80	
5	70～80	50	
6	80～90	10	
7			
8	f_m-f_{m-1}	40	
9	f_m-f_{m+1}	30	
10	众数		
11			

图 1.42　众数组和后一组的次数差

B10　=60+B8/(B8+B9)*10

	A	B	C	D
1	按零件数分组	职工人数		
2	40～50	20		
3	50～60	40		
4	60～70	80		
5	70～80	50		
6	80～90	10		
7				
8	f_m-f_{m-1}	40		
9	f_m-f_{m+1}	30		
10	众数	65.71428571		
11				

图 1.43　组数据众数结果

【结论】

从图 1.43 中可以看出，依据公式求众数的结果为 65.71428571。

1.3.5　中位数

在统计学中，中位数（median）是一组数据按大小顺序排列后，处于中间位置的数值，通常用 M_e 表示。其定义表明，中位数就是将全部数据均等地分为两半的那个变量值，其中的一半数值小于中位数，另一半数值大于中位数。中位数是一个位置代表值，因此它不受极端变量值的影响。

对于包含 n 个数值的未分组数据资料，需先将各变量值按大小顺序排列，按公式 $(n+1)/2$ 确定中位数的位置。当一个序列中的项数为奇数时，则处于序列中间位置的变量值就是中位数。当一个序列的项数是偶数时，则应取中间两个数的中点值作为中位数，即取中间两个变量值的平均数为中位数。

根据单项数列资料确定中位数与根据未分组资料确定中位数方法基本一致。区别是：根据单项数列资料确定中位数要先计算各组的累积次数（或频数），再根据累积次数确定中位数的位置，并对照累积次数确定中位数。

根据组距数列资料确定中位数时，先要创建累积频率分布表，根据其确定数据的中位数对应的观测值位置，然后运用插值法按比例推算出中位数。公式如下：

$$M_e = L + \frac{\frac{\sum_{i=1}^{n} f_i}{2} - s_{m-1}}{f_m} \times i$$

其中 L 为中位数所在组的下限，s_{m-1} 为中位数所在组前一组止的累积频数，f_m 为中位数所在组的频数，i 为中位数所在组的组距。

Excel 提供了 MEDIAN 函数求解非组数据的中位数。

函数语法：MEDIAN(number1,number2,...)

- number1,number2,...：是要计算中位数的 1 到 255 个数字。

例 1.10 求非组数据的中位数

求非组数据：9，13，34，11，15，17，18，19，25，36，27，33，22，18，19，21 的中位数。

使用 MEDIAN 函数来求中位数，具体操作步骤如下。

Step 01：新建工作表“例 1.10 非组数据的中位数.xlsx”，表头输入“非组数据的中位数”，输入上述非组数据。

Step 02：单击 B11 单元格，在编辑栏中输入“=MEDIAN(A2:B9)”，完成后按回车键，得到中位数 19，如图 1.44 所示。

B11　=MEDIAN(A2:B9)

	A	B
1	非组数据的中位数	
2	9	25
3	13	36
4	34	27
5	11	33
6	15	22
7	17	18
8	18	19
9	19	21
10		
11	中位数	19

图 1.44　非组数据的中位数

例 1.11 求组数据的中位数

已知某地区家庭收入分组的家庭数和累积频数，试确定此地区家庭收入的中位数，如表 1.5 所示。

表 1.5　　某地区家庭收入分组数据

按家庭收入分组（元）	家庭数（户）	累 积 频 数
5000 以下	21	21
5000～10000	45	66
10000～15000	14	80
15000～20000	6	86
20000 以上	6	92

具体分析步骤如下。

Step 01：新建工作表“例 1.11 某地区家庭收入分组数据.xlsx”，表头输入“组数据的中位数”以及输入要求统计量的表格名称，再输入表 1.5 中的数据，如图 1.45 所示。

	A	B	C
1	组数据的中位数		
2	按家庭收入分组（元）	家庭数（户）	累积频数
3	5 000以下	21	21
4	5 000～10 000	45	66
5	10 000～15 000	14	80
6	15 000～20 000	6	86
7	20 000以上	6	92
8			
9	中位数的观测值		
10	中位数		

图 1.45　某地区家庭收入分组数据

Step 02：确定中位数的观测值位置，为“观测值总数/2”。单击 B9 单元格，在编辑栏中输入“=C7/2”，按回车键，结果为 46，如图 1.46 所示，从而判断中位数所在组为“5000～10000”。中位数所在组的下限 L 为 5000，中位数所在组前一组止的累积频数 s_{m-1} 为 21，中位数所在组的频数 f_m 为 45。

Step 03：求中位数。单击 B10 单元格，在编辑栏中输入“=5000+(B9-C3)/B4*5000”，按回车键，结果如图 1.47 所示。

B9 =C7/2

	A	B	C
1	组数据的中位数		
2	按家庭收入分组（元）	家庭数（户）	累积频数
3	5 000以下	21	21
4	5 000～10 000	45	66
5	10 000～15 000	14	80
6	15 000～20 000	6	86
7	20 000以上	6	92
8			
9	中位数的观测值	46	
10	中位数		
11			

图 1.46　中位数的观测值位置

B10 =5000+(B9-C3)/B4*5000

	A	B	C	D
1	组数据的中位数			
2	按家庭收入分组（元）	家庭数（户）	累积频数	
3	5 000以下	21	21	
4	5 000～10 000	45	66	
5	10 000～15 000	14	80	
6	15 000～20 000	6	86	
7	20 000以上	6	92	
8				
9	中位数的观测值	46		
10	中位数	7777.777778		
11				

图 1.47　家庭收入的中位数

【结论】

从图 1.47 中可以看出，中位数的近似值为 7777.777778。

1.4　数据的离散程度分析

集中趋势是一个说明同质总体各个体变量值的代表值，只是数据分布的一个特征，它所反映的是各变量值向其中心值聚集的程度，其代表性如何，决定于被平均变量值之间的变异程度。在统计学中，把反映现象总体中各个体的变量值之间差异程度的指标称为离散程度，也称为离中趋势。

描述一组数据离散程度常用极差、四分位差、方差和标准差、变异系数等。

1.4.1　极差

极差（Range）也叫全距，是一组数据中最大值与最小值之差，即：

$$R = \max(X_i) - \min(X_i)$$

对于组距分组数据，极差也可近似表示为：R=最大组的上限值−最小组的下限值。

极差是描述数据离散程度的最简单测度值，它计算简单，易于理解。但它只是说明两个极端变量值的差异范围，不能准确描述出数据的离散程度，易受极端数值的影响。

例 1.12 统计学考试成绩极差计算

某班级 40 名同学统计学的考试成绩原始资料如表 1.6 所示，求考试成绩极差。

表 1.6　　40 名同学统计学考试成绩

64	70	89	64	56
78	89	60	78	68
85	79	70	84	68
78	89	99	36	75
88	88	79	98	95
60	68	95	97	79
75	75	89	75	75
84	78	64	78	85

求考试成绩极差的具体步骤如下。

Step 01：新建工作表“例 1.12 某班级 40 名同学统计学的考试成绩.xlsx”，表头输入“40 名同学统计学成绩”，在 A11 单元格输入表格名称“极差”，再输入表 1.6 中的数据，如图 1.48 所示。

Step 02：单击 B11 单元格，在编辑栏中输入“=MAX(A2:E9)-MIN(A2:E9)”，结束后按回车键，结果如图 1.49 所示，考试成绩的极差为 63。

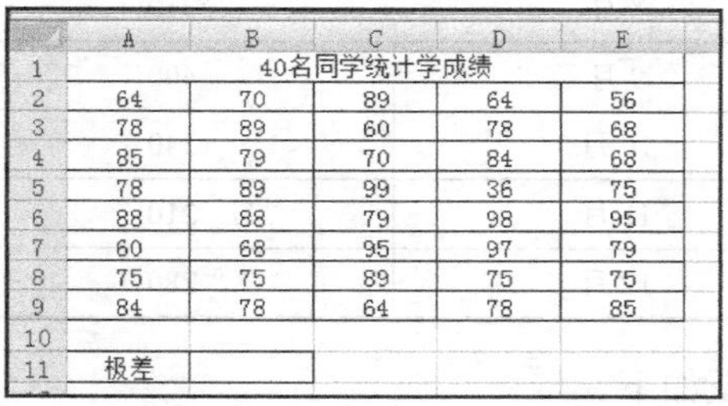

图 1.48　统计学考试成绩

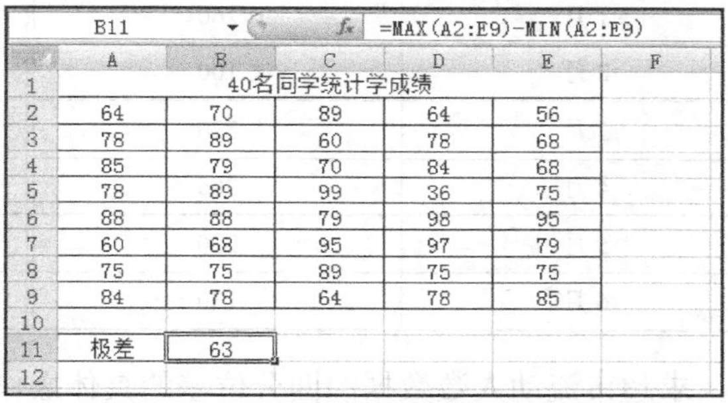

图 1.49　统计学考试成绩极差

1.4.2　四分位差

四分位差（Interquartile Range）是指第 3 个四分位数与第 1 个四分位数之差，也称为内距或四分间距，用 Q_r 表示。四分位差的计算公式为：$Q_r = Q_3 - Q_1$。

四分位差反映了中间 50%数据的离散程度。其数值越小，说明中间的数据越集中；数值越大，说明中间的数据越分散。四分位差不受极值影响，因此，在某种程度上弥补了极差的一个缺陷。

对应组数据，Q_1 和 Q_3 的计算公式为

$$Q_1 = L + \frac{\frac{n+1}{4} - F}{f} i$$

$$Q_3 = L + \frac{\frac{3(n+1)}{4} - F}{f} i$$

其中，L 为四分位数所在组的下界，F 为至四分位数所在组的累积频数，f 为四分位数所在组的频数，i 为四分位数所在组的宽度。

对应非组数据，在 Excel 中，可以利用 QUARTILE 函数求非组数据的四分位数。

函数语法：QUARTILE(array,quart)

- array 为需要求得四分位数值的数组或数字型单元格区域。如果数组为空，函数 QUARTILE 返回错误值“#NUM!”。
- quart 决定返回哪一个四分位值。如果 quart 不为整数，则被截尾取整；如果 quart<0，或 quart>4，函数 QUARTILE 将返回错误值“#NUM!”。

例 1.13 使用 QUARTILE 函数求非组数据四分位数

某超市统计了一年中每个月超市的流动人数，公司现要分析超市的流动人数数据的四分位差。原始数据如表 1.7 所示。

表 1.7　某超市的流动人数

月　份	人　数	月　份	人　数
1 月	260	7 月	290
2 月	100	8 月	210
3 月	320	9 月	400
4 月	380	10 月	340
5 月	290	11 月	210
6 月	130	12 月	280

求超市流动人数数据的四分位差的具体操作步骤如下。

Step 01：新建工作表“例 1.13 超市每月流动人数.xlsx”，输入表 1.7 中的数据，如图 1.50 所示。

Step 02：求第 1 个四分位数。单击 E6 单元格，在编辑栏中输入“=QUARTILE(B2:B13,1)”，按回车键结束，如图 1.51 所示。

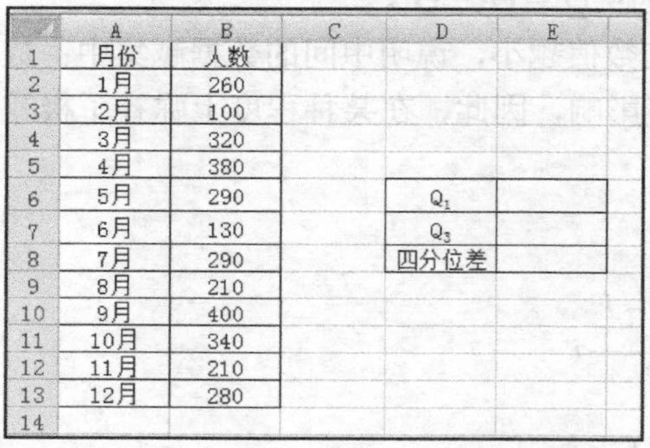

	A	B	C	D	E
1	月份	人数			
2	1月	260			
3	2月	100			
4	3月	320			
5	4月	380			
6	5月	290		Q_1	
7	6月	130		Q_3	
8	7月	290		四分位差	
9	8月	210			
10	9月	400			
11	10月	340			
12	11月	210			
13	12月	280			
14					

图 1.50　超市每月流动人数

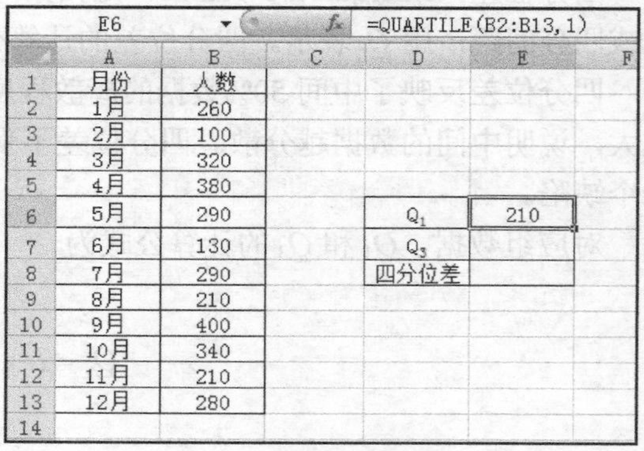

E6　=QUARTILE(B2:B13,1)

	A	B	C	D	E	F
1	月份	人数				
2	1月	260				
3	2月	100				
4	3月	320				
5	4月	380				
6	5月	290		Q_1	210	
7	6月	130		Q_3		
8	7月	290		四分位差		
9	8月	210				
10	9月	400				
11	10月	340				
12	11月	210				
13	12月	280				
14						

图 1.51　第 1 个四分位数

Step 03：求第 3 个四分位数。单击 E7 单元格，在编辑栏中输入“=QUARTILE(B2:B13,3)”，

按回车键，结果如图 1.52 所示。

Step 04：求四分位差。单击 E8 单元格，在编辑栏中输入“=E7-E6”，完成后按回车键。结果如图 1.53 所示，超市的流动人数数据的四分位差为 115。

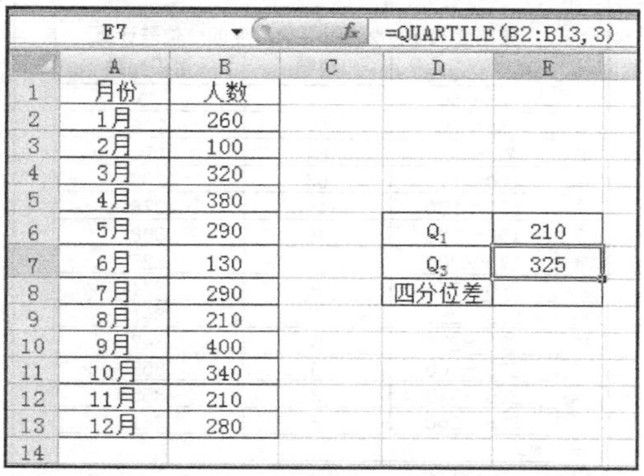

E7
=QUARTILE(B2:B13,3)
月份 人数
1月 260
2月 100
3月 320
4月 380
5月 290
6月 130
7月 290
8月 210
9月 400
10月 340
11月 210
12月 280
Q_1 210
Q_3 325
四分位差

图 1.52　第 3 个四分位数

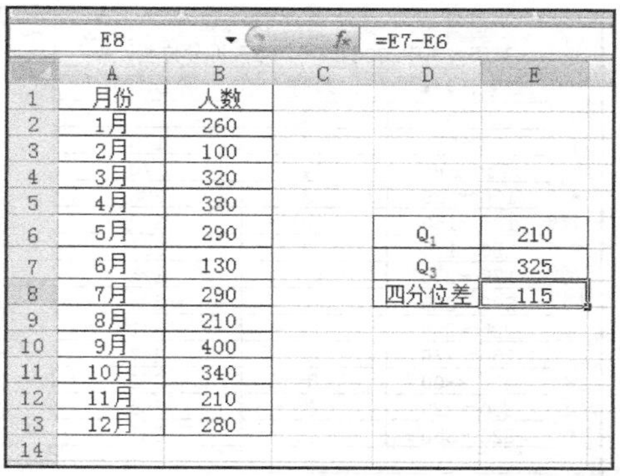

E8
=E7-E6
月份 人数
1月 260
2月 100
3月 320
4月 380
5月 290
6月 130
7月 290
8月 210
9月 400
10月 340
11月 210
12月 280
Q_1 210
Q_3 325
四分位差 115

图 1.53　流动人数数据的四分位差

例 1.14　求组数据的四分位差

某市环保部门统计了大气中 SO_2 的日平均浓度，具体数据见表 1.8，试确定 SO_2 的平均浓度四分位差。

表 1.8　　**SO_2 的日平均浓度**

浓度（mg/m³）	频　数	累 积 频 数
25～50	39	39
50～75	67	106
75～100	64	170
100～125	63	233
125～150	45	278
150～175	30	308
175～200	17	325
200～225	9	334
225～250	7	341
250～275	6	347
275～300	5	352
300～325	3	355
325～350	6	361

使用 Excel 2007 求组数据的四分位差，具体步骤如下。

Step 01：新建工作表“例 1.14 某市大气中 SO_2 的日平均浓度.xlsx”，表头输入“某市大气中 SO_2 的日平均浓度四分位差计算”，输入表 1.8 中的数据，如图 1.54 所示。

Step 02：求第 1 个和第 3 个四分位数位置。单击 B17 单元格，在编辑栏中输入

“=(C15+1)/4”，按回车键；单击 B18 单元格，在编辑栏中输入“=3*(C15+1)/4”，完成后按回车键。结果如图 1.55 所示。

	A	B	C
1	某市大气中SO2的日平均浓度四分位差计算		
2	浓度（μg/m³）	频数	累积频数
3	25～50	39	39
4	50～75	67	106
5	75～100	64	170
6	100～125	63	233
7	125～150	45	278
8	150～175	30	308
9	175～200	17	325
10	200～225	9	334
11	225～250	7	341
12	250～275	6	347
13	275～300	5	352
14	300～325	3	355
15	325～350	6	361
17	(n+1)/4		
18	3(n+1)/4		
19	Q1		
20	Q3		
21	四分位差		

图 1.54　大气中 SO_2 的日平均浓度

B18　=3*(C15+1)/4

	A	B	C
1	某市大气中SO2的日平均浓度四分位差计算		
2	浓度（μg/m³）	频数	累积频数
3	25～50	39	39
4	50～75	67	106
5	75～100	64	170
6	100～125	63	233
7	125～150	45	278
8	150～175	30	308
9	175～200	17	325
10	200～225	9	334
11	225～250	7	341
12	250～275	6	347
13	275～300	5	352
14	300～325	3	355
15	325～350	6	361
17	(n+1)/4	90.5	
18	3(n+1)/4	271.5	
19	Q1		
20	Q3		
21	四分位差		

图 1.55　四分位数位置

Step 03：求第 1 个四分位数。第 1 个四分位数所在区间的下限值为 50，单击 B19 单元格，在编辑栏中输入“=50+(B17-C4)/B4*25”，按回车键结束，如图 1.56 所示。

Step 04：求第 3 个四分位数。第 3 个四分位数所在区间下限值为 125，单击 B20 单元格，在编辑栏中输入“=125+(B18-C7)/B7*25”，按回车键结束，如图 1.57 所示。

B19　=50+(B17-C4)/B4*25

	A	B	C
1	某市大气中SO2的日平均浓度四分位差计算		
2	浓度（μg/m³）	频数	累积频数
3	25～50	39	39
4	50～75	67	106
5	75～100	64	170
6	100～125	63	233
7	125～150	45	278
8	150～175	30	308
9	175～200	17	325
10	200～225	9	334
11	225～250	7	341
12	250～275	6	347
13	275～300	5	352
14	300～325	3	355
15	325～350	6	361
17	(n+1)/4	90.5	
18	3(n+1)/4	271.5	
19	Q1	44.21641791	
20	Q3		
21	四分位差		

图 1.56　第 1 个四分位数值

B20　=125+(B18-C7)/B7*25

	A	B	C
1	某市大气中SO2的日平均浓度四分位差计算		
2	浓度（μg/m³）	频数	累积频数
3	25～50	39	39
4	50～75	67	106
5	75～100	64	170
6	100～125	63	233
7	125～150	45	278
8	150～175	30	308
9	175～200	17	325
10	200～225	9	334
11	225～250	7	341
12	250～275	6	347
13	275～300	5	352
14	300～325	3	355
15	325～350	6	361
17	(n+1)/4	90.5	
18	3(n+1)/4	271.5	
19	Q1	44.21641791	
20	Q3	121.3888889	
21	四分位差		

图 1.57　第 3 个四分位数值

Step 05：求四分位差。单击 B21 单元格，在编辑栏中输入“=B20-B19”，按回车键结束。结果如图 1.58 所示，SO_2 的平均浓度四分位差为 77.17247098。

B21　　fx　=B20-B19

	A	B	C
1	某市大气中SO2的日平均浓度四分位差计算		
2	浓度（μg/m³）	频数	累积频数
3	25～50	39	39
4	50～75	67	106
5	75～100	64	170
6	100～125	63	233
7	125～150	45	278
8	150～175	30	308
9	175～200	17	325
10	200～225	9	334
11	225～250	7	341
12	250～275	6	347
13	275～300	5	352
14	300～325	3	355
15	325～350	6	361
16			
17	(n+1)/4	90.5	
18	3(n+1)/4	271.5	
19	Q1	44.21641791	
20	Q3	121.3888889	
21	四分位差	77.17247098	
22			

图 1.58　组数据的四分位差

1.4.3　方差和标准差

方差是各变量值与其算术平均数差的平方的算术平均数，标准差是方差的平方根。

方差和标准差是根据全部数据计算的，反映每个数据与其算术平均数相比平均相差的数值，因此它能准确地反映出数据的差异程度。方差和标准差是实际中应用最广泛的离散程度度量值。

设样本的方差为 s^2，标准差为 s，对于非组数据，方差和标准差的计算公式为

$$S^2 = \frac{\sum_{i=1}^{n}(X_i - \bar{X})^2}{n-1}$$

$$S = \sqrt{\frac{\sum_{i=1}^{n}(X_i - \bar{X})^2}{n-1}}$$

对于组数据，方差和标准差的计算公式为

$$S^2 = \frac{\sum_{i=1}^{k}(X_i - \bar{X})^2 f_i}{\left(\sum_{i=1}^{k} f_i\right) - 1}$$

$$S = \sqrt{\frac{\sum_{i=1}^{n}(X_i - \bar{X})^2 f_i}{\left(\sum_{i=1}^{n} f_i\right) - 1}}$$

对于非组数据的计算，可以使用上述定义来求样本方差和标准差，Excel 还专门提供了样本方差函数 VAR 和样本标准差函数 STDEV 来实现快速求解。

函数语法：VAR(number1,number2,...)

- number1,number2,...：为对应于总体样本的参数，参数可以是数字或者是包含数字的名称、数组或引用。
- 如果参数是一个数组或引用，则只计算其中的数字，数组或引用中的空白单元格、逻辑值、文本或错误值将被忽略。逻辑值和直接键入到参数列表中代表数字的文本被计算在内。
- 函数 VAR 假设其参数是样本总体中的一个样本。如果数据为整个样本总体，则应使用函数 VARP 来计算方差。

函数语法：STDEV(number1,number2,...)

- number1,number2,...：为对应于总体样本参数，也可以用单个数组或对数组的引用，而不使用这种用逗号分隔参数的形式。
- 参数可以是数字或者是包含数字的名称、数组或引用。如果参数是一个数组或引用，则只计算其中的数字，数组或引用中的空白单元格、逻辑值、文本或错误值将被忽略。逻辑值和直接键入到参数列表中代表数字的文本被计算在内。
- 函数 STDEV 假设其参数是总体中的样本。如果数据代表全部样本总体，则应使用函数 STDEVP 来计算标准差。

例 1.15 求非组数据的方差和标准差

某医学调查显示 12 名同龄男孩的身高分别是 110、100、102、101、99、96、104、90、95、98、115、97，试分别计算着 12 名男孩的年龄样本方差和标准差。

利用样本方差函数 VAR 和样本标准差函数 STDEV 求解的具体步骤如下。

Step 01：新建工作表“例 1.15 某医学调查的男孩身高.xlsx”，表头输入“12 名男孩身高”，输入例 1.15 的数据。

Step 02：求样本方差。单击 D5 单元格，在编辑栏中输入“=VAR(A2:A13)”，然后按回车键。结果如图 1.59 所示。

Step 03：求样本标准差。单击 D6 单元格，在编辑栏中输入“=STDEV(A2:A13)”，然后按回车键。结果如图 1.60 所示。

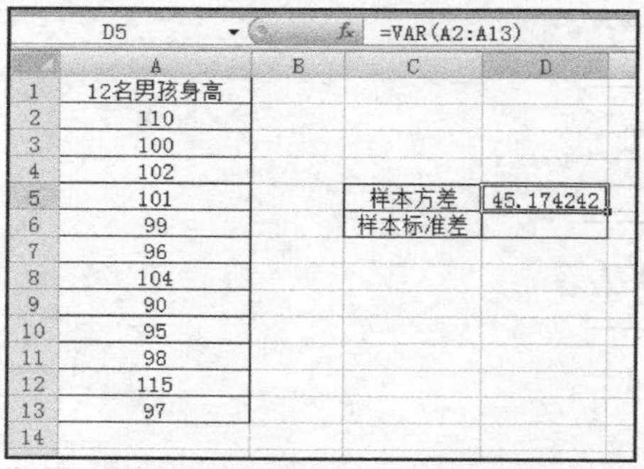

图 1.59 样本方差

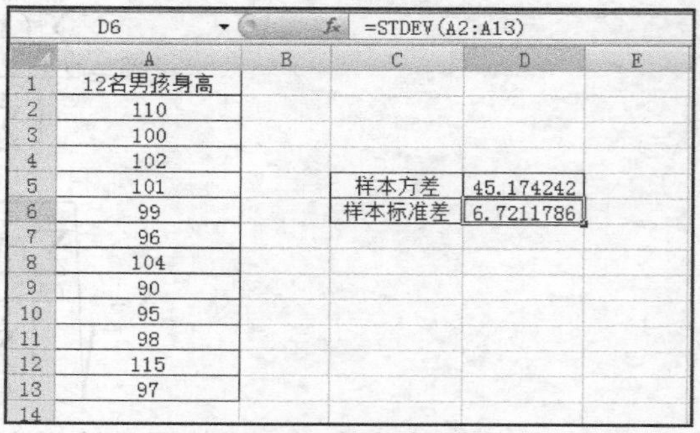

图 1.60 样本标准差

【结论】

从图 1.59 和图 1.60 中可以看出，12 名男孩的年龄样本方差为 45.174242，标准差为 6.7211786。

例 1.16 求组数据的方差和标准差

某医院调查 120 名成年男子血清铁含量，原始数据如表 1.9 所示，试计算 120 名成年男子血清铁含量方差和标准差。

表 1.9　　成年男子血清铁含量

组　段	频　数	组 中 值	组　段	频　数	组 中 值
6～8	1	7	18～20	27	19
8～10	3	9	20～22	12	21
10～12	6	11	22～24	10	23
12～14	8	13	24～26	8	25
14～16	12	15	26～28	4	27
16～18	20	17	28～30	1	29

依据组数据方差和标准差的公式求解，具体操作步骤如下。

Step 01：新建工作表“例 1.16 成年男子血清铁含量.xlsx”，表头输入“120 名成年男子血清铁含量”，输入如表 1.9 中的数据，建立工作区域，如图 1.61 所示。

Step 02：求样本平均值。单击 B16 单元格，在编辑栏中输入“=AVERAGE(C3:C14)”，然后按回车键，计算结果如图 1.62 所示。

	A	B	C	D
1	120名成年男子血清铁含量			
2	组段	频数	组中值	
3	6~8	1	7	
4	8~10	3	9	
5	10~12	6	11	
6	12~14	8	13	
7	14~16	12	15	
8	16~18	20	17	
9	18~20	27	19	
10	20~22	12	21	
11	22~24	10	23	
12	24~26	8	25	
13	26~28	4	27	
14	28~30	1	29	
15				
16	样本平均值			
17	样本方差			
18	样本标准差			
19				

图 1.61　成年男子血清铁含量

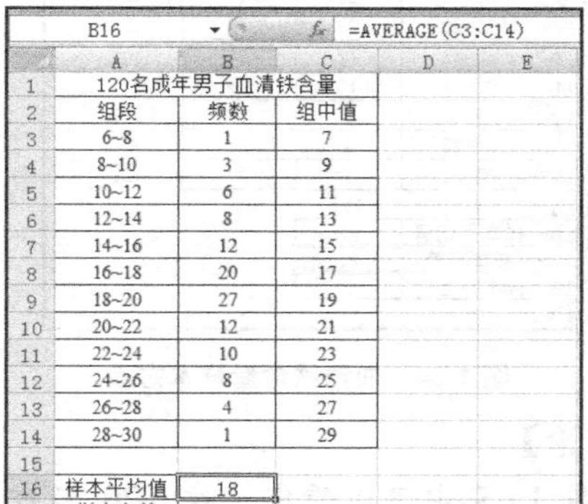

B16　=AVERAGE(C3:C14)

	A	B	C	D	E
1	120名成年男子血清铁含量				
2	组段	频数	组中值		
3	6~8	1	7		
4	8~10	3	9		
5	10~12	6	11		
6	12~14	8	13		
7	14~16	12	15		
8	16~18	20	17		
9	18~20	27	19		
10	20~22	12	21		
11	22~24	10	23		
12	24~26	8	25		
13	26~28	4	27		
14	28~30	1	29		
15					
16	样本平均值	18			
17	样本方差				
18	样本标准差				
19					

图 1.62　样本平均值

Step 03：单击 D3 单元格，在编辑栏中输入“=(C3-$B$16)^2*B3”，然后按回车键；再单击 D3 单元格，将鼠标指针移动至 D3 单元格右下角，当鼠标指针变为小黑色十字形状时按住鼠标左键拖曳至 D14 单元格，利用自动填充单元格功能求出各组值，计算结果如图 1.63 所示。

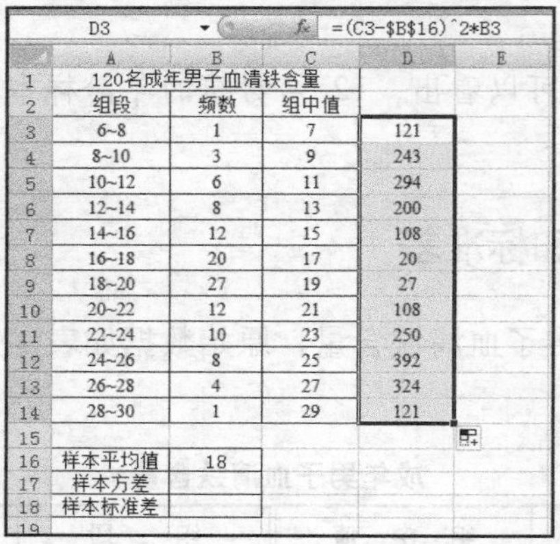

D3 | =(C3-$B$16)^2*B3

	A	B	C	D	E
1	120名成年男子血清铁含量				
2	组段	频数	组中值		
3	6~8	1	7	121	
4	8~10	3	9	243	
5	10~12	6	11	294	
6	12~14	8	13	200	
7	14~16	12	15	108	
8	16~18	20	17	20	
9	18~20	27	19	27	
10	20~22	12	21	108	
11	22~24	10	23	250	
12	24~26	8	25	392	
13	26~28	4	27	324	
14	28~30	1	29	121	
15					
16	样本平均值	18			
17	样本方差				
18	样本标准差				
19					

图 1.63　利用自动填充求各组值

Step 04：单击 D15 单元格，单击菜单栏【开始】/【编辑】/【自动求和】按钮，然后按回车键；单击 B15 单元格，单击菜单栏【开始】/【编辑】/【自动求和】按钮，按回车键。

Step 05：求样本方差。单击 B17 单元格，在编辑栏中输入"=D15/(B15-1)"，然后按回车键，结果如图 1.64 所示。

Step 06：求样本标准差。单击 B18 单元格，在编辑栏中输入"=B17^0.5"，然后按回车键，求得样本标准差结果如图 1.65 所示。

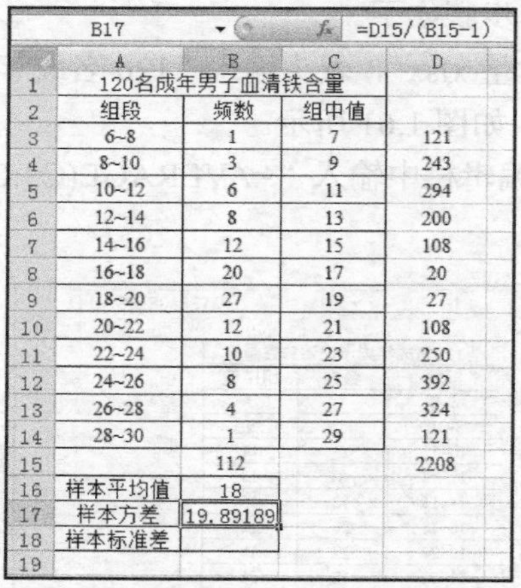

B17 | =D15/(B15-1)

	A	B	C	D
1	120名成年男子血清铁含量			
2	组段	频数	组中值	
3	6~8	1	7	121
4	8~10	3	9	243
5	10~12	6	11	294
6	12~14	8	13	200
7	14~16	12	15	108
8	16~18	20	17	20
9	18~20	27	19	27
10	20~22	12	21	108
11	22~24	10	23	250
12	24~26	8	25	392
13	26~28	4	27	324
14	28~30	1	29	121
15		112		2208
16	样本平均值	18		
17	样本方差	19.89189		
18	样本标准差			
19				

图 1.64　血清铁含量样本方差

B18 | =B17^0.5

	A	B	C	D
1	120名成年男子血清铁含量			
2	组段	频数	组中值	
3	6~8	1	7	121
4	8~10	3	9	243
5	10~12	6	11	294
6	12~14	8	13	200
7	14~16	12	15	108
8	16~18	20	17	20
9	18~20	27	19	27
10	20~22	12	21	108
11	22~24	10	23	250
12	24~26	8	25	392
13	26~28	4	27	324
14	28~30	1	29	121
15		112		2208
16	样本平均值	18		
17	样本方差	19.89189		
18	样本标准差	4.460033		
19				

图 1.65　血清铁含量样本标准差

【结论】

从图 1.65 中可以看出，这 120 名成年男子的血清铁含量方差值为 19.89189，标准差为 4.460033。

1.4.4　变异系数

前面介绍的极差、方差和标准差都是反映一组数值变异程度的绝对值，其数值的大小，不仅取决于数值的变异程度，而且还与变量值水平的高低、计量单位的不同有关。所以，不宜直接利用上述变异指标对不同水平、不同计量单位的现象进行比较。

变异系数（coefficient of variation）也称离散系数、标准差系数或差异系数，是测度数据离散程度的相对指标。它是一组数据的标准差与其相应的平均值之比，用 CV 表示。主要用于比较几个量纲不同的变量之间的离散程度差异，也可以比较量纲相同但均数相差悬殊的几个变量之间的离散程度。

变异系数计算公式为

$$CV = \frac{\sigma}{\overline{X}}$$

其中，CV 为变异系数，σ为样本的标准差，$\overline{X}$ 为样本的均值。

例 1.17 用变异系数比较分散趋势

某地两个不同类型的企业半年平均月产量资料如表 1.10 所示，试计算两个企业平均月产量变异系数，比较二者分散程度。

表 1.10　　　　两个企业平均月产量（炼钢单位：吨；纺纱单位：锭）

月　份	炼　钢　厂	纺　纱　厂
1 月	510	198
2 月	520	195
3 月	500	210
4 月	500	200
5 月	510	195
6 月	490	210

使用变异系数比较分散程度的具体操作步骤如下。

Step 01：新建工作表"例 1.17 两个不同类型的企业半年月产量资料.xlsx"，输入如表 1.10 中的数据，如图 1.66 所示。

Step 02：求产量的标准差。单击 B9 单元格，在编辑栏中输入"=STDEV(B2:B7)"，然后按回车键，求出炼钢厂产量的标准差；再单击 B9 单元格，将鼠标指针移动至 B9 单元格右下角，当鼠标指针变为小黑色十字形状时按住鼠标左键拖曳至 C9 单元格，求出纺纱厂产量的标准差。计算结果如图 1.67 所示。

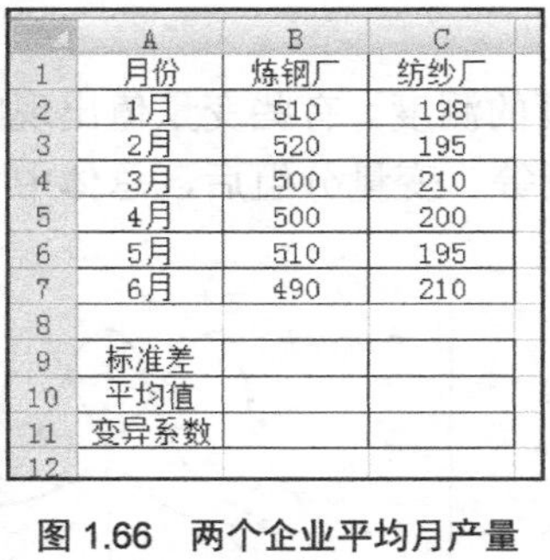

	A	B	C
1	月份	炼钢厂	纺纱厂
2	1月	510	198
3	2月	520	195
4	3月	500	210
5	4月	500	200
6	5月	510	195
7	6月	490	210
8			
9	标准差		
10	平均值		
11	变异系数		
12			

图 1.66　两个企业平均月产量

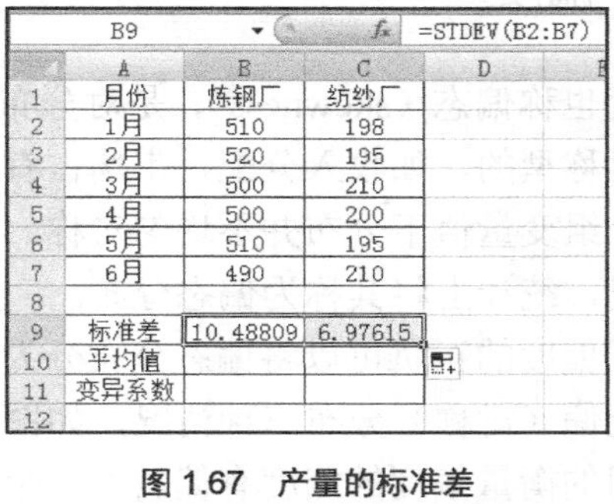

B9　　=STDEV(B2:B7)

	A	B	C	D
1	月份	炼钢厂	纺纱厂	
2	1月	510	198	
3	2月	520	195	
4	3月	500	210	
5	4月	500	200	
6	5月	510	195	
7	6月	490	210	
8				
9	标准差	10.48809	6.97615	
10	平均值			
11	变异系数			
12				

图 1.67　产量的标准差

Step 03：求产量平均值。单击 B10 单元格，在编辑栏中输入"=AVERAGE(B2:B7)"，按回车键，求出炼钢厂产量的平均值；再单击 B10 单元格，将鼠标指针移动至 B10 单元格右下角，当鼠标指针变为小黑色十字光标时按住鼠标左键拖曳至 C10 单元格，求出纺纱厂产量的平均值。计算结果如图 1.68 所示。

Step 04：求变异系数。单击 B11 单元格，在编辑栏中输入“=B9/B10”，按回车键；再单击 C11 单元格，在编辑栏中输入“=C9/C10”，按回车键。计算结果如图 1.69 所示。

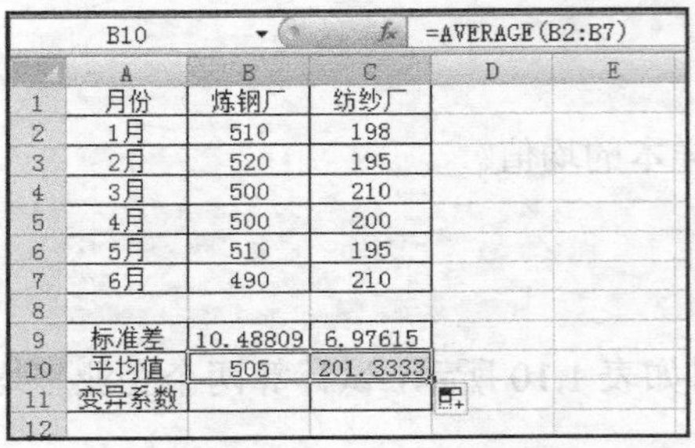
B10 　 =AVERAGE(B2:B7)

	A	B	C	D	E
1	月份	炼钢厂	纺纱厂		
2	1月	510	198		
3	2月	520	195		
4	3月	500	210		
5	4月	500	200		
6	5月	510	195		
7	6月	490	210		
8					
9	标准差	10.48809	6.97615		
10	平均值	505	201.3333		
11	变异系数				
12					

图 1.68　产量平均值

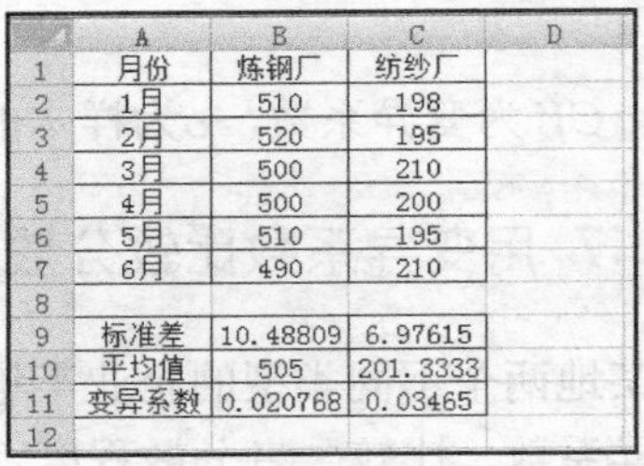

	A	B	C	D
1	月份	炼钢厂	纺纱厂	
2	1月	510	198	
3	2月	520	195	
4	3月	500	210	
5	4月	500	200	
6	5月	510	195	
7	6月	490	210	
8				
9	标准差	10.48809	6.97615	
10	平均值	505	201.3333	
11	变异系数	0.020768	0.03465	
12				

图 1.69　产量变异系数

【结论】

从图 1.69 可以看出，炼钢厂的标准差比纺纱厂大，但不能直接断定炼钢厂的平均月产量的代表性就比纺纱厂的小，首先这两个厂的平均月产量相差悬殊，其次两个厂属于性质不同而且计量单位不同的两个企业，因此只能根据变异系数的大小来判断。两个企业的变异系数表明，炼钢厂的平均月产量的代表性就比纺纱厂的大，生产比较稳定，其结果与用标准差判断的结果正好相反。

1.5　分布形态测定及分析

只用集中趋势和离散程度来分析表示所有数据，难免不够准确，要全面了解数据分布的特点，识别整个总体的数量特征，还需要掌握总体数据的分布形态。总体的分布形态可从两个角度考虑，一是分布的对称程度，另一个是分布的高低。分布的对称程度测定参数称为偏度或偏斜度，分布的高低测定参数称为峰度。

1.5.1　偏度

偏度也称偏态（skewness），是对分布偏斜方向和程度的测度。有些变量值出现的次数往往是非对称型的，如收入分配、市场占有份额、资源配置等。变量分组后，总体中各个体在不同的分组变量值下分布并不均匀对称，而呈现出偏斜的分布状况，统计上将其称为偏态分布。

根据偏度的正负可以将偏态分布分为正偏分布、负偏分布和无偏（对称）分布三种情况，如图 1.70 所示。

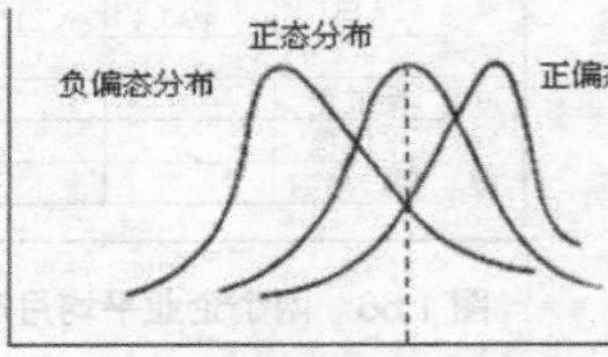

图 1.70　三种偏度图形

常用的衡量偏度的测度有偏斜度、矩偏度系数、四分位数偏度系数和 Spearman 偏度系数，本节主要介绍这四种偏度度量方法。

1. 偏斜度

偏斜度是反映以平均值为中心的分布的不对称方向和程度。正偏斜度表示不对称边的分布更趋向正值，负偏斜度表示不对称边的分布更趋向负值。偏斜度的计算公式为

$$\mathrm{SKEW}=\frac{n}{(n-1)(n-2)}\sum_{i=1}^{n}\left(\frac{X_i-\overline{X}}{s}\right)^3$$

在 Excel 中，提供了 SKEW 函数来计算偏斜度。

函数语法：SKEW(number1,number2,...)

- number1,number2,...：为需要计算偏斜度参数，也可以不使用逗号分隔参数的形式，而用单个数组或对数组的引用。
- 参数可以是数字或者是包含数字的名称、数组或引用。
- 逻辑值和直接键入到参数列表中代表数字的文本将被计算在内。
- 当数组或引用参数包含文本、逻辑值或空白单元格时，这些值将被忽略，但包含零值的单元格将计算在内。
- 如果参数为错误值或为不能转换为数字的文本，会导致错误。
- 如果数据点个数少于 3 个，或样本标准偏差为零，则 SKEW 函数返回错误值“#DIV/0!”。

例 1.18 购买蔬菜水果支出的偏斜度

某统计部门随机抽取 30 家住户，调查其每周用于购买蔬菜水果的支出，具体原始数据如表 1.11 所示。

表 1.11　购买蔬菜水果的支出

457	380	150	700	960
1931	395	299	508	1899
1309	695	784	105	915
139	995	505	933	1132
199	363	800	1475	475
1115	773	1200	758	1635

下面将分步讲解如何使用 Excel 分析支出的偏斜度。

Step 01：新建工作表“例 1.18 购买蔬菜水果的支出.xlsx”，输入表 1.11 中的数据，表头输入“购买蔬菜水果的支出偏斜度分析”，创建的表格如图 1.71 所示。

Step 02：求支出的偏斜度。单击 B9 单元格，在编辑栏中输入“=SKEW(A2:E7)”，然后按回车键，结果如图 1.72 所示。

	A	B	C	D	E	F
1	购买蔬菜水果的支出偏斜度分析					
2	457	380	150	700	960	
3	1931	395	299	508	1899	
4	1309	695	784	105	915	
5	139	995	505	933	1132	
6	199	363	800	1475	475	
7	1115	773	1200	758	1635	
8						
9	偏斜度					
10						

图 1.71　支出的原始数据表格

B9　=SKEW(A2:E7)

	A	B	C	D	E	F
1	购买蔬菜水果的支出偏斜度分析					
2	457	380	150	700	960	
3	1931	395	299	508	1899	
4	1309	695	784	105	915	
5	139	995	505	933	1132	
6	199	363	800	1475	475	
7	1115	773	1200	758	1635	
8						
9	偏斜度	0.695243				
10						

图 1.72　支出的偏斜度

【结论】

从图 1.72 中可以看出，住户购买蔬菜水果的支出偏斜度为 0.695243。

2. 矩偏度系数

在统计学中，非组变量和组变量的 k 阶样本中心矩的定义公式分别为

$$m_k=\frac{\sum_{i=1}^{n}(X_i-\bar{X})^k}{n-1}\qquad m_k=\frac{\sum_{i=1}^{n}f_i(X_i-\bar{X})^k}{\sum_{i=1}^{n}f_i-1}$$

当分布是对称的，奇数阶中心矩为零，同时一阶矩也为零。矩偏度是以样本的三阶中心矩除以标准差三次方，来衡量分布不对称程度，或偏斜程度的指标。组数据和非组数据样本的矩偏度系数的计算表达式分别为

$$\gamma=\frac{\dfrac{\sum_{i=1}^{n}(X_i-\bar{X})^3}{n-1}}{\left(\sqrt{\dfrac{\sum_{i=1}^{n}(X_i-\bar{X})^2}{n-1}}\right)^3}\qquad \gamma=\frac{\dfrac{\sum_{i=1}^{n}f_i(X_i-\bar{X})^3}{n-1}}{\left(\sqrt{\dfrac{\sum_{i=1}^{n}f_i(X_i-\bar{X})^2}{\sum_{i=1}^{n}f_i-1}}\right)^3}$$

例 1.19　求购买蔬菜水果支出的矩偏度系数

仍然使用例 1.18 中购买蔬菜水果的支出数据来讲解非组数据的矩偏度系数的求解，求解的具体操作步骤如下。

Step 01：打开工作表“例 1.18 购买蔬菜水果的支出.xlsx”，将数据复制到另一工作表“Sheet2”中，如图 1.73 所示。

	A	B	C	D	E	F
1	购买蔬菜水果的支出矩偏度系数分析					
2	457	380	150	700	960	
3	1931	395	299	508	1899	
4	1309	695	784	105	915	
5	139	995	505	933	1132	
6	199	363	800	1475	475	
7	1115	773	1200	758	1635	
8						

图 1.73　购买蔬菜水果的支出数据

Step 02：求支出的平均值。单击 B9 单元格，在编辑栏中输入“=AVERAGE(A2:E7)”，

再按回车键，平均值计算结果如图 1.74 所示。

Step 03：求$(X_i-\bar{X})^2$的值。单击 A12 单元格，在编辑栏中输入“=(A2-$B$9)^2”，按回车键；然后单击 A12 单元格，将鼠标指针移动至 A12 单元格右下角，当鼠标指针变为小黑色十字光标时按住鼠标左键拖曳至 E12 单元格，松开鼠标，再将鼠标指针移至 E12 单元格右下方，当鼠标指针变为小黑色十字光标时按住鼠标左键拖曳至 E17 单元格，求出所有值。计算结果如图 1.75 所示。

B9　=AVERAGE(A2:E7)

	A	B	C	D	E	F
1	购买蔬菜水果的支出矩偏度系数分析					
2	457	380	150	700	960	
3	1931	395	299	508	1899	
4	1309	695	784	105	915	
5	139	995	505	933	1132	
6	199	363	800	1475	475	
7	1115	773	1200	758	1635	
8						
9	支出平均值	799.4666667				
10						

图 1.74　支出的平均值

A12　=(A2-$B$9)^2

	A	B	C	D	E	F
1	购买蔬菜水果的支出矩偏度系数分析					
2	457	380	150	700	960	
3	1931	395	299	508	1899	
4	1309	695	784	105	915	
5	139	995	505	933	1132	
6	199	363	800	1475	475	
7	1115	773	1200	758	1635	
8						
9	支出平均值	799.4666667				
10						
11	$(X_i-\bar{X})^2$					
12	117283.42	175952.2844	421807	9893.618	25770.95	
13	1280367.7	163593.2844	250466.9	84952.82	1208974	
14	259624.22	10913.28444	239.2178	482284	13347.95	
15	436216.22	38233.28444	86710.62	17831.15	110578.4	
16	360560.22	190503.1511	0.284444	456345.3	105278.6	
17	99561.284	700.4844444	160427	1719.484	698116	

图 1.75　支出和支出平均值差的平方值

Step 04：求$(X_i-\bar{X})^3$的值。单击 A20 单元格，在编辑栏中输入“=(A2-$B$9)^3”，按回车键；然后再单击 A20 单元格，将鼠标指针移动至 A20 单元格右下角，当鼠标指针变为小黑色十字光标时按住鼠标左键拖曳至 E20 单元格，松开鼠标，然后再按住左键继续填充至 E25 单元格，求出所有值。结果如图 1.76 所示。

A20　=(A2-$B$9)^3

	A	B	C	D	E	F
18						
19	$(X_i-\bar{X})^3$					
20	-40165661	-73806118.25	-2.7E+08	-984085	4137097	
21	1.449E+09	-66168030.45	-1.3E+08	-2.5E+07	1.33E+09	
22	132287193	-1140074.448	-3699.9	-3.3E+08	1542133	
23	-2.88E+08	7475881.552	-2.6E+07	2381053	36771010	
24	-2.17E+08	-83148275.35	0.151704	3.08E+08	-3.4E+07	
25	31414904	-18539.4883	64256341	-71301.3	5.83E+08	
26						

图 1.76　支出和支出平均值差的立方值

Step 05：单击 B27 单元格，在编辑栏中输入“=SUM(A12:E17)”，按回车键；单击 B28 单元格，在编辑栏中输入“=SUM(A20:E25)”，按回车键结束，计算结果如图 1.77 所示。

	A	B	C	D	E	F
18						
19	$(X_i-\bar{X})^3$					
20	-40165661	-73806118.25	-2.7E+08	-984085	4137097	
21	1.449E+09	-66168030.45	-1.3E+08	-2.5E+07	1.33E+09	
22	132287193	-1140074.448	-3699.9	-3.3E+08	1542133	
23	-2.88E+08	7475881.552	-2.6E+07	2381053	36771010	
24	-2.17E+08	-83148275.35	0.151704	3.08E+08	-3.4E+07	
25	31414904	-18539.4883	64256341	-71301.3	5.83E+08	
26						
27	$\Sigma(X_i-\bar{X})^2$	7268251.467				
28	$\Sigma(X_i-\bar{X})^3$	2361126483				
29						

图 1.77　求和值

Step 06：求支出矩偏度系数。单击 B29 单元格，在编辑栏中输入“=B28/29/(B27/29)^3”，然后按回车键，如图 1.78 所示，求得购买蔬菜水果的支出矩偏度系数为 5.17161E-09。

B29 =B28/29/(B27/29)^3

	A	B	C	D	E	F
1	购买蔬菜水果的支出矩偏度系数分析					
2	457	380	150	700	960	
3	1931	395	299	508	1899	
4	1309	695	784	105	915	
5	139	995	505	933	1132	
6	199	363	800	1475	475	
7	1115	773	1200	758	1635	
8						
9	支出平均值	799.4666667				
10						
11	$(X_i-\bar{X})^2$					
12	117283.418	175952.2844	421806.9511	9893.617778	25770.95111	
13	1280367.68	163593.2844	250466.8844	84952.81778	1208973.551	
14	259624.218	10913.28444	239.2177778	482283.9511	13347.95111	
15	436216.218	38233.28444	86710.61778	17831.15111	110578.4178	
16	360560.218	190503.1511	0.284444444	456345.2844	105278.6178	
17	99561.2844	700.4844444	160426.9511	1719.484444	698115.9511	
18						
19	$(X_i-\bar{X})^3$					
20	-40165661	-73806118.25	-273949554.5	-984085.1816	4137096.685	
21	1448778714	-66168030.45	-125350326.8	-24760914.62	1329306719	
22	132287193	-1140074.448	-3699.90163	-334930127.9	1542133.285	
23	-288106271	7475881.552	-25533386.58	2381053.045	36771009.86	
24	-216504392	-83148275.35	0.151703704	308276451.2	-34159402.18	
25	31414904	-18539.4883	64256341.49	-71301.2883	583299147.7	
26						
27	$\sum(X_i-\bar{X})^2$	7268251.467				
28	$\sum(X_i-\bar{X})^3$	2361126483				
29	矩偏度系数	5.17161E-09				
30						

图 1.78 支出矩偏度系数

【注意】在 Excel 中，并没有提供计算矩偏度系数的公式。如果读者需要计算矩偏度系数，则必须根据对应的定义按照上述方法进行求解。

3. 四分位数偏度系数

四分位偏度系数是度量偏度的方法之一，四分位数偏度系数计算公式为

$$\frac{(Q_3-Q_2)-(Q_2-Q_1)}{Q_3-Q_1}=\frac{Q_3-2Q_2+Q_1}{Q_3-Q_1}$$

例 1.20 四分位数偏度系数

在本小节中，依然使用例 1.18 中购买蔬菜水果的支出数据来讲解如何求解四分位数偏度。下面将分步详细讲解如何使用 Excel 分析支出的四分位偏度，具体操作如下。

Step 01：打开工作表“例 1.18 购买蔬菜水果的支出.xlsx”，将数据复制到另一工作表“Sheet3”中，如图 1.79 所示。

	A	B	C	D	E	F
1	购买蔬菜水果的支出四分位数偏度系数分析					
2	457	380	150	700	960	
3	1931	395	299	508	1899	
4	1309	695	784	105	915	
5	139	995	505	933	1132	
6	199	363	800	1475	475	
7	1115	773	1200	758	1635	
8						
9	Q_1					
10	Q_2					
11	Q_3					
12	四分位数偏度系数					

图 1.79 购买蔬菜水果的支出数据

Step 02：求四分位数。单击 B9 单元格，在编辑栏中输入“=QUARTILE(A2:E7,1)”，按回车键；单击 B10 单元格，在编辑栏中输入“=QUARTILE(A2:E7,2)”，按回车键；同样单击 B11 单元格，在编辑栏中输入“=QUARTILE(A2:E7,3)”，按回车键结束，结果如图 1.80 所示。

Step 03：求四分位数偏度。单击 B12 单元格，然后在编辑栏中输入“=(B11-2*B10+B9)/(B11-B9)”，完成后按回车键，结果如图 1.81 所示。

	A	B	C	D	E	F
1	购买蔬菜水果的支出四分位数偏度系数分析					
2	457	380	150	700	960	
3	1931	395	299	508	1899	
4	1309	695	784	105	915	
5	139	995	505	933	1132	
6	199	363	800	1475	475	
7	1115	773	1200	758	1635	
8						
9	Q_1	410.5				
10	Q_2	765.5				
11	Q_3	1085				
12	四分位数偏度系数					

图 1.80　四分位数

B12　=(B11-2*B10+B9)/(B11-B9)

	A	B	C	D	E	F
1	购买蔬菜水果的支出四分位数偏度系数分析					
2	457	380	150	700	960	
3	1931	395	299	508	1899	
4	1309	695	784	105	915	
5	139	995	505	933	1132	
6	199	363	800	1475	475	
7	1115	773	1200	758	1635	
8						
9	Q_1	410.5				
10	Q_2	765.5				
11	Q_3	1085				
12	四分位数偏度系数	-0.05263				

图 1.81　四分位数偏度系数

【注意】关于四分位数偏度的统计含义，感兴趣的读者可以查看相关统计学书籍，限于篇幅，本书就不详细展开。

4. Spearman 偏度系数

Spearman 偏度系数也是度量偏度的指标，是根据平均值、标准差和中位数的关系来确定偏度，计算公式为

$$\text{Spearman偏度系数}=\frac{3\times(\text{平均值}-\text{中位数})}{\text{标准差}}$$

例 1.21 求 Spearman 偏度系数

在本小节中，结合例 1.18 中购买蔬菜水果的支出数据讲解如何求解 Spearman 偏度系数。使用 Excel 分析购买蔬菜水果的支出的 Spearman 偏度系数步骤如下。

Step 01：打开工作表“例 1.18 购买蔬菜水果的支出.xlsx”，插入新工作表“Sheet4”，将数据复制到“Sheet4”中，如图 1.82 所示。

	A	B	C	D	E
1	购买蔬菜水果的支出Spearman偏度系数分析				
2	457	380	150	700	960
3	1931	395	299	508	1899
4	1309	695	784	105	915
5	139	995	505	933	1132
6	199	363	800	1475	475
7	1115	773	1200	758	1635
8					
9	平均值				
10	标准差				
11	中位数				
12	Spearman偏度系数				

图 1.82　购买蔬菜水果的支出数据

Step 02：求支出的平均值。单击 B9 单元格，在编辑栏中输入“=AVERAGE(A2:E7)”，按回车键，结果如图 1.83 所示。

Step 03：求支出的标准差。单击 B10 单元格，在编辑栏中输入“=STDEV(A2:E7)”，然

后按回车键，支出的标准差结果如图 1.84 所示。

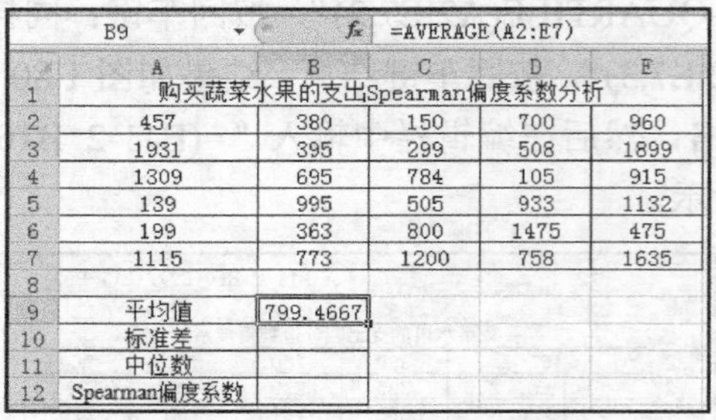

B9 | f_x =AVERAGE(A2:E7)

	A	B	C	D	E
1	购买蔬菜水果的支出Spearman偏度系数分析				
2	457	380	150	700	960
3	1931	395	299	508	1899
4	1309	695	784	105	915
5	139	995	505	933	1132
6	199	363	800	1475	475
7	1115	773	1200	758	1635
8					
9	平均值	799.4667			
10	标准差				
11	中位数				
12	Spearman偏度系数				

图 1.83　支出的平均值

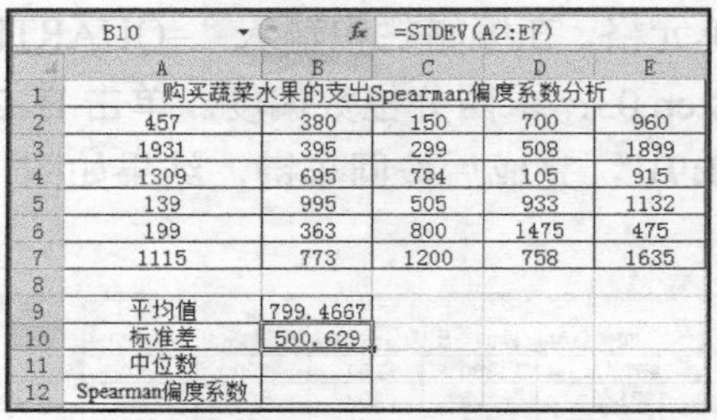

B10 | f_x =STDEV(A2:E7)

	A	B	C	D	E
1	购买蔬菜水果的支出Spearman偏度系数分析				
2	457	380	150	700	960
3	1931	395	299	508	1899
4	1309	695	784	105	915
5	139	995	505	933	1132
6	199	363	800	1475	475
7	1115	773	1200	758	1635
8					
9	平均值	799.4667			
10	标准差	500.629			
11	中位数				
12	Spearman偏度系数				

图 1.84　支出的标准差

Step 04：求支出的中位数。单击 B11 单元格，在编辑栏中输入“=MEDIAN(A2:E7)”，然后按回车键确定。支出中位数结果如图 1.85 所示。

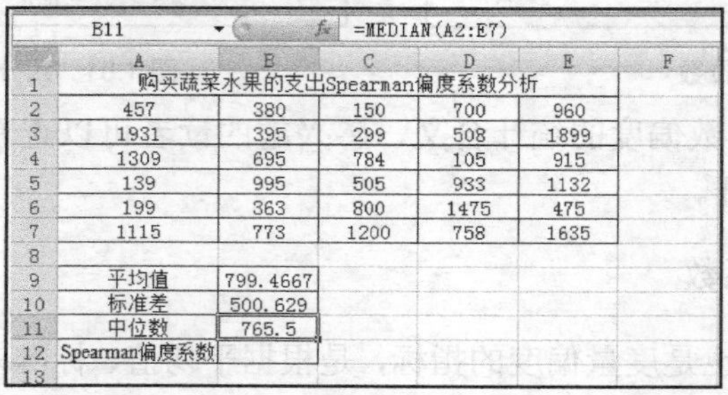

B11 | f_x =MEDIAN(A2:E7)

	A	B	C	D	E	F
1	购买蔬菜水果的支出Spearman偏度系数分析					
2	457	380	150	700	960	
3	1931	395	299	508	1899	
4	1309	695	784	105	915	
5	139	995	505	933	1132	
6	199	363	800	1475	475	
7	1115	773	1200	758	1635	
8						
9	平均值	799.4667				
10	标准差	500.629				
11	中位数	765.5				
12	Spearman偏度系数					
13						

图 1.85　支出的中位数

Step 05：依据公式求支出的 Spearman 偏度系数。单击 B12 单元格，在编辑栏中输入“=3*(B9-B11)/B10”，然后按回车键确定。最终结果如图 1.86 所示。

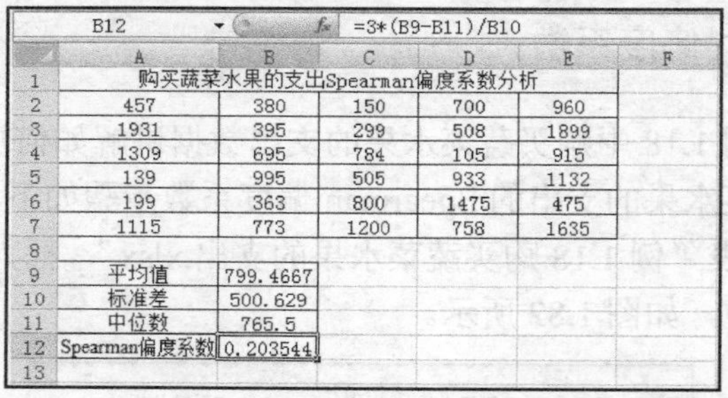

B12 | f_x =3*(B9-B11)/B10

	A	B	C	D	E	F
1	购买蔬菜水果的支出Spearman偏度系数分析					
2	457	380	150	700	960	
3	1931	395	299	508	1899	
4	1309	695	784	105	915	
5	139	995	505	933	1132	
6	199	363	800	1475	475	
7	1115	773	1200	758	1635	
8						
9	平均值	799.4667				
10	标准差	500.629				
11	中位数	765.5				
12	Spearman偏度系数	0.203544				
13						

图 1.86　支出的 Spearman 偏度系数

从图 1.86 中可以看出，购买蔬菜水果支出的 Spearman 偏度系数为 0.203544。

1.5.2　峰度

峰度（kurtosis）指分布集中趋势高峰的形状，是掌握分布形态的另一项指标，它能描述分布的平缓或陡峭程度。在变量数列的分布特征中，常常以正态分布为标准，观察变量数列分布曲线顶峰的尖平程度，统计学称此为峰度测度。如果分布的形状比正态分布更高更瘦，则称为高峰态，如图 1.87 左图虚线所示；如果分布的形状比正态分布更矮更胖，则称为低峰态，如图 1.87 右图虚线所示。

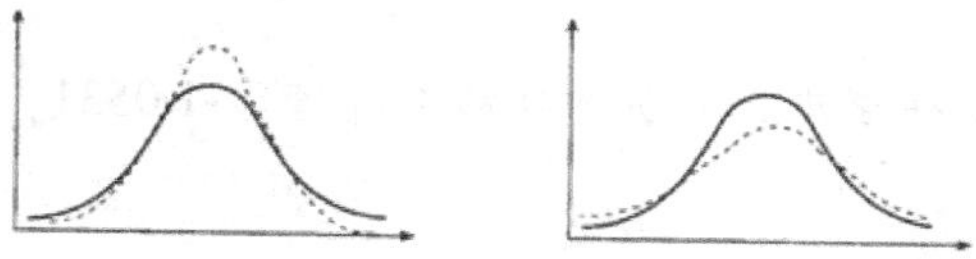

图 1.87　峰度分布样式

本节主要介绍常用的度量峰度的方法：峰值和矩峰度系数。

1. 峰值

峰值反映与正态分布相比某一分布的陡峭度或平稳度。峰值的计算公式为

$$\text{KURT}=\frac{n(n+1)}{(n-1)(n-2)(n-3)}\sum_{i=1}^{n}\left(\frac{X_i-\bar{X}}{S}\right)^4-\frac{3(n-1)^2}{(n-2)(n-3)}$$

其中，S 为样本的标准差。如果峰值等于 0，说明分布为正态；如果峰值大于 0，说明分布呈陡峭状态；如果峰值小于 0，说明分布形态趋于平稳。

在 Excel 中可以通过 KURT 函数来计算样本数据的峰值来度量峰度。

函数语法：KURT(number1,number2,...)

- number1,number2,...：是用于计算峰值的参数。可以不用这种逗号分隔参数的形式，而用单个数组或对数组的引用。

【注意】KURT 函数参数的具体说明同 SKEW 函数，不再赘述。

例 1.22 利用 KURT 函数求峰值

随着信息化时代的到来，越来越多的人选择在家办公，有关部门统计了在家办公人员的年龄，如表 1.12 所示。试计算在家办公人员的年龄的峰值。

表 1.12　在家办公人员的年龄

22	58	24	50	29	52	57	31	30	29
41	44	40	46	29	31	37	42	44	49

使用 Excel 的 KURT 函数求峰值的具体操作步骤如下。

Step 01：新建工作表“例 1.22 在家办公人员的年龄.xlsx”，输入表头名称“利用 KURT 函数求峰值”，将表 1.12 中的数据输入到工作表中，如图 1.88 所示。

Step 02：利用 KURT 函数求峰值。单击 B7 单元格，在编辑栏中输入“=KURT(A2:E5)”，完成后按回车键，结果如图 1.89 所示。

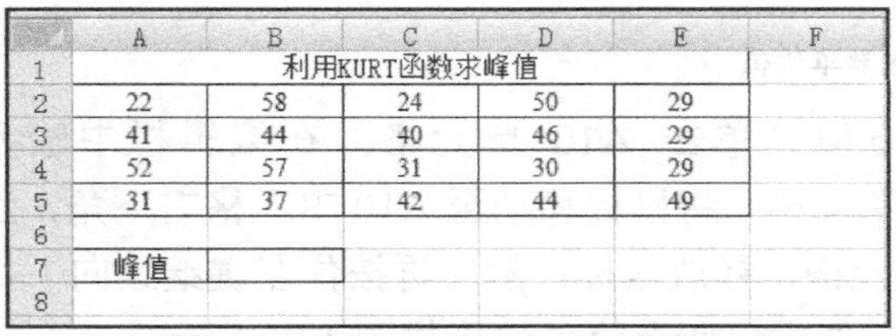

	A	B	C	D	E	F
1	利用KURT函数求峰值					
2	22	58	24	50	29	
3	41	44	40	46	29	
4	52	57	31	30	29	
5	31	37	42	44	49	
6						
7	峰值					
8						

图 1.88　利用 KURT 函数求峰值数据

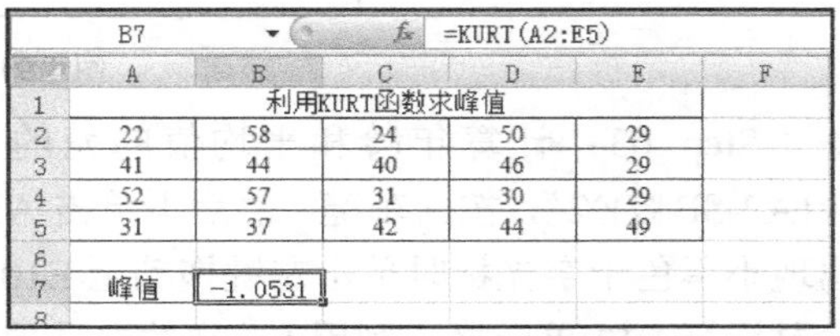

B7　=KURT(A2:E5)

	A	B	C	D	E	F
1	利用KURT函数求峰值					
2	22	58	24	50	29	
3	41	44	40	46	29	
4	52	57	31	30	29	
5	31	37	42	44	49	
6						
7	峰值	-1.0531				

图 1.89　年龄的峰值

【结论】

从图 1.89 中可以看出，在家办公人员的年龄的峰值为-1.0531，由此可判断年龄的分布比正态分布平坦。

2. 矩峰度系数

矩峰度系数表示四阶中心矩与样本标准差的四次方的比值，其公式表示为

$$\beta=\frac{\dfrac{\sum_{i=1}^{n}(X_i-\bar{X})^4}{n-1}}{\left(\sqrt{\dfrac{\sum_{i=1}^{n}(X_i-\bar{X})^2}{n-1}}\right)^4}$$

如果矩峰度系数为 3.0，则数据为正态分布；如果矩峰度系数小于 3.0，则为低峰态；矩峰度系数大于 3.0，则为高峰态。

例 1.23 求矩峰度系数

这里继续利用例 1.22 中的数据，来讲解如何求解矩峰度系数。根据矩峰度系数公式，具体操作步骤如下。

Step 01：打开工作表“例 1.22 在家办公人员的年龄.xlsx”，将表 1.12 中的数据输入到“Sheet2”工作表中，如图 1.90 所示。

	A	B	C	D	E	F
1		利用公式求矩峰度系数				
2	22	58	24	50	29	
3	41	44	40	46	29	
4	52	57	31	30	29	
5	31	37	42	44	49	
6						

图 1.90　在家办公人员的年龄

Step 02：计算年龄平均值。单击 B7 单元格，在编辑栏中输入“=AVERAGE(A2:E5)”，按回车键，结果如图 1.91 所示。

B7　=AVERAGE(A2:E5)

	A	B	C	D	E	F
1		利用公式求矩峰度系数				
2	22	58	24	50	29	
3	41	44	40	46	29	
4	52	57	31	30	29	
5	31	37	42	44	49	
6						
7	平均值	39.25				
8						

图 1.91　年龄平均值

Step 03：计算年龄和平均值的差的平方值。单击 A10 单元格，在编辑栏中输入“=(A2-$B$7)^2”，按回车键，然后再单击 A10 单元格，将鼠标移动至 A10 单元格右下角，当出现小黑色十字光标时单击左键拖动至 E10 单元格，释放鼠标；然后再按住左键继续向下拖动鼠标至 E13 单元格，利用 Excel 的自动填充功能求出所有值，结果如图 1.92 所示。

A10　　f_x =(A2-$B$7)^2

	A	B	C	D	E	F
1	利用公式求矩峰度系数					
2	22	58	24	50	29	
3	41	44	40	46	29	
4	52	57	31	30	29	
5	31	37	42	44	49	
6						
7	平均值	39.25				
8						
9	$(X_i-\bar{X})^2$					
10	297.5625	351.5625	232.5625	115.5625	105.0625	
11	3.0625	22.5625	0.5625	45.5625	105.0625	
12	162.5625	315.0625	68.0625	85.5625	105.0625	
13	68.0625	5.0625	7.5625	22.5625	95.0625	
14						

图 1.92　年龄和平均值的差的平方值

Step 04：计算年龄和平均值的差的四次方。单击 A16 单元格，在编辑栏中输入“=(A2-$B$7)^4”，按回车键结束；然后单击 A16 单元格，将鼠标移动至 A16 单元格右下角，当出现小黑色十字光标时，单击左键拖动至 E16 单元格，释放鼠标；再按住左键继续向下拖动鼠标至 E19 单元格，利用 Excel 的自动填充功能求出所有值，结果如图 1.93 所示。

Step 05：计算前两步中差平方值和四次方值的和。单击 B21 单元格，在编辑栏中输入“=SUM(A10:E13)”，按回车键；单击 B22 单元格，在编辑栏中输入“=SUM(A16:E19)”，完成后按回车键，结果如图 1.94 所示。

A16　　f_x =(A2-$B$7)^4

	A	B	C	D	E	F
14						
15	$(X_i-\bar{X})^4$					
16	88543.4414	123596.2	54085.32	13354.69	11038.13	
17	9.37890625	509.0664	0.316406	2075.941	11038.13	
18	26426.5664	99264.38	4632.504	7320.941	11038.13	
19	4632.50391	25.62891	57.19141	509.0664	9036.879	
20						

图 1.93　年龄和平均值的差的四次方

B22　　f_x =SUM(A16:E19)

	A	B	C	D	E
20					
21	$\Sigma(X_i-\bar{X})^2$	2213.75			
22	$\Sigma(X_i-\bar{X})^4$	467194.4			
23					

图 1.94　差平方值和四次方值的和

Step 06：计算矩峰度系数。单击 A23 单元格，在其中输入“矩峰度系数”；单击 B23 单元格，在编辑栏中输入“=B22/19/(B21/19)^4”，按回车键结束，计算结果如图 1.95 所示。

B23　　f_x =B22/19/(B21/19)^4

	A	B	C	D	E	F
1	利用公式求矩峰度系数					
2	22	58	24	50	29	
3	41	44	40	46	29	
4	52	57	31	30	29	
5	31	37	42	44	49	
6						
7	平均值	39.25				
8						
9	$(X_i-\bar{X})^2$					
10	297.5625	351.5625	232.5625	115.5625	105.0625	
11	3.0625	22.5625	0.5625	45.5625	105.0625	
12	162.5625	315.0625	68.0625	85.5625	105.0625	
13	68.0625	5.0625	7.5625	22.5625	95.0625	
14						
15	$(X_i-\bar{X})^4$					
16	88543.4414	123596.2	54085.32	13354.69	11038.13	
17	9.37890625	509.0664	0.316406	2075.941	11038.13	
18	26426.5664	99264.38	4632.504	7320.941	11038.13	
19	4632.50391	25.62891	57.19141	509.0664	9036.879	
20						
21	$\Sigma(X_i-\bar{X})^2$	2213.75				
22	$\Sigma(X_i-\bar{X})^4$	467194.4				
23	矩峰度系数	0.000133				

Sheet1 / Sheet2 / Sheet3

图 1.95　年龄的矩峰度系数

【结论】

从图 1.95 中可以看出，在家办公人员年龄的矩峰度系数为 0.000133<3，属于低峰态分布。

1.6 描述统计工具

对于一组数据（即样本观察值），要想获得他们的一些常用统计量，比如均值、中位数、众数、方差、标准差、峰度系数、偏度系数等，可以利用前几节中的 Excel 统计函数来计算。但 Excel 提供了一种更方便快捷的方法，就是描述统计工具。

描述统计分析工具用于生成数据源区域中数据的单变量统计分析报表，它可以同时计算出一组数据的多个常用统计量，提供有关数据集中趋势和离中趋势以及分布形态等方面的信息。

下面通过一个具体的例子，介绍描述统计工具的具体使用。

例 1.24 利用描述统计工具分析数据统计量

表 1.13 列出了 30 个成年男子头颅的最大宽度（mm），试用描述统计工具求出这些数据的均值、方差、标准差等统计量，并判断是否来自正态总体（取 α=0.05）。

表 1.13　　成年男子头颅的最大宽度

142	141	150	147	149	126
140	148	146	148	158	140
145	132	155	144	143	144
144	138	158	150	141	142
140	154	150	149	144	141

利用描述统计工具对成年男子头颅的最大宽度进行基本统计分析，具体操作步骤如下。

Step 01：新建工作表“例 1.24 成年男子头颅的最大宽度.xlsx”，将表 1.13 中的数据输入到工作表 A 列中，输入表头名称“利用描述统计工具进行基本统计分析”。

Step 02：执行【数据】/【分析】/【数据分析】菜单命令，弹出【数据分析】对话框，在【数据分析】对话框中选择【描述统计】，如图 1.96 所示。

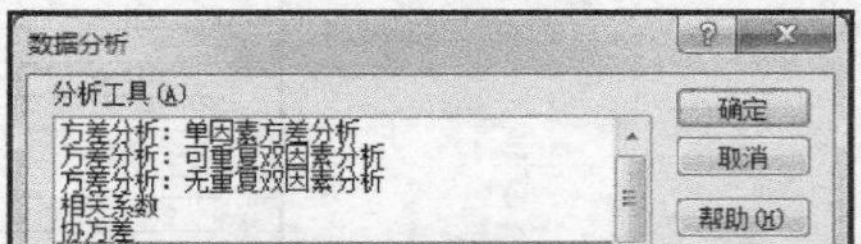

图 1.96　数据分析对话框

Step 03：单击【数据分析】对话框【确定】按钮，弹出【描述统计】对话框，在该对话框中完成各项参数的具体设置，如图 1.97 所示。

在【输入区域】中，单击【输入区域】后的折叠按钮，选择 A2:A31 单元格区域；在【分组方式】中，选择【逐列】单选按钮。单击【输出选项】中【输出区域】后的折叠按钮，选择 C2 单元格；单击选中【汇总统计】复选框；单击选中【平均数置信度】复选框，使用默认值“95%”；单击选中【第 K 大值】复选框，使用默认值“1”；单击选中【第 K 小值】

复选框，使用默认值“1”。

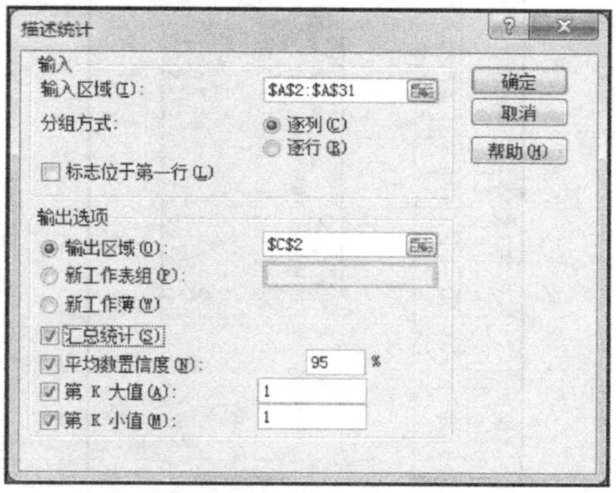

图 1.97　描述统计对话框各项参数设置

以下是【描述统计】对话框中各项的说明。

【输入区域】：指定要分析的数据所在的单元格区域。引用必须由两个或两个以上按列或行排列的相邻数据区域组成。

【分组方式】：指定输入数据是以行还是以列方式排列的。这里选定逐列，因为给定的成年男子头颅的最大宽度是按列排列的。

【标志位于第一行】：若输入区域包括列标志行，则必须选中此复选框。否则，不能选中该复选框，此时 Excel 自动以列 1、列 2、列 3……作为数据的列标志。

【输出区域】：在此输入对输出表左上角单元格的引用。此工具将为每个数据集产生两列信息。左边一列包含统计标志，右边一列包含统计值。根据所选择的“分组方式”选项，Excel 将为数据源区域中的每一行或每一列生成一个两列的统计表。

【新工作表】：单击此选项可在当前工作簿中插入新工作表，并从新工作表的 A1 单元格开始粘贴计算结果。若要为新工作表命名，请在框中键入名称。

【新工作簿】：单击此选项可创建新工作簿并将结果添加到其中的新工作表中。

【汇总统计】：若选中，则显示描述统计结果，否则不显示结果。如果需要 Excel 在输出表中为下列每个统计结果生成一个字段，请选中此选项。这些统计结果有：平均值、标准误差（相对于平均值）、中位数、众数、标准差、方差、峰度、偏度、极差（全距）、最小值、最大值、总和、观测数、最大值(#)、最小值(#)和置信度。

【平均数置信度】：如果需要在输出表的某一行中包含平均数的置信度，请选中此选项。在框中，输入要使用的置信度。例如，数值 95%可用来计算在显著性水平为 5%时的平均数置信度。

【第 K 大值】：根据需要指定要输出数据中的第 K 个最大值。如果输入 1，则该行将包含数据集中的最大值。

【第 K 小值】：如果需要在输出表的某一行中包含每个数据区域中的第 K 个最小值，请选中此选项。如果输入 1，则该行将包含数据集中的最小值。

Step 04：单击【确定】按钮，完成对这些成年男子头颅的最大宽度的描述统计分析，输出结果如图 1.98 所示。

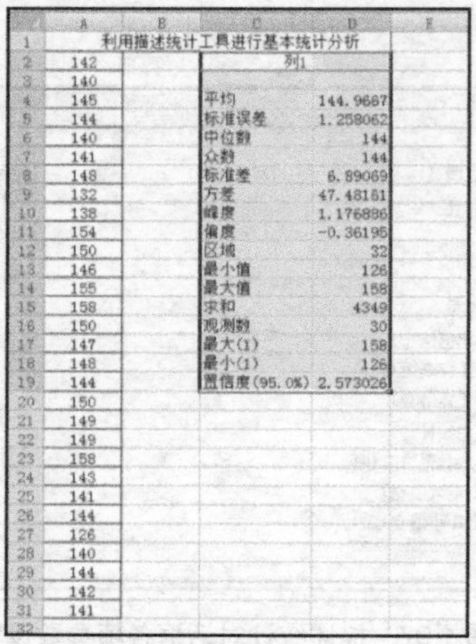

	A	B	C	D	E
1	利用描述统计工具进行基本统计分析				
2	142		列1		
3	140				
4	145		平均	144.9667	
5	144		标准误差	1.258062	
6	140		中位数	144	
7	141		众数	144	
8	148		标准差	6.89069	
9	132		方差	47.48161	
10	138		峰度	1.176886	
11	154		偏度	-0.36195	
12	150		区域	32	
13	146		最小值	126	
14	155		最大值	158	
15	158		求和	4349	
16	150		观测数	30	
17	147		最大(1)	158	
18	148		最小(1)	126	
19	144		置信度(95.0%)	2.573026	
20	150				
21	149				
22	149				
23	158				
24	143				
25	141				
26	144				
27	126				
28	140				
29	144				
30	142				
31	141				
32					

图 1.98　描述统计输出结果

【结论】

分析图 1.98 中结果可知，这些成年男子头颅最大宽度的样本均值为 144.9667、样本方差为 47.48161、中值为 144（即在这组数据中居于中间的数）、众数为 144（即在这组数据中出现频率最高的数）、最小值为 126、最大值为 158。偏斜度（=–0.36195）非常接近于 0，但峰值（=1.176886）不接近 0，数据分布呈高峰态，不能够认为这些数据是来自正态总体的。

通过上例可以看出，使用分析工具中的描述统计功能，可以不用利用统计函数或公式去求解每一个统计量，而能直接得到平均数、标准差、偏度、峰度、最大值、最小值、观测数等统计量。可见，使用分析工具中的描述统计，大大提高了统计分析的效率。

1.7 小　结

本章主要介绍了如何利用 Excel 2007 进行描述性统计。首先介绍了列联表的使用以及数据的频数分析，然后从数据集中趋势、数据离散程度、分布形态三个方面详细对数据进行描述，介绍了集中趋势中常用指标：算术平均数、几何平均数、调和平均数、众数和中位数，离散程度中常用的极差、方差、标准差、四分位数偏差和变异系数，偏度系数中常用的偏斜度、矩偏度系数、四分位数偏度系数和 Spearman 偏度系数，还有峰度值和矩峰度系数两种度量峰度的指标。本章的最后介绍了如何使用描述统计工具来实现对统计数据快速、高效的描述性统计。

1.8 习　题

1.填空题

（1）Excel 中用于计算描述统计量的两种方法是________和________。

（2）常用的 5 种集中趋势度量方法是________、________、________、________和________。

（3）常用的 4 种离中趋势度量方法是________、________、________和________。

（4）常用的 4 种偏度度量系数为________、________、________和________。

2. 操作题

（1）对应上证 180 指数的 2005 年 12 月份和 2006 年每月的指数值如表 1.14 所示，求 2006 年 12 个月指数的平均收益率。

表 1.14　上证 180 指数 13 个月观测值

月　份	指数值	月　份	指数值
2005-12	2826.80	2006-7	2456.32
2006-1	3022.08	2006-8	2534.23
2006-2	3254.54	2006-9	2538.45
2006-3	3215.23	2006-10	2453.67
2006-4	3112.04	2006-11	2439.63
2006-5	2918.56	2006-12	2356.37
2006-6	2891.34		

（2）表 1.15 为某班学生体育课成绩的组数据，已知样本的平均值为 76.1，确定该班学生成绩的方差。

表 1.15　某班学生体育课成绩组数据

成　绩	中　点	频　率	成　绩	中　点	频　率
40～50	46.9	3	70～80	76.5	22
50～60	56.5	5	80～90	85.3	19
60～70	65	9	90～100	93.2	6

（3）表 1.16 中给出了某股票 18 个交易日的价格，试求股票价格的偏斜度。

表 1.16　某股票 18 个交易日的价格

日　期	价　格	日　期	价　格	日　期	价　格
20060501	6.4	20060509	6.27	20060517	5.87
20060502	6.38	20060510	6.16	20060518	5.97
20060503	6.44	20060511	6.23	20060519	5.94
20060504	6.35	20060512	6.25	20060520	5.66
20060505	6.36	20060513	5.99	20060521	5.46
20060506	6.42	20060514	6.09	20060522	5.32
20060507	6.34	20060515	5.87	20060523	5.54
20060508	6.35	20060516	6.12	20060524	5.9

（4）某省某年 32 个市县人均 GDP（元）数据统计如表 1.17 所示。

试用分析工具中的描述统计工具对人均 GDP 状况进行分析，试求解人均 GDP 的矩偏度系数和矩峰度系数。

表 1.17　　某省某年 32 个市县人均 GDP

46444	25583	14682	13495	26331	28983	23348	16434
54474	24660	27803	9675	18646	8440	20096	12346
11631	10326	24335	8688	21871	11982	8060	16052
7855	7845	9124	9869	7577	12045	13236	20108

第2章 统计图绘制

统计图（statistical graph）是以几何图形的形式表达统计数据数量关系的重要工具，它是用点的位置、线条高低、面积大小、直条长短以及各种几何图形来表示事物的数量大小、内部构成、发展趋势及分布特征，具有直观、具体、形象生动的优点。我们通过图形可以方便地观察到数量之间的对比关系、总体的结构特征以及变化发展趋势，比文字、统计表更能直观反映数据的特征。统计图是数据分析不可缺少的重要组成部分，在统计整理中的应用越来越广泛。

Excel 2007 提供了大量的统计图形供用户根据需要和图形功能选择使用。统计图形功能强大，修饰后的图形美观好看，图与数据关系密切，具有“即改即可见”的效果，而且图形中还可实现统计功能。

Excel 提供的图形工具有：柱形图、折线图、饼图、散点图、面积图、环形图、股价图等，灵活选择运用这些图形工具，可以绘制不同的统计图，如选择柱形图可以绘制直条图，选择股价图可绘制箱图等。

一般统计图的结构如图 2.1 所示，描述如下：

(1) 图表区是一张统计图的整个区域；

(2) 绘图区为在图表区中由坐标轴围成的区域；

(3) 直条、线条、扇面、圆点等就是数据（系列）标志，由若干数据坐标点组成一个数据系列，在一个绘图区可以采用多个数据系列绘制图形。

(4) 坐标轴一般有纵、横两个轴。横轴也叫 x 轴，一般为分类轴，但 XY 散点图等图形的 x 轴却是数值轴；纵轴也叫 y 轴，或数值（Y）轴。三维图表有第三个轴（z 轴）。饼图、圆环图没有坐标轴。坐标轴上有刻度线，刻度线对应的数字叫刻度线标签。坐标轴旁有轴标题。

(5) 统计图标题一般应位于绘图区的下方或上方，用来说明图表的内容，标题的内容要与图的内容吻合，简明扼要。

(6) 图例是为了标明图表中的数据系列。如果采用了不同的颜色和图案说明不同的事物，就需要采用图例说明，图例可根据图表的情况放在方便恰当的位置。

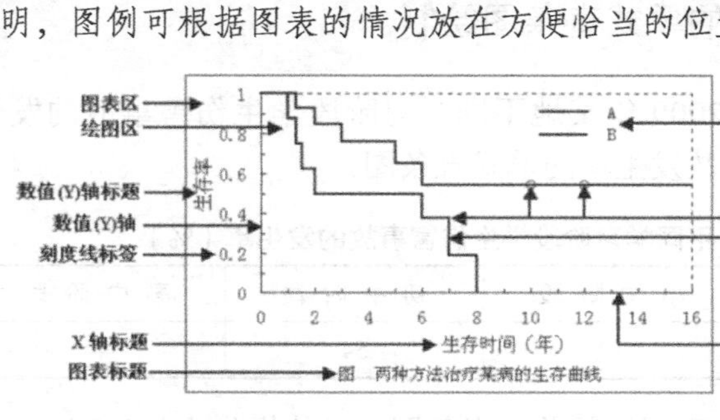

图 2.1 统计图的结构

本章将详细讲解在 Excel 2007 中利用图形工具绘制直条图、线图、散点图、箱图、正态概率分布图和时间序列图等。

2.1 直 条 图

直条图（bar chart）是在直角坐标系中，用相同宽度长条的不同长短或高低来表示数量多少的一种图形，也可在同一张图表中用不同颜色或阴影的条形表示研究对象中不同的各组，能直观地进行数量对比。

直条图一般适用于内容较为独立，缺乏连续性的数量资料，用来表示有关数量的多少，特别适用于性质比较相似的间断性资料。

直条图按直条是横放还是竖放分卧式和立式两种，按对象的分组是单层次和两层次分单式和复式两种。此外，还有分段直条图，误差直条图等。

1. 单式直条图

单式直条图是用同类的直方长条来比较若干统计事项之间数量关系的一种图示方法，适用于统计事项仅按一种特征进行分类的情况。

2. 复式直条图

复式直条图由两个或多个直条组构成，同组的直条间不留间隙，每组直条排列的次序要前后一致。

绘制直条图时，横轴为观察项目，纵轴为数值，纵轴坐标一定要从 0 开始。各直条应等宽、等间距，间距宽度和直条相等或为其一半。复式直条图在同一观察项目的各组之间无间距。对于排列顺序，可按数值从大到小或从小到大排列，还可按时间顺序排列。

本节将介绍在 Excel 2007 中如何实现直条图的绘制。

2.1.1 单式直条图

单式直条统计图只用一种直条表示统计项目，具有一个统计指标，一个分组因素。

例 2.1 伤害事故发生率的单式直条图绘制

某市教育部门统计了 2009 年某地不同学习阶段学生伤害事故的发生率，具体数据如表 2.1 所示，试绘制伤害事故发生率的单式直条图。

表 2.1　　不同学习阶段学生伤害事故的发生率（%）

学 习 阶 段	小 学 阶 段	初 中 阶 段	高 中 阶 段	大 学 阶 段
伤害事故发生率	19	54	44	50

采用 Excel 2007 中的柱形图绘制单式直条图，具体操作步骤如下。

Step 01：新建工作表“例 2.1 学生伤害事故的发生率.xlsx”，输入表 2.1 的数据，表头输入“单式直条图绘制”，并输入各列名称如图 2.2 所示。

	A	B	C	D	E	F
1		单式直条图绘制				
2		小学阶段	初中阶段	高中阶段	大学阶段	
3	事故发生率	19	54	44	50	
4						

图 2.2　绘制单式直条图数据

Step 02：选择图表类型。选择 B3:E3 单元格区域，然后单击菜单栏【插入】/【图表】/【柱形图】命令，此时显示图表子类型列表框，如图 2.3 所示。

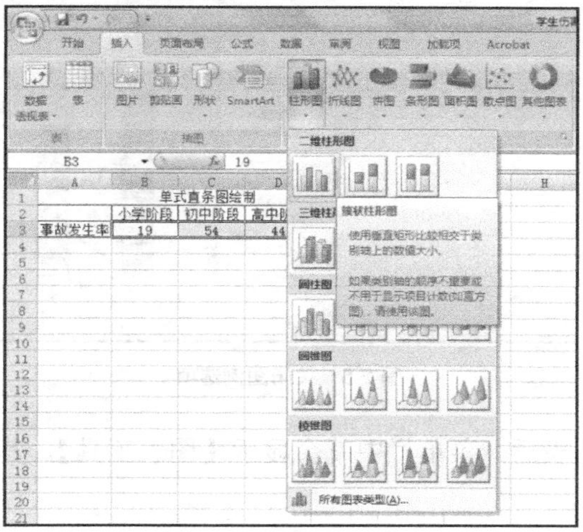

图 2.3　选择图表类型

【注意】在选择图表类型时，将鼠标指针停留在任何图表类型或图表子类型上时，屏幕提示将显示图表类型的名称，帮助用户选择。

Step 03：单击选择【二维柱形图】下的【簇状柱形图】图表子类型，此时，Excel 弹出对应的图表，如图 2.4 所示。选择图表子类型后，在默认情况下，图表作为嵌入图表放在工作表上。

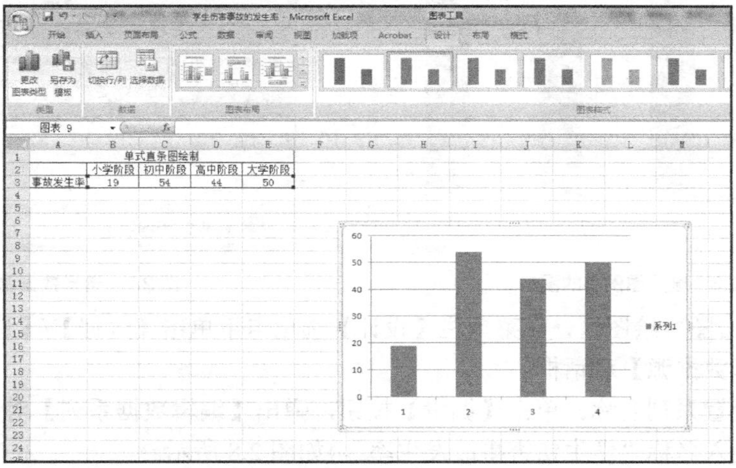

图 2.4　基础图表

Step 04：删除图表中的图例。单击选中图表中的图例，然后单击菜单栏【布局】/【标签】/【图例】按钮，弹出图例下拉列表，单击选择【无】关闭图例，如图 2.5 所示。在此单式直条图中，只有一组数据，没有必要显示数据对应的系列名称，所以在这里删除图例。

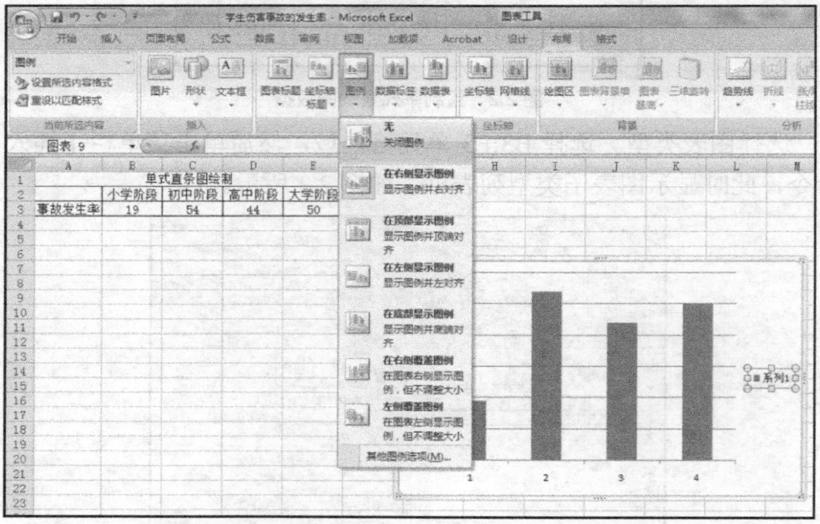

图 2.5　关闭图例选项

说明：单击选中图表后，菜单栏中就会显示【图表工具】，其中包含【设计】、【布局】和【格式】选项卡。

经过关闭图例选项，此时图表中不再显示图例，如图 2.6 所示。

Step 05：编辑数据系列。右键单击图表，在弹出的快捷菜单中选择【选择数据】选项，打开【选择数据源】对话框。在【图例项（系列）】下单击选择【系列 1】，如图 2.7 所示。

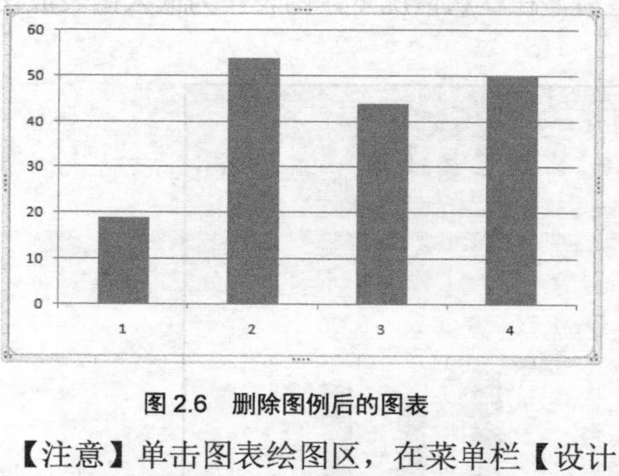

图 2.6　删除图例后的图表

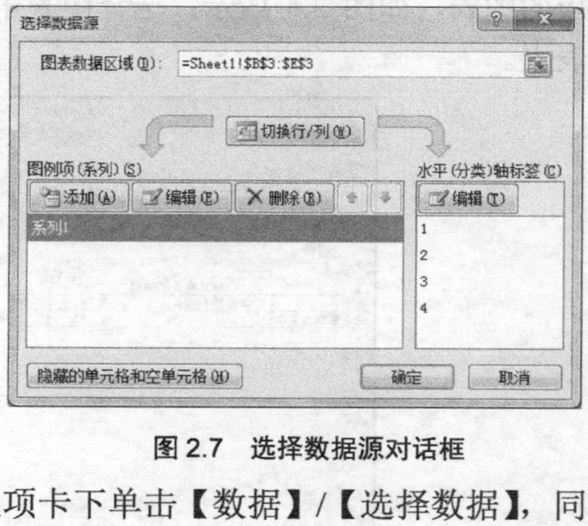

图 2.7　选择数据源对话框

【注意】单击图表绘图区，在菜单栏【设计】选项卡下单击【数据】/【选择数据】，同样可以打开【选择数据源】对话框。

Step 06：设置系列名称。单击【编辑】按钮，弹出【编辑数据系列】对话框，在【系列名称】选项中输入名称“学生伤害事故发生率”，如图 2.8 所示。

Step 07：设置轴标签。上一步输入数据系列名称后，单击【确定】按钮，返回【选择数据源】对话框，然后单击【水平（分类）轴标签】下的【编辑】按钮，弹出【轴标签】对话框。此时单击 B2 单元格，拖动鼠标选中 B2:E2 单元格区域，在【轴标签】对话框的【轴标签区域】显示“=Sheet1!$B$2:$E$2”，如图 2.9 所示。

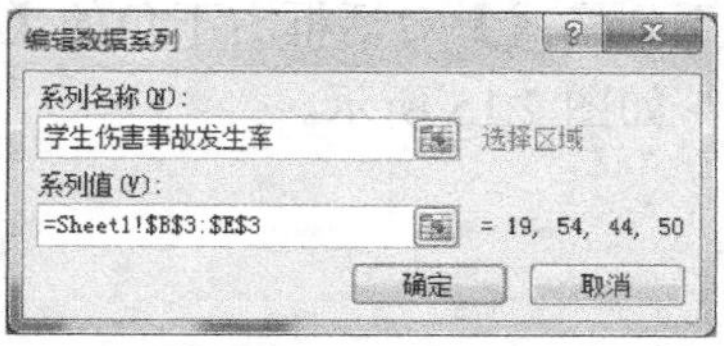

图 2.8　编辑数据系列对话框

图 2.9　设置轴标签

Step 08：单击【轴标签】对话框中的【确定】按钮，返回【选择数据源】对话框，单击【确定】按钮，查看此时图表，如图 2.10 所示。

Step 09：删除网格线。一般科研统计图不需要网格线，可以将此去除。在任意一条网格线上单击右键，然后在弹出的快捷菜单中选取【删除】选项即可。如图 2.11 所示。

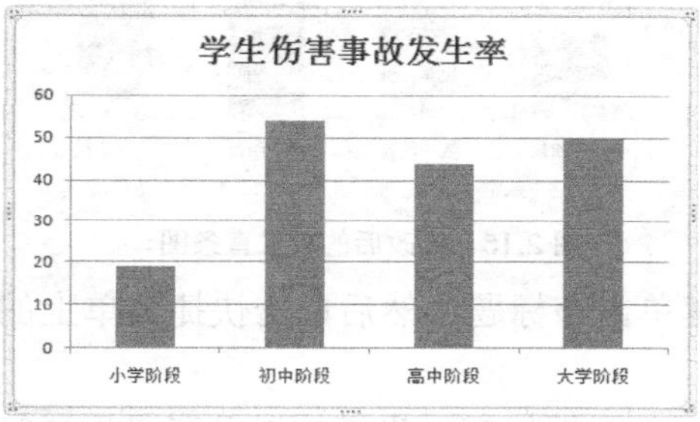

图 2.10　设置系列名称和轴标签后的图表

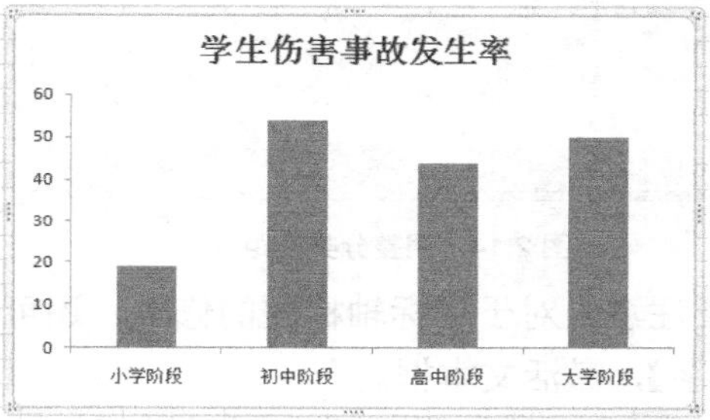

图 2.11　删除网格线后的图表

【注意】去除网格线还可以单击菜单栏【布局】/【坐标轴】/【网格线】/【主要横网格线】，选择【无】即不显示横网格线。

Step 10：添加纵坐标轴标题。单击图表，然后在【布局】选项卡上的【标签】组中，单击【坐标轴标题】/【主要纵坐标轴标题】/【旋转过的标题】，在图表中的纵坐标轴旁边显示【坐标轴标题】文本框中，如图 2.12 所示。

Step 11：修改纵坐标轴标题。在图表上，单击【坐标轴标题】文本框将其激活，然后再次单击以将光标放入文本中，删除“坐标轴标题”这 5 个字，然后输入“百分率（%）”，如图 2.13 所示。

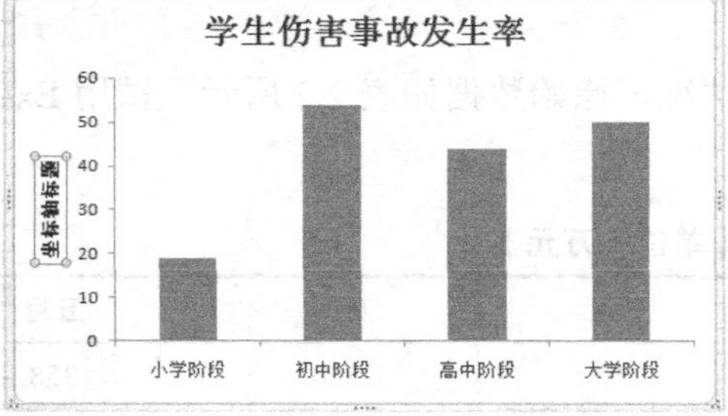

图 2.12　添加纵坐标轴标题

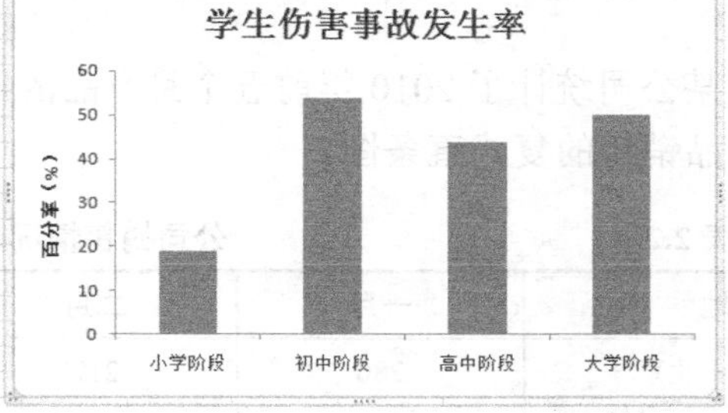

图 2.13　修改纵坐标轴标题

Step 12：设置直条间距。右键单击数据系列（直条），单击选择【设置数据系列格式】，弹出【设置数据系列格式】对话框，然后单击选择【设置数据系列格式】对话框下的【系列选项】，在【分类间距】下，拖动滑块至所需的分类间距，这里设置为“100%”，使之与直条宽度相等，如图 2.14 所示。

Step 13：查看修改后的直条图。单击【设置数据系列格式】对话框右下角的【关闭】按钮，此时，伤害事故发生率的单式直条图就修改好了，如图 2.15 所示。

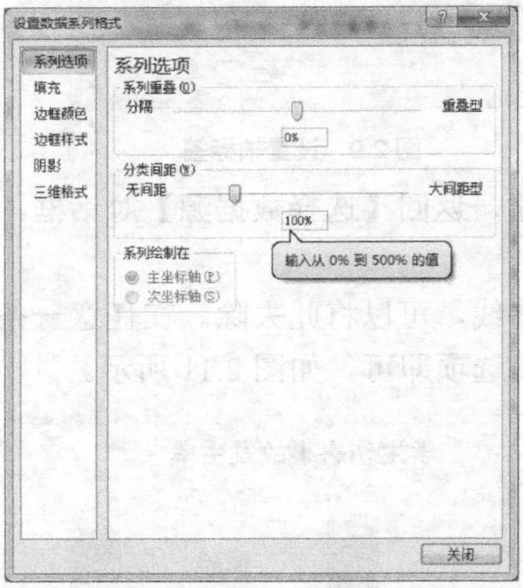

图 2.14　调整分类间距

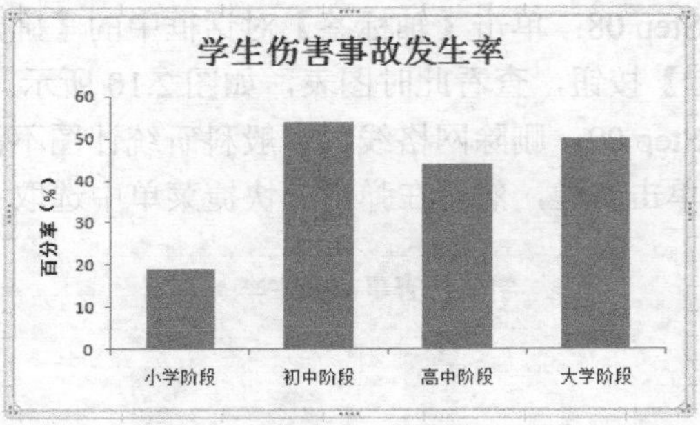

图 2.15　修改后的单式直条图

【注意】对于坐标轴标题的修改，还可以右键单击该标题，然后单击快捷菜单上的【编辑文字】，激活文本框。

对于图表的标题设置、坐标轴标题设置、图例、数据标签、坐标轴以及背景设置等一系列设置都可以在【布局】菜单栏中进行修改。在【设计】菜单栏下还有一系列的图表布局、图表样式等供选择，通过这些功能可以修正美化图表。由于篇幅限制，不再一一讲解，有兴趣的读者可以根据需要进行探索。

2.1.2　复式直条图

单式条形统计图中的数据是用一种直条来表示的，用两种直条表示不同数量的条形统计图，叫复式条形统计图。复式直条图具有一个统计指标，两个分组因素。

例 2.2 绘制产品销售的复式直条图

某公司统计了 2010 年前五个月产品的销售情况，原始数据如表 2.2 所示。试用 Excel 绘制产品销售的复式直条图。

表 2.2　　　公司销售情况表　（单位：万元）

地　区	一月	二月	三月	四月	五月
北京	280	212	310	350	358
哈尔滨	310	279	380	421	466
上海	211	173	279	319	360

采用 Excel 2007 中柱形图绘制产品销售的复式直条图，具体操作步骤如下。

Step 01：新建工作表“例 2.2 公司销售情况表.xlsx”，输入表 2.2 的数据，表头输入“绘制产品销售的复式直条图”，并输入 A～F 列和 3～5 行的名称，如图 2.16 所示。

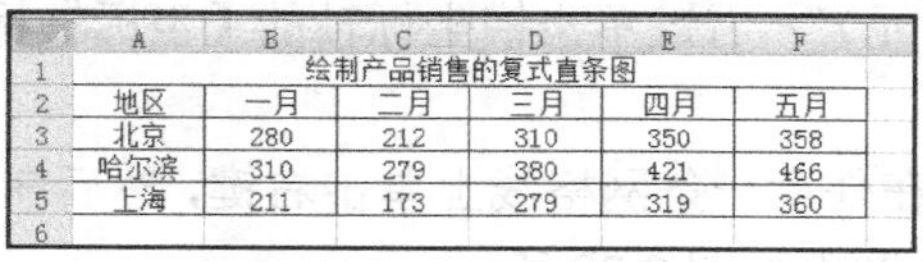

	A	B	C	D	E	F
1		绘制产品销售的复式直条图				
2	地区	一月	二月	三月	四月	五月
3	北京	280	212	310	350	358
4	哈尔滨	310	279	380	421	466
5	上海	211	173	279	319	360
6						

图 2.16　复式直条图绘制数据

Step 02：选择图表类型。选择 A2:F5 单元格区域，然后单击菜单栏【插入】/【图表】/【柱形图】，此时显示图表子类型列表框，单击选择【二维柱形图】下的【簇状柱形图】图表子类型，此时，Excel 弹出对应的图表。如图 2.17 所示。

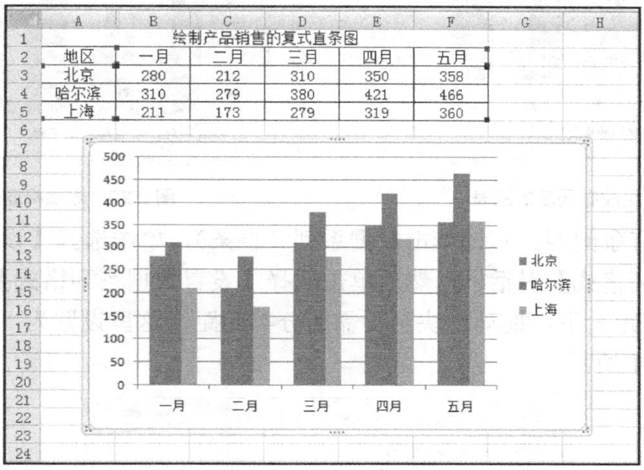

图 2.17　插入的原始图表

在图 2.17 中可以看到，因为在选择图表类型时，选择的单元格区域除了包含数据外，还包含了各行名称和各列名称。插入图表后，图表的横坐标下自动显示各列名称（即轴标签），图例中自动出现各行的名称。这些名称是和相应单元格内容链接在一起的，当更改表格某列或行名称时，图表中轴标签或图例将自动更新，有兴趣的读者可以试试。

Step 03：更改图表布局。单击图表的图表区单击【设计】选项卡上的【图表布局】组右下角最下面的【其他】按钮，如图 2.18 所示，选择要使用的布局，这里选择【布局 9】。

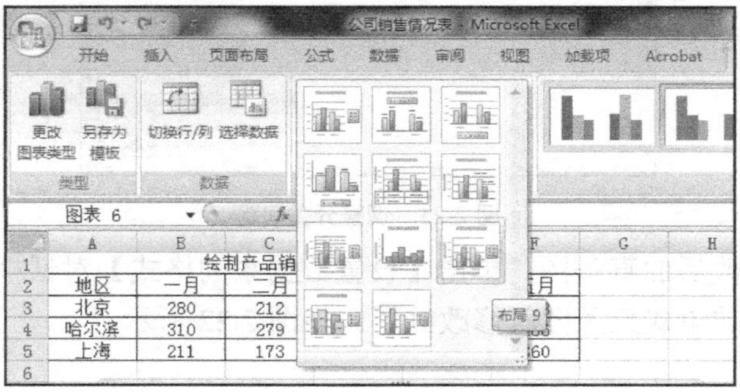

图 2.18　更改图表布局

选择【布局 9】后，图表变为含有【图表标题】和【坐标轴标题】的图表，如图 2.19 所示。

Step 04：修改图表标题和坐标轴标题。在图表区单击【图表标题】，然后再单击一下，激活文字编辑，键入“公司销售情况”；单击纵坐标轴的【坐标轴标题】，同样再单击激活文字编辑，输入“销售额（万元）”；右键单击横坐标轴的【坐标轴标题】，然后在弹出的快捷菜单中选取【删除】选项。

Step 05：删除网格线。在任意一条网格线上单击右键，然后在弹出的快捷菜单中选取【删除】选项即可，经过修改的图表如图 2.20 所示。

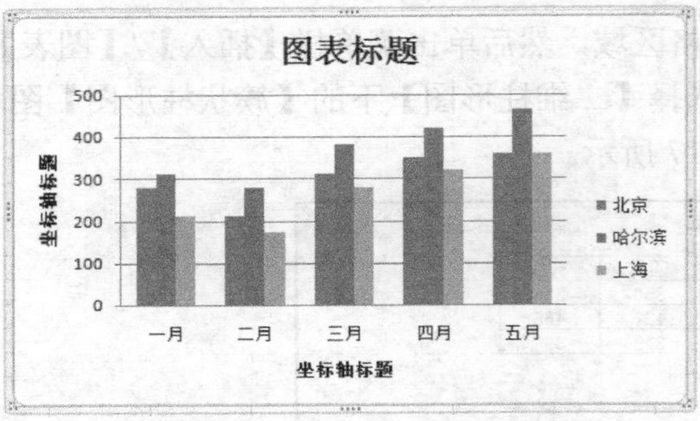

图 2.19　更改布局后的图表

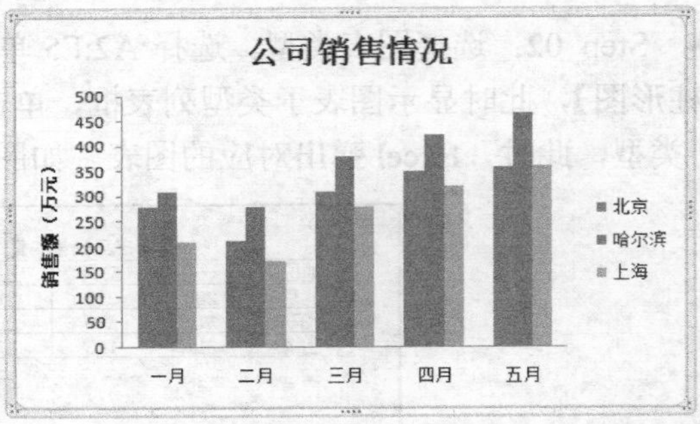

图 2.20　添加标题和删除网格线

Step 06：设置直条间距。右键单击数据系列（直条），单击选择【设置数据系列格式】，弹出【设置数据系列格式】对话框，然后单击选择【设置数据系列格式】对话框下的【系列选项】；在【分类间距】下，拖动滑块至所需的分类间距，这里设置为“100%”使之与直条宽度相等。如图 2.21 所示。

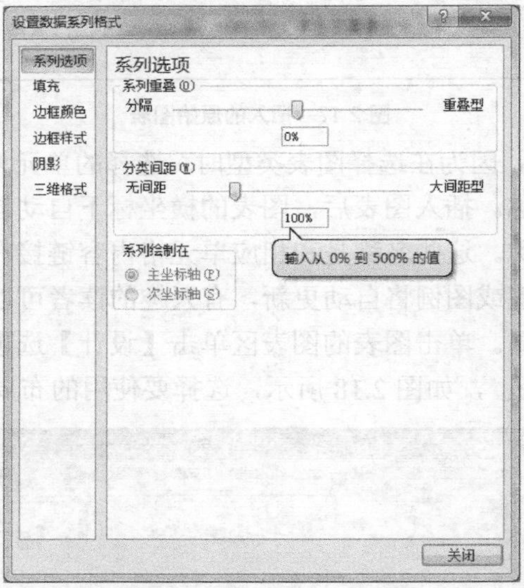

图 2.21　调整分类间距

Step 07：查看修改后的直条图。单击【设置数据系列格式】对话框右下角的【关闭】按钮，伤害事故发生率的单式直条图就修改好了。如图 2.22 所示。

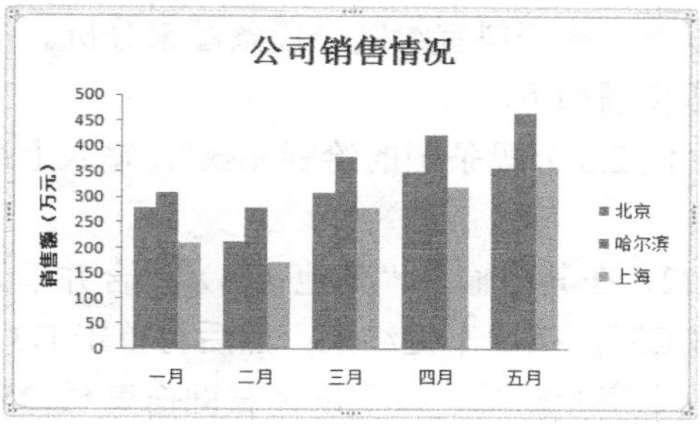

图 2.22　修改好的直条图

【结论】

从图 2.22 中可以看出，产品销售的复式直条图显示在一到五月份中，可以对每个月三个地区的销售情况进行比较。

如果要比较同一地区的一到五月份的销售情况，显然图 2.22 不直观，在 Excel 2007 中，可以通过【切换行/列】的操作实现图表内容的更改。这里紧接着前面的操作步骤来介绍，具体操作如下：

- Step 08：切换行/列。右键单击图表区，然后在弹出的快捷菜单中选取【选择数据】选项，弹出【选择数据源】对话框，在【选择数据源】对话框中单击【切换行/列】按钮，此时，图例项和水平轴标签切换过来，如图 2.23 所示。
- Step 09：单击【确定】按钮，关闭【选择数据源】对话框，图表便更新为三个地区中每一地区的一到五月份的销售情况比较，如图 2.24 所示。

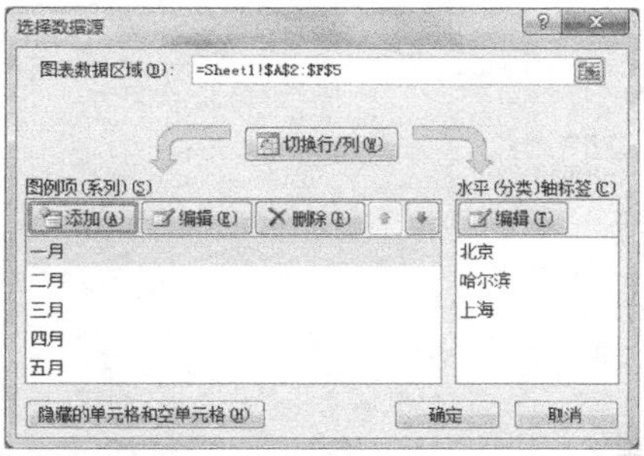

图 2.23　切换行/列

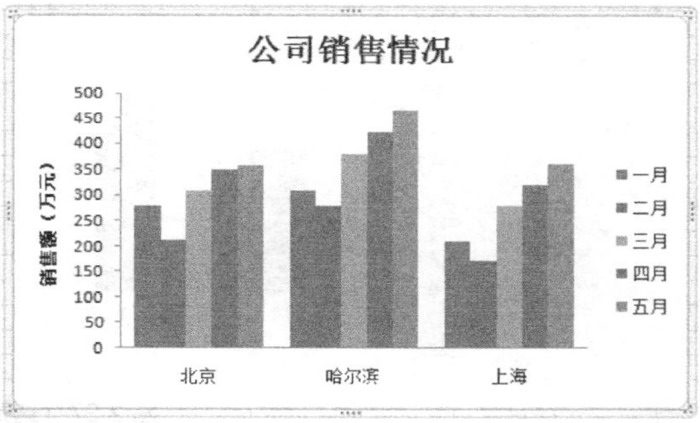

图 2.24　切换行/列后的图表

2.1.3　分段条图

当有一个分类指标、两个或两个以上统计指标时，宜绘制分段条图。下面举例是说明分段条图的绘制方法。

例 2.3 分段条图的绘制

某地选取青、中、老三代各若干人，通过检测获得其结核菌素阳性率分别为 30.20%、42.32%和 51.29%，其中强阳性率分别为 2.05%、5.88%和 12.69%，试绘制一张统计图。

强阳性率为阳性率的一部分，因此可以将阳性率分解为强阳性率与其他两个组成部分，整个直条代表阳性率，所以该数据资料宜绘制分段条图来分析。依然采用 Excel 中的柱形图来绘制分段条图，具体操作步骤如下。

Step 01：新建工作表“例 2.3 分段条图的绘制.xlsx”，输入上述数据，表头输入“绘制分段条图”，如图 2.25 所示。

Step 02：单击单元格 D2，在其中输入“其他（%）”，合并单元格 A1:D1。然后单击 D3，在编辑栏中输入公式“=B3-C3”，按回车键结束；然后再单击 D3，将鼠标指针移动至 D3 单元格右下角，当出现小黑色十字光标时，按下鼠标左键拖曳至 D5 单元格，求出 D3:D5 各单元格值。百分率计算结果如图 2.26 所示。

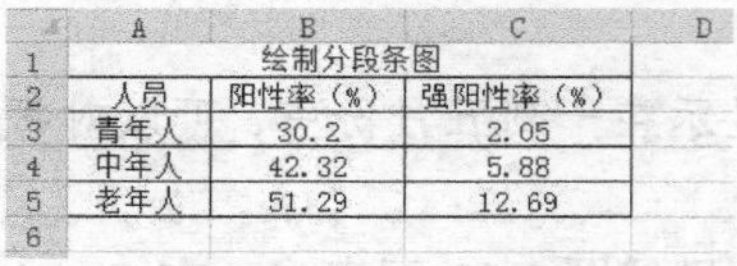

	A	B	C	D
1	绘制分段条图			
2	人员	阳性率（%）	强阳性率（%）	
3	青年人	30.2	2.05	
4	中年人	42.32	5.88	
5	老年人	51.29	12.69	
6				

图 2.25　分段条图数据

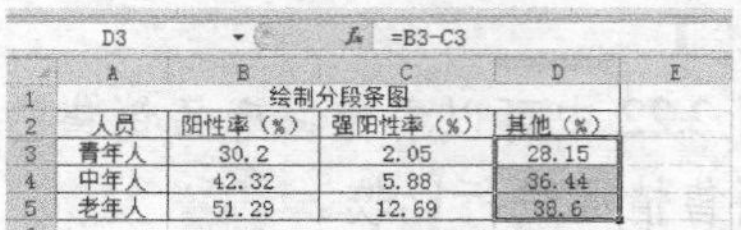

D3　=B3-C3

	A	B	C	D	E
1	绘制分段条图				
2	人员	阳性率（%）	强阳性率（%）	其他（%）	
3	青年人	30.2	2.05	28.15	
4	中年人	42.32	5.88	36.44	
5	老年人	51.29	12.69	38.6	
6					

图 2.26　计算其他类型阳性百分率

Step 03：选择图表类型。选择 C2:D5 单元格区域，然后单击菜单栏【插入】/【图表】/【柱形图】，单击选择【二维柱形图】下的【堆积柱形图】，Excel 弹出原始的分段条图，如图 2.27 所示。

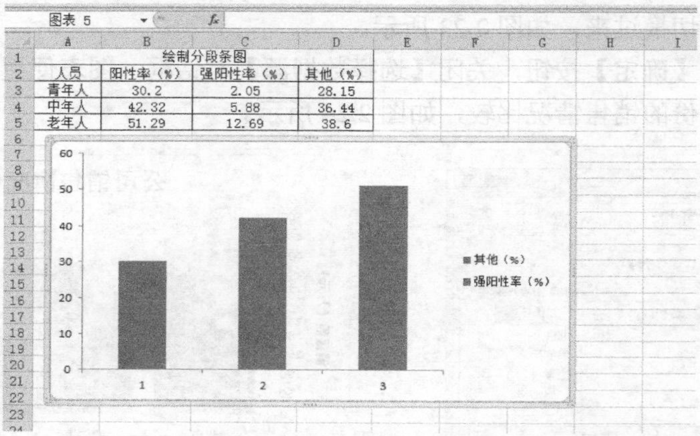

图表 5

	A	B	C	D
1	绘制分段条图			
2	人员	阳性率（%）	强阳性率（%）	其他（%）
3	青年人	30.2	2.05	28.15
4	中年人	42.32	5.88	36.44
5	老年人	51.29	12.69	38.6

图 2.27　选择图表类型

Step 04：删除网格线。右键单击任意一条网格线上，然后在弹出的快捷菜单中选取【删除】选项，即可删除网格线。经过修改的图表如图 2.28 所示。

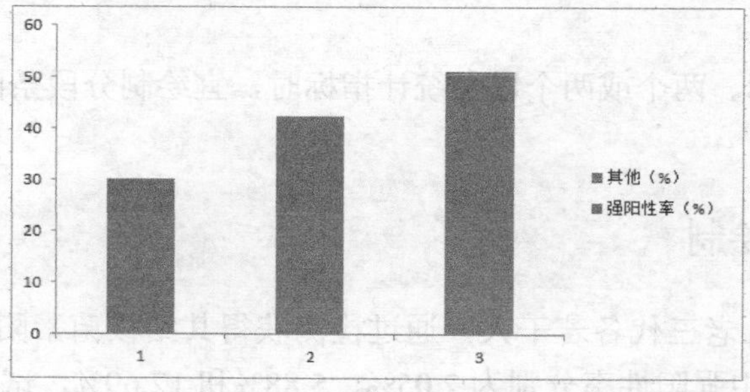

图 2.28　删除网格线后的分段条图

Step 05：添加图表标题。单击图表，然后单击菜单栏选项卡【布局】/【标签】/【图表标题】按钮，此时弹出下拉列表。单击选择【图表上方】，在图表上方即出现【图表标题】文字编辑框；单击激活文字编辑，输入“结核菌素阳性率”即可。如图 2.29 所示。

Step 06：添加主要纵坐标轴标题。单击选中图表，然后单击菜单栏【布局】/【标签】/【坐标轴标题】按钮，此时弹出下拉列表。单击选择【主要纵坐标轴标题】/【旋转过的标题】，在图表左边即出现【坐标轴标题】文字编辑框，单击修改为“百分率（%）”即可。结果如图 2.30 所示。

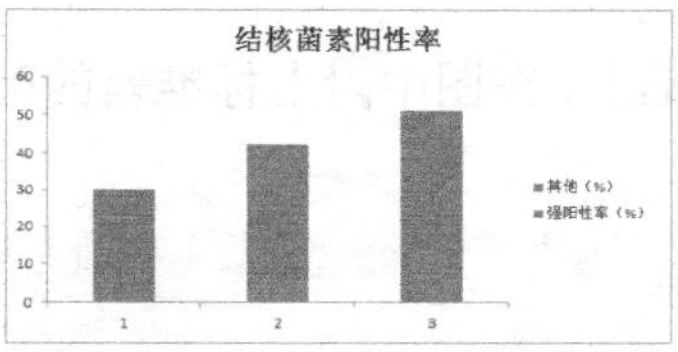

图 2.29 添加图表标题

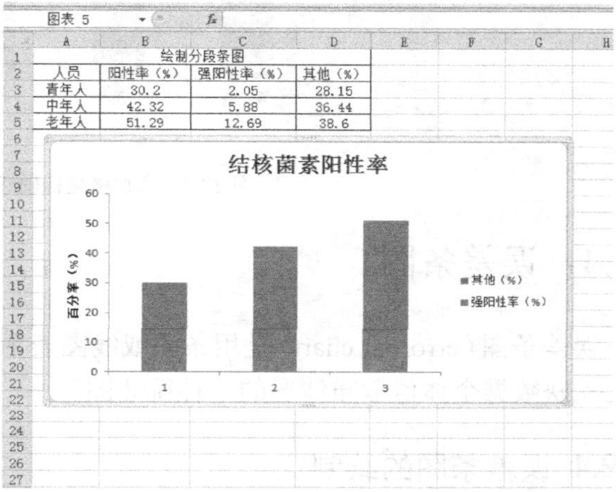

图 2.30 添加主要纵坐标轴标题

Step 07：添加水平轴标签。右键单击图表，弹出快捷菜单，然后单击选择【选择数据】选项，打开【选择数据源】对话框，如图 2.31 所示。

Step 08：单击【选择数据源】对话框右侧的【水平（分类）轴标签】下的【编辑】按钮，弹出【轴标签】对话框，此时单击 A3 单元格，拖动鼠标指针选中 A3:A5 单元格区域，在【轴标签】对话框的【轴标签区域】显示“=Sheet1!$A$3:$A$5”，如图 2.32 所示。

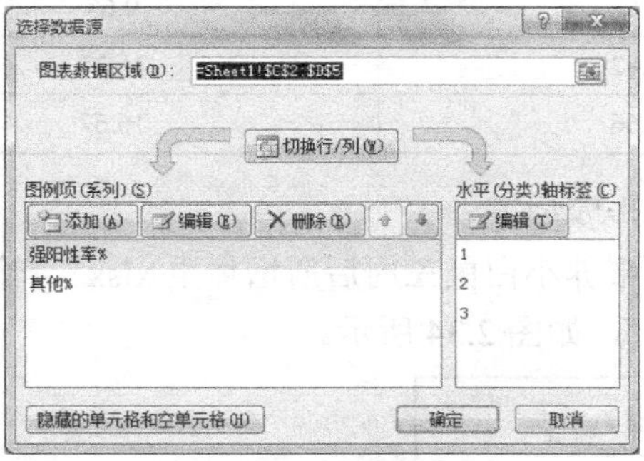

图 2.31 选择数据源对话框

图 2.32 添加水平轴标签

Step 09：单击【轴标签】下方的【确定】按钮，返回【选择数据源】对话框，再单击【确定】按钮，结束设置。添加横坐标轴标签的分段条图如图 2.33 所示。

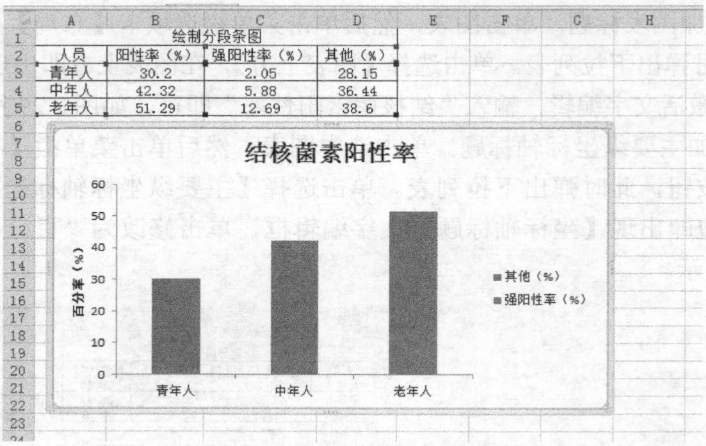

图 2.33　添加横坐标轴标签的分段条图

2.1.4　误差条图

误差条图（errorbar chart）是用条图或线图表示均数的基础上，在图中附上标准差的范围，以此反映数据个体值散布情况的一种统计图。

例 2.4 误差条图的绘制

某医学调查小组统计了四种营养素喂养小白鼠三周后所增体重（克）的均数和标准差，数据如表 2.3 所示，试作误差条图。

表 2.3　　小白鼠增加体重的均数和标准差（克）

营养素	均　数	标准差
A	33.9	8.68
B	54.68	9.65
C	59.82	11.24
D	75.66	16.67

下面具体介绍误差条图的绘制，具体操作步骤如下。

Step 01：新建工作表"例 2.4 四种营养素喂养小白鼠三周后所增体重.xlsx"，输入表 2.3 文字和已知数据，表头输入"误差条图的绘制"，如图 2.34 所示。

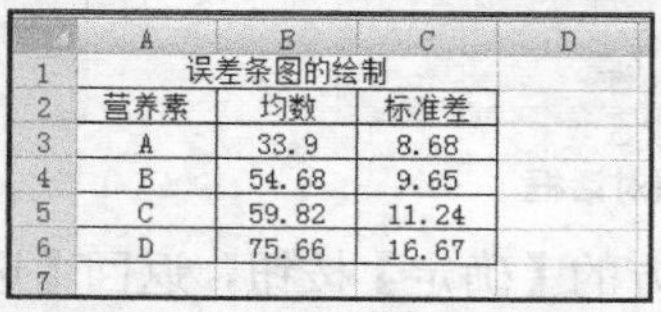

图 2.34　误差条图的绘制数据

Step 02：选择图表类型。单击选择 A2:B6 单元格区域，然后单击菜单栏【插入】/【图表】/【柱形图】，在图表子类型列表框中单击选择【二维柱形图】下的【簇状柱形图】图表子类型，Excel 弹出嵌入式图表，如图 2.35 所示。

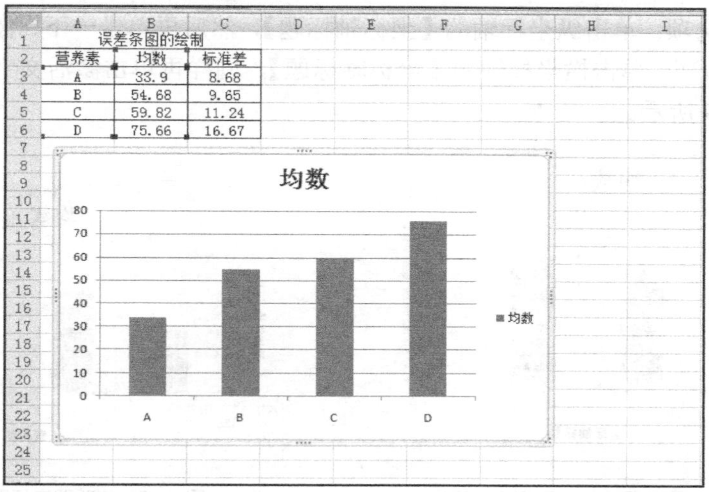

图 2.35　插入图表

Step 03：更改图表布局。单击图表区，然后单击【设计】选项卡上的【图表布局】组右下角单击【其他】按钮，如图 2.36 所示，选择要使用的【布局 9】。

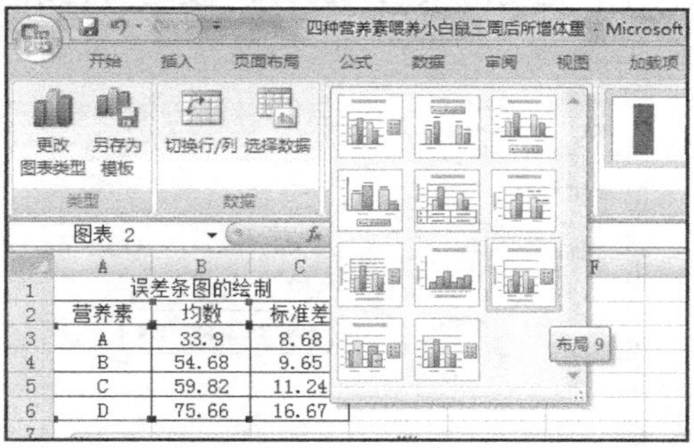

图 2.36　图表布局

选择【布局 9】后，图表变为含有【图表标题】和【坐标轴标题】的图表，如图 2.37 所示。

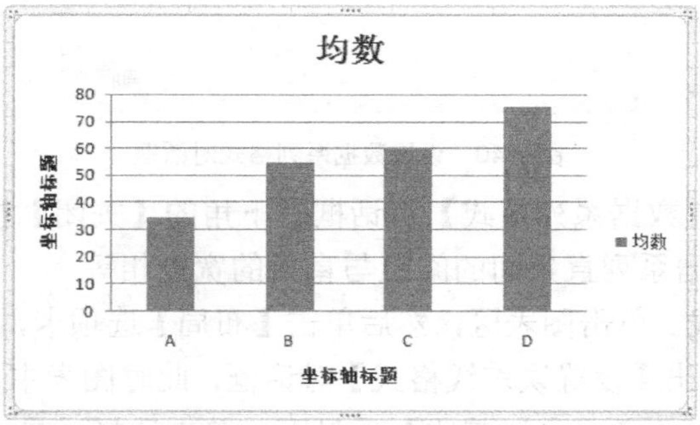

图 2.37　更改图表布局后的图表

Step 04：删除网格线和图例。在任意一条网格线上单击右键，然后在弹出的快捷菜单中选取【删除】选项即可。右键单击图例“均数”，然后在弹出的快捷菜单中选取【删除】选项，经过修改的图表如图 2.38 所示。

Step 05：修改图表标题和坐标轴标题。右键单击【图表标题】，然后在弹出的快捷菜单中选取【删除】选项；单击纵坐标轴的【坐标轴标题】，然后再单击一下，激活文字编辑，键入“增加体重（g）”；单击横坐标轴的【坐标轴标题】，同样再单击激活文字编辑，输入“营养素”，如图 2.39 所示。

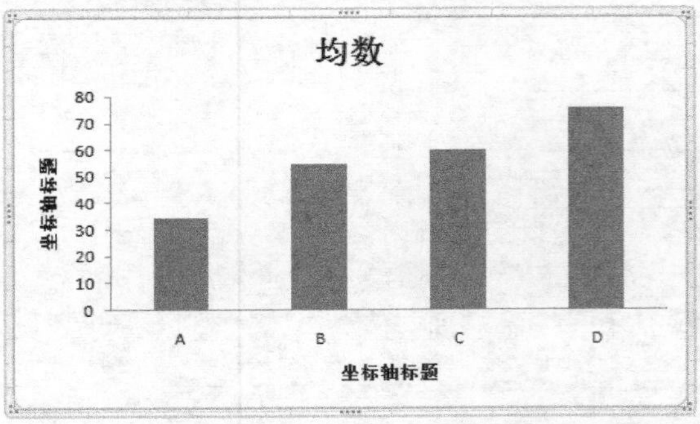

图 2.38　删除网格线和图例后的图表

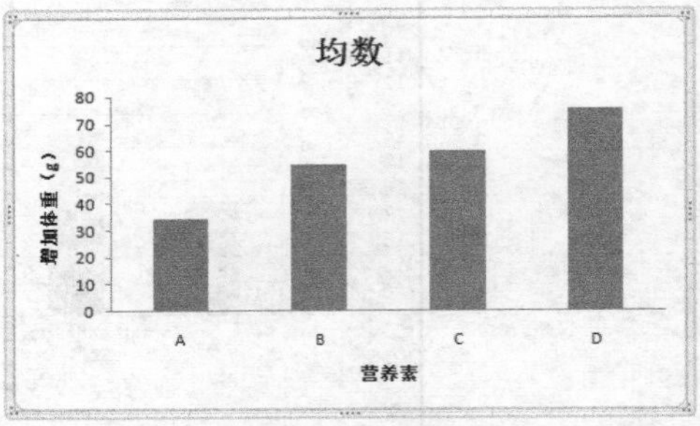

图 2.39　修改图表标题和坐标轴标题

Step 06：设置直条间距。右键单击数据系列（直条），单击选择【设置数据系列格式】，弹出【设置数据系列格式】对话框，然后单击选择【设置数据系列格式】对话框下的【系列选项】，在【分类间距】项目下，拖动滑块至“100%”使之与直条宽度相等，如图 2.40 所示。

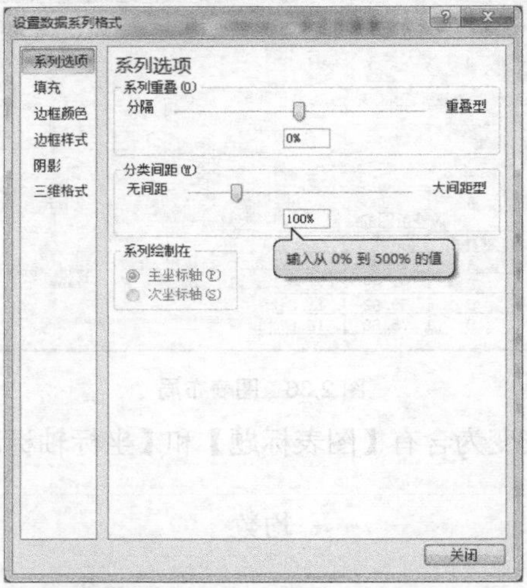

图 2.40　设置数据系列格式对话框

Step 07：单击【设置数据系列格式】对话框右下角的【关闭】按钮，此时直条图效果如图 2.41 所示，很明显数据系列直条间的间距与直条的宽度相等。

Step 08：增加误差线。单击图表区，然后单击【布局】选项卡，单击【分析】/【误差线】/【其他误差线选项】，弹出【设置误差线格式】对话框，此时图表中已经出现误差线。在【设置误差线格式】对话框中的【垂直误差线】项目下，单击选择【显示方向】下的【正偏差】复选框；然后在【误差量】一项单击选择【自定义】选项，如图 2.42 所示。

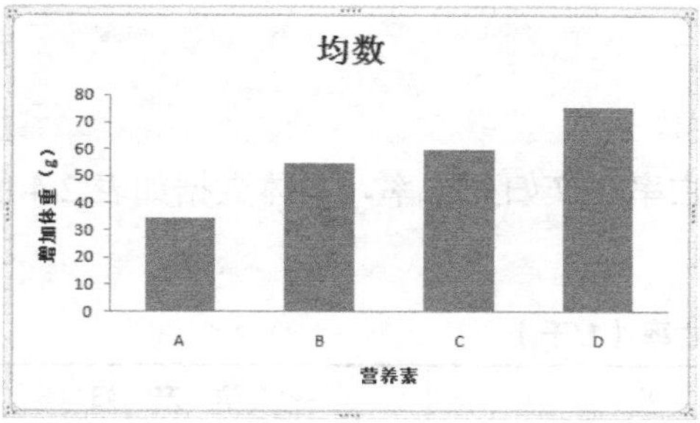

图 2.41　设置直条间距后的图表

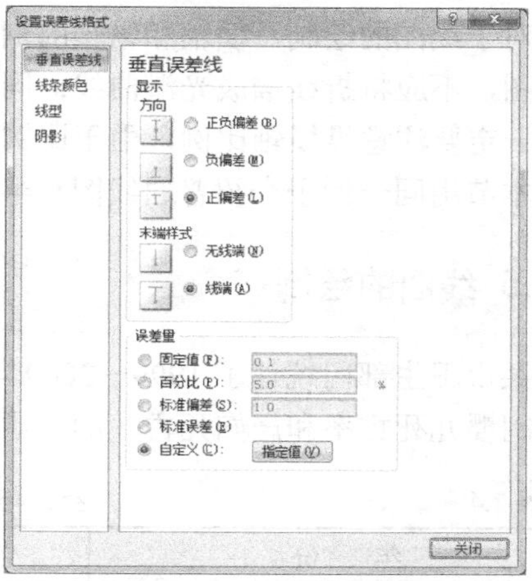

图 2.42　设置误差线格式对话框

Step 09：单击【自定义】选项后面的【指定值】按钮，弹出【自定义错误栏】对话框，然后单击【正错误值】后面的折叠按钮，选择 C3:C6 单元格区域，再单击返回折叠按钮返回【自定义错误栏】对话框，如图 2.43 所示。

Step 10：单击【自定义错误栏】对话框中的【确定】按钮，返回【设置误差线格式】对话框，单击【关闭】按钮，完成误差线设置操作。此时误差条图如图 2.44 所示。

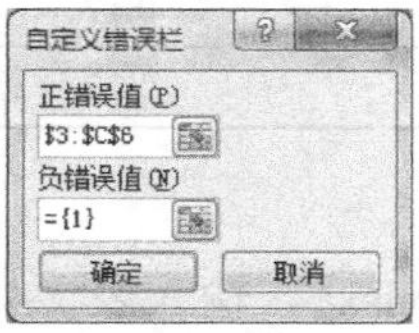

图 2.43　自定义错误栏对话框

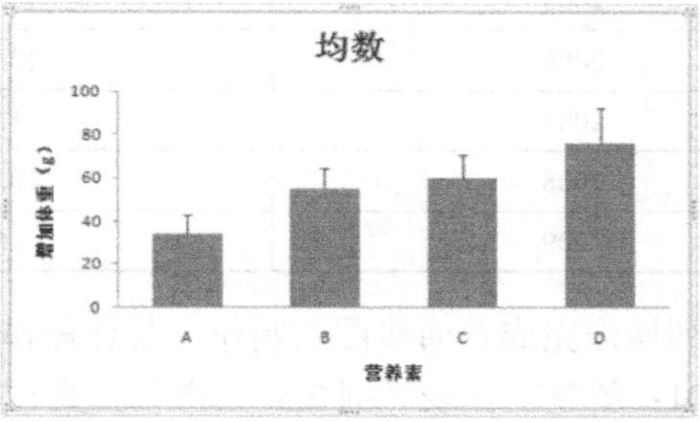

图 2.44　小白鼠体重增加的误差条图

【注意】可以适当调整绘图区的大小，调整整个图表区域的字体大小以及图表其他格式等，与上述操作步骤大同小异，这里不再讲解。

2.2　线　　图

线图（line chart）是用点和点之间连线的上升或下降表示统计指标的连续变化趋势的统计图，它反映事物连续的动态变化规律，适用于描述一个变量随另一个变量变化的趋势。

线图有普通线图（line chart）和半对数线图之分。通常，普通线图纵坐标是因变量或统计指标，横坐标是解释变量，纵、横轴均为算术尺度。

半对数线图（semi-logarithmic linear chart）是线图的一种特殊形式，适用于表示事物发展速度（相对比）。其纵轴为对数尺度，横轴为算术尺度。

线图中只有一条线，称为单式线图，若有两条及以上的线条，称为复式线图。

对于线图的绘制，横轴和纵轴的刻度都可以不从 0 开始；用短线依次将相邻各点连接得到线图，不应将折线描成光滑曲线；同一张线图上不要画太多条曲线，通常≤5 条；在绘图时，一定要注意纵横轴比例，由于比例不同，给人的印象也不同。

本节用同一例子介绍普通线图和半对数线图的绘制方法。

例 2.5 线图的绘制

某市卫生部门统计了 1999～2009 年婴儿死亡率和产妇死亡率，具体数据如表 2.4 所示，试绘制婴儿死亡率和产妇死亡率的普通线图。

表 2.4　　　婴儿与孕产妇死亡率（1/千）

年　份	婴　儿	孕 产 妇
1999	14.29	0.32
2000	18.85	0.38
2001	16.24	0.35
2002	14.98	0.3
2003	16.66	0.3
2004	16.18	0.32
2005	16.14	0.28
2006	13.99	0.26
2007	11.84	0.29
2008	10.88	0.17
2009	8.51	0.22

按下列操作完成普通线图的制作，具体操作步骤如下。

Step 01：新建工作表“例 2.5 某市婴儿死亡率和产妇死亡率.xlsx”，输入表 2.4 中已知数据和各列的名称，在表头输入名称“婴儿死亡率和产妇死亡率线图绘制”。如图 2.45 所示。

	A	B	C	D
1	婴儿死亡率和产妇死亡率线图绘制			
2	年份	婴儿	孕产妇	
3	1999	14.29	0.32	
4	2000	18.85	0.38	
5	2001	16.24	0.35	
6	2002	14.98	0.3	
7	2003	16.66	0.3	
8	2004	16.18	0.32	
9	2005	16.14	0.28	
10	2006	13.99	0.26	
11	2007	11.84	0.29	
12	2008	10.88	0.17	
13	2009	8.51	0.22	
14				

图 2.45　绘制普通线图数据

Step 02：选取单元格区域 A2:C13，在【插入】选项卡上的【图表】组中单击【散点图】，弹出下拉列表，如图 2.46 所示。然后单击第四个子图表类型【带直线和数据标记的散点图】。

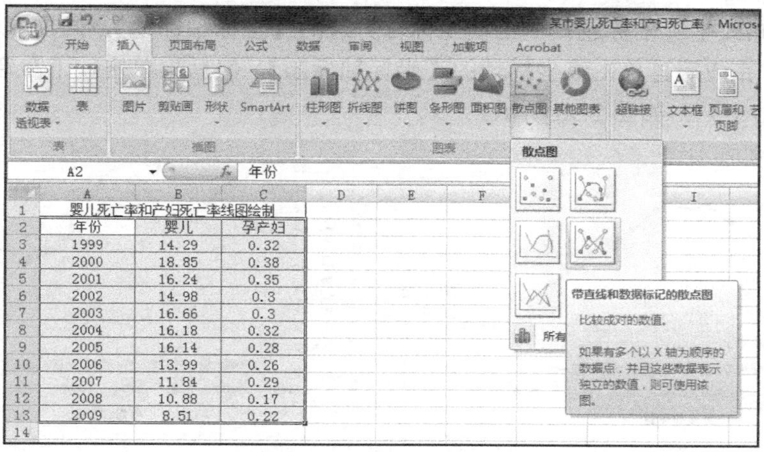

图 2.46　选择散点图

Step 03：查看弹出的图表，看是否需要选择图表布局。此时在表格中弹出带直线和数据标记的散点图图表，如图 2.47 所示。弹出的图表中并没有坐标轴标题，所以下一步选择有坐标轴标题的图表布局。

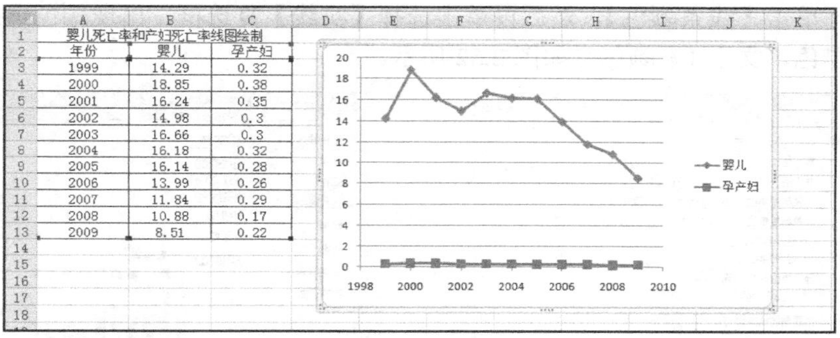

图 2.47　带直线和数据标记的散点图

Step 04：更改图表布局。单击图表区，然后单击【设计】/【图表布局】，选择【布局 1】后，图表变为含有【图表标题】和【坐标轴标题】的图表，如图 2.48 所示。

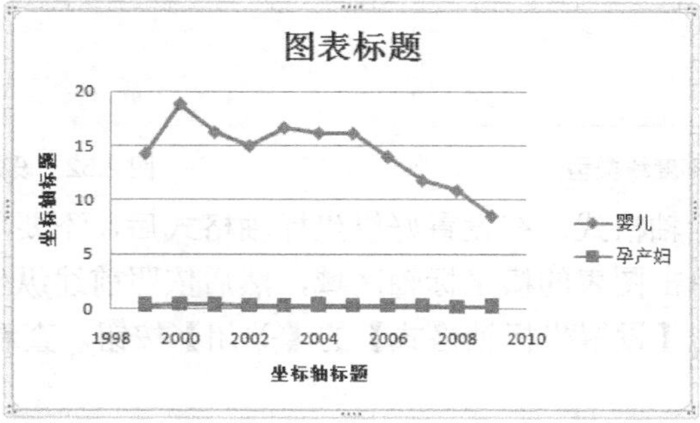

图 2.48　选择图表布局

Step 05：删除网格线和图表标题。在任意一条网格线上单击右键，然后在弹出的快捷菜单中选取【删除】选项删除网格线；然后再右键单击图表标题，在弹出的快捷菜单中单击【删除】选项。修改后的图表如图 2.49 所示。

Step 06：修改坐标轴标题。单击横坐标轴旁边的【坐标轴标题】，同样再单击激活编辑，输入“年份”；完成后再单击纵坐标轴的【坐标轴标题】，然后再单击一下激活文字编辑，键入“死亡率（1/千）”。如图 2.50 所示。

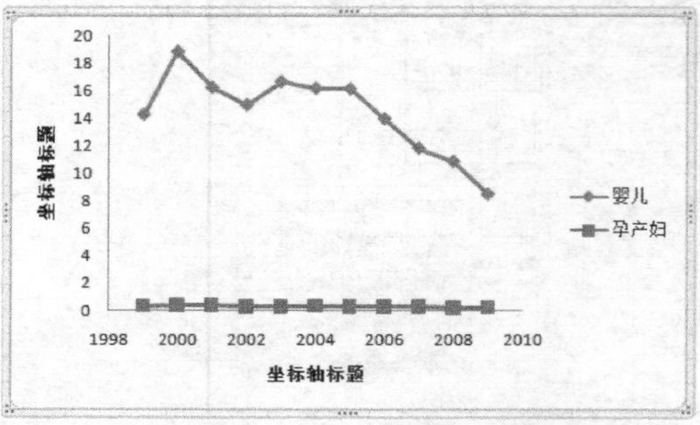

图 2.49　删除网格线和图表标题

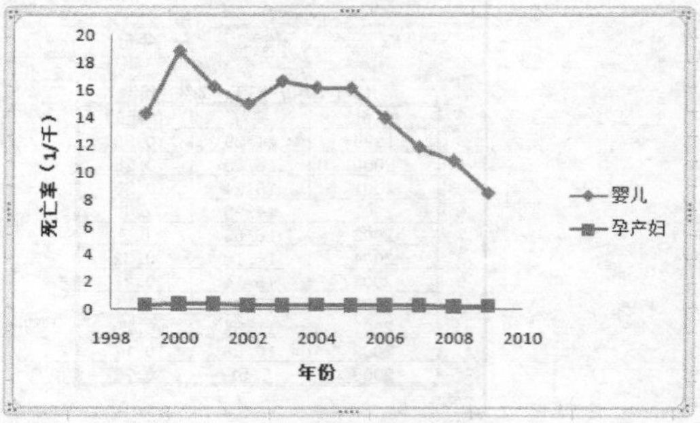

图 2.50　修改坐标轴标题

Step 07：刻度线类型设置。先右键单击纵坐标轴，弹出快捷菜单，然后单击选择【设置坐标轴格式】，弹出【设置坐标轴格式】对话框；在【坐标轴选项】的【主要刻度线类型】项单击选择【内部】，使坐标轴刻度显示在轴线以内。设置如图 2.51 所示。

Step 08：单击【线条颜色】，然后再单击选择【实线】复选框，出现颜色选择选项，单击选择【黑色，文字 1】颜色。如图 2.52 所示。

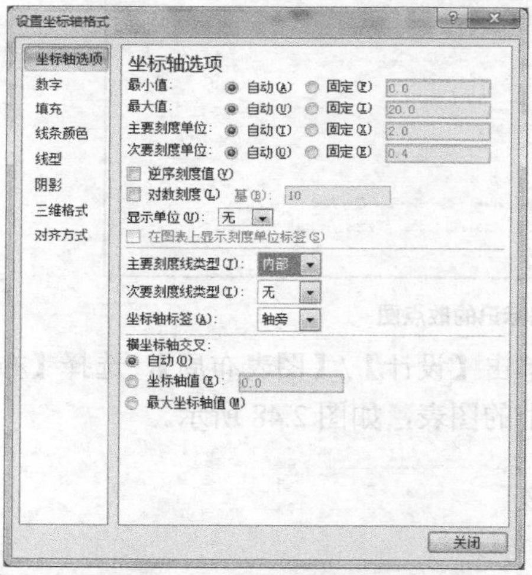

图 2.51　设置刻度线类型

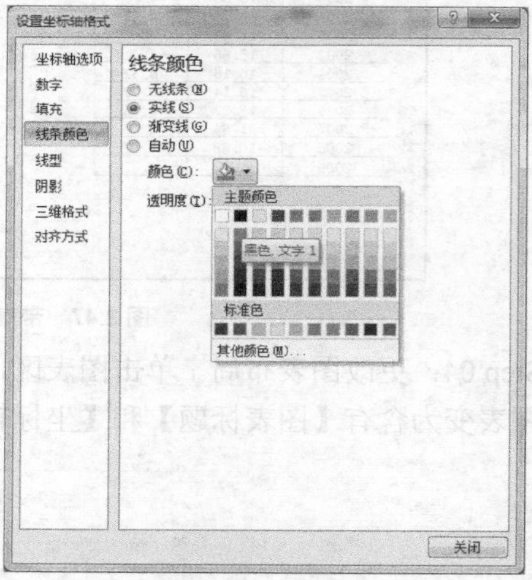

图 2.52　设置坐标轴线条颜色

Step 09：设置横坐标轴格式。在设置好纵坐标轴格式后，不要单击【设置坐标轴格式】的【关闭】按钮，此时单击图表的横坐标轴区域，然后依照前述纵坐标轴的设置内容设置总坐标轴格式，完成后单击【设置坐标轴格式】的【关闭】按钮。查看图表如图 2.53 所示，坐标轴变得清晰。

Step 10：绘制半对数线图。右键单击修改好的普通线图，选择【复制】项，再右键单击 K2 单元格，在快捷菜单中选择【粘贴】；在新复制的图形的纵坐标上单击右键，在弹出的快捷菜单中选取【设置坐标轴格式】，弹出【设置坐标轴格式】对话框。

Step 11：在【坐标轴选项】中分别选择设置【最小值】、【最大值】、【主要刻度单位】、【次要刻度单位】为“0.1”、“100”、“10”、“10”，然后单击选取【对数刻度】复选框。在【横坐标轴交叉】下单击【坐标轴值】复选框，在其后填写“0.1”。如图 2.54 所示。

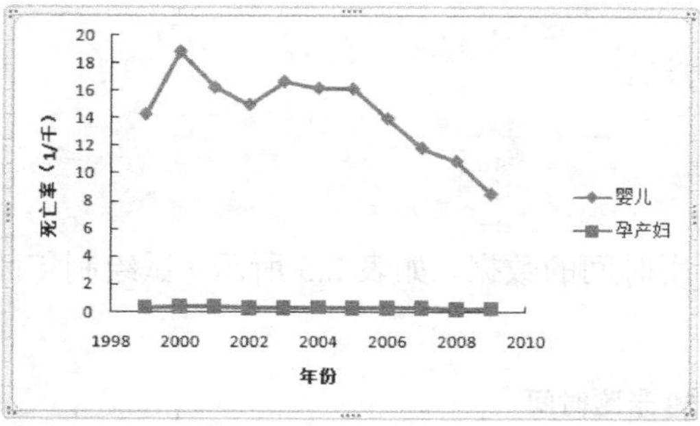

图 2.53 修改好的普通线图

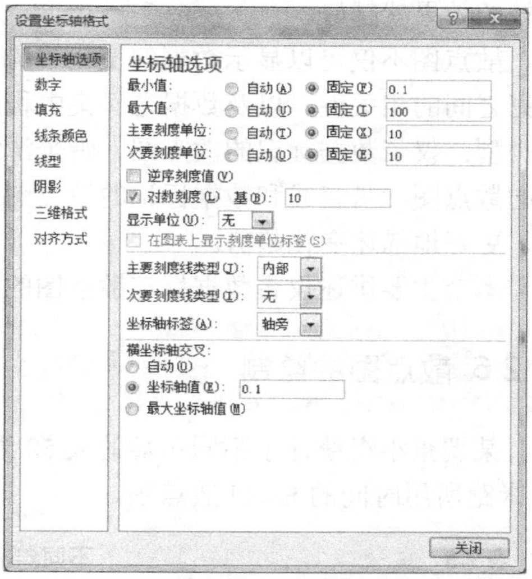

图 2.54 设置纵坐标轴格式

Step 12：单击【关闭】按钮，得到半对数线图，如图 2.55 所示。

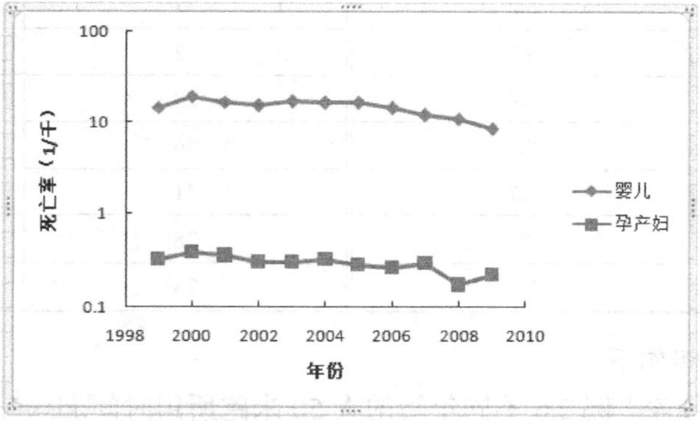

图 2.55 半对数线图

【结论】

通过观察图 2.53 和图 2.55 可见，将同一数据资料分别绘制成普通线图与半对数线图，呈现出两种不同的结果。图 2.53 所示为两条线的坡度相差悬殊的线图。这是因为婴儿死亡率和产妇死亡率绝对值相差很大，反映了婴儿死亡率与产妇死亡率各自的变化趋势；而在图 2.55 中两条线的坡度基本一致，是由于婴儿死亡率与产妇死亡率的对数值相差（即相对比）相等，反映婴儿死亡率与产妇死亡率的变化速度是基本相同的。

2.3 散 点 图

散点图（scatter chart）是以直角坐标系中各点的密集程度和变化趋势来表示两种现象间

的相关关系，常用于显示和比较数值，例如科学记数、统计和工程数据等。当要在不考虑时间的情况下比较大量数据点时，使用散点图比较数据方便直观。散点图中包含的数据越多，比较的效果就越好。

散点图不仅可以显示数据的变化趋势，更多的是被用来描述数据之间的关系，例如几组数据之间的相关性，以及数据之间集中程度和离散程度等。在 Excel 2007 中，散点图有 5 种子类型：仅带数据标记的散点图、带平滑线的散点图、带平滑线和数据标记的散点图、带直线的散点图、带直线和数据标记的散点图。其中带平滑线的散点图可以自动对折线做平滑处理，更好地描述变化趋势。

本节主要讲述仅带数据标记散点图的绘制方法。

例 2.6 散点图的绘制

某调查小组统计了不同年龄的人 50 米跑所用时间的数据，如表 2.5 所示。试绘制年龄和 50 米跑所用时间的 Excel 散点图。

表 2.5　　不同年龄的人 50 米跑时间

年龄（岁）	50 米跑时间（秒）	年龄（岁）	50 米跑时间（秒）
23	7.7	37	8.1
43	8.2	39	8.4
50	8.5	22	7.7
35	7.8	29	7.9
33	8.1	46	8.3
18	7.7	31	7.9
44	8.2	28	7.8
48	8.5	25	7.7

具体绘图操作步骤如下。

Step 01：新建工作表“例 2.6 不同年龄的人 50 米跑所用时间.xlsx”，将表 2.5 数据复制到新建工作表中，整理成两列数据，如图 2.56 所示。

	A	B	C
1	年龄(岁)	50米跑时间(秒)	
2	23	7.7	
3	43	8.2	
4	50	8.5	
5	35	7.8	
6	33	8.1	
7	18	7.7	
8	44	8.2	
9	48	8.5	
10	37	8.1	
11	39	8.4	
12	22	7.7	
13	29	7.9	
14	46	8.3	
15	33	7.9	
16	28	7.8	
17	25	7.7	
18			

图 2.56　散点图绘制数据

Step 02：插入散点图。选取单元格区域 A1:B17，单击【插入】/【图表】/【散点图】，弹出下拉列表，然后单击第一个子图表类型【仅带数据标记的散点图】，如图 2.57 所示。

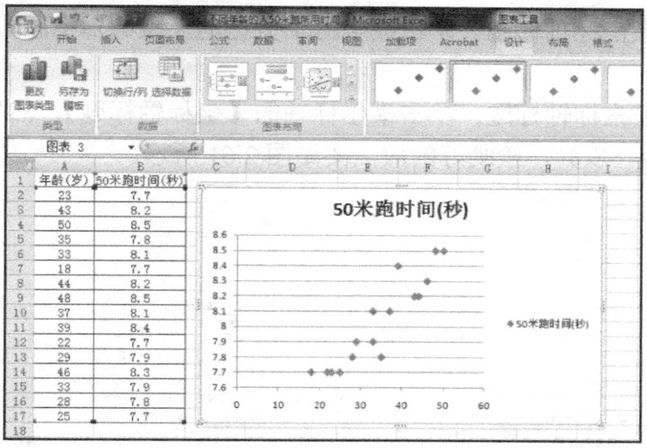

图 2.57　插入散点图

Step 03：更改图表布局。单击图表区，然后单击【设计】/【图表布局】，再单击【其他】按钮，选择【布局 1】后，图表变为含有【图表标题】、【坐标轴标题】和【图例】的图表，如图 2.58 所示。

Step 04：设置横坐标轴格式。右键单击横坐标轴，在快捷菜单中单击选择【设置坐标轴格式】，弹出【设置坐标轴格式】对话框；在【坐标轴选项】选项下单击选择【最小值】为【固定】，输入“10”；在【主要刻度线类型】项单击选择【内部】，设置如图 2.59 所示。

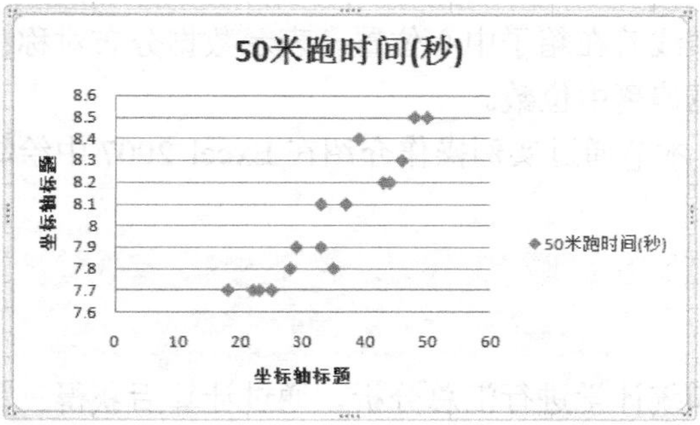

图 2.58　更改图表布局

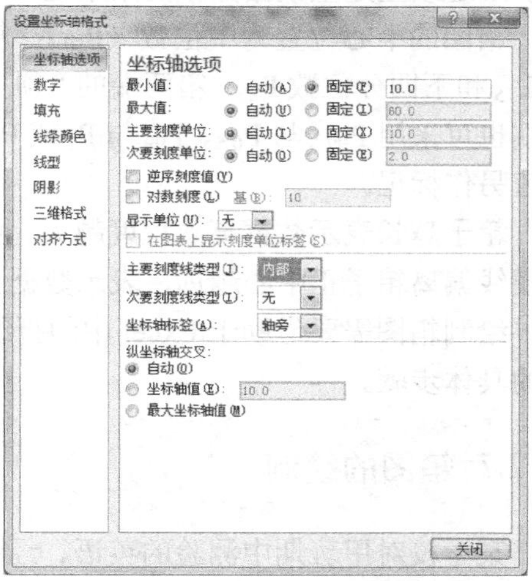

图 2.59　设置横坐标轴格式

Step 05：设置纵坐标轴格式。单击图表的纵坐标轴区域，【设置坐标轴格式】对话框自动链接到纵坐标轴格式，同样在【坐标轴选项】选项下的【主要刻度线类型】项单击选择【内部】，单击【关闭】按钮完成设置。

Step 06：删除网格线。在任意一条网格线上单击右键，然后在弹出的快捷菜单中选取【删除】选项，删除网格线。

Step 07：删除图例。右键单击图例，单击弹出的快捷菜单中【删除】选项。

Step 08：删除图表标题。右键单击图表标题，弹出的快捷菜单，单击【删除】选项，修改后的图表如图 2.60 所示。

Step 09：修改纵坐标轴标题。单击纵坐标轴旁边的【坐标轴标题】，再单击激活编辑，输入“时间（秒）”。

Step 10：修改横坐标轴标题。单击横坐标轴的【坐标轴标题】，然后再单击一下激活文字编辑，键入“年龄（岁）”，绘制好的散点图如图 2.61 所示。

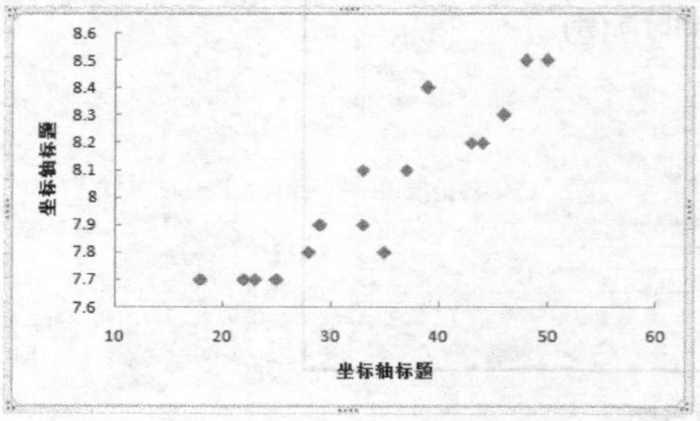

图 2.60　修改的散点图

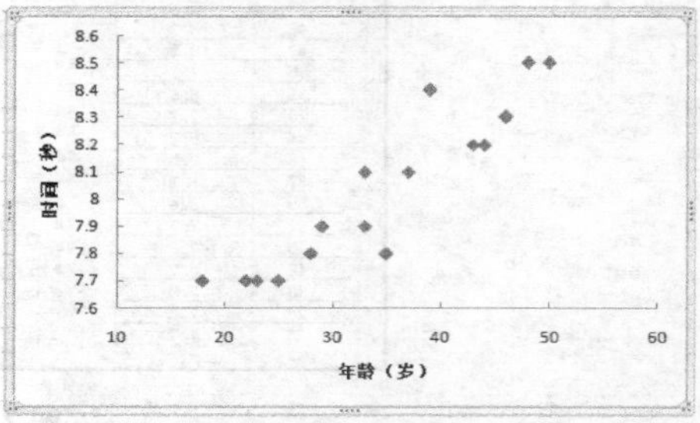

图 2.61　绘制好的散点图

2.4　箱　图

箱图（box plot）也称箱须图或盒须图（box-whisker plot），也叫框线图，用于反映一组或多组连续型定量数据分布的集中趋势和离散趋势。

箱图的中心位置为中位数（P_{50}）；箱子的长度表示四分位数间距，两端分别是上四分位数 P_{75} 和下四分位数 P_{25}；箱两端的“须”一般为最大值与最小值，如果资料两端值变化较大，两端也可采用 $P_{99.5}$ 与 $P_{0.5}$、P_{99} 与 P_1 或 $P_{97.5}$ 与 $P_{2.5}$。读者可根据数据的波动情况作出选择，异常值另作标记。

箱子越长表示数据离散程度越大。中间横线若在箱子中心位置，表示数据分布对称；中间横线偏离箱子正中心越远，表示数据分布越偏离中位数。

绘制箱图需要借助于 Excel 中的折线图，本节通过实例操作介绍在 Excel 2007 中绘制箱图的具体步骤。

例 2.7 箱图的绘制

某学校对甲班期中测验的英语、经济学和统计学进行汇总分析，通过计算后获得三科成绩的 P_{100}、P_{75}、P_{50}、P_{25}、P_0（即最大值、上四分位数、中位数、下四分位数、最小值），如表 2.6 所示，试绘制成绩分布的箱图。

表 2.6　三科成绩数据

	英　语	经 济 学	统 计 学
下四分位数	66	71	68
最大值	96	99	94
最小值	50	64	55
中位数	83	81	71
上四分位数	90	89	84

绘制箱图的具体操作步骤如下。

Step 01：新建工作表“例 2.7 甲班期中测验成绩汇总分析.xlsx”，将表 2.6 数据输入到新建工作表中，表头输入“箱图的绘制”，如图 2.62 所示。

Step 02：选择图表类型。选择 A2:D7 单元格区域，然后单击菜单栏【插入】/【图表】/【折线图】，此时显示图表子类型列表框，如图 2.63 所示。

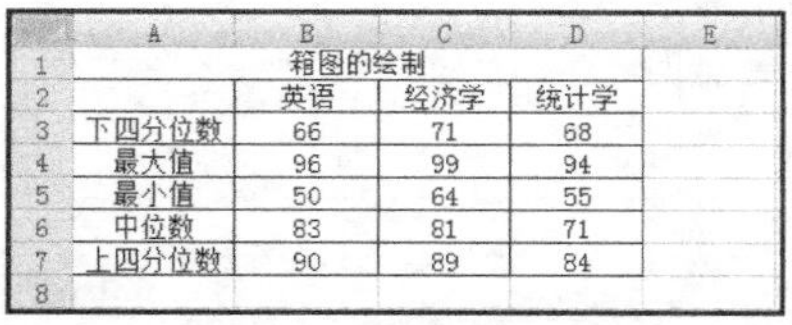

	箱图的绘制		
	英语	经济学	统计学
下四分位数	66	71	68
最大值	96	99	94
最小值	50	64	55
中位数	83	81	71
上四分位数	90	89	84

图 2.62　绘制箱图的数据

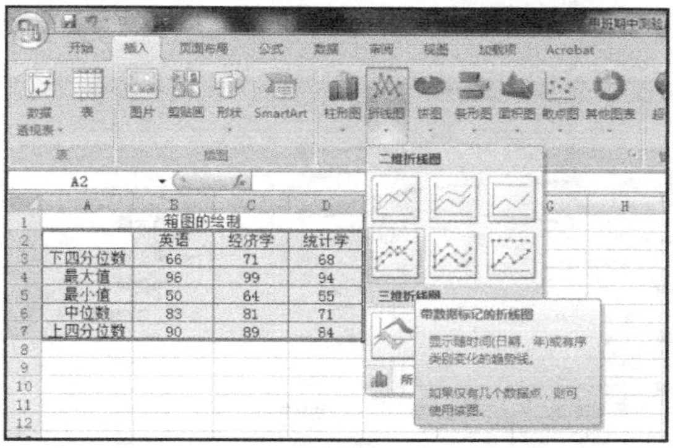

图 2.63　选择图表类型列表

Step 03：单击选择【二维折线图】/【带数据标记的折线图】图表子类型，此时，Excel 弹出图表，如图 2.64 所示。

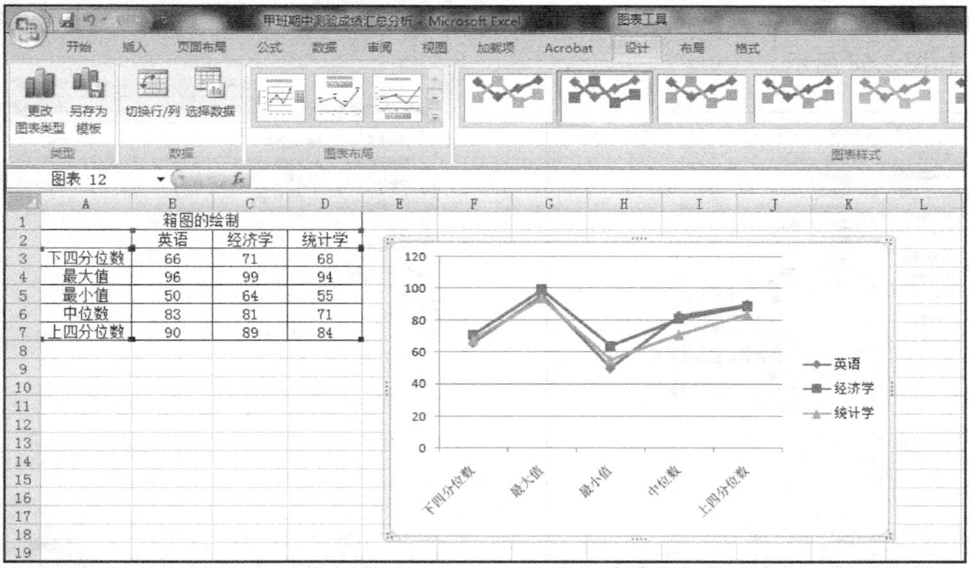

图 2.64　插入带数据标记的折线图

Step 04：切换行/列。显然，在插入的默认图表中，行和列的数据内容颠倒了。单击图表区，然后在【设计】选项卡下单击【数据】组中的【切换行/列】项，此时图表如图 2.65 所示。

Step 05：设置最大值所在折线的数据标记类型。右键单击图表区的最大值折线，在弹出的快捷菜单中单击【设置数据系列格式】，弹出【设置数据系列格式】对话框；然后单击【数据标记选项】，在数据标记类型下单击选择【内置】复选框，然后再在【类型】后单击选择短直线，并在【大小】后的编辑框中将标记类型大小改为“20”，如图 2.66 所示。

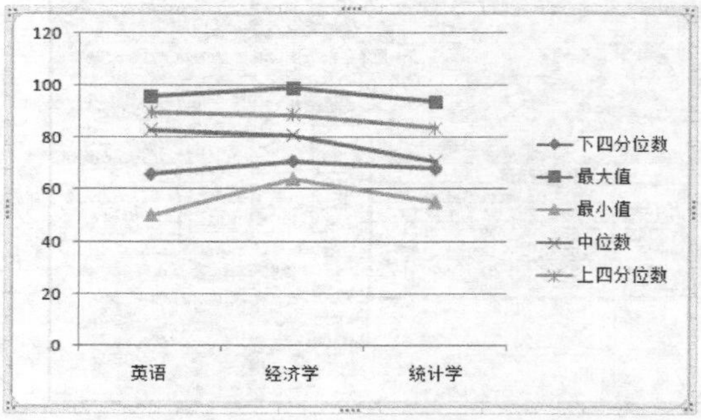

图 2.65　切换行/列

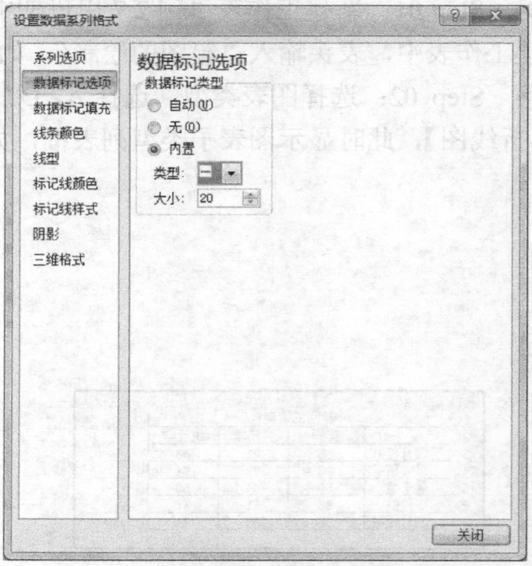

图 2.66　修改数据标记选项

Step 06：修改数据标记填充。单击【数据标记填充】，然后单击【数据标记填充】项目的【纯色填充】复选框，在【颜色】项后单击选择“黑色，文字 1”，如图 2.67 所示。

Step 07：修改线条颜色。单击【线条颜色】，再单击【线条颜色】项目下【无线条】复选框，如图 2.68 所示。

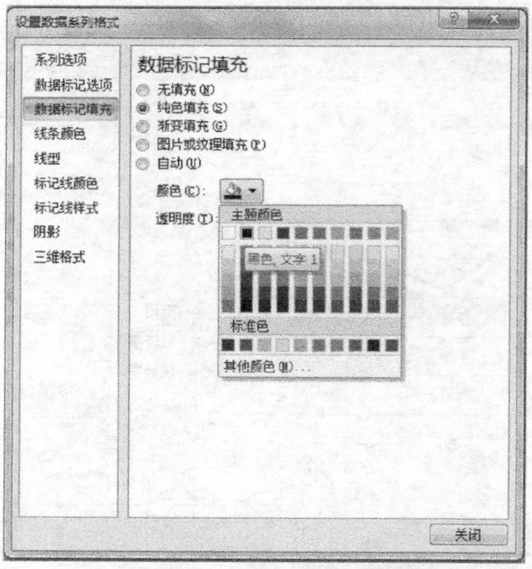

图 2.67　修改数据标记填充

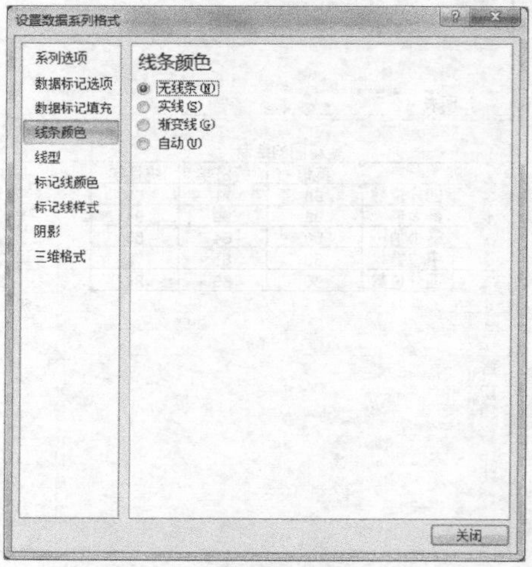

图 2.68　修改线条颜色

Step 08：修改标记线颜色。单击【标记线颜色】，然后再单击【标记线颜色】下的【无线条】复选框，如图 2.69 所示。

Step 09：设置上四分位数所在折线的数据标记类型。无需关闭【设置数据系列格式】对话框，单击图表区中第二条折线即上四分位数所在的折线，然后在【数据标记选项】选项下单击选择【数据标记类型】的【无】复选框；再单击【线条颜色】选项，单击选择【无线条】。

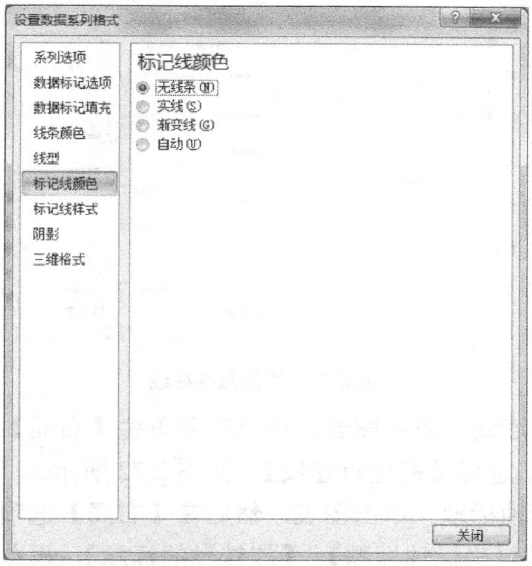

图 2.69　修改标记线颜色

Step 10：修改中位数所在折线的数据标记类型。继续单击图表区上中间折线即中位数所在的折线，然后同 Step 05～Step 08 中的设置一样进行修改设置。

Step 11：设置下四分位数所在折线的数据标记类型。设置内容同 Step 09，单击图表区中第四条折线即下四分位数所在的折线，然后单击【数据标记选项】，单击选择【数据标记类型】的【无】复选框，再在【线条颜色】选项中单击选择【无线条】。

Step 12：修改最小值所在折线的数据标记类型。最后，单击图表区上最下面的折线即最小值所在的折线，在【设置数据系列格式】对话框中同 Step 05～Step 08 中的设置一样进行修改设置，完成后单击【关闭】按钮，此时图表如图 2.70 所示。

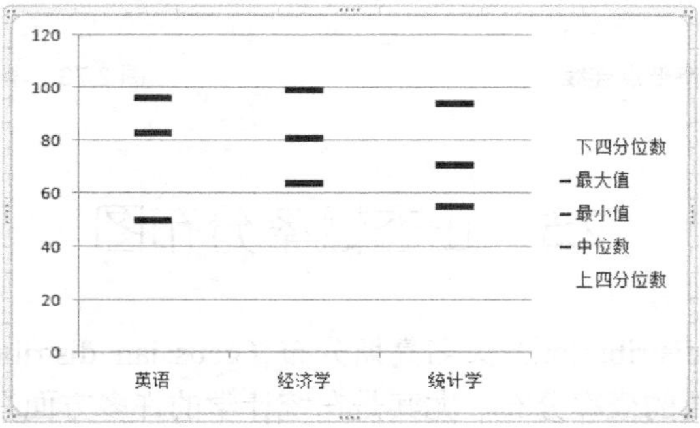

图 2.70　修改折线格式后的图表

Step 13：删除网格线。右键单击任意一条网格线，然后在弹出的快捷菜单中选取【删除】选项，删除网格线。

Step 14：删除图例。右键单击图表右侧的图例，然后在弹出的快捷菜单中选取【删除】选项，删掉图例。

Step 15：添加涨跌柱线。单击图表，然后单击菜单栏【布局】/【分析】/【涨/跌柱线】，打开【涨/跌柱线】下拉列表，然后单击选择【涨/跌柱线】，如图 2.71 所示。

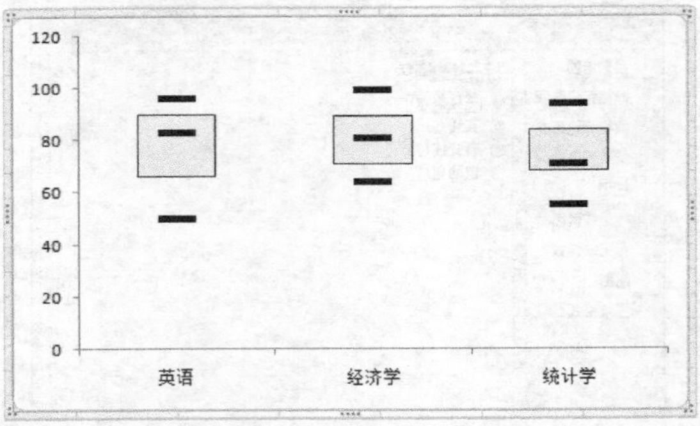

图 2.71　添加涨跌柱线

Step 16：添加高低点连线。单击图表，再单击菜单栏【布局】/【分析】/【折线】，打开【折线】下拉列表后再单击选择【高低点连线】，如图 2.72 所示。

Step 17：添加纵坐标轴标题。单击图表，然后在【布局】选项卡上的【标签】组中，单击【坐标轴标题】/【主要纵坐标轴标题】/【旋转过的标题】，再单击【坐标轴标题】文本框将其激活，修改坐标轴标题为“成绩（分）”。至此，一张学习成绩的箱图绘制完成，如图 2.73 所示。

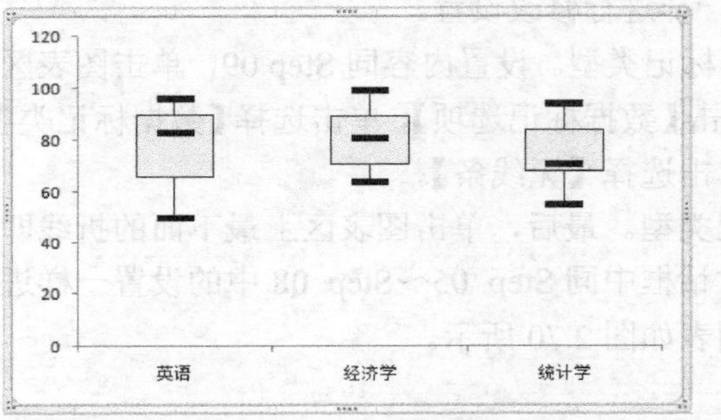

图 2.72　添加高低点连线

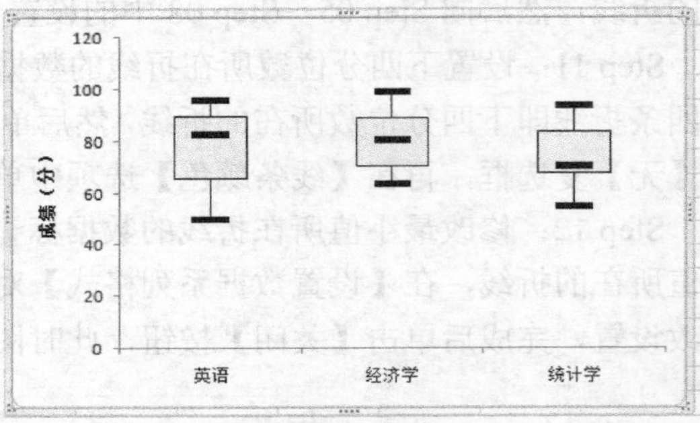

图 2.73　学习成绩箱图

2.5　正态概率分布图

正态分布（normal distribution）又名高斯分布（gaussian distribution），是在数学、物理及工程等领域都非常重要的概率分布，尤其是在统计学的许多方面有着重大的影响力。

若随机变量 X 服从一个数学期望为 μ、方差为 σ^2 的高斯分布，则其概率密度函数为正态分布，期望值 μ 决定了其位置，其标准差 σ 决定了分布的幅度。因其曲线呈钟形，因此又经常称之为钟形曲线。

正态分布的概率密度函数为

$$f(x)=\frac{1}{\sqrt{2\pi}\sigma}e^{-\frac{1}{2\sigma^2}(x-\mu)^2},(-\infty<x<+\infty)$$

正态分布记为 $X\sim N(\mu,\ \sigma^2)$。

正态分布的分布函数为

$$F(x)=\int_{-\infty}^{x} f(x)\mathrm{d}x=\int_{-\infty}^{x}\frac{1}{\sqrt{2\pi}\sigma}e^{-\frac{1}{2\sigma^2}(t-\mu)^2}\mathrm{d}t$$

特别的，当 $\mu=0$，$\sigma^2=1$ 时，称 X 服从标准正态分布（standard normal distribution），即 $X\sim N(0,1)$，其密度函数为

$$f(x)=\frac{1}{\sqrt{2\pi}}e^{-\frac{x^2}{2}},(-\infty<x<+\infty)$$

可见，标准正态分布是正态分布当 $\mu=0$，$\sigma^2=1$ 时的特殊形式。对应的标准正态分布的概率分布函数为

$$\Phi(x)=\int_{-\infty}^{x} f(x)\mathrm{d}x=\int_{-\infty}^{x}\frac{1}{\sqrt{2\pi}}e^{-\frac{t^2}{2}}\mathrm{d}t$$

在 Excel 中绘制正态概率分布图，需要用到两个函数：正态分布函数 NORMDIST 和标准正态分布函数 NORMSDIST。NORMDIST 函数用来计算给定均值和标准差的正态分布函数值，NORMSDIST 函数计算标准正态分布的累积分布函数值。

函数语法：NORMDIST(x,mean,standard_dev,cumulative)

- x 为需要计算其分布的数值。
- mean 为分布的算术平均值。
- standard_dev 为分布的标准偏差。如果 standard_dev≤0，函数 NORMDIST 返回错误值“#NUM!”。
- cumulative 为一逻辑值，决定函数的形式。如果 cumulative 为 TRUE，函数 NORMDIST 返回累积分布函数；如果为 FALSE，返回概率密度函数。
- 如果 mean=0，standard_dev=1，且 cumulative=TRUE，则函数 NORMDIST 返回标准正态分布，即函数 NORMSDIST。
- 正态分布密度函数（cumulative=FALSE）的计算公式为

$$f(x;\mu,\sigma)=\frac{1}{\sqrt{2\pi}\sigma}e^{-\frac{1}{2\sigma^2}(x-\mu)^2}$$

- 如果 cumulative=TRUE，则公式为从负无穷大到公式中给定的 x 的积分。

$$F(x;\mu,\sigma)=\frac{1}{\sqrt{2\pi}\sigma}\int_{-\infty}^{x}e^{-\frac{1}{2\sigma^2}(t-\mu)^2}\mathrm{d}t$$

例 2.8 正态概率分布图的绘制

假定某种植物种子的重量呈正态分布，种子的重量均值为 0.5g，三种可能标准差分别为 0.05、0.1、0.15，试绘出正态分布的概率密度函数图和分布函数图。

绘制正态分布的概率密度函数图和分布函数图的具体操作步骤如下。

Step 01：设置计算原始表格。新建工作表“例 2.8 正态概率分布图的绘制.xlsx”，然后设置正态分布的数值系列，输入三种可能的标准差数值，如图 2.74 所示。

	A	B	C	D	E
1		三种可能标准差			
2	数值	0.05	0.1	0.15	
3	0.17				
4	0.2				
5	0.23				
6	0.26				
7	0.29				
8	0.32				
9	0.35				
10	0.38				
11	0.41				
12	0.44				
13	0.47				
14	0.5				
15	0.53				
16	0.56				
17	0.59				
18	0.62				
19	0.65				
20	0.68				
21	0.71				
22	0.74				
23	0.77				
24	0.8				
25	0.83				
26					

图 2.74　设置数据表格

Step 02：计算标准差是 0.05 时的正态概率值。单击 B3 单元格，在编辑栏中输入公式“=NORMDIST(A3,0.5,$B$2,FALSE)”，按回车键结束公式输入；然后单击 B3 单元格，将鼠标移动至 B3 单元格右下角，当出现小黑色十字光标时单击左键拖动至 B25 单元格，利用 Excel 自动填充功能求出 B3:B25 各单元格值。

Step 03：计算标准差是 0.1 时的正态概率值。单击 C3 单元格，在编辑栏中输入公式“=NORMDIST(A3,0.5,$C$2,FALSE)”，按回车键结束；单击 C3 单元格，将鼠标移动至 C3 单元格右下角，当出现小黑色十字光标时单击左键拖动至 C25 单元格，求出 C3:C25 各单元格值。

Step 04：计算标准差是 0.15 时的正态概率值。如前两步同样的操作步骤，单击 D3 单元格，在编辑栏中输入公式“=NORMDIST(A3,0.5,$D$2,FALSE)”，按回车键结束；再利用 Excel 自动填充功能拖动鼠标求出 D3:D25 各单元格值。正态分布函数的概率数值如图 2.75 所示。

	A	B	C	D	E
1		三种可能标准差			
2	数值	0.05	0.1	0.15	
3	0.17	2.77E-09	0.017226	0.236497	
4	0.2	1.22E-07	0.044318	0.35994	
5	0.23	3.71E-06	0.104209	0.526334	
6	0.26	7.92E-05	0.223945	0.739472	
7	0.29	0.001179	0.439836	0.998183	
8	0.32	0.012238	0.789502	1.294574	
9	0.35	0.088637	1.295176	1.613138	
10	0.38	0.447891	1.941861	1.931277	
11	0.41	1.579003	2.660852	2.221497	
12	0.44	3.883721	3.332246	2.455134	
13	0.47	6.664492	3.813878	2.606951	
14	0.5	7.978846	3.989423	2.659615	
15	0.53	6.664492	3.813878	2.606951	
16	0.56	3.883721	3.332246	2.455134	
17	0.59	1.579003	2.660852	2.221497	
18	0.62	0.447891	1.941861	1.931277	
19	0.65	0.088637	1.295176	1.613138	
20	0.68	0.012238	0.789502	1.294574	
21	0.71	0.001179	0.439836	0.998183	
22	0.74	7.92E-05	0.223945	0.739472	
23	0.77	3.71E-06	0.104209	0.526334	
24	0.8	1.22E-07	0.044318	0.35994	
25	0.83	2.77E-09	0.017226	0.236497	
26					

图 2.75　正态分布函数的概率值

Step 05：插入图表。选取单元格区域 A3:B25，单击【插入】/【图表】/【散点图】，弹出下拉列表，然后单击第二个子图表类型【带平滑线和数据标记的散点图】，插入图表如图 2.76 所示。

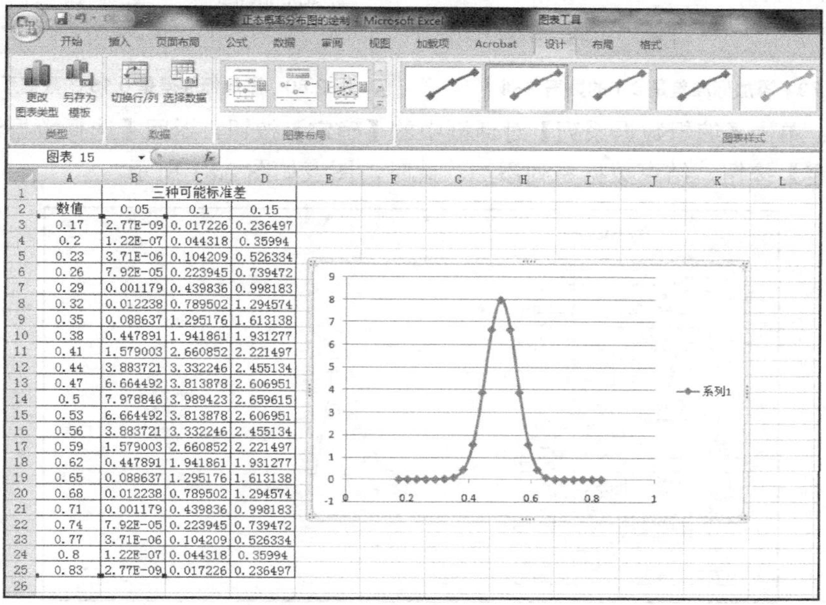

图 2.76　插入带平滑线和数据标记的散点图

Step 06：右键单击图表区，然后在弹出的快捷菜单中选取【选择数据】选项，弹出【选择数据源】对话框，在【图例项（系列）】下单击选择“系列 1”，如图 2.77 所示。

Step 07：编辑系列名称。单击【编辑】按钮，弹出【编辑数据系列】对话框，然后在【系列名称】项下输入“标准差 0.05”，如图 2.78 所示。

图 2.77　选择数据对话框

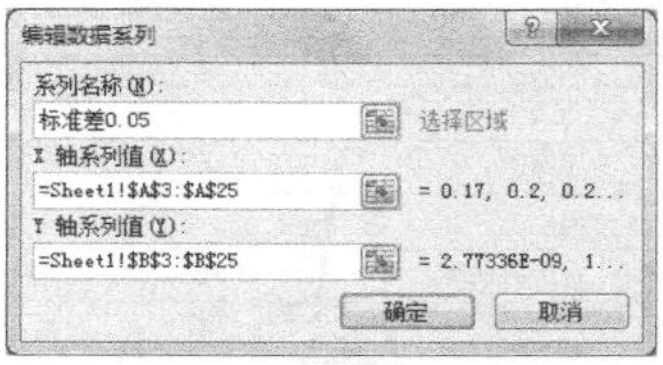

图 2.78　编辑系列名称

Step 08：添加标准差是 0.1 的数据系列。单击【确定】按钮，返回到【选择数据源】对话框；然后单击【添加】按钮，又弹出【编辑数据系列】对话框，在【系列名称】项下输入“标准差 0.1”，将输入光标放在【X 轴系列值】项目下，用鼠标拖动选取 A3:A25 单元格区域，在【*y* 轴系列值】项目下用鼠标拖动选取 C3:C25 单元格区域，如图 2.79 所示。

Step 09：添加标准差是 0.15 的数据系列。单击【确定】按钮，返回【选择数据源】对话框；然后再次单击【添加】按钮，弹出【编辑数据系列】对话框，如上步操作一样，输入系列名称和选取数值单元格区域，设置如图 2.80 所示。

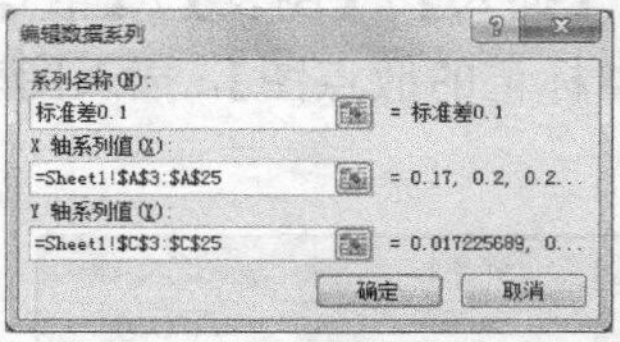

图 2.79 添加标准差是 0.1 的数据系列

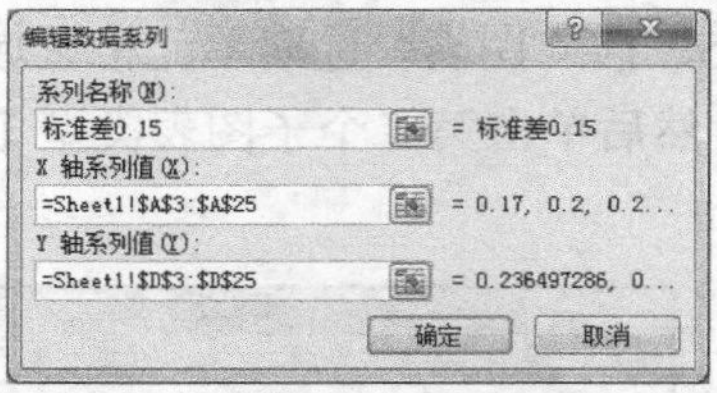

图 2.80 添加标准差是 0.15 的数据系列

Step 10：单击【编辑数据系列】对话框中的【确定】按钮，返回【选择数据源】对话框，再单击【确定】按钮，结束数据系列添加。此时，图表如图 2.81 所示。

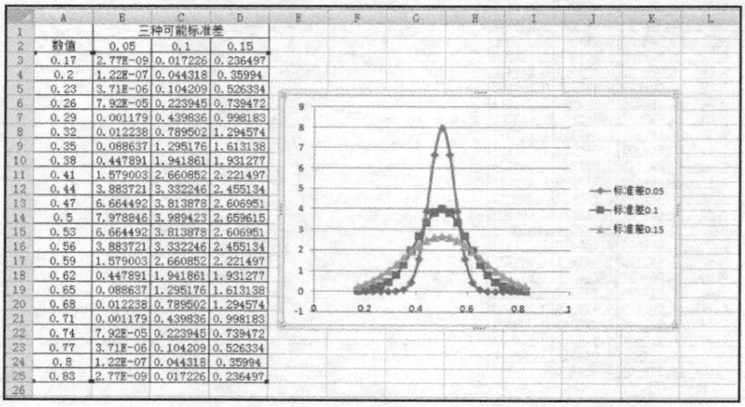

	A	B	C	D
1		三种可能标准差		
2	数值	0.05	0.1	0.15
3	0.17	2.77E-09	0.017226	0.236497
4	0.2	1.22E-07	0.044318	0.35994
5	0.23	3.71E-06	0.104209	0.526334
6	0.26	7.92E-05	0.223945	0.739472
7	0.29	0.001179	0.439836	0.998183
8	0.32	0.012238	0.789502	1.294574
9	0.35	0.088637	1.295176	1.613138
10	0.38	0.447891	1.941861	1.931277
11	0.41	1.579003	2.660852	2.221497
12	0.44	3.883721	3.332246	2.455134
13	0.47	6.664492	3.813878	2.606951
14	0.5	7.978846	3.989423	2.659615
15	0.53	6.664492	3.813878	2.606951
16	0.56	3.883721	3.332246	2.455134
17	0.59	1.579003	2.660852	2.221497
18	0.62	0.447891	1.941861	1.931277
19	0.65	0.088637	1.295176	1.613138
20	0.68	0.012238	0.789502	1.294574
21	0.71	0.001179	0.439836	0.998183
22	0.74	7.92E-05	0.223945	0.739472
23	0.77	3.71E-06	0.104209	0.526334
24	0.8	1.22E-07	0.044318	0.35994
25	0.83	2.77E-09	0.017226	0.236497
26				

图 2.81 添加完数据系列的图表

Step 11：设置坐标轴格式。右键单击纵坐标轴区域，在快捷菜单中单击【设置坐标轴格式】，弹出【设置坐标轴格式】对话框，在【坐标轴选项】下单击【最小值】后的【固定】复选框，修改值为“0”，单击【关闭】按钮即可。修改后的图表如图 2.82 所示。

Step 12：移动图表。为便于观察图表，在 Excel 2007 中可以移动图表到新工作表当中。单击图表区，然后再单击菜单栏【设计】/【位置】/【移动图表】按钮，弹出【移动图表】对话框；单击【移动图表】对话框中的【新工作表】复选框，在后面文本框中输入“正态概率分布图”，如图 2.83 所示。

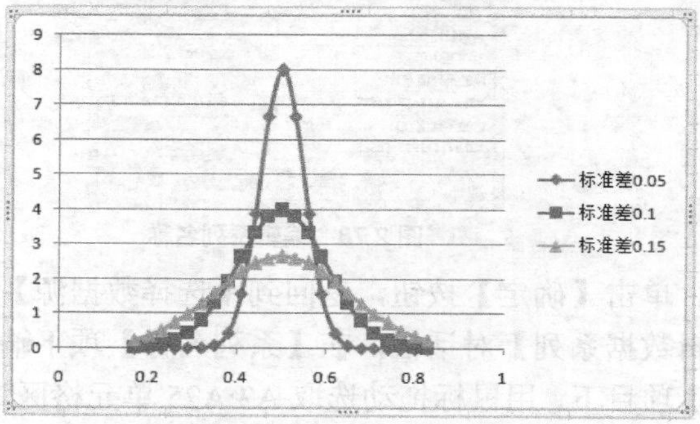

图 2.82 设置坐标轴格式

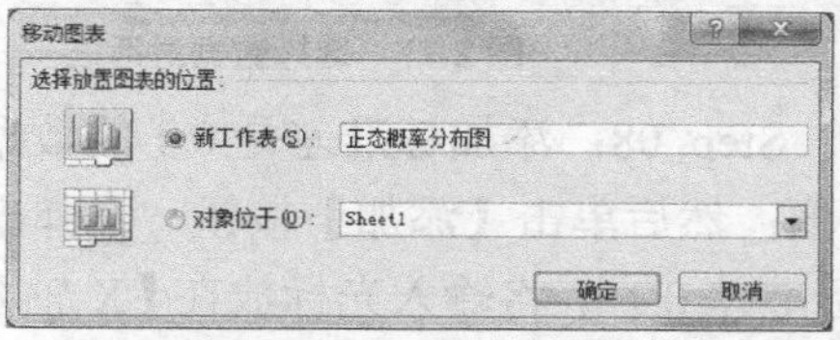

图 2.83 移动图表对话框

Step 13：单击【移动图表】对话框的【确定】按钮，Excel 窗口自动弹到新工作表“正态概率分布图”，右键单击任一条网格线，单击快捷菜单中的【删除】按钮，设置字体大小，得到对应三个标准差下的正态概率密度函数图，如图 2.84 所示。

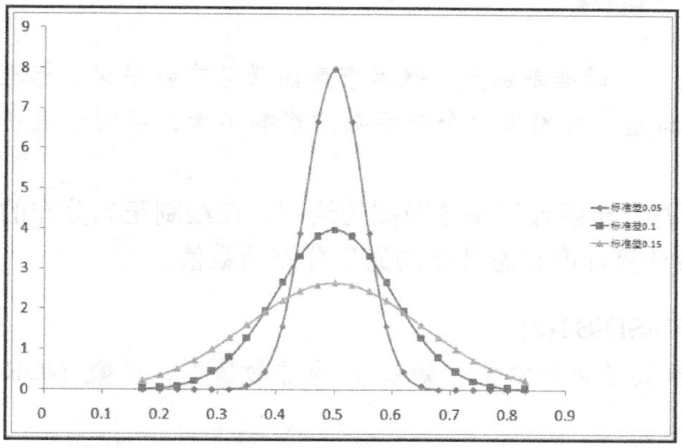

图 2.84　正态概率密度函数图

Step 14：继续操作，绘制三个标准差下的正态分布函数图。复制 B1:D2 单元格区域的内容到 F1:H2 单元格区域。

Step 15：求标准差是 0.05 时的正态分布函数值。单击 F3 单元格，在编辑栏中输入公式“=NORMDIST(A3,0.5,$F$2,1)”，按回车键；然后单击 F3 单元格，将鼠标移动至 F3 单元格右下角，当出现小黑色十字光标时，单击左键不放，拖动至 F25 单元格，利用 Excel 自动填充功能求出 F3:F25 各单元格值。

Step 16：求标准差是 0.1 时的正态分布函数值。单击 G3 单元格，在编辑栏中输入公式“=NORMDIST(A3,0.5,$G$2,1)”，按回车键结束；单击 G3 单元格，将鼠标移动至 G3 单元格右下角，当出现小黑色十字光标时，单击左键拖动至 G25 单元格，求出 G3:G25 单元格值。

Step 17：求标准差是 0.15 时的正态分布函数值。单击 H3 单元格，在编辑栏输入“=NORMDIST(A3,0.5,$H$2,1)”，按回车键；单击 H3 单元格后，将鼠标移动至 H3 单元格右下角，当出现小黑色十字光标时，单击左键并拖动至 H25 单元格，求出 H3:H25 单元格值。最终求出三种标准差下正态分布函数值，如图 2.85 所示。

Step 18：插入图表。单击【插入】/【图表】/【散点图】，然后单击第二个子图表类型【带平滑线和数据标记的散点图】，插入空白图表。

Step 19：添加数据系列并设置坐标轴格式。操作同 Step 08～Step 11，具体步骤不再赘述。得到三种标准差下的分布函数图，如图 2.86 所示。

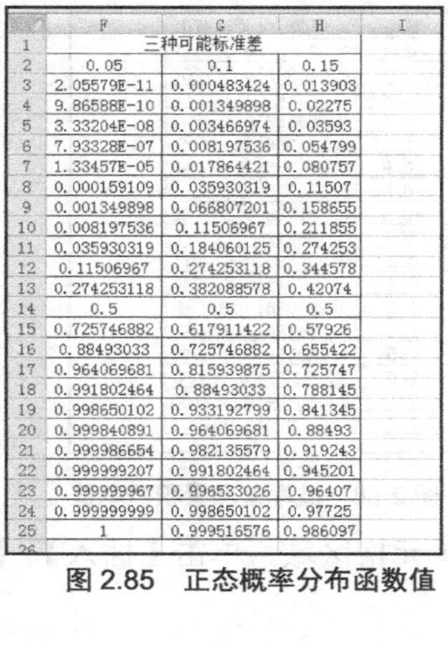

	F	G	H	I
1	三种可能标准差			
2	0.05	0.1	0.15	
3	2.05579E-11	0.000483424	0.013903	
4	9.86588E-10	0.001349898	0.02275	
5	3.33204E-08	0.003466974	0.03593	
6	7.93328E-07	0.008197536	0.054799	
7	1.33457E-05	0.017864421	0.080757	
8	0.000159109	0.035930319	0.11507	
9	0.001349898	0.066807201	0.158655	
10	0.008197536	0.11506967	0.211855	
11	0.035930319	0.184060125	0.274253	
12	0.11506967	0.274253118	0.344578	
13	0.274253118	0.382088578	0.42074	
14	0.5	0.5	0.5	
15	0.725746882	0.617911422	0.57926	
16	0.88493033	0.725746882	0.655422	
17	0.964069681	0.815939875	0.725747	
18	0.991802464	0.88493033	0.788145	
19	0.998650102	0.933192799	0.841345	
20	0.999840891	0.964069681	0.88493	
21	0.999986654	0.982135579	0.919243	
22	0.999999207	0.991802464	0.945201	
23	0.999999967	0.996533026	0.96407	
24	0.999999999	0.998650102	0.97725	
25	1	0.999516576	0.986097	
26				

图 2.85　正态概率分布函数值

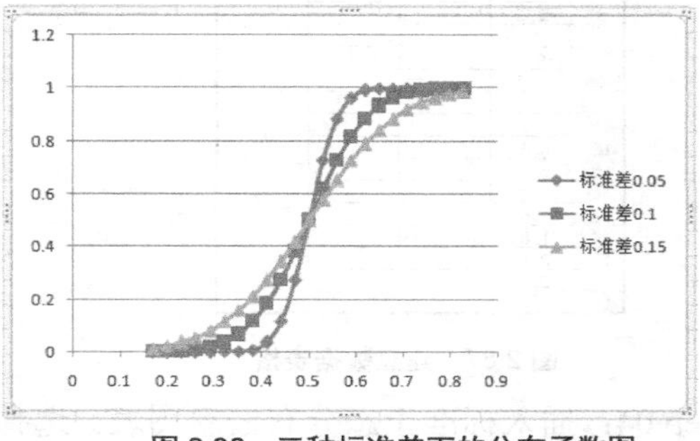

图 2.86　三种标准差下的分布函数图

【结论】

从图 2.86 可以看出，标准差越大，概率密度函数分布越平缓，标准差越小，概率密度函数图越陡峭；还可以看出，标准差对分布函数的影响不大，不同标准差在相同均值下对应的分布函数值相同。

下面介绍标准正态分布函数概率分布图的绘制，在绘制正态分布的分布函数图时，要用到 NORMSDIST 函数计算标准正态分布的累积分布函数值。

函数语法：NORMSDIST(z)

- z 为需要计算其分布的数值。如果 z 为非数值型，函数 NORMSDIST 返回错误值“#VALUE!”。
- 标准正态分布的分布函数计算公式为

$$\Phi(x)=\frac{1}{2}+\frac{1}{\sqrt{2\pi}}\int_0^x e^{-\frac{t^2}{2}}\mathrm{d}t$$

例 2.9 标准正态分布的概率分布图绘制

试应用 Excel 绘制标准正态分布的概率密度函数图和分布函数图。

具体操作步骤如下：

Step 01：新建工作表“例 2.9 标准正态概率分布图的绘制.xlsx”，创建数据系列，这里选择−2.4～2.4 的数据（读者可自行选取），如图 2.87 所示。

Step 02：计算标准正态分布的概率值。单击 B2 单元格，在编辑栏中输入公式“=NORMDIST(A2,0,1,0)”，然后按回车键；然后单击 B2 单元格，将鼠标移动至 B2 单元格右下角，当出现小黑色十字光标时单击左键拖动至 B18 单元格，利用 Excel 自动填充功能求出 B2:B18 各概率值。

Step 03：计算标准正态分布的累积概率值。单击 C2 单元格，然后在编辑栏中输入公式“=NORMSDIST(A2)”；再单击 C2 单元格，将鼠标移动至 C2 单元格右下角，当出现小黑色十字光标时，单击左键不放，向下拖动鼠标至 C18 单元格，利用 Excel 自动填充功能求出各单元格累积概率值。计算结果如图 2.88 所示。

	A	B	C	D
1	数值	概率	累计概率	
2	-2.4			
3	-2.1			
4	-1.8			
5	-1.5			
6	-1.2			
7	-0.9			
8	-0.6			
9	-0.3			
10	0			
11	0.3			
12	0.6			
13	0.9			
14	1.2			
15	1.5			
16	1.8			
17	2.1			
18	2.4			
19				

图 2.87 建立数据表格

	A	B	C	D
1	数值	概率	累计概率	
2	-2.4	0.022395	0.008198	
3	-2.1	0.043984	0.017864	
4	-1.8	0.07895	0.03593	
5	-1.5	0.129518	0.066807	
6	-1.2	0.194186	0.11507	
7	-0.9	0.266085	0.18406	
8	-0.6	0.333225	0.274253	
9	-0.3	0.381388	0.382089	
10	0	0.398942	0.5	
11	0.3	0.381388	0.617911	
12	0.6	0.333225	0.725747	
13	0.9	0.266085	0.81594	
14	1.2	0.194186	0.88493	
15	1.5	0.129518	0.933193	
16	1.8	0.07895	0.96407	
17	2.1	0.043984	0.982136	
18	2.4	0.022395	0.991802	
19				

图 2.88 概率值和累积概率值

Step 04：插入标准正态分布概率图表。选择 A1:B18 单元格区域，单击【插入】/【图表】

/【散点图】/【带平滑线和数据标记的散点图】，插入图表如图 2.89 所示。

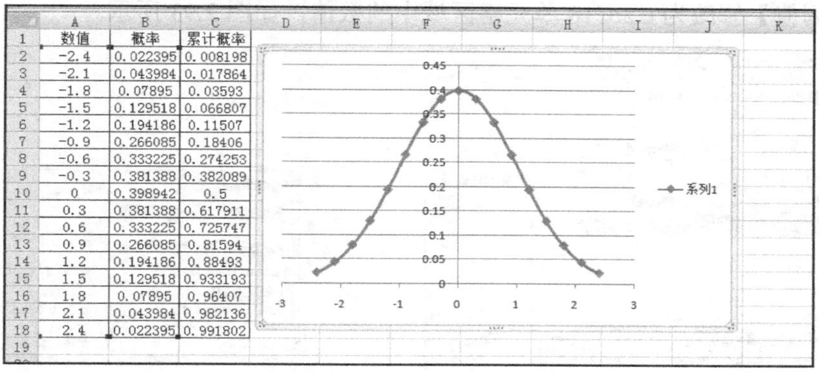

图 2.89　插入标准正态分布概率图表

Step 05：删除图例。右键单击图例，在弹出的快捷菜单中单击【删除】选项，删除图例。

Step 06：删除网格线。右键单击任意一条网格线，然后在弹出的快捷菜单中单击【删除】选项。

Step 07：设置纵坐标轴格式。右键单击纵坐标轴，在快捷菜单中单击选择【设置坐标轴格式】，弹出【设置坐标轴格式】对话框，在【坐标轴选项】下具体设置，如图 2.90 所示。

Step 08：单击【设置坐标轴格式】对话框的【关闭】按钮，查看绘制好的标准正态分布概率图，如图 2.91 所示。

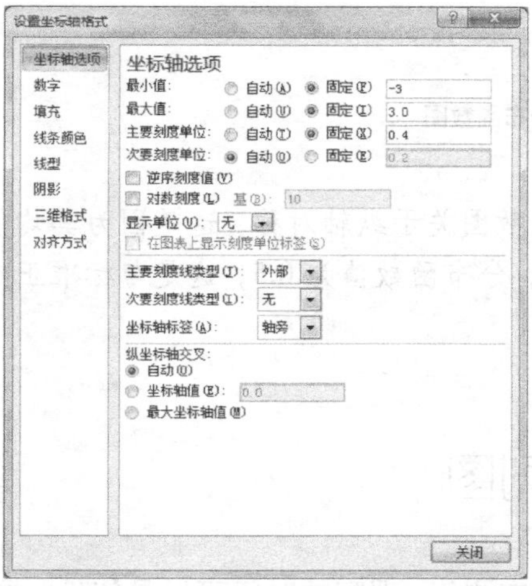

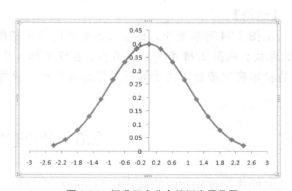

图 2.90　设置纵坐标轴格式

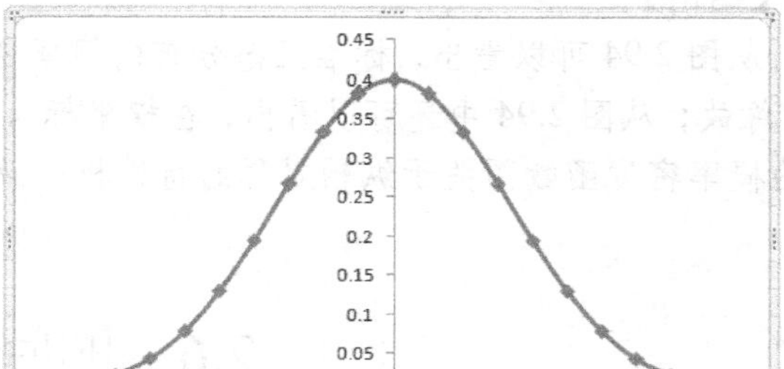

图 2.91　标准正态分布的概率函数图

Step 09：复制上步绘制好的标准正态分布的概率函数图，粘贴到当前工作表合适位置。

Step 10：绘制标准正态分布的分布函数图。右键单击复制的工作表绘图区，单击选择【选择数据】按钮，弹出【选择数据源】对话框，在【图例项（系列）】下单击选择“系列 1”，如图 2.92 所示。

Step 11：编辑数据系列。单击【选择数据源】对话框的【编辑】按钮，弹出【编辑数据系列】对话框；【系列名称】项不填写文字，【X 轴系列值】的内容在这里不需要修改，然后将【Y 轴系列值】修改为 C2:C18 单元格区域中的数值，如图 2.93 所示。

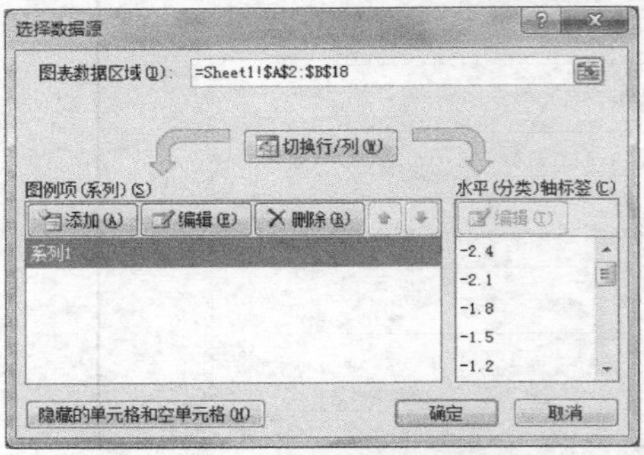

图 2.92　选择数据源对话框

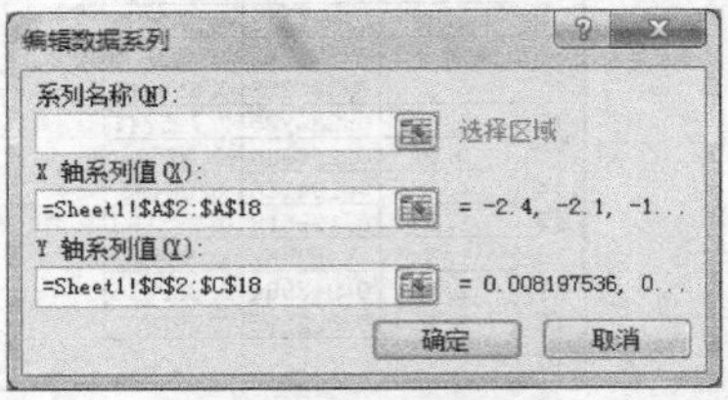

图 2.93　编辑数据系列

Step 12：单击【编辑数据系列】对话框下面的【确定】按钮，返回到【选择数据源】对话框，然后再单击【确定】，绘制的标准正态分布的分布函数图如图 2.94 所示。

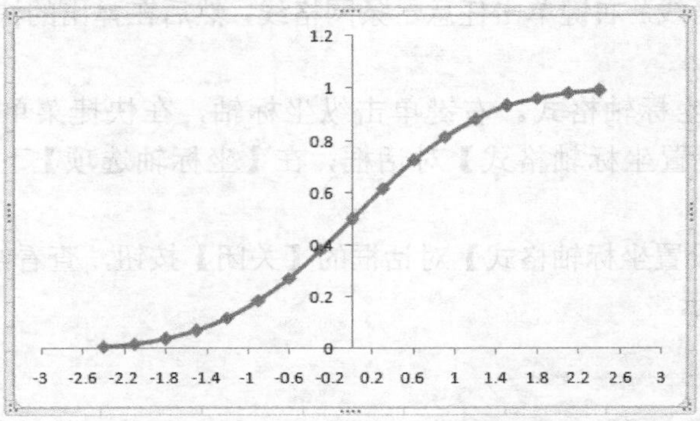

图 2.94　标准正态分布的分布函数图

【结论】

从图 2.94 可以看出，标准正态分布的概率密度函数图关于纵轴对称，这是因为其均值为 0 的缘故；从图 2.94 中还可以看出，在横坐标为 0 时，分布函数值为 0.5，这是与标准正态分布的概率密度函数图关于纵轴对称的特性相一致的。

2.6　时间序列图

时间序列是指按时间顺序排列的随机变量的一组实测值，观察的时间可以是年份、季度、月份或其他任何时间形式。在进行时间序列分析时要绘制时间序列图，分析时间序列图可以从运动的角度认识事物的本质，如几个时间序列之间的差别、一个较长时间序列的周期性，或对未来的情况进行预测。

在 Excel 2007 中，可以通过散点图来绘制时间序列图，也可以通过折线图来绘制。折线图和带有连接线的散点图非常相似，它与散点图的主要区别在于在水平轴上绘制数据的方式不同。散点图始终有两个数值轴，可以显示数值或以数值形式表示的日期值，折线图只有一个数值轴即垂直轴，折线图的水平轴只是文本坐标轴或日期坐标轴，只显示间距相等的数据分组或类别。

本节主要介绍利用折线图绘制时间序列图。时间序列分析将会在第 8 章中详细讲解。

例 2.10　绘制时间序列图

如表 2.7 所示，是 1990～2005 年我国棉花年产量的统计数据，试绘制棉花年产量的时间序列图形。

表 2.7　棉花年产量统计数据

年　份	棉花产量（万吨）	年　份	棉花产量（万吨）
1990	450.77	1998	450.1
1991	567.5	1999	382.88
1992	450.84	2000	441.73
1993	373.93	2001	532.45
1994	434.1	2002	491.62
1995	476.75	2003	485.97
1996	420.33	2004	632.35
1997	460.27	2005	571.42

具体绘图操作步骤如下。

Step 01：新建工作表“例 2.10 我国棉花产量的时间序列图.xlsx”，将表 2.7 中的数据输入到工作表中，如图 2.95 所示。

Step 02：选择图表类型。选择 B1:B17 单元格区域，然后单击菜单栏【插入】/【图表】/【折线图】，此时显示折线图表子类型列表框，如图 2.96 所示。

	A	B	C
1	年份	棉花产量	
2	1990	450.77	
3	1991	567.5	
4	1992	450.84	
5	1993	373.93	
6	1994	434.1	
7	1995	476.75	
8	1996	420.33	
9	1997	460.27	
10	1998	450.1	
11	1999	382.88	
12	2000	441.73	
13	2001	532.45	
14	2002	491.62	
15	2003	485.97	
16	2004	632.35	
17	2005	571.42	
18			

图 2.95　时间序列图绘制数据

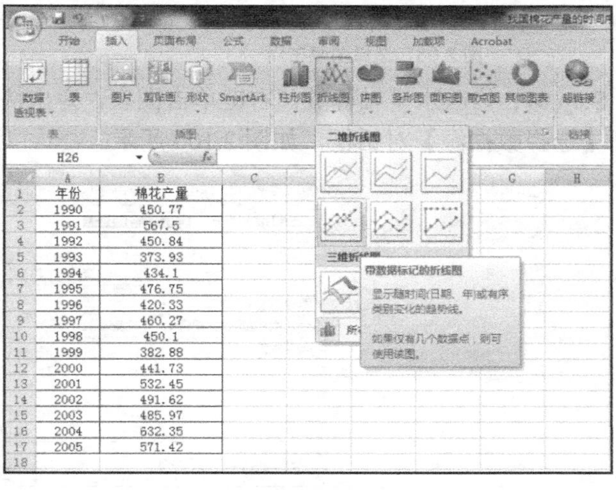

图 2.96　折线图表子类型

Step 03：单击选择【二维折线图】下的第四个子类型【带数据标记的折线图】，Excel 弹出对应的图表，如图 2.97 所示。

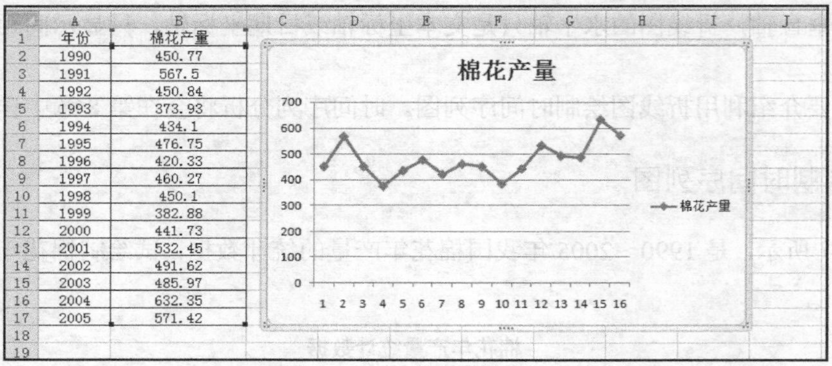

图 2.97　插入图表

Step 04：选择图表布局。单击图表区，然后再单击【设计】选项卡上的【图表布局】组最下面的【其他】按钮，选择要使用的布局，这里选择【布局 10】。如图 2.98 所示。

Step 05：修坐标轴标题。单击纵坐标轴的【坐标轴标题】，再单击激活文字编辑，输入“产量（吨）”；同样单击横坐标轴的【坐标轴标题】，单击激活文字编辑，输入“年份”。

Step 06：删除网格线。在任意一条网格线上单击右键，然后在弹出的快捷菜单中选取【删除】选项，删除掉网格线。经过修改的图表如图 2.99 所示。

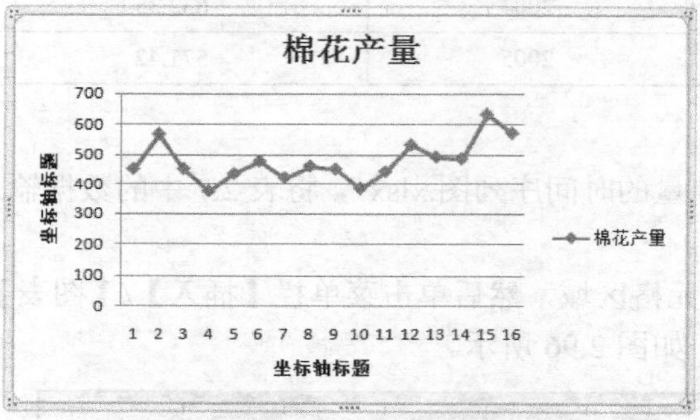

图 2.98　选择图表布局

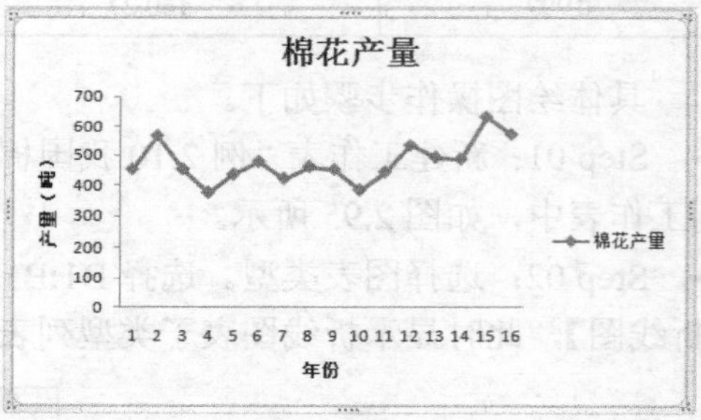

图 2.99　修改后的图表

Step 07：修改水平轴标签。右键单击图表，弹出快捷菜单，单击选择【选择数据】选项，打开【选择数据源】对话框，如图 2.100 所示。

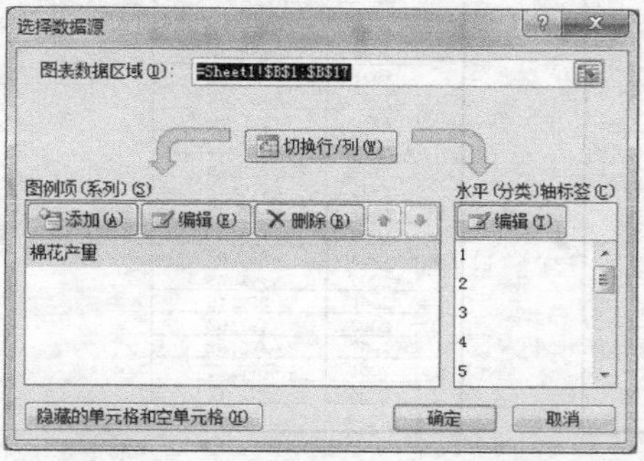

图 2.100　选择数据源对话框

Step 08：单击【选择数据源】对话框右侧的【水平（分类）轴标签】下的【编辑】按钮，弹出【轴标签】对话框；再单击 A2 单元格，拖动鼠标选中 A2:A17 单元格区域，在【轴标签】

对话框的【轴标签区域】显示“=Sheet1!$A$2:$A$17”，如图 2.101 所示。

图 2.101　添加水平轴标签

Step 09：单击【轴标签】下方的【确定】按钮，返回【选择数据源】对话框，再单击【确定】按钮，结束水平轴标签的修改。

Step 10：删除图例。右键单击图例，在弹出的快捷菜单中选取【删除】选项。

Step 11：设置横坐标轴格式。右键单击横坐标轴区域，再单击弹出的快捷菜单中的【设置坐标轴格式】，弹出【设置坐标轴格式】对话框，然后在【坐标轴选项】中的【主要刻度线类型】中单击选择【内部】，完成后单击【关闭】按钮。经过设置修改后的图表如图 2.102 所示。

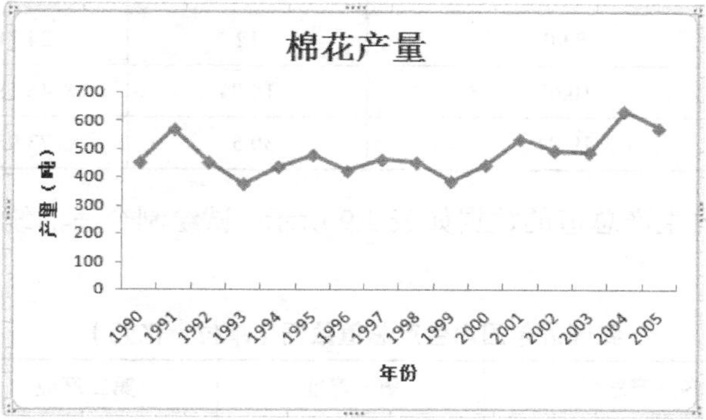

图 2.102　绘制好的时间序列图

2.7 小　　结

Excel 2007 提供了大量的统计图形工具，如柱形图、折线图、饼图、散点图、面积图、环形图、股价图等，用户可以根据需要选择使用。例如，选择柱形图可以绘制直条图，包括单式直条图、复式直条图、分段条图和误差条图；还可选择股价图工具绘制箱图等。散点图的功能很强大，通过散点图绘制工具可以绘制线图、散点图、正态概率分布图等；还可以通过折线图绘制工具绘制箱图、时间序列图等。灵活选择运用这些图形工具，可以绘制不同的统计图，以达到统计分析的目的。

2.8 习　　题

1．填空题

（1）直条图按直条是横放还是竖放分为________和________两种，按对象的分组是单层次和两层次可分为________和________两种。

（2）线图中只有一条线，称为________，若有两条及以上的线条，称为________。

（3）在 Excel 中绘制正态概率分布图，需要用到两个函数：________和________。

（4）表示某现象随另一现象而变动的趋势宜选择绘制________。

2. 操作题

（1）某医院研究血压状态与冠心病各种临床型发生情况的关系，分析资料如表 2.8 所示，试绘制复式直条图。

表 2.8　　分析资料

血压状态	年龄标化发生率（1/10 万）			
	冠状动脉机能不全	猝　死	心绞痛	心肌梗塞
正常	8.90	12	34.71	44
临界	10.63	18.05	46.18	67.24
异常	19.84	30.55	73.06	116.82

（2）我国近年国内生产总值的数据如表 2.9 所示，试绘制合适的统计图表来观察 GDP 变化的趋势。

表 2.9　　我国近年国内生产总值数据（单位：亿元）

年　份	国内生产总值	第一产业	第二产业	第三产业
2000	89468	14628	44935	29905
2001	97315	15412	48750	33153
2002	105172	16117	52980	36075
2003	117252	17092	61274	38886
2004	136515	20744	72387	43384

（3）某三个社区进行社区服务满意度调查，整理后的成绩统计数据如表 2.10 所示，试绘制满意度成绩分布的箱图。

表 2.10　　社区服务满意度调查成绩统计结果

	A 社区	B 社区	C 社区
第一四分位	18.28	18.77	21.55
最小值	6.01	8.74	6.02
中位值	25.95	21.31	23.97
平均值	25.76	24.07	26.2
最大值	44.63	51.54	44.36
第三四分位	33.56	29.49	31.74

（4）我国 1971 年到 2000 年中等师范学校招生人数统计资料如表 2.11 所示，试绘制中等师范学校招生人数时间序列图。

表 2.11　　**招生人数统计资料（万人）**

年	人　数	年	人　数	年	人　数
1971	17.0448	1981	20.0144	1991	23.1646
1972	17.3444	1982	20.318	1992	23.4342
1973	17.8442	1983	20.428	1993	24.1644
1974	18.1718	1984	20.7742	1994	24.97
1975	18.484	1985	21.1702	1995	24.2242
1976	18.7444	1986	21.4014	1996	24.4778
1977	18.9948	1987	21.86	1997	24.7272
1978	19.2418	1988	22.2042	1998	24.9422
1979	19.4084	1989	22.4408	1999	24.1472
1980	19.741	1990	22.8666	2000	24.4486

第 3 章　假设检验

假设检验亦称“显著性检验（test of statistical significance)”，是用来判断样本与样本，样本与总体的差异是由抽样误差引起还是本质差别造成的统计推断方法。其基本原理是先对总体的特征作出某种假设，然后通过抽样研究的统计推理，对此假设应该被拒绝还是接受作出推断。

当遇到两个或几个样本均数（率）与已知总体均数（率）有大有小时，应当考虑到造成这种差别的原因有两种可能：一是这两个或几个样本均数（或率）来自同一总体，其差别仅仅由于抽样误差即偶然性所造成；二是这两个或几个样本均数（或率）来自不同的总体，即其差别不仅由抽样误差造成，而主要是由实验因素不同所引起的。假设检验的目的就在于排除抽样误差的影响，区分差别在统计上是否成立，并了解事件发生的概率。

本章将详细介绍如何使用 Excel 2007 的散点图与趋势线、回归函数以及数学工具进行 t-检验、F-检验和 Z-检验。

3.1　假设检验简介

假设检验是抽样推断中的一项重要内容，它根据原资料作出一个总体指标是否等于某一个数值，某一随机变量是否服从某种概率分布的假设，然后利用样本资料采用一定的统计方法计算出有关检验的统计量，依据一定的概率原则，以较小的风险来判断估计数值与总体数值（或者估计分布与实际分布）是否存在显著差异，是否应当接受原假设选择的一种检验方法。

用样本指标估计总体指标，其结论只有不同程度的可靠性，需要进一步加以检验和证实。通过检验，对样本指标与假设的总体指标之间是否存在差别作出判断，是否接受原假设。

进行假设检验，先要对假设进行陈述。例如：设某工厂制造某种产品的某种精度服从正态分布，据过去的数据，已知平均数为 75，方差为 100；现在经过技术革新，改进了制造方法，出现了平均数大于 75，方差没有变更的情况。此时，可建立原假设为：技术革新没有效果；备注假设为：技术革新提高了精度。

在作出了统计假设之后，就要采用适当的方法来决定是否应该接受零假设。由于运用统计方法所遇到的问题不同，因而解决问题的方法也不尽相同。但其解决方法的基本思想却是一致的，都是“概率反证法”思想，即：为了检验一个零假设是否成立，先假定它是成立的，然后看接受这个假设之后，是否会导致不合理结果。如果结果是合理的，就接受它；如不合理，则否定原假设。所谓导致不合理结果，是指在一次观察中，出现了小概率事件，从统计检验的角度来说，就涉及双侧检验和单侧检验问题。

对总体参数的检量，是通过由样本计算的统计量来实现的，所以检验统计量起着决策者的作用。在实践中采用何类检验是由实际问题的性质来决定的，一般可以进行如下考虑。

（1）双侧检验。如果检验的目的是检验抽样的样本统计量与假设参数的差数是否过大(无论是正方向还是负方向)，就把风险平分在右侧和左侧。比如显著性水平为 0.05，即概率曲线左右两侧各占，即 0.025。

（2）单侧检验。这种检验只注意估计值是否偏高或偏低。如只注意偏低，则临界值在左侧，称左侧检验；如只注意偏高，则临界值在右侧，称右侧检验。

3.2　t-检验

t-检验可用于检验样本为来自一元正态分布的总体期望，即均值；也可检验 2 个来自正态分布总体的样本均值是否相等。t-检验还可对线性回归系数的显著性进行检验，在多元回归分析中，先用 F-检验考察整个回归方程的显著性，再对每个系数是否为零进行 t-检验。

3.2.1　t-检验原理

t-检验的应用条件：单因素设计的小样本（$n<30$）计量资料；样本来自正态分布总体；总体标准差未知；两样本均数比较时，要求两样本相应的总体方差相等。

t-检验的目的是比较样本均数所代表的未知总体均数μ和已知总体均数μ_0。

t-检验的计算公式为 t 统计量：$t=\dfrac{\overline{X}-\mu_0}{s/\sqrt{x}}$，自由度为：$v=n-1$。

t-检验的步骤：

（1）建立零假设 $H_0=\mu_1=\mu_2$，即先假定两个总体平均数之间没有显著差异；

（2）计算统计量 T 值，对于不同类型的问题选用不同的统计量计算方法；

（3）根据自由度 $v=n-1$，查 T 值表，找出规定的 T 理论值并进行比较。理论值差异的显著性水平为 0.01 级或 0.05 级。记为 T（df）0.01 和 T（df）0.05；

（4）比较计算得到的 t 值和理论 T 值，推断发生的概率，依据 T 值与差异显著性关系表做出判断。

3.2.2　t-检验实例

t-检验分为单样本与双样本两种情况，其中单样本能对总体均值进行双侧检验和单侧检验；双样本分析能对双样本均值差，等方差双样本和异方差双样本进行检验。Excel 2007 给出了统计函数和数学分析工具对来实现 t-检验，下面将介绍在 Excel 2007 中实现 t-检验的具体方法。

1. 成对样本均值差检验

当样本中存在自然配对的观察值时（例如，对一个样本组在实验前后进行了两次检验），可以使用此成对检验。此分析工具及其公式可以进行成对双样本学生 t-检验，以确定取自处理前后的观察值是否来自具有相同总体平均值的分布。此 t-检验窗体并未假设两个总体的方差是相等的。

在此将用到 t-检验函数：TTEST 函数。TTEST 函数通过返回与学生 t 检验相关的概率。可以使用函数 TTEST 判断两个样本是否可能来自两个具有相同平均值的总体。

函数语法：TTEST(array1,array2,tails,type)。

- array1 为第一个数据集。
- array2 为第二个数据集。
- tails 指示分布曲线的尾数。如果 tails = 1，函数 TTEST 使用单尾分布；如果 tails = 2，函数 TTEST 使用双尾分布。
- type 为 t 检验的类型。如果 type 等于 1，对应检验方法为成对；如果 type 等于 2，对应检验方法为等方差双样本检验；如果 type 等于 3，对应检验方法为异方差双样本检验。
- 如果 array1 和 array2 的数据点个数不同，且 type=1（成对），函数 TTEST 返回错误值#N/A。
- 参数 tails 和 type 将被截尾取整。
- 如果 tails 或 type 为非数值型，函数 TTEST 返回错误值#VALUE!。如果 tails 不为 1 或 2，函数 TTEST 返回错误值#NUM!。
- TTEST 使用 array1 和 array2 中的数据计算非负值 t 统计。如果 tails=1，假设 array1 和 array2 为来自具有相同平均值的总体样本，则 TTEST 返回 t 统计较高值的概率。假设“总体平均值相同”，则当 tails=2 时返回的值是当 tails=1 时返回值的两倍，且符合 t 统计的较高绝对值的概率。

例 3.1 新旧生产方法产品纯度均值差检验

某工厂需要检验新生产方法产品纯度是否提高，对新旧生产方法进行对比试验。第一组为旧生产方法，第二组为新生产方法，对应纯度如表 3.1 所示，试在 0.05 的显著性水平下分析新生产方法是否提高了纯度。

表 3.1　　新旧生产方法纯度数据

第一组纯度（%）				第二组纯度（%）			
25	31	29	37	35	36	32	40
25	27	30	34	31	28	30	29
22	24	28	31	38	36	31	30
33	32	26	24	28	42	22	24
26	35	33	31	25	27	38	31

新建工作表“新旧生产方法纯度.xlsx”，输入表 3.1 中的数据，如图 3.1 所示。

	A	B	C
1	第一组纯度		第二组纯度
2	25		35
3	25		31
4	22		38
5	33		28
6	26		25
7	31		36
8	27		28
9	24		36
10	32		42
11	35		27
12	29		32
13	30		30
14	28		31
15	26		22
16	33		38
17	37		40
18	34		29
19	31		30
20	24		24
21	31		31

图 3.1　新旧生产方法纯度

下面使用 Excel 2007 统计函数对例 3.1 进行成对样本均值差检验，具体操作步骤如下。

Step 01：打开“新旧生产方法纯度.xlsx”，单击 F2 单元格，在编辑栏中输入显著性水平 α 值“0.05”。

Step 02：运用 TTEST 函数给出对应 P 值。单击 F3 单元格，在编辑栏中输入“=TTEST (A2:A21,C2:C21,1,1)”，如图 3.2 所示。

Step 03：给出检验结果。单击 F5 单元格，在编辑栏中输入“=IF(F3>F2,"新生产方法纯度无显著提高","新生产方法纯度有显著提高")”，得到检验结果如图 3.3 所示。

	A	B	C	D	E	F
1	第一组纯度 (%)		第二组纯度 (%)			
2	25		35		α	0.05
3	25		31		p	0. 042676
4	22		38			
5	33		28			
6	26		25			
7	31		36			
8	27		28			
9	24		36			
10	32		42			
11	35		27			
12	29		32			
13	30		30			
14	28		31			
15	26		22			
16	33		38			
17	37		40			
18	34		29			
19	31		30			
20	24		24			
21	31		31			

图 3.2　TTEST 函数计算 P 值

	D	E	F	G	H
1					
2		α	0.05		
3		p	0. 042676		
4					
5		检验结果	新生产方法纯度有显著提高		
6					

图 3.3　检验结果

从图 3.3 可以看出新生产方法的纯度显著提高。

对于成对样本均值差检验，Excel 2007 还在数据分析工具中给出了“t-检验：平均值的成对二样本分析”宏命令来直接实现成对样本的检验，能更为快速和全面地对成对样本给出临界值。

下面使用 Excel 2007 的数学分析工具对例 3.1 进行成对样本均值差检验，具体操作步骤如下。

Step 01：打开“新旧生产方法纯度.xlsx”，单击【数据】/【数据分析】命令，在弹出的【数据分析】的【分析工具】栏中选择【t-检验：平均值的成对二样本分析】，如图 3.4 所示，

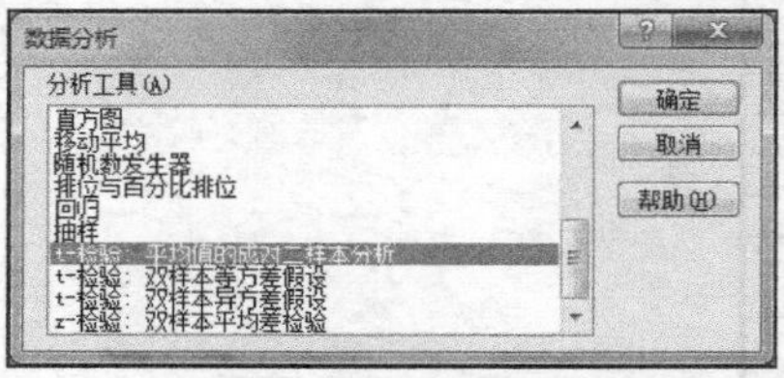

图 3.4　数据分析对话框

再单击确定按钮。

Step 02：在弹出的【t-检验：平均值的成对二样本分析】对话框的【输入】栏中，单击【变量 1 的区域】后的折叠按钮，选择 C2:C21 单元格区域；单击【变量 2 的区域】后的折叠按钮，选择 A2:A21 单元格区域；在【假设平均差】文本框中输入“0”；在【α】文本框中输入置信水平“0.05”；在【输出选项】栏中，单击【输出区域】按钮，并单击其后的折叠按钮，选择 A24 单元格，如图 3.5 所示。再单击【确定】按钮。

Step 03：给出检验结果。单击 A39 单元格，在编辑栏中输入“=IF(B33>B35,"新生产方法纯度有显著提高","新生产方法纯度无显著提高")”，得到检验结果如图 3.6 所示。

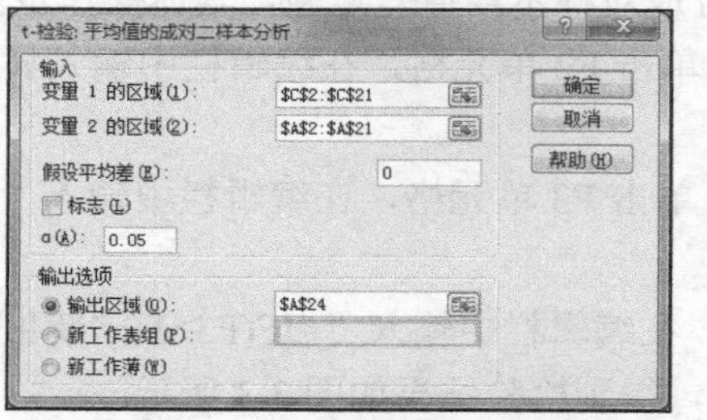

图 3.5　t-检验：平均值的成对二样本分析

	A	B	C
22			
23			
24	t-检验：成对双样本均值分析		
25			
26		变量 1	变量 2
27	平均	31.65	29.15
28	方差	29.71316	17.50263
29	观测值	20	20
30	泊松相关系	0.203212	
31	假设平均差	0	
32	df	19	
33	t Stat	1.814948	
34	P(T<=t) 単	0.042676	
35	t 单尾临界	1.729133	
36	P(T<=t) 双	0.085352	
37	t 双尾临界	2.093024	
38			
39	新生产方法纯度有显著提高		

图 3.6　t-检验结果输出

从图 3.6 可以看出新生产方法的纯度提高显著。

2．等方差双样本的 t-检验

本分析工具可进行双样本学生 t-检验。此 t-检验窗体假设两个数据集取自具有相同方差的分布，故也称作同方差 t-检验。可以使用此 t-检验来确定两个样本是否来自具有相同总体平均值的分布。

下面使用 Excel 2007 统计函数对例 3.1 进行异方差双样本 t-检验，具体操作步骤如下：

Step 01：打开“新旧生产方法纯度.xlsx”，单击 F2 单元格，在编辑栏中输入显著性水平α值“0.05”。

Step 02：运用 TTEST 函数给出对应 P 值。单击 F3 单元格，在编辑栏中输入“=TTEST(A2:A21,C2:C21,2,2)”，如图 3.7 所示。

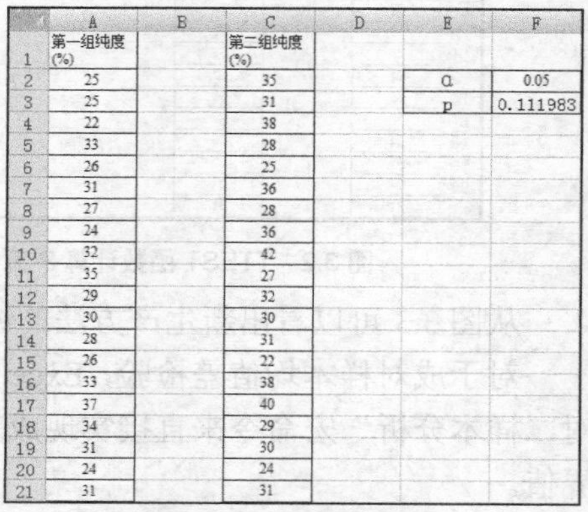

	A	B	C	D	E	F
1	第一组纯度(%)		第二组纯度(%)			
2	25		35		α	0.05
3	25		31		p	0.111983
4	22		38			
5	33		28			
6	26		25			
7	31		36			
8	27		28			
9	24		36			
10	32		42			
11	35		27			
12	29		32			
13	30		30			
14	28		31			
15	26		22			
16	33		38			
17	37		40			
18	34		29			
19	31		30			
20	24		24			
21	31		31			

图 3.7　TTEST 函数计算 P 值

Step 03：给出检验结果。单击 F5 单元格，在编辑栏中输入“=IF(F3>F2,"新生产方法纯度无显著提高","新生产方法纯度有显著提高")”，得到检验结果如图 3.8 所示。

从图 3.8 可以看出采用等方差双样本的 t-检验，判定新生产方法的纯度没有提高。

对于等方差双样本的 t-检验，Excel 2007 还在数据分析工具中给出了“t-检验：双样本等方差假设”宏命令来直接实现成对样本的检验，能更为快速和全面地对成对样本给出临界值。

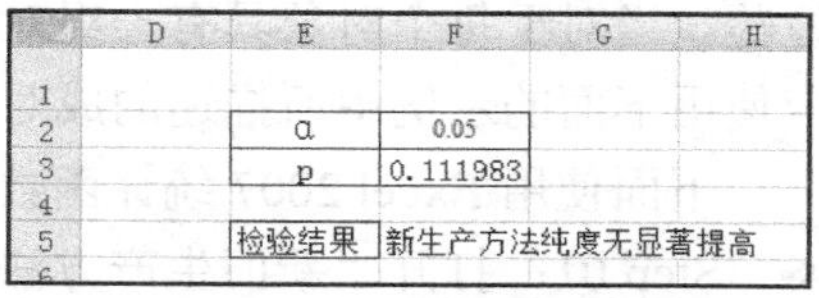

图 3.8　检验结果

下面使用 Excel 2007 的数学分析工具对例 3.1 进行等方差双样本的 t-检验，具体操作步骤如下：

Step 01：打开“新旧生产方法纯度.xlsx”，单击【数据】/【数据分析】命令，在弹出的【数据分析】的【分析工具】栏中选择【t-检验：双样本等方差假设】，如图 3.9 所示，再单击确定按钮。

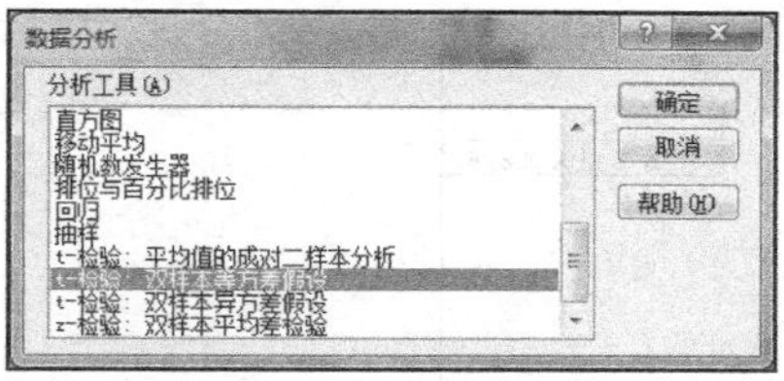

图 3.9　数据分析对话框

Step 02：在弹出的【t-检验：双样本等方差假设】对话框的【输入】栏中，单击【变量 1 的区域】后的折叠按钮，选择 C2:C21 单元格区域；单击【变量 2 的区域】后的折叠按钮，选择 A2:A21 单元格区域；在【假设平均差】文本框中输入“0”；在【α】文本框中输入置信水平“0.05”；在【输出选项】栏中，单击【输出区域】按钮，并单击其后的折叠按钮，选择 A24 单元格，如图 3.10 所示。再单击【确定】按钮。

Step 03：给出检验结果。单击 A39 单元格，在编辑栏中输入“=IF(B33>B37,"新生产方法纯度有显著提高","新生产方法纯度无显著提高")”，得到检验结果如图 3.11 所示。

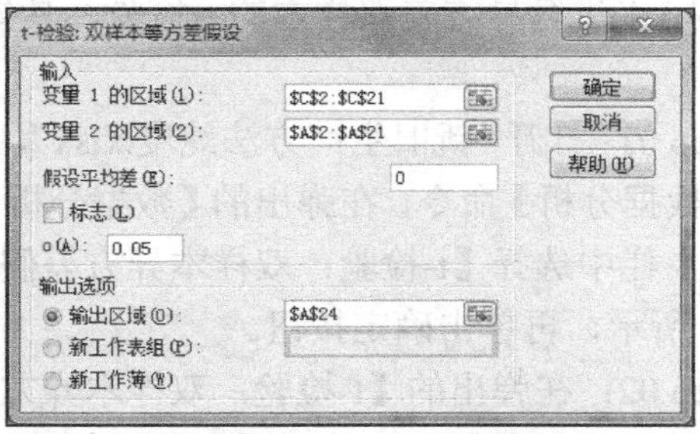

图 3.10　t-检验：双样本等方差假设

图 3.11　t-检验结果输出

从图 3.11 可以看出采用等方差双样本的 t-检验，判定新生产方法的纯度没有提高。

3. 异方差双样本的 t-检验

本分析工具可进行双样本学生 t-检验。此 t-检验窗体假设两个数据集取自具有不同方差的分布，故也称作异方差 t-检验。如同上面的“等方差”情况，可以使用此 t-检验来确定两个样本是否来自具有相同总体平均值的分布。当两个样本中有截然不同的对象时，可使用此检验。当对于每个对象具有一组对象以及代表每个对象在处理前后的测量值的两个样本时，应使用下面的示例中所描述的成对检验。

下面使用 Excel 2007 统计函数对例 3.1 进行异方差双样本 t-检验，具体操作步骤如下：

- Step 01：打开“新旧生产方法纯度.xlsx”，单击 F2 单元格，在编辑栏中输入显著性水平 α 值“0.05”。
- Step 02：运用 TTEST 函数给出对应 P 值。单击 F3 单元格，在编辑栏中输入“=TTEST(A2:A21,C2:C21,1,3)”，如图 3.12 所示。
- Step 03：给出检验结果。单击 F5 单元格，在编辑栏中输入“=IF(F3>F2,"新生产方法纯度无显著提高","新生产方法纯度有显著提高")”，得到检验结果如图 3.13 所示。

	A	B	C	D	E	F
1	第一组纯度(%)		第二组纯度(%)			
2	25		35		α	0.05
3	25		31		p	0.056267
4	22		38			
5	33		28			
6	26		25			
7	31		36			
8	27		28			
9	24		36			
10	32		42			
11	35		27			
12	29		32			
13	30		30			
14	28		31			
15	26		22			
16	33		38			
17	37		40			
18	34		29			
19	31		30			
20	24		24			
21	31		31			

图 3.12　TTEST 函数计算 P 值

	D	E	F	G	H
1					
2		α	0.05		
3		p	0.056267		
4					
5		检验结果	新生产方法纯度无显著提高		
6					

图 3.13　检验结果

从图 3.8 可以看出采用异方差双样本的 t-检验，判定新生产方法的纯度没有提高。

对于异方差双样本的 t-检验，Excel 2007 还在数据分析工具中给出了“t-检验：双样本异方差假设”宏命令来直接实现成对样本的检验，能更为快速和全面地对成对样本给出临界值。

下面使用 Excel 2007 的数学分析工具对例 3.1 进行异方差双样本的 t-检验，具体操作步骤如下。

图 3.14　数据分析对话框

- Step 01：打开“新旧生产方法纯度.xlsx”，单击【数据】/【数据分析】命令，在弹出的【数据分析】的【分析工具】栏中选择【t-检验：双样本异方差假设】，如图 3.14 所示，再单击确定按钮。
- Step 02：在弹出的【t-检验：双样本异方差假设】对话框的【输入】栏中，单击【变量 1 的区域】后的折叠按钮，选择 C2:C21 单元格区域；单击【变量 2 的区域】后的折叠按钮，选择 A2:A21 单元格区域；在【假设平均差】文本框中输入“0”；在【α】文本框中输入置信水平“0.05”；在【输出选项】栏中，单击【输出区域】按钮，并单击其后的折叠按钮，选择 A24 单元格，如图 3.15 所示。再单击【确定】按钮。
- Step 03：给出检验结果。单击 A39 单元格，在编辑栏中输入“=IF(B33>B35,"新生产方法纯度有显著提高","新生产方法纯度无显著提高")”，得到检验结果如图 3.16 所示。

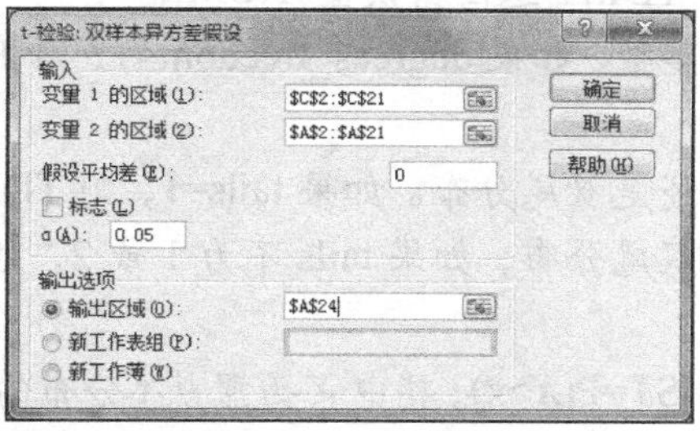

图 3.15 t-检验：双样本异方差假设

	A	B	C
24	t-检验：双样本异方差假设		
25			
26		变量 1	变量 2
27	平均	31.65	29.15
28	方差	29.71316	17.50263
29	观测值	20	20
30	假设平均差	0	
31	df	36	
32	t Stat	1.627089	
33	P(T<=t) 单	0.05622	
34	t 单尾临界	1.688298	
35	P(T<=t) 双	0.112441	
36	t 双尾临界	2.028094	
37			
38			
39	新生产方法纯度无显著提高		

图 3.16 t-检验结果输出

从图 3.16 可以看出采用等方差双样本的 t-检验，判定新生产方法的纯度没有提高。

4. 小样本下的总体均值检验

在总体方差未知的情况下，可以用能计算出的样本的标准差 s 来代替未知的总体标准差 σ，但此时新统计量不再服从正态分布，而是服从自由度为 $n-1$ 的 t 分布。

小样本的检验可分为双侧检验和单侧检验。对于总体均值的双侧检验，有两种方法：临界值法和 P 值法。

例 3.2 某班男生平均身高判定

已知某班男生的身高服从正态分布但方差未知，先从中随机抽取 16 名学生测量身高，如表 3.2 所示。试分别用临界值法、P 值法判断能否在 0.05 的显著性水平下认为此班男生身高为 174cm。

表 3.2　　某班男生身高

173	168	182	163	170	177	175	175
166	180	178	169	172	178	175	174

新建工作表“某班男生身高.xlsx”，输入表 3.2 中的数据，如图 3.17 所示。

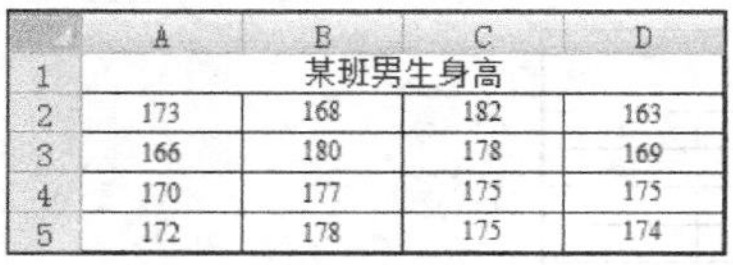

	A	B	C	D
1	某班男生身高			
2	173	168	182	163
3	166	180	178	169
4	170	177	175	175
5	172	178	175	174

图 3.17 某班男生身高

在此将用到 t-检验函数：TINV 函数和 TDIST 函数。

TINV 函数返回作为概率和自由度函数的学生 t 分布的 t 值。

函数语法：TINV(probability,degrees_freedom)。

- probability 为对应于双尾学生 t 分布的概率。
- degrees_freedom 为分布的自由度数值。

TDIST 函数返回学生 t 分布的百分点（概率），其中数值 x 是 t 的计算值（将计算其百分点）。t 分布用于小样本数据集合的假设检验。使用此函数可以代替 t 分布的临界值表。

函数语法：TDIST(x,degrees_freedom,tails)。

- x 是需要计算分布的数值，如果 x<0，TDIST 返回错误值#NUM!。
- degrees_freedom 是一个表示自由度的整数，如果 degrees_freedom<1，则 TDIST 返回错误值#NUM!。
- Tails 指定返回的分布函数是单尾分布还是双尾分布。如果 tails=1，则 TDIST 返回单尾分布；如果 tails=2，则 TDIST 返回双尾分布；如果 tails 不为 1 或 2，则 TDIST 返回错误值#NUM!。
- 如果 tails=1，TDIST 的计算公式为 TDIST=P(*X*>x)，其中 *X* 为服从 t 分布的随机变量；如果 tails=2，TDIST 的计算公式为 TDIST=P(|*X*|>x)=P(*X*>xor *X*<-x)。
- 如果任一参数为非数字型，则 TDIST 返回错误值#VALUE!。
- 参数 degrees_freedom 和 tails 将被截尾取整。
- 因为不允许 x<0，所以当 x<0 时要使用 TDIST，注意 TDIST(-x,df,1)=1–TDIST(x,df,1)=P(*X*>–x)和 TDIST(–x,df,2)=TDIST(x,df,2)=P(|*X*|>x)。

下面使用 Excel 2007 统计函数对例 3.1 进行总体均值的双侧检验，具体操作步骤如下。

Step 01：打开“某班男生身高.xlsx”，单击 A8 单元格，在编辑栏中输入样本数量 n 的值“16”；单击 B8 单元格，在编辑栏中输入显著性水平 α 的值“0.05”；单击 C8 单元格，在编辑栏中输入均值 μ 的值“175”。

Step 02：求样本均值 $\bar{x}$。单击 B10 单元格，在编辑栏中输入“=AVERAGE(A2:D5)”。

Step 03：求样本标准差。单击 B11 单元格，在编辑栏中输入“=STDEV(A2:D5)”。

Step 04：求对应|t|值。单击 B13 单元格，在编辑栏中输入“=ABS(B10-C8)/(B11/SQRT(A8))”。

Step 05：求对应｜$t_{\alpha/2}$｜值。单击 B13 单元格，在编辑栏中输入“=ABS(TINV(B8/2,A8-1))”。

Step 06：临界值法假设检验。单击 B15 单元格，在编辑栏中输入“=IF(B13<B14,"接受此班男生身高为 174cm","拒绝此班男生身高为 174cm")”。结果如图 3.18 所示。

Step 07：求对应 P 值。单击 B17 单元格，在编辑栏中输入“=1-TDIST(B13,A8-1,2)”。

Step 08：P 值法假设检验。单击 B18 单元格，在编辑栏中输入“=IF(B17>B8/2,"接受此班男生身高为 174cm","拒绝此班男生身高为 174cm")”。检验结果如图 3.19 所示。

	A	B	C	D
1	某班男生身高			
2	173	168	182	163
3	166	180	178	169
4	170	177	175	175
5	172	178	175	174
6				
7	n	α	μ	
8	16	0.05	175	
9				
10	x均值	173.4375		
11	样本标准差	5.202163		
12				
13	|t|	1.201423		
14	$\|t_{\alpha/2}\|$	2.48988		
15	检验结果	接受此班男生身高为174cm		

图 3.18　临界值法检验

	A	B	C	D
16				
17	p	0.751786		
18	检验结果	接受此班男生身高为174cm		
19				

图 3.19　P 值法检验

从图 3.18 和图 3.19 可以看出，在 0.05 显著性水平下，可以认为本班男生平均身高为 174cm。

3.3　F-检验

F-检验又叫方差齐性检验。在两样本 t-检验中要用到 F-检验。从两研究总体中随机抽取样本，要对这两个样本进行比较的时候，首先要判断两总体方差是否相同，即方差齐性。要判断两总体方差是否相等，就可以用 F-检验。

简单的说 F-检验就是检验两个样本的方差是否有显著性差异，这是选择何种 t-检验的前提条件。

3.3.1　F-检验原理

对于来自两个总体的样本，其总体方差分别为σ_1^2和σ_2^2，从两个总体中独立地抽取容量为n_1和n_2的样本组，对应样本方差分别为s_1^2和s_2^2。则 F-检验统计量为

$$F=\frac{s_1^2/\sigma_1^2}{s_2^2/\sigma_2^2}$$

F-检验分子自由度为n_1-1，F-检验分母自由度为n_2-1。

F-检验分为双侧检验和单侧右尾检验。

双侧检验：$H_0:\sigma_1=\sigma_2$；$H_1:\sigma_1\neq\sigma_2$。对应拒绝域为$F\leqslant F_{1-\alpha/2}(n_1-1,n_2-1)$和$F\geqslant F_{\alpha/2}(n_1-1,n_2-1)$。

单侧右尾检验：$H_0:\sigma_1\geqslant\sigma_2$；$H_1:\sigma_1<\sigma_2$。对应拒绝域为$F>F_{1-\alpha}(n_1-1,n_2-1)$。

3.3.2　F-检验实例

Excel 2007 给出了统计函数和数学分析工具来实现 F-检验，下面将介绍在 Excel 2007 中实现 F-检验的具体方法。

1．两总体方差检验

例 3.3 用两总体方差检验零件质量差别

随即抽取两台机器 A、B 生产的零件各 30 个，其直径的标准差分别为 18mm 和 25mm，用样本直径的方差作为检验机器生产零件质量的方法，方差越大质量越差。试在 0.05 的显著性水平下判断 A、B 的质量是否存在不同。

本例需要进行两总体方差双侧检验$H_0:\sigma_1=\sigma_2$；$H_1:\sigma_1\neq\sigma_2$。

此处用到的 F-检验函数：FINV 函数。

FINV 函数返回 F-概率分布的反函数值。如果 p = FDIST(x,…)，则 FINV(p,…) = x。

函数 FINV 可用于返回 F 分布的临界值。例如，ANOVA 计算的结果常常包括 F 统计值、F 概率和显著水平参数为 0.05 的 F 临界值等数据；若要返回 F 的临界值，可用显著水平参数

作为函数 FINV 的 probability 参数。

函数语法：FINV(probability,degrees_freedom1,degrees_freedom2)

- probability 与 F 累积分布相关的概率值。
- degrees_freedom1 为分子的自由度。
- degrees_freedom2 为分母的自由度。
- 如果任何参数都为非数值型，则函数 FINV 返回错误值#VALUE!。
- 如果 probability<0 或 probability>1，函数 FINV 返回错误值#NUM!。
- 如果 degrees_freedom1 或 degrees_freedom2 不是整数，将被截尾取整。
- 如果 degrees_freedom1<1 或 degrees_freedom1≥10^10，函数 FINV 返回错误值#NUM!。
- 如果 degrees_freedom2<1 或 degrees_freedom2≥10^10，函数 FINV 返回错误值#NUM!。

下面使用 Excel 2007 统计函数对例 3.3 进行 F-检验，具体操作步骤如下。

Step 01：新建工作表“A、B 机器方差.xlsx”，单击 B1 单元格，在编辑栏中输入α的值“0.05”；单击 B2 单元格，在编辑栏中输入 n_1 的值“30”；单击 C2 单元格，在编辑栏中输入 n_2 的值“30”；单击 B3 单元格，在编辑栏中输入 s_1 的值“18”；单击 C3 单元格，在编辑栏中输入 s_2 的值“25”。

Step 02：单击 B4 单元格，在编辑栏中输入原假设“$H_0:\sigma_1=\sigma_2$”；单击 C4 单元格，在编辑栏中输入原假设“$H_1:\sigma_1\neq\sigma_2$”。

Step 03：求对应统计量 F 的值。单击 B6 单元格，在编辑栏中输入“=B3^2/D3^2”。

Step 04：求 $F_{\alpha/2}$ 的值。单击 B7 单元格，在编辑栏中输入“=FINV(B1/2,B2,D2)”。

Step 05：求 $F_{1-\alpha/2}$ 的值。单击 B8 单元格，在编辑栏中输入“=FINV(1-B1/2,B2,D2)”。如图 3.20 所示。

Step 06：检验结果。单击 B10 单元格，在编辑栏中输入“=IF(B6<B7,IF(B6>B8,"接受 H0","接受 H1"),"接受 H1")”，结果如图 3.21 所示。

	A	B	C	D
1	α	0.05		
2	n_1	30	n_2	30
3	s_1	18	s_2	25
4	H_0	$\sigma_1=\sigma_2$	H_1	$\sigma_1\neq\sigma_2$
5				
6	F	0.5184		
7	$F_{\alpha/2}$	2.073944		
8	$F_{1-\alpha/2}$	0.482173		

图 3.20　F 值及临界值

	A	B
5		
6	F	0.5184
7	$F_{\alpha/2}$	2.073944
8	$F_{1-\alpha/2}$	0.482173
9		
10	检验结果	接受H0

图 3.21　检验结果

从图 3.21 可以看出，在 0.05 的显著性水平下，接受了原假设 H_0，所以 A、B 两台机器之间没有质量上的明显差别。

2. 单侧右尾检验

例 3.4 用 F-检验判断质量的优劣

随即抽取两台机器 A、B 生产的零件各 20 个，其直径如表 3.3 所示，用样本直径的方差作为检验机器生产零件质量的方法，方差越大质量越差。试在 0.05 的显著性水平下判断 A、

B 的质量优劣。

表 3.3　　A、B 机器生产零件直径

机器 A 零件直径（mm）				机器 B 零件直径（mm）			
125	131	129	137	135	136	132	140
125	127	130	134	131	128	130	129
122	124	128	131	138	136	131	130
133	132	126	124	128	142	122	124
126	135	133	131	125	127	138	131

新建工作表“A、B 机器生产零件直径.xlsx”，输入表 3.3 中的数据，如图 3.22 所示。

	A	B	C
1	机器A零件直径		机器B零件直径
2	125		135
3	125		131
4	122		138
5	133		128
6	126		125
7	131		136
8	127		128
9	124		136
10	132		142
11	135		127
12	129		132
13	130		130
14	128		131
15	126		122
16	133		138
17	137		140
18	134		129
19	131		130
20	124		124
21	131		131

图 3.22　A、B 机器生产零件直径

此处用到的 F-检验函数：FTEST 函数。

FTEST 返回 F -检验的结果。F-检验返回的是当数组 1 和数组 2 的方差无明显差异时的单尾概率，可以使用此函数来判断两个样本的方差是否不同。例如，给定公立和私立学校的测试成绩，可以检验各学校间测试成绩的差别程度。

函数语法：FTEST(array1,array2)。

- array1 为第一个数组或数据区域。
- array2 为第二个数组或数据区域。
- 参数可以是数字，或者是包含数字的名称、数组或引用。
- 如果数组或引用参数包含文本、逻辑值或空白单元格，则这些值将被忽略；但包含零值的单元格将计算在内。
- 如果数组 1 或数组 2 中数据点的个数小于 2 个，或者数组 1 或数组 2 的方差为零，函数 FTEST 返回错误值#DIV/0!。

下面使用 Excel 2007 统计函数对例 3.4 进行 F-检验，具体操作步骤如下。

Step 01：打开“A、B 机器生产零件直径.xlsx”，单击 E2 单元格，输入显著性水平“0.05”。

Step 02：运用 FTEST 函数给出 P 值。单击 F2 单元格，在编辑栏中输入“=FTEST(A2:A21,C2:C21)”。

Step 03：给出检验结果。单击 F3 单元格，在编辑栏中输入“=IF(F2<E2,"接受 H_0","接受 H_1")”，如图 3.23 所示。

	D	E	F
1		α	P
2		0.05	0.257665
3		检验结果	接受H1
4			

图 3.23　检验结果

从图 3.23 可以看出，在显著性水平为 0.05 的条件下，机器 A、B 存在质量优劣的不同。

对于单侧右尾检验，Excel 2007 还在数据分析工具中给出了“F-检验：双样本方差工具”宏命令来直接实现成对样本的检验，能更为快速和全面地对成对样本给出临界值。

下面使用 Excel 2007 的数学分析工具对例 3.4 进行单侧右尾检验，具体操作步骤如下。

Step 01：打开“A、B 机器生产零件直径.xlsx”，单击【数据】/【数据分析】命令，在弹出的【数据分析】的【分析工具】栏中选择【F-检验：双样本方差工具】，如图 3.24 所示。再单击确定按钮。

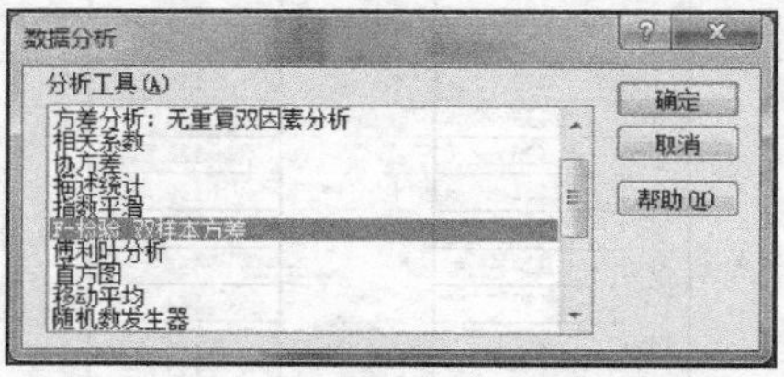

图 3.24　数据分析对话框

Step 02：在弹出的【F-检验：双样本方差工具】对话框的【输入】栏中，单击【变量 1 区域】后的折叠按钮，选择 A2:A21 单元格区域；单击【变量 2 区域】后的折叠按钮，选择 C2:C21 单元格区域；单在【α】文本框中输入置信水平“0.05”；在【输出选项】栏中，单击【输出区域】按钮，并单击其后的折叠按钮，选择 E2 单元格，如图 3.25 所示。再单击【确定】按钮，得到的结果如图 3.26 所示。

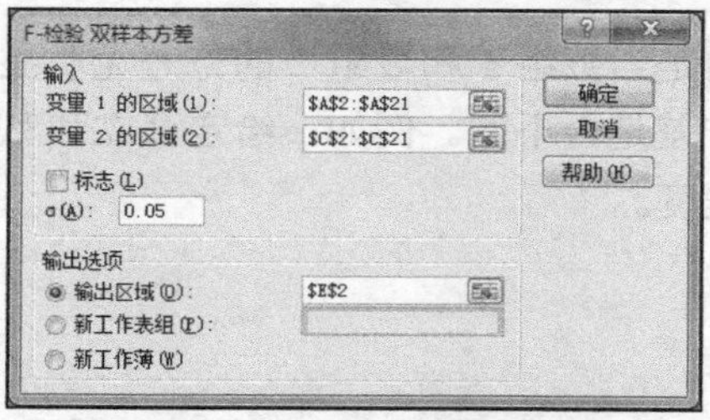

图 3.25　F-检验：双样本方差工具

E	F	G
F-检验 双样本方差分析		
	变量 1	变量 2
平均	129.15	131.65
方差	17.50263	29.71316
观测值	20	20
df	19	19
F	0.589053	
P(F<=f) 单	0.128833	
F 单尾临界	0.461201	

图 3.26　F-检验：双样本方差分析

Step 03：求出检验结果。单击 F13 单元格，在编辑栏中输入“=IF(F9<F11,"接受 H_0","接受 H_1")”，得到的结果如图 3.27 所示。

	D	E	F	G
10		P(F<=f) 单	0.128833	
11		F 单尾临界	0.461201	
12				
13		检验结果	接受H1	
14				

图 3.27　检验结果

从图 3.27 可以看出，在显著性水平为 0.05 的条件下，机器 A、B 存在质量优劣的不同。

3.4　Z-检验

Z-检验是一般用于大样本（即样本容量大于 30）平均值差异性检验的方法。它是用标准正态分布的理论来推断差异发生的概率，从而比较两个样本均值的差异是否显著。当已知标准差时，验证一组数的均值是否与某一期望值相等时，用 Z-检验。

3.4.1　Z-检验原理

当总体服从均值为μ方差为σ^2的正态分布时，取总体的随机样本 x_1，x_2，…，x_n，样本均值$\bar{x}$服从均值为μ，方差为σ^2/n的正态分布，即：

$$\bar{x} \sim N\left(\mu, \frac{\sigma^2}{n}\right)$$

若$\bar{x}$进行标准化，对应的 Z 统计量为

$$z = \frac{\bar{x} - \mu}{\sigma/\sqrt{n}}$$

当总体方差未知，且样本容量 $n>30$ 时，可用正态分布近似代替 t 分布，因此无论方差是否可知，只要样本足够大，抽样分布就会服从正态分布。对应的方差未知大样本 Z 统计量为

$$z = \frac{\bar{x} - \mu}{s/\sqrt{n}}$$

对于正态分布的两总体，均值分别为μ_1和μ_2，标准差为σ_1和σ_2，样本均值为$\bar{x}_1$和$\bar{x}_2$，Z 统计量为

$$z = \frac{(\bar{x}_1 - \bar{x}_2) - (\mu_1 - \mu_2)}{\sqrt{\frac{\sigma_1^{\ 2}}{n_1} + \frac{\sigma_2^{\ 2}}{n_2}}}$$

Z-检验的步骤：

- Step 01：建立零假设，即先假定两个平均数之间没有显著差异；
- Step 02：计算 Z 统计量的值，对于不同类型的问题选用不同的统计量计算方法；
- Step 03：比较计算所得 Z 值与理论 Z 值，推断发生的概率，依据 Z 值与差异显著性关系表作出判断；
- Step 04：根据以上分析，结合具体情况，作出结论。

3.4.2　Z-检验实例

Excel 2007 给出了统计函数和数学分析工具来实现 Z-检验，下面将介绍在 Excel 2007 中

实现 Z-检验的具体方法。

1. 临界值法进行方差已知的总体均值双侧检验

在此将用到返回数值绝对值的函数：ABS 函数。

函数语法：AVS(number)。

- number 为需要计算其绝对值的实数。

在此还将用到标准正态累积分布函数的反函数：NORMSINV 函数。

函数语法：NORMSINV(probability)。

- probability 为正态分布的概率值。
- 如果 probability 为非数值型，函数 NORMSINV 返回错误值#VALUE!。
- 如果 probability<0 或 probability>1，函数 NORMSINV 返回错误值#NUM!。

例 3.5 用临界值法进行方差已知的产品合格检验

某厂铸造的零件强度服从正态分布，其标准差为 12（kN/mm^2），均值为 200（kN/mm^2）。为检测产品质量，从中取 16 个样本，测得平均值 $\overline{x}$ ＝197.25（kN/mm^2），试判断能否在 0.05 的显著性水平下认为产品合格。

新建工作表“某厂零件质量检验.xlsx”。

下面使用 Excel 2007 对例 3.5 进行临界值法方差已知的总体均值双侧检验，具体操作步骤如下。

Step 01：打开“某厂零件质量检验.xlsx”，单击 B2 单元格，在编辑栏中输入显著性水平 α 的值“0.05”；单击 D2 单元格，在编辑栏中输入样本数 n 的值“16”；单击 B3 单元格，在编辑栏中输入均值 μ 的值“200”；单击 D3 单元格，在编辑栏中输入标准差 σ 的值“12”；单击 B4 单元格，在编辑栏中输入均值 $\bar{x}$ 的值“197.25”，如图 3.28 所示。

	A	B	C	D
1				
2	α	0.05	n	16
3	μ	200	σ	12
4	样本均值	197.25		

图 3.28 检验条件

Step 02：单击 B6 单元格，在编辑栏中输入原假设“H_0: μ=200”；单击 D6 单元格，在编辑栏中输入“H_1:$\mu\neq$200”。

Step 03：运用临界值法检验。求对应 z 的绝对值，单击 B8 单元格，在编辑栏中输入“=ABS((B4-B3)/(D3/SQRT(D2)))”；求对应 $z_{\alpha/2}$ 的绝对值，单击 D8 单元格，在编辑栏中输入“=ABS(NORMSINV(B2/2))”。

Step 04：给出检验结果。单击 B10 单元格，在编辑栏中输入“=IF(B8<D8,"接受均值为 200，样本合格","不接受均值为 200，样本不合格")”，如图 3.29 所示。

从图 3.29 可以看出，使用临界值法对某厂生产的零件进行方差已知的总体均值双侧检验，得到的结果为在显著性水平为 0.05 的条件下，可以接受抗压强度均值为 200（kN/mm^2），产品合格。

	A	B	C	D
1				
2	α	0.05	n	16
3	μ	200	σ	12
4	样本均值	197.25		
5				
6	H_0	μ=200	H_1	μ≠200
7				
8	z的绝对值	0.916666667	$z_{\alpha/2}$的绝对值	1.959964
9				
10	检验结果	接受均值为200，样本合格		

图 3.29　检验结果

2. P 值法进行方差已知的总体均值单侧检验

下面使用 Excel 2007 对例 3.5 进行 P 值法方差已知的总体均值单侧检验，具体操作步骤如下。

Step 01：打开“某厂零件质量检验.xlsx”，单击 B2 单元格，在编辑栏中输入显著性水平 α 的值“0.05”；单击 D2 单元格，在编辑栏中输入样本数 n 的值“16”；单击 B3 单元格，在编辑栏中输入均值 μ 的值“200”；单击 D3 单元格，在编辑栏中输入标准差 σ 的值“12”；单击 B4 单元格，在编辑栏中输入均值 $\bar{x}$ 的值“197.25”，如图 3.30 所示。

	A	B	C	D
1				
2	α	0.05	n	16
3	μ	200	σ	12
4	样本均值	197.25		

图 3.30　检验条件

Step 02：单击 B6 单元格，在编辑栏中输入原假设“$\mu = 200$”；单击 D6 单元格，在编辑栏中输入“$\mu \neq 200$”。

Step 03：运用 P 值法检验。求对应 z 值，单击 B8 单元格，在编辑栏中输入“=(B4-B3)/(D3/SQRT(D2))”；求对应 P 值，单击 D8 单元格，在编辑栏中输入“=1-NORMSDIST(B8)”。

Step 04：给出检验结果。单击 B10 单元格，在编辑栏中输入“=IF(B8<D8,"接受均值为200，样本合格","不接受均值为 200，样本不合格")”，如图 3.31 所示。

	A	B	C	D
1				
2	α	0.05	n	16
3	μ	200	σ	12
4	样本均值	197.25		
5				
6	H_0	μ=200	H_1	μ≠200
7				
8	z值	-0.916666667	P值	0.820341
9				
10	检验结果	接受均值为200，样本合格		

图 3.31　检验结果

从图 3.31 可以看出，使用 P 值法对某厂生产的零件进行方差已知的总体均值单侧检验，得到的结果为在显著性水平为 0.05 的条件下，可以接受抗压强度均值不小于 200（kN/mm^2），产品合格。

3. 运用 ZTEST 函数进行方差未知的大样本总体均值假设检验

在此将用到返回数值绝对值的函数：ZTEST 函数。

返回 Z-检验的单尾概率值。对于给定的假设总体平均值 μ_0，ZTEST 返回样本平均值大于数据集（数组）中观察平均值的概率，即观察样本平均值。

函数语法：ZTEST(array,μ_0,sigma)。

- array 为用来检验 μ_0 的数组或数据区域。
- μ_0 为被检验的值。
- sigma 为样本总体（已知）的标准偏差，如果省略，则使用样本标准偏差。

例 3.6 利用 ZTEST 函数对产品进行检验

某厂铸造的零件强度服从正态分布，其标准差未知，为检测产品质量，从中取 40 个样本，如表 3.4 所示。试判断能否在 0.05 的显著性水平下认为产品抗压强度为 200（kN/mm^2）。

表 3.4　　某厂零件强度数据

201	198	196	200
204	203	194	199
208	203	192	204
201	198	198	200
202	195	197	203
200	199	205	197
200	210	208	191
192	203	199	199
196	205	206	201
199	200	201	210

新建工作表“零件强度数据.xlsx”，输入表 3.4 中的零件强度数据，如图 3.32 所示。

	A	B	C	D
1	201	198	196	200
2	204	203	194	199
3	208	203	192	204
4	201	198	198	200
5	202	195	197	203
6	200	199	205	197
7	200	210	208	191
8	192	203	199	199
9	196	205	206	201
10	199	200	201	210

图 3.32　零件强度数据

下面使用 Excel 2007 对例 3.6 进行 ZTEST 函数方差未知的大样本总体均值假设检验，具体操作步骤如下。

Step 01：打开“零件强度数据.xlsx”，单击 B12 单元格，在编辑栏中输入显著性水平 α 的值“0.05”；单击 D12 单元格，在编辑栏中输入样本数 n 的值“40”；单击 B13 单元格，在编辑栏中输入均值 μ 的值“200”。

Step 02：单击 B15 单元格，在编辑栏中输入原假设“H_0：μ=200”；单击 D15 单元格，在编辑栏中输入“H_1：$\mu \neq 200$”。

Step 03：运用 ZTEST 函数进行假设检验。求出ρ值，单击 B17 单元格，在编辑栏中输入“=ZTEST(A1:D10, B13)”。

Step 04：给出检验结果。单击 B10 单元格，在编辑栏中输入“=IF(B17>B12/2,"接受均值为 200，样本合格","不接受均值为 200，样本不合格")”，如图 3.33 所示。

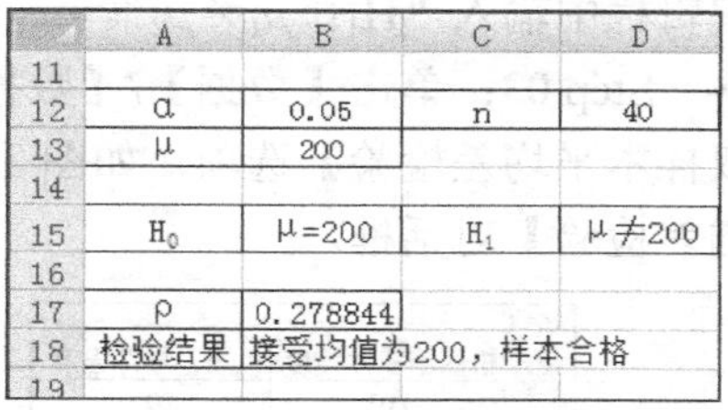

	A	B	C	D
11				
12	α	0.05	n	40
13	μ	200		
14				
15	H0	μ=200	H1	μ≠200
16				
17	ρ	0.278844		
18	检验结果	接受均值为200，样本合格		
19				

图 3.33　检验结果

从图 3.33 可以看出，使用 ZTEST 函数对某厂生产的零件进行方差未知的总体均值假设检验，得到抗压强度均值在 0.05 显著性水平下为 200（kN/mm^2），产品合格。

4. 运用数学分析工具进行 z-检验

例 3.7 对两台机器生产的零件进行抗压强度对比

某厂有甲乙两台机器铸造的零件，两台机器的产品强度均服从正态分布，机器甲的标准差为 12，机器乙的标准差为 16。为检测产品质量，从甲乙两台机器的产品中各取 20 个样本如表 3.5 所示，试判断能否在 0.05 的显著性水平下甲乙两台机器生产的零件抗压强度有无差别。

表 3.5　甲乙两台机器生产的零件强度数据

甲机器零件强度		乙机器零件强度	
201	196	205	198
204	194	208	203
208	192	199	203
201	198	206	198
202	195	201	199
200	199	197	196
200	210	191	194
192	203	199	192
196	205	201	198
199	200	210	197

新建工作表“甲乙两台机器生产的零件强度数据.xlsx”，输入表 3.5 中的数据，如图 3.34 所示。

下面使用 Excel 2007 对例 3.7 进行 ZTEST 函数方差未知的大样本总体均值假设检验，具体操作步骤如下。

Step 01：打开“甲乙两台机器生产的零件强度数据.xlsx”，单击 E7 单元格，在编辑栏中输入甲的样本数 n_1 的值“20”；单击 F7 单元格，在编辑栏中输入乙的样本数 n_2 的值“20”；单击 E6 单元格在编辑栏中输入甲的标准差σ_1 的值“12”；单击 F6 单元格，在编辑栏中输入乙的标准差σ_2 的值“16”；单击 E9 单元格，在编辑栏中输入显著性α 的值“0.05”。

Step 02：单击 A23 单元格，在编辑栏中输入原假设“H0：$\mu_1=\mu_2$”；单击 A24 单元格，在编辑栏中输入“H_1：$\mu_1 \neq \mu_2$”。

Step 03：单击【数据】/【数据分析】命令，弹出【数据分析】对话框，单击【z-检验：双样本平均差检验】选项，如图 3.35 所示，再单击【确定】按钮，弹出【z-检验：双样本平均差检验】对话框。

	A	B
1	机器甲零件强度	机器乙零件强度
2	201	205
3	204	208
4	208	199
5	201	206
6	202	201
7	200	197
8	200	191
9	192	199
10	196	201
11	199	210
12	196	198
13	194	203
14	192	203
15	198	198
16	195	199
17	199	196
18	210	194
19	203	192
20	205	198
21	200	197

图 3.34　甲乙两台机器生产的零件强度数据

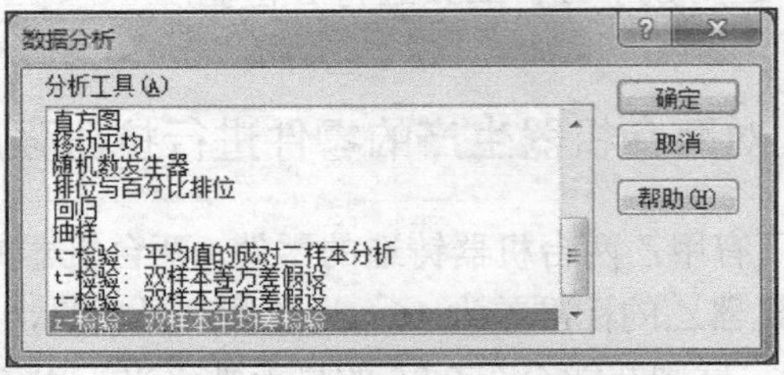

图 3.35　数据分析对话框

Step 04：在弹出的【z-检验：双样本平均差检验】对话框的【输入】栏中，单击【变量 1 的区域】后的折叠按钮，选择 A2: A21 单元格区域；单击【变量 2 的区域】后的折叠按钮，选择 B2:B21 单元格区域；在【假设平均差】文本框中输入“0”；在【变量 1 的方差】文本框中输入“12”；在【变量 2 的方差】文本框中输入“16”；在【α】文本框中输入置信水平“0.05”；单击【输出区域】按钮，并单击其后的折叠按钮，选择 D2 单元格，如图 3.36 所示。再单击【确定】按钮，得到的结果如图 3.37 所示。

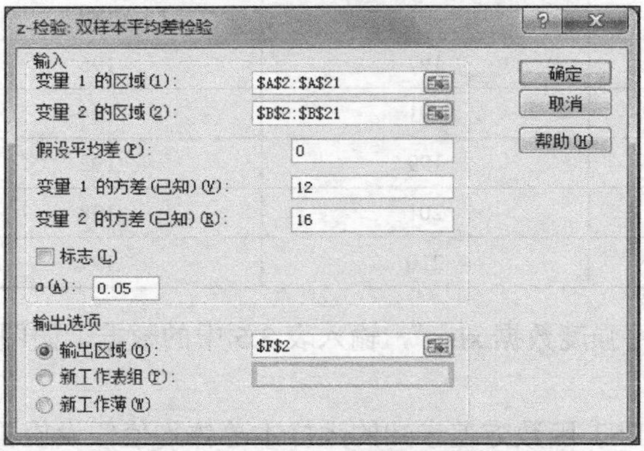

图 3.36　z-检验：双样本平均差检验对话框

	D	E	F
1			
2	z-检验：双样本均值分析		
3			
4		变量 1	变量 2
5	平均	199.75	199.75
6	已知协方差	12	16
7	观测值	20	20
8	假设平均差	0	
9	z	0	
10	P(Z<=z) 单	0.5	
11	z 单尾临界	1.644854	
12	P(Z<=z) 双	1	
13	z 双尾临界	1.959964	

图 3.37　z-检验返回结果

Step 05：给出检验结果。单击 E15 单元格，在编辑栏中输入“=IF(E9<E13,"接受甲乙两台机器无差别","接受甲乙两台机器有差别")”，最后结果如图 3.38 所示。

从图 3.38 可以看出，在显著性水平为 0.05 的条件下，甲乙两台机器生产的零件没有差别。

	D	E	F
4		变量 1	变量 2
5	平均	199.75	199.75
6	已知协方差	12	16
7	观测值	20	20
8	假设平均差	0	
9	z	0	
10	P(Z<=z) 单	0.5	
11	z 单尾临界	1.644854	
12	P(Z<=z) 双	1	
13	z 双尾临界	1.959964	
14			
15	检验结果	接受甲乙两台机器无差别	

图 3.38　检验结果

3.5　小　　结

本章主要介绍了如何利用 Excel 2007 进行假设检验。本章分别介绍了 t-检验、F-检验和 z-检验的基本原理，并采用不同的方法对例子进行检测。t-检验中主要介绍了成对样本均值差检验、等方差双样本的 t-检验、异方差双样本的 t-检验和小样本下的总体均值检验在 Excel 2007 中的实现方法；F-检验中主要介绍了两总体方差检验和单侧右尾检验在 Excel 2007 中的实现方法；z-检验中主要介绍了临界值法进行方差已知的总体均值双侧检验、P 值法进行方差已知的总体均值单侧检验、方差未知的大样本总体均值假设检验和运用数学分析工具进行 z-检验在 Excel 2007 中的实现方法。

3.6　习　　题

1. 填空题

（1）t-检验分为________和________两种情况。

（2）F 检验又叫方差齐性检验。从两个研究总体中随机抽取样本，要对这两个样本进行比较的时候，首先要判断是否相同，即方差齐性。要判断两总体方差是否相同，就可以用 F 检验。

2. 操作题

（1）将 20 例某病患者随机分为两组，分别用甲、乙两药治疗前后的血沉值（mmPh）如表 3.6 所示，问甲、乙两药是否有效？

表 3.6　甲乙两种药的药效数据

甲药	病人号	1	2	3	4	5	6	7	8	9
	治疗前	10	13	6	10	11	8	7	8	9
	治疗后	6	8	3	8	7	6	6	5	5

续表

乙药	病人号	1	2	3	4	5	6	7	8	9
	治疗前	9	10	9	13	8	6	10	11	10
	治疗后	6	3	5	3	3	4	6	4	3

（2）某工业管理局在体制改革前后，分别调查了 10 个和 12 个企业的劳动生产率情况，得知改革前后平均劳动生产率（元 / 人）为 $\overline{X}_1 = 2089$ 、$\overline{X}_2 = 2450$ ，劳动生产率的方差分别为 $s_1^2 = 7689$ 、 $s_2^2 = 6850$ 。又知体制改革前后企业劳动生产率的标准差相等。问：在显著性水平 0.05 下，改革前后平均劳动生产率有无显著差异？

（3）某制药厂试制某种安定神经的新药，给 10 个病人试服，结果各病人增加睡眠量如表 3.7 所示，试判断在显著性水平 0.05 下，这种新药对病人有无安定神经的功效？

表 3.7　　睡眠增加量数据

病人号码	1	2	3	4	5	6	7	8	9	10
增加睡眠（小时）	0.7	−1.1	−0.2	1.2	0.1	3.4	3.7	0.8	1.8	2

（4）有 12 名接种卡介苗的儿童，8 周后用两批不同的结核菌素，一批是标准结核菌素，一批是新制结核菌素，分别注射在儿童的前臂，两种结核菌素的皮肤浸润反应平均直径（mm）如表 3.8 所示，问两种结核菌素的反应性有无差别？

表 3.8　　两种结核菌素的皮肤浸润结果数据

编　号	1	2	3	4	5	6	7	8	9	10	11	12
标准品	12	14	15	12	13	12	11	8	9	14	13	11
新制品	10	10	12	13	10	5	6	8	5	8	7	9

（5）24 例糖尿病患者随机分成两组，甲组单纯用药物治疗，乙组采用药物治疗合并饮食疗法，二个月后测空腹血糖（mmol/L）如表 3.9 所示，问两种疗法治疗后患者血糖值是否不同？

表 3.9　　治疗后的血糖值数据

编　号	甲 组 数 据	乙 组 数 据
1	8.4	5.4
2	10.5	6.2
3	12.0	7.5
4	12.0	7.4
5	13.4	8.1
6	15.3	8.2
7	16.4	9.0
8	17.2	11.1
9	18.1	6.9
10	20.1	7.8
11	20.9	10.6
12	15.2	9.0

第 4 章　方差分析

方差分析又称“变异数分析”，是 R.A.Fisher 发明的，用于两个及两个以上样本均数差别的显著性检验，由于各种因素的影响，研究所得的数据呈现波动状。造成波动的原因可分成两类，一是不可控的随机因素，另一是研究中施加的对结果形成影响的可控因素。

本章将详细介绍如何使用 Excel 2007 的统计函数以及数学工具进行单因素方差分析、无重复双因素方差分析和有重复双因素方差分析。

4.1　方差分析简介

方差分析是从观测变量的方差入手，研究诸多控制变量中哪些变量是对观测变量有显著影响的变量。

一个复杂的事物，其中往往有许多因素互相制约又互相依存。方差分析的目的是通过数据分析找出对该事物有显著影响的因素、各因素之间的交互作用，以及显著影响因素的最佳水平等。方差分析是在可比较的数组中，把数据间总的“变差”按各指定的变差来源进行分解的一种技术。对变差的度量，采用离差平方和。方差分析方法就是从总离差平方和分解出可追溯到指定来源的部分离差平方和，这是一个很重要的思想。经过方差分析若拒绝了检验假设，只能说明多个样本总体均数不相等或不全相等，若要得到各组均数间更详细的信息，应在方差分析的基础上进行多个样本均数的两两比较。

4.2　单因素方差分析

单因素方差分析是用来研究一个控制变量的不同水平是否对观测变量产生了显著影响。由于仅研究单个因素对观测变量的影响，因此称为单因素方差分析。它是两个样本平均数比较的引伸，用来检验多个平均数之间的差异，从而确定因素对试验结果有无显著性影响的一种统计方法。

4.2.1　单因素方差分析原理

与单因素方差分析相对应的是单因素试验。在单因素试验中，获得 n 组独立的样本观察值，每组观察值包含的数目为 m。

单因素试验的结果以 n 行 m 列表示，对应每个元素为 X_{ij}，如表 4.1 所示。

表 4.1　　单因素试验表

因素水平＼样本组	1	2	……	n	$\bar{X}_i$
A_1	X_{11}	X_{12}	……	X_{1n}	$\bar{X}_1$
A_2	X_{21}	X_{22}	……	X_{2n}	$\bar{X}_2$
……	……	……	……	……	……
A_m	X_{m1}	X_{m2}	……	X_{mn}	$\bar{X}_m$
总均值					$\bar{X}$

其中，$\bar{X}_i$ 为各个水平的观测值对应的均值，称为组均值；$\bar{X}$ 为所有观测值的均值，称为总均值。

在单因素试验结果的基础上，求出总方差 V、组内方差 V_W、组间方差 V_B。

总方差衡量的是所有观察值 X_{ij} 对总均值 $\bar{X}$ 的偏离程度，反映抽样中随机误差的大小，公式为

$$V=\sum(X_{ij}-\bar{X})^2$$

组内方差衡量的是所有观测值 X_{ij} 对组均值 $\bar{X}_i$ 的偏离程度，公式为

$$V_W=\sum(X_{ij}-\bar{X}_i)^2$$

组间方差衡量的是组均值 $\bar{X}_i$ 对总均值 $\bar{X}$ 的偏离程度，反映系统的误差，公式为

$$V_B=m\sum(\bar{X}_i-\bar{X})^2$$

在满足被检验的总体服从正态分布且各总体方差齐性的条件下，以及在方程相等的假定下，提出假设检验 $H_0:\mu_1=\mu_2=\cdots=\mu_n$，以及备选假设 H_1：均值不完全相等，这种情况可以应用 F 统计量进行方差检验，公式为

$$F=\frac{V_B/(n-1)}{V_W/(nm-n)}$$

F 统计量服从分子自由度为 $n-1$，分布自由度为 $mn-n$ 的 F 分布。

给定显著性水平 α，如果根据样本计算出的 F 统计量的值小于等于临界值 $F_\alpha(n-1,mn-n)$，则说明原假设 H_0 成立，总体的均值相等；如果 F 统计量的值大于临界值 $F_\alpha(n-1,mn-n)$，则说明原假设 H_0 不成立，总体均值不完全相等。

确定概率判定：

$F<F_{\alpha(n-1,m-1)}$，　$p>0.05$ 为因素对试验结果无显著性影响；

$F\geqslant F_{\alpha(n-1,m-1)}$，　$p\leqslant 0.05$ 为因素对试验结果有显著性影响。

4.2.2　单因素方差分析实例

Excel 2007 给出了统计函数和数学分析工具来实现单因素方差分析，下面将介绍在 Excel 2007 中实现单因素方差分析的具体方法。

例 4.1 不同训练方法对磷酸肌酸增长的影响

为考查不同训练方法对磷酸肌酸增长的影响，我们采用了四种不同的训练方法。每种方法下选取条件相仿的 6 名运动员，通过三个月的训练以后，其磷酸肌酸的增长值（单位：mg/100ml）如表 4.2 所示。试检验训练方法对运动员磷酸肌酸增长值有无显著性影响？即四种训练方法对运动员磷酸肌酸平均增长值差异有无显著性意义？

表 4.2　　不同训练方法对磷肌酸增长的影响

编号	方法 1	方法 2	方法 3	方法 4
1	3.3	3.0	0.4	3.6
2	1.2	2.3	1.7	4.5
3	0	2.4	2.3	4.2
4	2.7	1.1	4.5	4.4
5	3.0	4.0	3.6	3.7
6	3.2	3.7	1.3	5.6

新建工作表“磷酸肌酸增长影响.xlsx”，输入表 4.2 中所示的数据，如图 4.1 所示。

	A	B	C	D	E
1	编号	方法一	方法二	方法三	方法四
2	1	3.3	3	0.4	3.6
3	2	1.2	2.3	1.7	4.5
4	3	0	2.4	2.3	4.2
5	4	2.7	1.1	4.5	4.4
6	5	3	4	3.6	3.7
7	6	3.2	3.7	1.3	5.6

图 4.1　磷肌酸增长数据

1. 应用统计函数进行单因素方差分析

下面使用 Excel 2007 统计函数对例 4.1 进行单因素方差分析，具体操作步骤如下：

Step 01：打开“磷酸肌酸增长影响.xlsx”，单击 B8 单元格，在编辑栏中输入“=AVERAGE(B2:B7)”，再次单击 B8 单元格，将鼠标移动到单元格右下角，当鼠标变为黑色十字的时候拖拽至 E8 单元格，求出四种方法的组平均值；单击 B9 单元格，在编辑栏中输入“=AVERAGE(B2:E7)”，求出总平均值，如图 4.2 所示。

	A	B	C	D	E
1	编号	方法一	方法二	方法三	方法四
2	1	3.3	3	0.4	3.6
3	2	1.2	2.3	1.7	4.5
4	3	0	2.4	2.3	4.2
5	4	2.7	1.1	4.5	4.4
6	5	3	4	3.6	3.7
7	6	3.2	3.7	1.3	5.6
8	组均值	2.23	2.75	2.30	4.33
9	总均值	2.90			

图 4.2　计算组平均值及总平均值

Step 02：单击 B13 单元格，在编辑栏中输入“=(B2−$B$8)^2”，再次单击 B13 单元格，将鼠标移动到单元格右下角，当鼠标变为黑色十字的时候拖拽至 B18 单元格，求出方法 1 中各样本的 $(X_{ij}-\overline{X}_i)^2$ 值。

单击 C13 单元格，在编辑栏中输入“=(C2−$C$8)^2”，再次单击 C13 单元格，将鼠标移动到单元格右下角，当鼠标变为黑色十字的时候拖曳至 C18 单元格，求出方法 2 中各样本的 $(X_{ij}-\bar{X}_i)^2$ 值。

单击 D13 单元格，在编辑栏中输入“=(D2−$D$8)^2”，再次单击 D13 单元格，将鼠标移动到单元格右下角，当鼠标变为黑色十字的时候拖拽至 D18 单元格，求出方法 3 中各样本的 $(X_{ij}-\bar{X}_i)^2$ 值。

单击 E13 单元格，在编辑栏中输入“=(E2−$E$8)^2”，再次单击 E13 单元格，将鼠标移动到单元格右下角，当鼠标变为黑色十字的时候拖拽至 E18 单元格，求出方法 4 中各样本的 $(X_{ij}-\bar{X}_i)^2$ 值。

单击 C19 单元格，在编辑栏中输入“=SUM(B13:E18)”，求出组内方差 V_W 的值。

以上结果如图 4.3 所示。

	A	B	C	D	E
1	编号	方法一	方法二	方法三	方法四
2	1	3.3	3	0.4	3.6
3	2	1.2	2.3	1.7	4.5
4	3	0	2.4	2.3	4.2
5	4	2.7	1.1	4.5	4.4
6	5	3	4	3.6	3.7
7	6	3.2	3.7	1.3	5.6
8	组均值	2.23	2.75	2.30	4.33
9	总均值	2.90			
10					
11		组内方差			
12		方法一	方法二	方法三	方法四
13		1.137778	0.0625	3.61	0.537778
14		1.067778	0.2025	0.36	0.027778
15		4.987778	0.1225	1.97E-31	0.017778
16		0.217778	2.7225	4.84	0.004444
17		0.587778	1.5625	1.69	0.401111
18		0.934444	0.9025	1	1.604444
19		V_W	28.60167		

图 4.3　组内方差

Step 03：单击 G3 单元格，在编辑栏中输入“=(B8−$B$9)^2”，按回车键后再次单击 G3 单元格，将鼠标移动到单元格右下角，当鼠标变为黑色十字的时候拖拽至 J3 单元格，求出四种方法 $(\bar{X}_i-\bar{X})^2$ 的值。

单击 H4 单元格，在编辑栏中输入“=6*SUM(G3:J3)”，计算结果如图 4.4 所示。

	A	B	C	D	E	F	G	H	I	J
1	编号	方法一	方法二	方法三	方法四			组间方差		
2	1	3.3	3	0.4	3.6		方法一	方法二	方法三	方法四
3	2	1.2	2.3	1.7	4.5		0.450017	0.023767	0.365017	2.042517
4	3	0	2.4	2.3	4.2		V_B	17.28792		
5	4	2.7	1.1	4.5	4.4					
6	5	3	4	3.6	3.7					
7	6	3.2	3.7	1.3	5.6					
8	组均值	2.23	2.75	2.30	4.33					
9	总均值	2.90								

图 4.4　组间方差

Step 04：单击单元格 H5，在编辑栏中输入样本组数 n 对应的值“4”；单击单元格 J5，在编辑栏中输入每组样本数量 m 对应的值“6”；单击单元格 J6，在编辑栏中输入显著性水平“0.05”；单击 H6 单元格，在编辑栏中输入“=H4/(H5-1)/(C19/(J5*H5-H5))”，求出 F 统计量的值；单击 H7 单元格，在编辑栏中输入“=FINV(J6,H5-1,J5*H5-H5)”，得出 F_α 的值；单击 H8 单元格，输入“=IF(H6>H7,"训练方法对运动员磷酸肌酸增长值有显著性影响","训练方法对运动员磷酸肌酸增长值无显著性影响")”。以上结果如图 4.5 所示。

	F	G	H	I	J	K	L
1		组间方差					
2		方法一	方法二	方法三	方法四		
3		0.450017	0.023767	0.365017	2.042517		
4		V_E	17.28792				
5		n	4	m	6		
6		F	4.029583	α	0.05		
7		$F_α$	3.098391				
8		检验结果	训练方法对运动员磷酸肌酸增长值有显著性影响				

图 4.5　检验结果

从图 4.5 中可以看出，该单因素方差分析没有接受原假设 H_0，因此在显著性水平为 0.05 的条件下，可以认为不同训练方法对运动员磷肌酸增长产生影响。

2. 应用方差分析工具进行单因素方差分析

除了采用上述应用函数计算统计量值进行单因素方差分析外，Excel 2007 还直接给出了“方差分析：单因素方差分析”宏来直接实现单因素的方差分析。

下面使用 Excel 2007 方差分析工具对例 4.1 进行单因素方差分析，具体操作步骤如下。

Step 01：打开“磷酸肌酸增长影响.xlsx”，单击【数据】/【数据分析】命令，弹出【数据分析】对话框，单击【方差分析：单因素方差分析】选项，如图 4.6 所示。再单击【确定】按钮。

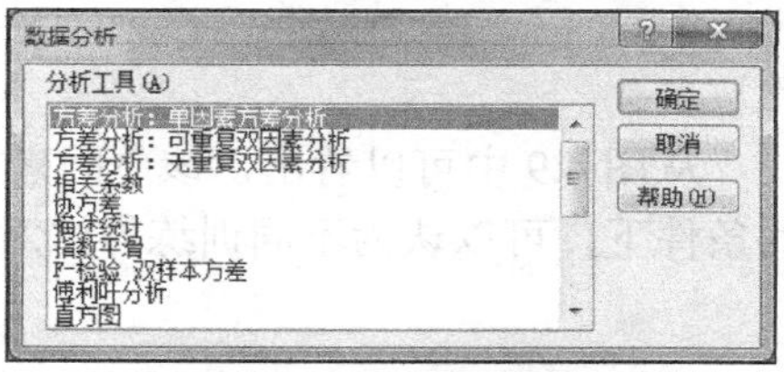

图 4.6　数据分析对话框

Step 02：在弹出的【方差分析：单因素方差分析】对话框的【输入】栏中，单击【输入区域】后的折叠按钮，选择 B2:E7 单元格区域；在【分组方式】后选择【列】单选按钮；单击选中【标志位于第一行】复选框；在【α】文本框中输入置信水平“0.05”；在【输出选项】栏中，单击【输出区域】按钮，并单击其后的折叠按钮，选择 A12 单元格，如图 4.7 所示。再单击【确定】按钮，得到的结果如图 4.8 所示。

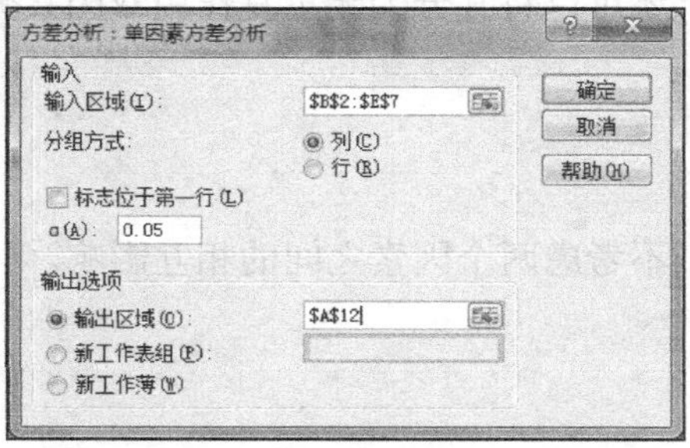

图 4.7　方差分析：单因素方差分析对话框

	A	B	C	D	E	F	G
7	6	3.2	3.7	1.3	5.6		
8							
9							
10							
11							
12	方差分析：单因素方差分析						
13							
14	SUMMARY						
15	组	观测数	求和	平均	方差		
16	列 1	6	13.4	2.233333	1.786667		
17	列 2	6	16.5	2.75	1.115		
18	列 3	6	13.8	2.3	2.3		
19	列 4	6	26	4.333333	0.518667		
20							
21							
22	方差分析						
23	差异源	SS	df	MS	F	P-value	F crit
24	组间	17.28792	3	5.762639	4.029583	0.021513	3.098391
25	组内	28.60167	20	1.430083			
26							
27	总计	45.88958	23				

图 4.8　方差分析结果

图 4.8 中给出了“SUMMARY”和“方差分析”两部分。其中“SUMMARY”给出样本的一些信息，而“方差分析”部分则以方差分析表的形式给出了方差分析的结果，如 F 统计

量的值、p 值和 F_α的值。

Step 03：给出检验结果。单击 A29 单元格，在编辑栏中输入“=IF(F24<0.05,"训练方法对运动员磷酸肌酸增长值有显著性影响","训练方法对运动员磷酸肌酸增长值无显著性影响")”。最后结果如图 4.9 所示。

	A	B	C	D	E	F	G
13							
14	SUMMARY						
15	组	观测数	求和	平均	方差		
16	列 1	6	13.4	2.233333	1.786667		
17	列 2	6	16.5	2.75	1.115		
18	列 3	6	13.8	2.3	2.3		
19	列 4	6	26	4.333333	0.518667		
20							
21							
22	方差分析						
23	差异源	SS	df	MS	F	P-value	F crit
24	组间	17.28792	3	5.762639	4.029583	0.021513	3.098391
25	组内	28.60167	20	1.430083			
26							
27	总计	45.88958	23				
28							
29	训练方法对运动员磷酸肌酸增长值有显著性影响						
30							

图 4.9　检验结果输出

从图 4.9 中可以看出，该单因素方差分析没有接受原假设 H_0，因此在显著性水平为 0.05 的条件下，可以认为不同训练方法对运动员磷肌酸增长产生影响。

4.3　双因素方差分析

在实际应用中，一个试验结果（试验指标）往往受多个因素的影响。不仅这些因素会影响试验结果，而且这些因素不同水平的搭配也会影响试验结果。如果将单因素方差分析的思想推广，同时研究两种因素对实验结果的影响，就是双因素方差分析。

4.3.1　双因素方差分析原理

根据双因素方差分析中的两个因素是否相互影响，还可以将其分为无重复作用双因素分析和有重复双因素分析。

1．无重复作用双因素分析

无重复作用双因素分析是基本的双因素方差分析，不考虑两个因素之间的相互影响。

基本假设：X_{ij} 相互独立；

$X_{ij} \sim N(\mu_{ij}, \sigma^2)$，（方差齐性）。

线性统计模型为

$$X_{ij} = \mu + \alpha_i + \beta_j + \varepsilon_{ij}$$

其中所有期望值的总平均为

$$\mu = \frac{1}{ab}\sum_{i=1}^{a}\sum_{j=1}^{b}\mu_{ij}$$

水平 A_i 对试验结果的影响为

$$\alpha_i = \frac{1}{a}\sum_{j=1}^{b}\mu_{ij} - \mu = \mu_i - \mu$$

水平 B_j 对试验结果的效应为：

$$\beta_j = \frac{1}{b}\sum_{i=1}^{a}\mu_{ij} - \mu = \mu_j - \mu$$

实验误差为：

$$\varepsilon_{ij} = X_{ij} - \mu_{ij}$$

要分析因素 A、B 的差异对试验结果是否有显著影响，即为检验如下假设是否成立：

原假设 1 $H_{01}:\alpha_1 = \alpha_2 = \cdots = \alpha_a = 0$；

备选假设 1 $H_{11}:\alpha_1,\alpha_2,\cdots,\alpha_a$ 不全为 0；

原假设 2 $H_{02}:\beta_1 = \beta_2 = \cdots = \beta_b = 0$；

备选假设 2 $H_{12}:\beta_1,\beta_2,\cdots,\beta_a$ 不全为 0。

类似于单因素方差分析的方法，试验的总离差平方和为

$$SS_T = \sum_{i=1}^{a}\sum_{j=1}^{b}\left(X_{ij} - \overline{X}\right)^2$$

总离差平方和是由因素 A 的离差平方和、因素 B 的离差平方和以及误差平方和组成的，其中反映因素 A 对试验指标影响的因素 A 离差平方和为

$$SS_A = b\sum_{i=1}^{a}\left(\overline{X}_{i.} - \overline{X}\right)^2$$

反映因素 B 对试验指标影响的因素 B 离差平方和为

$$SS_B = a\sum_{j=1}^{b}\left(\overline{X}_{.j} - \overline{X}\right)^2$$

反映试验误差对试验指标影响的误差平方和为

$$SS_E = \sum_{i=1}^{a}\sum_{j=1}^{b}\left(X_{ij} - \overline{X}_{i.} - \overline{X}_{.j} + \overline{X}\right)^2$$

经推导可以证明：总离差平方和自由度为（ab−1）；因素 A 离差平方和自由度为（a−1）；因素 B 离差平方和自由度为（b−1）；误差平方和自由度为（a−1）（b−1）。

在原假设 1 的判定中，若 H_{01} 成立，则：

$$F_A = \frac{SS_A/df_A}{SS_E/df_E} = \frac{MS_A}{MS_E} \sim F\left((a-1),(a-1)(b-1)\right)$$

当显著性水平为α时，A 因素影响取得假设拒绝域为

$$F_A \geqslant F_\alpha((a-1),(a-1)(b-1))$$

这表明拒绝 H_{01}，A 因素的影响显著，具有统计意义。

在原假设 2 的判定中若 H_{02} 成立，则：

$$F_B = \frac{SS_B/df_B}{SS_E/df_E} = \frac{MS_B}{MS_E} \sim F\left((b-1),(a-1)(b-1)\right)$$

当显著性水平为α时，A 因素影响取得假设拒绝域为：

$$F_B \geqslant F_\alpha\left((b-1),(a-1)(b-1)\right)$$

这表明拒绝 H_{02}，B 因素的影响显著，具有统计意义。

无重复作用双因素试验的方差分析应整理如表 4.3 所示。

表 4.3　　无重复作用双因素实试验的方差分析表

方差来源	平方和	自由度	均平方和	F 值	临界值
因素 A	SS_A	（a−1）	$MS_A = \frac{SS_A}{a-1}$	F_A	$F_\alpha((a-1),(a-1)(b-1))$
因素 B	SS_B	（b−1）	$MS_B = \frac{SS_B}{b-1}$	F_B	$F_\alpha((b-1),(a-1)(b-1))$
误差	SS_E	（a−1）（b−1）	$MS_E = \frac{SS_E}{df_E}$		
总和	SS_T	（ab−1）			

2. 有重复作用双因素分析

与无重复作用双因素方差分析相对，如果影响结果的两个因素之间存在交互影响，且将影响进行不同组合，能对试验结果产生影响，这类问题称为有重复作用双因素分析。有重复作用双因素分析的处理方法是把交互作用当成一个新因素来处理，即把每种搭配 A_iB_j 看作一个总体 X_{ij}。

基本假设：（1）X_{ij} 相互独立；

（2）$X_{ij} \sim N(\mu_{ij}, \sigma^2)$，（方差齐性）。

因素 B 线性统计模型：

$$X_{ij} = \mu + \alpha_i + \beta_j + (\alpha\beta)_{ij} + \varepsilon_{ij}$$

其中所有期望值的总平均为

$$\mu = \frac{1}{ab}\sum_{i=1}^{a}\sum_{j=1}^{b}\mu_{ij}$$

水平 A_i 对试验结果的影响为

$$\alpha_i = \frac{1}{a}\sum_{j=1}^{b}\mu_{ij} - \mu = \mu_i - \mu$$

水平 B_j 对试验结果的效应为

$$\beta_j = \frac{1}{b}\sum_{i=1}^{a}\mu_{ij} - \mu = \mu_j - \mu$$

交互效应为

$$(\alpha\beta)_{ij}=\mu_{ij}-\mu-\alpha_i-\beta_j$$

实验误差为

$$\varepsilon_{ij}=X_{ij}-\mu_{ij}$$

要分析因素 A，B 的差异对试验结果是否有显著影响，即为检验如下假设是否成立。

原假设 1 $H_{01}:\alpha_1=\alpha_2=\cdots=\alpha_a=0$；

原假设 2 $H_{02}:\beta_1=\beta_2=\cdots=\beta_b=0$；

原假设 3 $H_{03}:(\alpha\beta)_{ij}=0$ 。

类似于单因素方差分析的方法，试验的总离差平方和如下：

$$SS_T=\sum_{i=1}^{a}\sum_{j=1}^{b}\sum_{k=1}^{n}\left(X_{ijk}-\overline{X}\right)^2$$

总离差平方和是由因素 A 的离差平方和、因素 B 的离差平方和以及误差平方和组成的。

原假设 1 和原假设 2 的判定与无重复作用双因素分析相同。在原假设 3 的判定中若 H_{03} 成立，则

$$F_{A\times B}=\frac{SS_{A\times B}/df_{A\times B}}{SS_E/df_E}=\frac{MS_{A\times B}}{MS_E}\sim F\left((a-1)(b-1),ab(n-1)\right)$$

当显著性水平为α时，A 因素影响取得假设拒绝域为

$$F_{A\times B}\geqslant F_\alpha\left((a-1)(b-1),ab(n-1)\right)$$

有重复作用双因素试验的方差分析可整理为表 4.4 所示。

表 4.4　有重复作用双因素实试验的方差分析表

方差来源	平方和	自由度	均方和	*F* 值	临界值
因素 A	SS_A	（a−1）	$MS_A=\dfrac{SS_A}{a-1}$	F_A	$F_\alpha((a-1),ab(n-1))$
因素 B	SS_B	（b−1）	$MS_B=\dfrac{SS_B}{b-1}$	F_B	$F_\alpha((b-1),ab(n-1))$
$A\times B$	$SS_{A\times B}$	（a−1）（b−1）	$MS_{A\times B}=SS_{A\times B}/df_{A\times B}$	$F_{A\times B}$	$F_\alpha((a-1)(b-1),ab(n-1))$
误差	SS_E	ab（n−1）	$MS_E=\dfrac{SS_E}{df_E}$		
总和	SS_T	（abn−1）			

4.3.2　无重复双因素方差分析实例

Excel 2007 给出了统计函数和数学分析工具来实现单因素方差分析，下面将介绍在 Excel 2007 中实现单因素方差分析的具体方法。

例 4.2 判断工人和机器对产品产量是否有显著影响

设甲乙丙丁四个工人操作 A、B、C 机器各一天，其产品产量如表 4.5 所示。

表 4.5　　　　工人、机器对产量影响数据

机器 / 工人	A	B	C
甲	50	63	52
乙	47	54	42
丙	47	57	41
丁	53	58	48

新建工作表“工人、机器对产量影响.xlsx”，输入表 4.5 中所示的数据，如图 4.10 所示。

	A	B	C	D
1		A	B	C
2	甲	50	63	52
3	乙	47	54	42
4	丙	47	57	41
5	丁	53	58	48

图 4.10　工人、机器对产量影响

1. 应用函数计算统计量值进行无重复作用双因素方差分析

下面使用 Excel 2007 统计函数对例 4.2 进行单因素方差分析，具体操作步骤如下。

Step 01：打开“工人、机器对产量影响.xlsx”，单击 F2 单元格，输入 a 因素水平数“4”；单击 G2 单元格，输入 b 因素水平数“3”；单击 G3 单元格，输入显著性水平 0.01。

Step 02：单击 E2 单元格，在编辑栏中输入“=AVERAGE(B2:D2)”；再次单击 E2 单元格，将鼠标移动到单元格右下角，当鼠标变为黑色十字的时候拖拽至 E5 单元格，求出所有行均值。

Step 03：单击 B6 单元格，在编辑栏中输入“=AVERAGE(B2:B5)”；再次单击 B6 单元格，将鼠标移动到单元格右下角，当鼠标变为黑色十字的时候拖拽至 D6 单元格，求出所有列均值。

Step 04：单击 E6 单元格，在编辑栏中输入“=AVERAGE(B2:D5)”，求出总均值，如图 4.11 所示。

	A	B	C	D	E
1		A	B	C	均值
2	甲	50.00	63.00	52.00	55.00
3	乙	47.00	54.00	42.00	47.67
4	丙	47.00	57.00	41.00	48.33
5	丁	53.00	58.00	48.00	53.00
6	均值	49.25	58.00	45.75	51.00

图 4.11　行均值、列均值及总均值

Step 05：单击 B9 单元格，在编辑栏中输入“=(B2-$E$6)^2”；再次单击 B9 单元格，将鼠标移动到单元格右下角，当鼠标变为黑色十字的时候拖拽至 D9 单元格，选择 B9:D9 单元格区域，将鼠标移动到单元格区域右下角，当鼠标变为黑色十字的时候拖拽至 D12 单元格，求出所有 $(X_{ij}-\bar{X})^2$ 的值。

单击 B13 单元格，在编辑栏中输入“=SUM(B9:D12)”，求出对应总方差 V 的值。

Step 06：单击 B15 单元格，在编辑栏中输入“=(E2-$E$6)^2”；再次单击 B15 单元格，将鼠标移动到单元格右下角，当鼠标变为黑色十字的时候拖拽至 B18 单元格，求出所有

$(\bar{X}_i - \bar{X})^2$ 的值。

单击 B19 单元格，在编辑栏中输入“=SUM(B15:B18)*G2”，得到对应行方差 V_R。

Step 07：单击 B21 单元格，在编辑栏中输入“=(B6-$E$6)^2”；再次单击 B21 单元格，将鼠标移动到单元格右下角，当鼠标变为黑色十字的时候拖拽至 D21 单元格，求出所有 $(\bar{X}_j - \bar{X})^2$ 的值。

单击 B19 单元格，在编辑栏中输入“=SUM(B21:D21)*F2”，得到对应行方差 V_C。

Step 08：单击 B24 单元格，在编辑栏中输入“=B13-B19-B22”，求出所有随即误差 V_E 的值，如图 4.12 所示。

	A	B	C	D	E	F	G
1		A	B	C	均值	a	b
2	甲	50.00	63.00	52.00	55.00	4	3
3	乙	47.00	54.00	42.00	47.67	α	0.01
4	丙	47.00	57.00	41.00	48.33		
5	丁	53.00	58.00	48.00	53.00		
6	均值	49.25	58.00	45.75	51.00		
7							
8	总方差						
9		1.00	144.00	1.00			
10		16.00	9.00	81.00			
11		16.00	36.00	100.00			
12		4.00	49.00	9.00			
13	V	466.00					
14							
15	行方差	16					
16		11.11111					
17		7.111111					
18		4					
19	V_R	114.6667					
20							
21	列方差	3.0625	49	27.5625			
22	V_C	318.5					
23							
24	V_E	32.83					

图 4.12　各方差计算结果

Step 09：求方差。单击 J2 单元格，在编辑栏中输入“=B19”，即在表中输入行方差；单击 J3 单元格，在编辑栏中输入“=B22”，即在表中输入列方差；单击 J4 单元格，在编辑栏中输入“=B24”，即在表中输入随机误差；单击 J5 单元格，在编辑栏中输入“=B13”，即在表中输入总方差。

Step 10：求自由度。单击 K2 单元格，在编辑栏中输入“=F2-1”，即在表中输入行方差自由度；单击 K3 单元格，在编辑栏中输入“=G2-1”，即在表中输入行方差自由度；单击 K4 单元格，在编辑栏中输入“=(F2-1)*(G2-1)”，即在表中输入随机误差自由度；单击 K5 单元格，在编辑栏中输入“=F2*G2-1”，即在表中输入随机误差自由度。

Step 11：求均方差。单击 L2 单元格，在编辑栏中输入“=J2/K2”，即在表中输入行方差对应的均方差；单击 L3 单元格，在编辑栏中输入“=J3/K3”，即在表中输入列方差对应的均方差；单击 L4 单元格，在编辑栏中输入“=J4/K4”，即在表中输入行方差对应的均方差。

Step 12：求 F 统计量。单击 M2 单元格，在编辑栏中输入“=L2/L4”，即在表中输入行方差对应的 F 统计量的值；单击 M3 单元格，在编辑栏中输入“=L3/L4”，即在表中输入列方差对应的 F 统计量的值。

Step 13：求临界值。单击 N2 单元格，在编辑栏中输入“=FINV(G3,K2,K4)”，即在表中输入行方差对应的临界值 F_α；单击 N3 单元格，在编辑栏中输入“=FINV(G3,K3,K4)”，即在表中输入列方差对应的临界值 F_α。结果如图 4.13 所示。

	H	I	J	K	L	M	N
1			方差	自由度	均方差	F值	F_α
2		行方差	114.6667	3	38.22222	6.984772	9.779538
3		列方差	318.5	2	159.25	29.10152	10.92477
4		随机误差	32.83	6	5.472222		
5		总方差	466.00	11			

图 4.13　方差分析表

Step 14：行因素对应假设为 H_{01}，单击 J7 单元格，输入"=IF(M2>N2,"工人对产量有显著性影响","工人对产量无显著性影响")"；列因素对应假设为 H_{02}，单击 J8 单元格，输入"=IF(M3>N3,"机器对产量有显著性影响","机器对产量无显著性影响")"，结果如图 4.14 所示。

	H	I	J	K	L	M	N
1			方差	自由度	均方差	F值	F_α
2		行方差	114.6667	3	38.22222	6.984772	9.779538
3		列方差	318.5	2	159.25	29.10152	10.92477
4		随机误差	32.83	6	5.472222		
5		总方差	466.00	11			
6							
7		对于H_{01}	工人对产量无显著性影响				
8		对于H_{02}	机器对产量有显著性影响				

图 4.14　检验结果

从图 4.14 可以看出，在显著性水平为 0.01 的条件下，工人对产量的影响不显著，机器对产量的影响显著。

2. 应用方差分析工具进行无重复作用双因素方差分析

除了采用上述应用函数计算统计量值进行单因素方差分析外，Excel 2007 还直接给出了"方差分析：无重复双因素分析"宏来直接实现无重复双因素的方差分析，此功能可以直接给出 F 统计量的值和 p 值。

下面使用 Excel 2007 方差分析工具对例 4.2 进行无重复双因素分析，具体操作步骤如下：

Step 01：打开"工人、机器对产量影响.xlsx"，单击【数据】/【数据分析】命令，弹出【数据分析】对话框，单击【方差分析：无重复双因素分析】选项，如图 4.15 所示。再单击【确定】按钮，弹出【方差分析：无重复双因素分析】对话框。

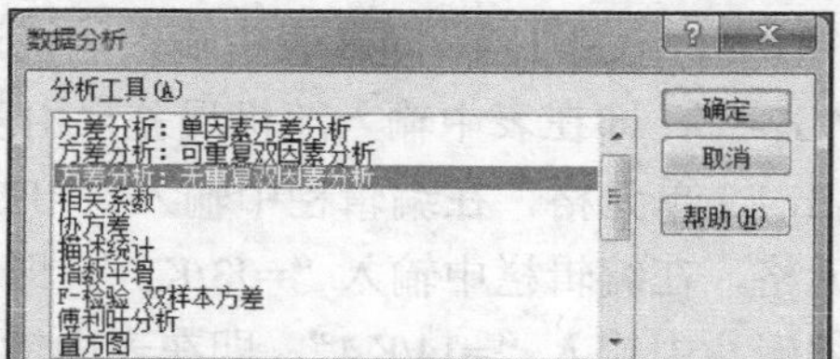

图 4.15　数据分析对话框

Step 02：在弹出的【方差分析：无重复双因素分析】对话框的【输入】栏中，单击【输入区域】后的折叠按钮，选择 B2:D5 单元格区域；单击选中【标志】复选框；在【α】文本框中输入置信水平"0.01"；在【输出选项】栏中，单击【输出区域】按钮，并单击其后的折叠按钮，选择 A8 单元格，如图 4.16 所示。再单击【确定】按钮，得到的结果如图 4.17 所示。

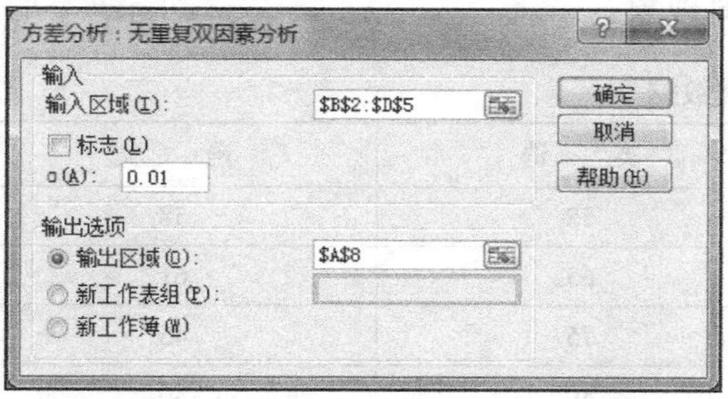

图 4.16　方差分析：无重复双因素分析对话框

	A	B	C	D	E	F	G
1		A	B	C			
2	甲	50.00	63.00	52.00			
3	乙	47.00	54.00	42.00			
4	丙	47.00	57.00	41.00			
5	丁	53.00	58.00	48.00			
6							
7							
8	方差分析：无重复双因素分析						
9							
10	SUMMARY	观测数	求和	平均	方差		
11	行 1	3	165	55	49		
12	行 2	3	143	47.66667	36.33333		
13	行 3	3	145	48.33333	65.33333		
14	行 4	3	159	53	25		
15							
16	列 1	4	197	49.25	8.25		
17	列 2	4	232	58	14		
18	列 3	4	183	45.75	26.91667		
19							
20							
21	方差分析						
22	差异源	SS	df	MS	F	P-value	F crit
23	行	114.6667	3	38.22222	6.984772	0.022015	9.779538
24	列	318.5	2	159.25	29.10152	0.000816	10.92477
25	误差	32.83333	6	5.472222			
26							
27	总计	466	11				

图 4.17　方差分析结果

图 4.17 中给出了“SUMMARY”和“方差分析”两部分。其中“SUMMARY”给出样本的一些信息，而“方差分析”部分则以方差分析表的形式给出了方差分析的结果，如 F 统计量的值、p 值和 F_α 的值。

Step 03：给出检验结果。单击 A29 单元格，在编辑栏中输入“=IF(F23<0.01,"工人对产量有显著性影响","工人对产量无显著性影响")”；单击 A30 单元格，在编辑栏中输入“=IF(F24<0.01,"机器对产量有显著性影响","机器对产量无显著性影响")”最后结果如图 4.18 所示。

8	方差分析：无重复双因素分析						
9							
10	SUMMARY	观测数	求和	平均	方差		
11	行 1	3	165	55	49		
12	行 2	3	143	47.66667	36.33333		
13	行 3	3	145	48.33333	65.33333		
14	行 4	3	159	53	25		
15							
16	列 1	4	197	49.25	8.25		
17	列 2	4	232	58	14		
18	列 3	4	183	45.75	26.91667		
19							
20							
21	方差分析						
22	差异源	SS	df	MS	F	P-value	F crit
23	行	114.6667	3	38.22222	6.984772	0.022015	9.779538
24	列	318.5	2	159.25	29.10152	0.000816	10.92477
25	误差	32.83333	6	5.472222			
26							
27	总计	466	11				
28							
29	工人对产量无显著性影响						
30	机器对产量有显著性影响						

图 4.18　检验结果

从图 4.18 可以看出，在显著性水平为 0.01 的条件下，工人对产量的影响不显著，机器对产量的影响显著。

4.3.3　有重复双因素方差分析实例

Excel 2007 给出了数学分析工具来实现单因素方差分析，下面将介绍在 Excel 2007 中实现单因素方差分析的具体方法。

例 4.3 学生考试成绩的差异分析

某教师为了分析 3 名学生的学习情况，将学生 3 次考试的 3 门学科记录如表 4.6 所示，试在显著性水平为 0.05 的条件下分析 3 名学生学习成绩是否有差异，不同学科成绩是否有差异，学生和学科是否有交互作用，即学生有无偏科现象。

表 4.6　　　　学生考试成绩数据

	数　学	英　语	语　文
甲	65	58	58
	48	63	61
	55	75	45
乙	75	80	80
	80	75	78
	83	88	79
丙	58	70	49
	50	79	52
	60	74	61

新建工作表“学生考试成绩.xlsx”，输入表 4.6 中的数据，如图 4.19 所示。

	A	B	C	D
1		数学	英语	语文
2		65	58	58
3	甲	48	63	61
4		55	75	45
5		75	80	80
6	乙	80	75	78
7		83	88	79
8		58	70	49
9	丙	50	79	52
10		60	74	61

图 4.19　学生考试成绩

下面使用 Excel 2007 方差分析工具对例 4.3 进行可重复双因素分析，具体操作步骤如下。

Step 01：打开“学生考试成绩.xlsx”，单击【数据】/【数据分析】命令，弹出【数据分析】对话框，单击【方差分析：可重复双因素分析】选项，如图 4.20 所示。再单击【确定】按钮，弹出【方差分析：可重复双因素分析】对话框。

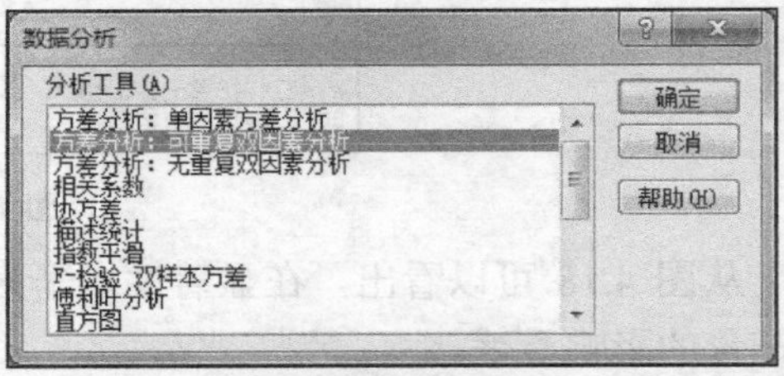

图 4.20　数据分析对话框

Step 02：在弹出的【方差分析：可重复双因素分析】对话框的【输入】栏中，单击【输入区域】后的折叠按钮，选择 A1:D10 单元格区域；在【每一样本的行数】文本框中输入“3”；在【α】文本框中输入置信水平“0.05”；在【输出选项】栏中，单击【输出区域】按钮，并单击其后的折叠按钮，选择 A13 单元格，如图 4.21 所示，再单击【确定】按钮。

得到的可重复双因素方差分析结果分为两部分。其中第一部分“SUMMARY”给出了不同的行和列的观测数、和、均值以及方差，如图 4.22 所示。

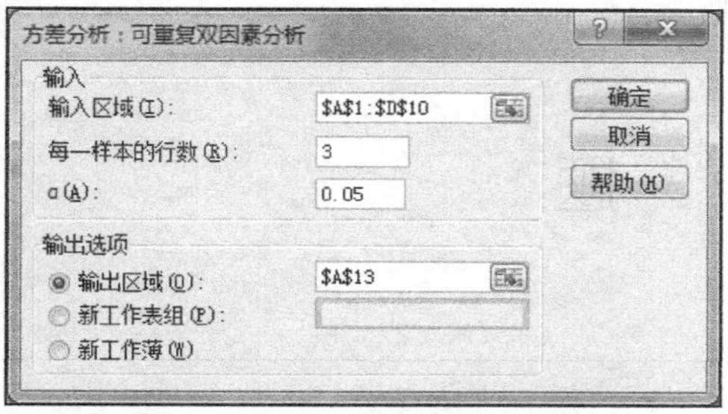

图 4.21　方差分析：可重复双因素分析对话框

	A	B	C	D	E
13	方差分析：可重复双因素分析				
14					
15	SUMMARY	数学	英语	语文	总计
16	甲				
17	观测数	3	3	3	9
18	求和	168	196	164	528
19	平均	56	65.33333	54.66667	58.66667
20	方差	73	76.33333	72.33333	80.75
21					
22	乙				
23	观测数	3	3	3	9
24	求和	238	243	237	718
25	平均	79.33333	81	79	79.77778
26	方差	16.33333	43	1	15.94444
27					
28	丙				
29	观测数	3	3	3	9
30	求和	168	223	162	553
31	平均	56	74.33333	54	61.44444
32	方差	28	20.33333	39	116.0278
33					
34	总计				
35	观测数	9	9	9	
36	求和	574	662	563	
37	平均	63.77778	73.55556	62.55556	
38	方差	165.4444	81.27778	180.2778	

图 4.22　SUMMARY 部分

可重复双因素方差分析结果的第二部分为“方差分析”，以方差分析表的形式给出了方差分析的结果，如 F 统计量的值、p 值和 F_α 的值，如图 4.23 所示。

	A	B	C	D	E	F	G
40							
41	方差分析						
42	差异源	SS	df	MS	F	P-value	F crit
43	样本	2368.519	2	1184.259	28.8583	2.43E-06	3.554557
44	列	654.2963	2	327.1481	7.972022	0.003316	3.554557
45	交互	308.8148	4	77.2037	1.881318	0.157547	2.927744
46	内部	738.6667	18	41.03704			
47							
48	总计	4070.296	26				
49							

图 4.23　方差分析部分

Step 03：给出检验结果。单击 A50 单元格，在编辑栏中输入“=IF(F43<0.05,"不同学生成绩有差异","不同学生成绩无差异")”；单击 A51 单元格，在编辑栏中输入“=IF(F44<0.05,"不同学科之间有差异","不同学科之间无差异")”；单击 A52 单元格，在编辑栏中输入“=IF(F45<0.05,"学生有偏科现象","学生无偏科现象")”最后结果如图 4.24 所示。

	A	B	C	D	E	F	G
40							
41	方差分析						
42	差异源	SS	df	MS	F	P-value	F crit
43	样本	2368.519	2	1184.259	28.8583	2.43E-06	3.554557
44	列	654.2963	2	327.1481	7.972022	0.003316	3.554557
45	交互	308.8148	4	77.2037	1.881318	0.157547	2.927744
46	内部	738.6667	18	41.03704			
47							
48	总计	4070.296	26				
49							
50	不同学生成绩有差异						
51	不同学科之间有差异						
52	学生无偏科现象						

图 4.24　检验结果

从图 4.24 可以看出，在显著性水平为 0.05 的条件下，不同学生成绩有差异，不同学科之间成绩有差异，学生无偏科现象。

4.4 小　结

本章主要介绍了如何利用 Excel 2007 进行方差分析，首先介绍了单因素分析、无重复作用的双因素分析和有重复作用的双因素分析的基本原理，然后分别介绍了如何在 Excel 2007 中应用统计函数和方差分析工具进行相应的分析。

4.5 习　题

1. 填空题

（1）单因素方差分析是用来研究一个控制变量的不同水平是否对观测变量产生了________。这里，由于仅研究单个因素对观测变量的影响，因此称为________。它是两个样本平均数比较的引伸，是用来检验多个平均数之间的差异，从而确定因素对试验结果有无显著性影响的一种统计方法。

（2）根据双因素方差分析中的两个因素是否________，还可以将其分为无重复作用双因素分析和有重复双因素分析。

（3）在实际应用中，一个试验结果（试验指标）往往受多个因素的影响。不仅这些因素会影响________，而且这些因素的也会影响试验结果。如果将单因素方差分析的思想推广，同时研究两种因素对实验结果的影响，就是双因素方差分析。

2. 操作题

（1）为探讨糖尿病对青春发育期血清生化成分的影响，研究者对雄性 Wistar 大鼠诱导糖尿病模型后，分三组观察血清总酸性磷酸酶（TACP ）含量并与正常大鼠作对比，获得数据如表 4.7 所示。试问不同处理间 TACP 含量是否相同。

表 4.7　　四组血清总酸性磷酸酶含量数据

对照组	及时治疗	延时治疗	不治疗
4.2	6.3	5.3	12.6
6.4	2.7	14.0	12.9
2.1	11.3	0.8	6.8
2.3	7.9	5.6	3.1
4.4	15.4	6.7	21.6
6.1	9.1	8.6	13.3
3.6	10.1	9.3	11.1

（2）某医院用中药、西药及中西医结合三种方法治疗某病，24 名病人随机分成三组，8 人一组。每人治愈日数如表 4.8 所示，比较三种方法有无区别。

表 4.8　　三种疗法治愈日数比较

结合治疗	中药治疗	西药治疗
1	2	3
3	3	4
3	4	5
2	6	3
4	7	6
3	7	7
1	5	3

（3）为了提高一种橡胶的定强，考虑三种不同的促进剂（因素 A）、四种不同分量的氧化锌（因素 B）对定强的影响，对配方的每种组合重复试验两次，总共 24 次得到数据如表 4.9 所示，试分析不同促进剂和不同分量氧化锌对橡胶的定强是否影响显著。

表 4.9　　不同配方的实验数据

促进剂 \ 氧化锌	1	2	3	4
1	31，33	34，36	35，36	39，38
2	33，34	36，37	37，39	38，40
3	35，37	37，38	38，40	42，43

第 5 章 回归分析

回归分析是统计学中最为实用的分析方法，是统计学的精华，在自然科学和社会科学的研究及商业统计分析中应用广泛。利用 Excel 2007 提供的各种回归函数及回归分析工具可以快速有效地实现各类型的回归分析，提高计算工作效率和预测精度，给人们的工作提供有效便利的帮助。

本章将详细介绍如何使用 Excel 2007 的散点图与趋势线、回归函数以及数学工具进行一元线性回归分析、多元线性回归分析和非线性回归分析。

5.1 回归分析简介

所谓回归分析法，是在掌握大量观察数据的基础上，利用数理统计方法建立因变量与自变量之间的回归关系函数表达式（称回归方程式）。

回归分析的作用是分析现象之间相关的具体形式，确定其因果关系，并用数学模型来表现其具体关系。比如，从相关分析中我们可以得知“质量”和“用户满意度”变量密切相关，但是这两个变量之间到底是哪个变量受哪个变量的影响，影响程度如何，则需要通过回归分析来确定。

一般来说，回归分析是通过规定因变量和自变量来确定变量之间的因果关系，建立回归模型，并根据实测数据来求解模型的各个参数，然后评价回归模型是否能够很好地拟合实测数据。如果能够很好地拟合，则可以根据自变量作进一步预测。

在 Excel 2007 中，可以将趋势线添加到非堆积型平面区域图、条形图、柱形图、折线图、股价图、气泡图和 XY 散点图的数据序列中，但不能添加到立体图形、堆积型图形、雷达图等选定数据序列中。如果更改了图形或重新选择数据序列，而使之不再支持相关的趋势线，则原有的趋势线将会遗失。

5.2 一元线性回归分析

一元线性回归分析研究具有线性关系的两个变量之间的关系，是最基本的回归分析。

5.2.1 一元回归分析简介

设随机变量 Y 与普通变量 x 间存在相关关系，且假设对于 x 的每一个取值有 $Y \sim N(a+bx, \sigma^2)$。其中 a、b 及 σ^2 都是不依赖于 x 的未知参数，记 $\varepsilon = Y-(a+bx)$，则对 Y 做这样的正态假设，

相当于假设

$$Y=a+bx+\varepsilon,\ \varepsilon \sim N(0,\ \sigma^2)$$

其中未知参数 a、b 及 σ^2 都不依赖于 x。上式称为一元线性回归模型，其中 b 称为回归系数。

根据最小二乘法可得到回归参数方程为 $\hat{y}_i = \hat{a} + bx_i$，其图像称为回归直线。

未知参数 a 和 b 的最小二乘估计如下：

$$\begin{cases} \hat{b} = \dfrac{\sum\limits_{i=1}^{n}(x_i - \overline{x})(y_i - \overline{y})}{\sum\limits_{i=1}^{n}(x_i - \overline{x})^2} \\ \hat{a} = \overline{y} - \hat{b}\overline{x} \end{cases}$$

其中 $\overline{x} = \dfrac{1}{n}\sum\limits_{i=1}^{n} x_i$，$\overline{y} = \sum\limits_{i=1}^{n} y_i$，$\hat{a}$ 和 $\hat{b}$ 为未知参数 a 和 b 的最小二乘估计值。

回归平方和占总平方和的百分比，即是回归线可帮助数据解释的部分，称为判定系数。判定系数公式为

$$\mathrm{R}^2 = \frac{\sum\limits_{i=1}^{n}(\hat{y} - \overline{y})^2}{\sum\limits_{i=1}^{n}(y - \overline{y})^2}$$

由于总平方和必须考虑残差，即总平方和=回归平方和+残差平方和，因此判定系数必须改为

$$\mathrm{R}^2 = 1 - \frac{\sum\limits_{i=1}^{n}(\hat{y} - \overline{y}_{\mathrm{i}})^2}{\sum\limits_{i=1}^{n}(y - \overline{y})^2}$$

5.2.2　一元回归分析实例

Excel 2007 给出了散点图及趋势线、回归函数和数学分析工具来实现一元回归分析，下面将介绍在 Excel 2007 中实现一元回归分析的具体方法。

例 5.1 家庭收支关系的回归分析

一个假想的社区由 100 户收入水平不同的家庭组成，研究该社区每月家庭消费支出 Y 与每月家庭可支配收入 X 的关系，即如果知道了家庭的月收入，能否预测该社区家庭的平均月消费支出水平。为达到此目的，将该 100 户家庭分为组内收入差不多的 10 组，以分析每一收入组的家庭消费支出，如表 5.1 所示。

表 5.1　　　　某社区每月家庭收入与消费支出调查统计表

家庭收入（元）	800	1000	1200	1400	1600	1800	2000	2200	2400
家庭支出（元）	630	760	890	1010	1130	1250	1370	1490	1610

新建工作表“家庭收支数据.xlsx”，输入表 5.1 中的收入与支出，如图 5.1 所示。

	A	B
1	收入	支出
2	800	630
3	1000	760
4	1200	890
5	1400	1010
6	1600	1130
7	1800	1250
8	2000	1370
9	2200	1490
10	2400	1610
11		

图 5.1　收入与支出数据

1. 应用散点图和趋势线进行回归分析

下面使用 Excel 2007 散点图和趋势线对例 5.1 进行回归分析，具体操作步骤如下。

Step 01：打开“家庭收支数据.xlsx”，单击菜单栏【插入】/【散点图】命令，在弹出的【散点图】对话框中单击【仅带数据标记的散点图】按钮，如图 5.2 所示。生成一个初始散点图。

Step 02：右键单击生成的初始散点图，单击【选择数据】按钮，弹出【选择数据源】对话框，如图 5.3 所示。

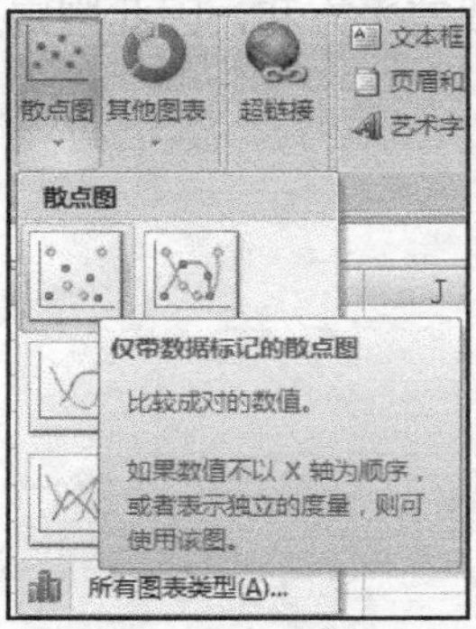

图 5.2　散点图对话框路径

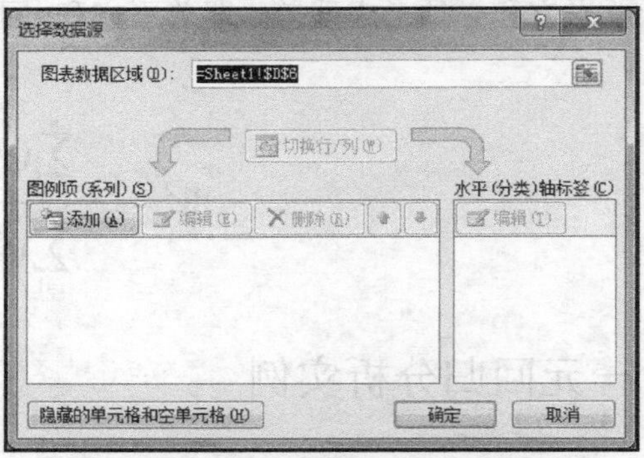

图 5.3　选择数据源对话框

Step 03：单击图 5.3 中所示的【添加】按钮，弹出【编辑数据系列】对话框，在【系列名称】中输入“收入与支出回归分析”，单击【x 轴系列值】后的折叠按钮，选择 A2:A10 单元格区域；单击【y 轴系列值】后的折叠按钮，选择 B2:B10 单元格区域，如图 5.4 所示。

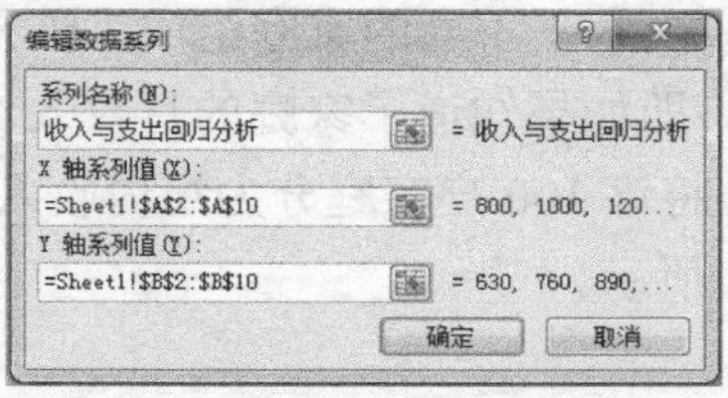

图 5.4　编辑数据系列对话框

Step 04：单击图中所示的【确定】按钮，回到【选择数据源】对话框，再单击【选择数据源】对话框中的【确定】按钮生成散点图，如图 5.5 所示。

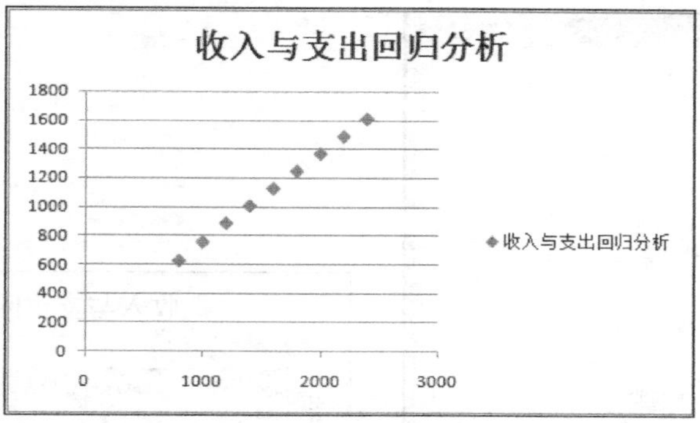

图 5.5　首次生成的散点图

Step 05：单击散点图，菜单栏将出现【设计】工具栏，再单击【设计】/【布局 1】命令（如图 5.6 所示），散点图将变为如图 5.7 所示。

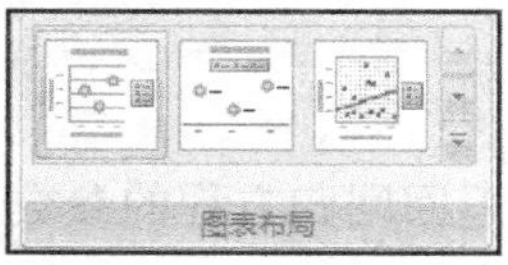

图 5.6　图表布局

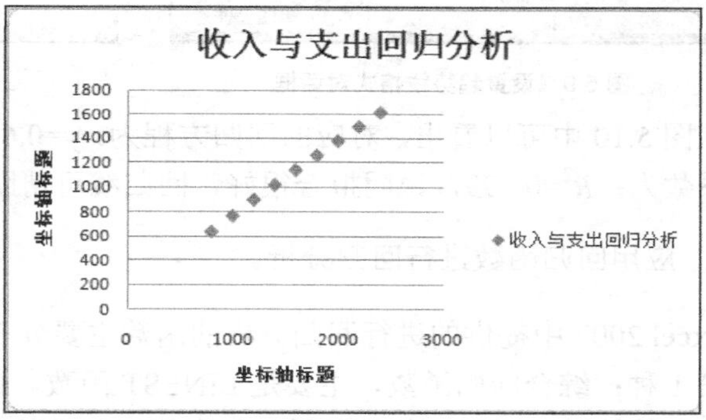

图 5.7　布局 1 散点图

Step 06：双击图中 X 方向的【坐标轴标题】，将文本信息改为“每月家庭收入”；双击图中 Y 方向的【坐标轴标题】，将文本信息改为“每月家庭支出”。散点图变为如图 5.8 所示。

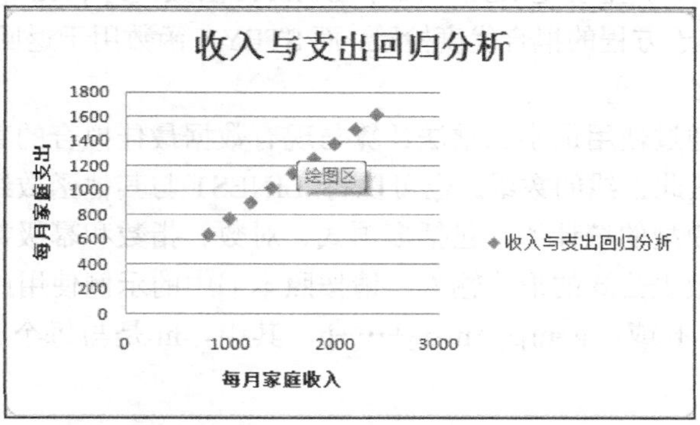

图 5.8　修改坐标轴后的散点图

【注意】类似生成散点图的步骤以后不再赘述。

Step 07：右键击散点图中的菱形散点，在弹出的快捷菜单中选择【添加趋势线】命令，弹出如图 5.9 所示的设置界面，在此设置关于趋势线的选项。在【趋势预测/回归分析类型】

栏选中【线性】，单击选中【显示公式】、【显示 R 平方值】复选框，单击【关闭】按钮返回散点图。此时在散点图中显示了公式和判定系数，如图 5.10 所示。

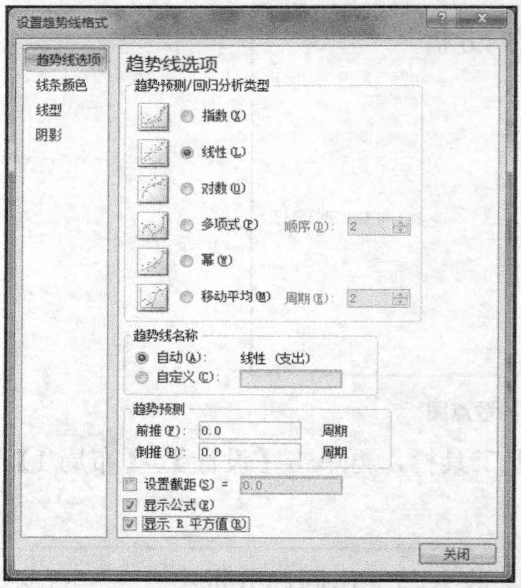

图 5.9 设置趋势线格式对话框

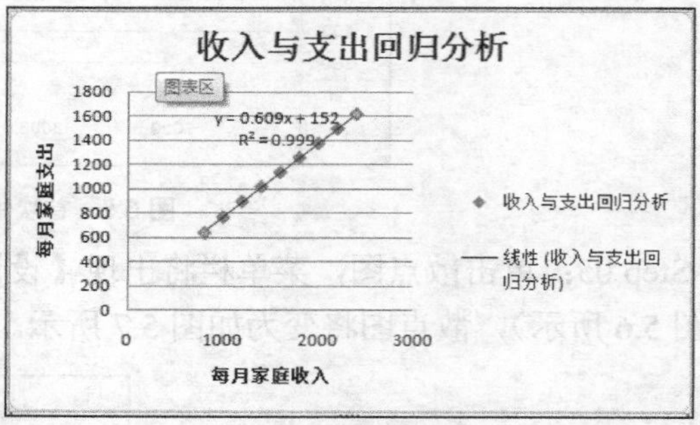

图 5.10 散点图及趋势线

从图 5.10 中可以看出，对应的回归方程为：y=0.609x+152。即"支出=0.609×收入+152"。判定系数为：R^2=0.999，说明拟合很好，回归线可帮助数据解释的部分占到了 99.9%。

2. 应用回归函数进行回归分析

Excel 2007 中提供的进行回归分析的函数主要分 3 种。

第 1 种：综合回归函数，主要是 LINEST 函数。此类函数可返回回归方程的参数，而且可根据参数的设置返回相关统计量的值和将回归常数项强制设置为零。

第 2 种：回归参数函数，主要是 SLOPE 函数和 INTERCEPT 函数，其中 SLOPE 函数用于返回回归直线的斜率，即自变量前的回归系数；INTERCEPT 函数用于返回线性回归的截距。

第 3 种：检验类函数，主要是 RSQ 函数和 STEYX 函数，其中 RSQ 函数用于返回 Pearson 相关系数的平方，以用于方程的拟合优度检验；而 STEYX 函数用于返回回归的总离差平方和。

● 综合回归函数

LINEST 函数可通过使用最小二乘法计算与现有数据最佳拟合的直线，来计算某直线的统计值，然后返回表达此直线的数组。也可以将 LINEST 与其他函数结合使用来计算未知参数中其他类型的线性模型的统计值，包括多项式、对数、指数和幂级数。因为此函数返回数值数组，所以必须以数组公式的形式输入。请按照本书中的示例使用此函数。

直线公式：y=mx+b 或：y=m_1x_1+m_2x_2+…+b，其中，m 是与每个 x 值相应的系数，b 为常量。

函数语法：LINEST(known_y's,[known_x's],[const],[stats])

LINEST 函数具有以下参数（参数是指为操作、事件、方法、属性、函数或过程提供信息的值）。

● known_y's（必需）。关系表达式 y=mx+b 中已知的 y 值集合。如果 known_y's 对应的

单元格区域在单独一列（行）中，则 known_x's 的每一列（行）被视为一个独立的变量。

- known_x's 可选。关系表达式 $y=mx+b$ 中已知的 x 值集合。known_x's 对应的单元格区域可以包含一组或多组变量。如果仅使用一个变量，那么只要 known_y's 和 known_x's 具有相同的维数，则它们可以是任何形状的区域。如果使用多个变量，则 known_y's 必须为向量（即必须为一行或一列）。如果省略 known_x's，则假设该数组为{1,2,3,...}，其大小与 known_y's 相同。
- const 可选。一个逻辑值，用于指定是否将常量 b 强制设为 0。如果 const 为 TRUE 或被省略，b 将按通常方式计算；如果 const 为 FALSE，b 将被设为 0，并同时调整 m 值使 $y=mx$。
- stats 可选。一个逻辑值，用于指定是否返回附加回归统计值。如果 stats 为 TRUE，则 LINEST 函数返回附加回归统计值，这时返回的数组为{mn,mn−1,⋯,m1,b;sen,sen−1,⋯,se1,seb;r2,sey;F,df;ssreg,ssresid}。如果 stats 为 FALSE 或被省略，LINEST 函数只返回系数 m 和常量 b。

对应返回的数组在 Excel 2007 中的结构如图 5.11 所示，在求解时应根据数组的位置确定选取适合的单元格区域，以执行数组运算命令。

	A	B	C	D	E	F
1	m_n	m_{n-1}	m_n	⋯	m_1	b
2	se_{mn}	se_{mn-1}	se_{mn-1}	⋯	se_{m1}	se_b
3	r^2	se_y				
4	F	df				
5	ssreg	ssresid				

图 5.11　数组元素结构

下面使用 Excel 2007 综合回归函数对例 5.1 进行回归分析，具体操作步骤如下。

打开文件“家庭收支数据.xlsx”，单击 D1 单元格，在编辑栏中输入“=LINEST(B2:B10,A2:A10,1,1)”。选中 D1:E5 单元格区域（对应需要输出 5×2 的数组），按 F2 键，同时按下 Ctrl+Shift+Enter 组合键执行数组运算，得到数组运算的结果如图 5.12 所示。

	A	B	C	D	E	F
1	收入	支出	m	0.609167	152	b
2	800	630	se_m	0.003436	5.776709	se_b
3	1000	760	r^2	0.999777	5.322906	se_y
4	1200	890	F	31433	7	df
5	1400	1010	ssreg	890601.7	198.3333	ssresid
6	1600	1130				
7	1800	1250				
8	2000	1370				
9	2200	1490				
10	2400	1610				

图 5.12　数组运算结果

从图 5.12 可以看出，对应回归方程为：$y=0.609167x+152$。判定系数为：$R^2=0.999$。说明拟合很好，回归线可帮助数据解释的部分占到了 99.9%。

【注意】在本章例 5.1 中仅有 X_1 数列，所以，LINEST 函数返回的为 5×2 的数组。

- 回归参数函数和检验类函数

如果不需要求出所有的参数和统计量值，可使用回归函数中的其他两类函数，返回特定项的值。下面通过举例说明如何应用 SLOPE 函数、INTERCEPT 函数和 RSQ 函数进行回归分析。

求自变量的回归系数 m 值。

函数语法：SLOPE(known_y's, known_x's)，SLOPE 函数具有以下参数。

- known_y's 为数字型因变量数据点数组或单元格区域。
- known_x's 为自变量数据点集合。当 known_x's 与 known_y's 为空或其数据点个数不同，函数 SLOPE 返回错误值#N/A。

求常数项 b 的值。

函数语法：INTERCEPT(known_y's,known_x's)，INTERCEPT 函数具有以下参数。

- known_y's 为数字型因变量数据点数组或单元格区域。
- known_x's 为自变量数据点集合。当 known_x's 与 known_y's 为空或其数据点个数不同，函数 SLOPE 返回错误值#N/A。

求判定系数 R^2 的值。

函数语法：RSQ(known_y's,known_x's)，RSQ 函数具有以下参数。

- known_y's 为数字型因变量数据点数组或单元格区域。
- known_x's 为自变量数据点集合。当 known_x's 与 known_y's 为空或其数据点个数不同，函数 SLOPE 返回错误值#N/A。

下面使用 Excel 2007 回归参数函数和检验类函数对例 5.1 中的数据进行回归分析，具体操作步骤如下。

Step 01：打开文件“家庭收支数据.xlsx”，单击 D8 单元格，在编辑栏中输入“=SLOPE (B2:B10,A2:A10)”。

Step 02：单击 D9 单元格，在编辑栏中输入“=INTERCEPT(B2:B10,A2:A10)”。

Step 03：单击 D10 单元格，在编辑栏中输入“=RSQ(B2:B10,A2:A10)”。最终结果如图 5.13 所示。

	A	B	C	D	E	F
1	收入	支出	m	0.609167	152	b
2	800	630	se_m	0.003436	5.776709	se_b
3	1000	760	r^2	0.999777	5.322906	se_y
4	1200	890	F	31433	7	df
5	1400	1010	ssreg	890601.7	198.3333	ssresid
6	1600	1130				
7	1800	1250				
8	2000	1370	m	0.609167		
9	2200	1490	b	152		
10	2400	1610	r^2	0.999777		

图 5.13　回归分析参数及判定系数

3. 利用 Excel 2007 的数学分析工具进行回归分析

回归分析工具使用“最小二乘法”进行线性拟合分析，得出的一条符合一组观测数据的直线，利用它可以分析一个因变量被自变量影响的方式。

下面使用 Excel 2007 回归分析工具对例 5.1 进行回归分析，具体操作步骤如下。

Step 01：打开“家庭收支数据”工作表，单击菜单栏【数据】/【数据分析】命令，在弹出【数据分析】对话框的【分析工具】栏中选择【回归】，单击【确定】按钮，如图 5.14 所示。

Step 02：在弹出的【回归】对话框中输入各项参数，单击【*Y* 值输入区域】后的折叠按钮，选择 B2:B10 单元格；单击【*X* 值输入区域】后的折叠按钮，选择 A2:A10 单元格；输出选项为【新工作表组】，以及选中【线性拟合图】复选框，如图 5.15 所示。

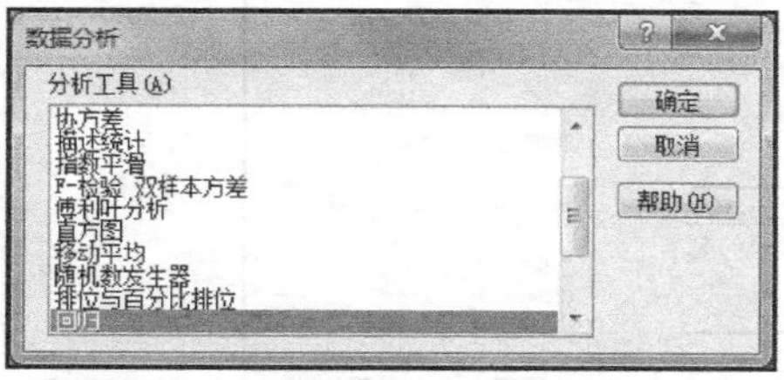

图 5.14　数据分析对话框

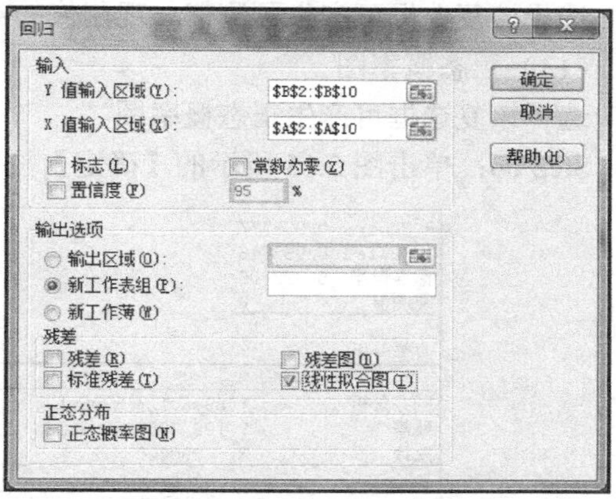

图 5.15　回归对话框

【回归】对话框中各个参数及其属性的含义如下述。

（1）*Y* 值输入区域

输入依因变量数据区域的引用。区域必须只含单独一列的数据。

（2）*X* 值输入区域

输入依自变量数据区域的引用。Excel 2007 会以递增的顺序排列这个区域内自变量的顺序。

（3）标志

如果输入区域的第一行或列内或区域里面包含了标志，就选取这个复选框；如果输入区域中没有标志，则清除这个复选框。Excel 2007 会为输出表格产生适当的数据标志。

（4）置信度

选取这个复选框，在其后的文本框中可以选择置信度等级。

（5）常数为零

选取这个复选框可以强制回归线通过原点。

（6）输出区域

在输出表格左上角输入引用。汇总输出表格中至少应保留 7 列，用来容纳方差分析表、系数、y 估计值的标准误差、R^2 值、观测点的个数，以及系数的标准误差。

（7）新工作表组

选择该单选按键可以在当前的工作簿中插入新的工作表组，并从新工作表的 A1 单元格开始粘贴结果。若要给新的工作表命名，请在其后面的文本框中输入名称。

（8）新工作簿

选择该单选按键可以建立新的工作簿，并将新工作表中的结果粘贴到新工作簿中。

（9）残差

选择该复选框可在残差输出表格中包含残差。

（10）标准残差

选择该复选框可在残差输出表格中包含标准残差。

（11）残差图

选取这个复选框可产生每个独立变量与残差的对比图。

（12）线性拟合图

选择该复选框可产生预测值与观测值的对比图。

（13）正态概率图

选择该复选框可产生正态概率图。

Step 03：单击图 5.15 所示的【确定】按钮，即可得到回归分析结果，如图 5.16 所示。

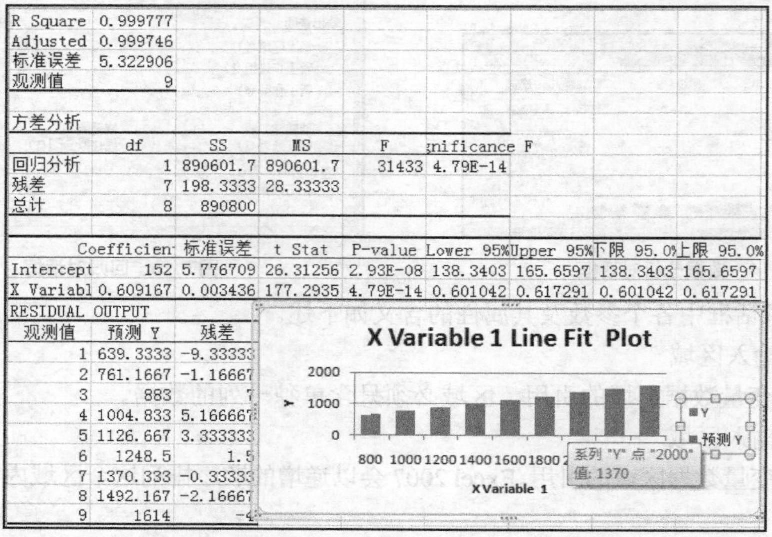

R Square	0.999777							
Adjusted	0.999746							
标准误差	5.322906							
观测值	9							
方差分析								
	df	SS	MS	F	gnificance F			
回归分析	1	890601.7	890601.7	31433	4.79E-14			
残差	7	198.3333	28.33333					
总计	8	890800						
	Coefficien	标准误差	t Stat	P-value	Lower 95%	Upper 95%	下限 95.0%	上限 95.0%
Intercept	152	5.776709	26.31256	2.93E-08	138.3403	165.6597	138.3403	165.6597
X Variabl	0.609167	0.003436	177.2935	4.79E-14	0.601042	0.617291	0.601042	0.617291
RESIDUAL OUTPUT								
观测值	预测 Y	残差						
1	639.3333	-9.33333						
2	761.1667	-1.16667						
3	883	7						
4	1004.833	5.166667						
5	1126.667	3.333333						
6	1248.5	1.5						
7	1370.333	-0.33333						
8	1492.167	-2.16667						
9	1614	-4						

图 5.16 回归分析输出结果

Step 04：由上面分析结果可知，a=152，b=0.609167，因此线性拟合为 y=152+0.609167x。在线性拟合图上可以添加趋势线，其结果如图 5.17 所示。

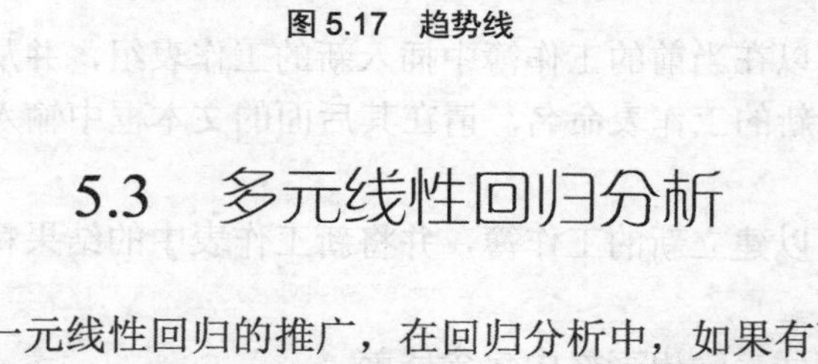

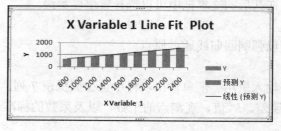

图 5.17 趋势线

5.3 多元线性回归分析

多元线性回归是对一元线性回归的推广，在回归分析中，如果有两个或两个以上的自变量，就称为多元回归。事实上，一种现象常常是与多个因素相联系的，由多个自变量的最优组合共同来预测或估计因变量，比只用一个自变量进行预测或估计更有效，更符合实际。因此，多元线性回归的实用意义比一元线性回归更大。

5.3.1　多元线性回归分析简介

设 y 对 x_1、x_2、…、x_m 的 m 元线性回归方程为

$$y=b_0+b_1x_1+b_2x_2+\cdots+b_mx_m+\varepsilon$$

其中的 b_0 为常数项 b_1、b_2、…、b_m 为 x_1、x_2、…、x_m 的最小二乘估计值，即回归系数，ε为随机误差项。

根据样本，可得到样本回归方程：

$$\hat{y}_{\mathrm{i}}=\hat{b}_0+\hat{b}_1x_{1\mathrm{i}}+\hat{b}_2x_{2\mathrm{i}}+\cdots+\hat{b}_mx_{m\mathrm{i}}+\varepsilon_{\mathrm{i}}\mathrm{i}=1,2,\cdots,n$$

写为矩阵形式为 $Y=X\mathrm{b}+\varepsilon$。

参数的最小二乘法估计：$\hat{\mathrm{b}}=(XX^T)^{-1}$，其中 $\hat{\mathrm{b}}=[\hat{\mathrm{b}}_0,\hat{\mathrm{b}}_1,\hat{\mathrm{b}}_2,+\cdots+\hat{\mathrm{b}}_m]^T$。

回归方程的显著性检验：

由一元回归扩展，可知：

$$\sum(Y_i-\bar{Y})^2=\sum(\hat{Y}_i-\bar{Y})^2+(Y_i-\hat{Y})^2$$

总离差平方和：

$$TSS=\sum(Y_i-\bar{Y})^2$$

回归平方和：

$$RSS=\sum(\hat{Y}_i-\bar{Y})^2$$

残差平方和：

$$ESS=\sum(Y_i-\hat{Y})^2$$

样本决定系数：

$$R^2=\frac{RSS}{TSS}=1-\frac{ESS}{TSS}$$

R^2 与样本容量有关，随着 n 增大，R 也会随之增大。所以对 R^2 变形可得到修正值：

$$\bar{R}^2=1-(1-R^2)\frac{n-1}{n-k}$$

其中 n 为观测次数，k 为自变量个数。当 n 为小样本，解释变量数很大时，$\bar{R}^2$ 为负，此时取 $\bar{R}^2$ 为 0。

回归方程的显著性检验用于检验决定系数 R^2 是否显著，对应的 F 统计量值为：

$$R=\frac{RSS/(n-1)}{ESS/(n-k)}$$

该统计量服从分子自由度为 $n-1$，分母自由度为 $n-k$ 的 F 分布，给定显著性水平下可以通过 F 检验方程总体是否显著。

回归系数的显著性检验：回归方程显著，并不能说明每个解释变量对因变量 Y 的影响都重要，因此需要进行检验，检验方法为 t 检验对应统计量为：

$$t_j = \hat{b}_i / S(\hat{b}_i)$$

其中 $j=1,2,\cdots,n$，在一定显著性水平下，通过 t 检验自变量 X_i 是否对 Y 有显著影响。

5.3.2 多元线性回归分析实例

Excel 2007 给出了回归分析工具和回归函数来实现多元回归分析，下面将介绍在 Excel 2007 中实现多元回归分析的具体方法。

例 5.2 收入与电视广告费、报纸广告费分析

某公司的管理者认为每周的收入是广告费用的函数，并想对每周的总收入做出估计。由 8 周的历史数据组成的样本如表 5.2 所示，试通过表中数据给出广告费用与收入的回归方程，并在 0.05 的显著性水平下对方程进行总体显著性和回归系数的显著性检验。

表 5.2　收入与电视广告费、报纸广告费关系表

每周的总收入/千元	电视广告费用/千元	报纸广告费用/千元
96	5.0	1.5
90	2.0	2.0
95	4.0	1.5
92	2.5	2.5
95	3.0	3.5
94	3.5	2.3
94	2.5	4.2
94	3.0	2.5

新建工作表“收入与广告费用数据.xlsx”，输入表 5.2 中的收入与支出，如图 5.18 所示。

	A	B	C	D
1	样本数	每周的总收入/千元	电视广告费用/千元	报纸广告费用/千元
2	1	96	5	1.5
3	2	90	2	2
4	3	95	4	1.5
5	4	92	2.5	2.5
6	5	95	3	3.5
7	6	94	3.5	2.3
8	7	94	2.5	4.2
9	8	94	3	2.5

图 5.18　收入与广告费用数据

1. 运用 LINEST 函数进行多元线性回归分析

回归函数 LINEST 不但可以进行一元线性回归分析，还能进行多元线性回归分析，使用数组运算方式，返回参数数组和附加回归统计量。关于 LINEST 函数的说明请参照一元线性回归分析部分。

下面使用 Excel 2007 中的 LINEST 函数对例 5.2 进行多元回归分析，具体操作步骤如下。

Step 01：打开“收入与广告费用数据.xlsx”，单击 F2 单元格，在编辑栏中输入：“=LINEST(B2:B9,C2:D9,1,1)”。选中 F2:H6 单元格区域（对应 5×3 数组），按 F2 键，同时按下 Ctrl+Shift+Enter 组合键执行数组运算，得到数组运算的结果如图 5.19 所示。

	A	B	C	D	E	F	G	H	I
1	样本数	每周的总收入/千元	电视广告费用/千元	报纸广告费用/千元					
2	1	96	5	1.5	m_i	1.274962	2.283844253	83.28284	b
3	2	90	2	2	se_i	0.288418	0.281907565	1.442066	se_b
4	3	95	4	1.5	r^2	0.929211	0.600852041	#N/A	se_y
5	4	92	2.5	2.5	F	32.81629	5	#N/A	df
6	5	95	3	3.5	ssreg	23.69488	1.805115875	#N/A	ssresid
7	6	94	3.5	2.3					
8	7	94	2.5	4.2					
9	8	94	3	2.5					

图 5.19 数组运算结果

Step 02：对方程的显著性检验，求临界值 $F_\alpha=(n-1,n-k)$（F 分布）。单击 F8 单元格，在编辑栏中输入“=FINV(0.05,8−1,8−2)”，其中，α=0.05 为显著性水平，n=8 为样本数，k=2 为自变量数；单击 G8 单元格，在编辑栏中输入“=IF(F5>F8,"显著","不显著")”。检验结果如图 5.20 所示。

	A	B	C	D	E	F	G	H	I
1	样本数	每周的总收入/千元	电视广告费用/千元	报纸广告费用/千元					
2	1	96	5	1.5	m_i	1.274962	2.283844253	83.28284	b
3	2	90	2	2	se_i	0.288418	0.281907565	1.442066	se_b
4	3	95	4	1.5	r^2	0.929211	0.600852041	#N/A	se_y
5	4	92	2.5	2.5	F	32.81629	5	#N/A	df
6	5	95	3	3.5	ssreg	23.69488	1.805115875	#N/A	ssresid
7	6	94	3.5	2.3	方程总体显著性检验				
8	7	94	2.5	4.2	F_a	4.206658	显著		
9	8	94	3	2.5					

图 5.20 方程总体显著性

Step 03：对回归系数进行显著性检验，分别需求出常数项 b 的 t 值，单击 F11 单元格，在编辑栏中输入“=H2/H3”；自变量 X_1 的系数 m_1 的 t 值，单击 F12 单元格，在编辑栏中输入“=G2/G3”；自变量 X_2 的系数 m_2 的 t 值，单击 F12 单元格，在编辑栏中输入：“=F2/F3”；再求出各 t 值相应的 p 值，单击 G11 单元格，在编辑栏中输入“=TDIST(F11,8−2,2)”。

再次单击 G11 单元格，将鼠标置于 G11 单元格右下角，当光标变为黑色十字后拖拽至 G13 单元格，求出所有 p 值。单击 H1 单元格，输入“=IF(G11<0.05,"显著","不显著")”。

再次单击 G11 单元格，将鼠标置于 G11 单元格右下角，当光标变为黑色十字后拖曳至 G13 单元格。得到结果如图 5.21 所示。

	A	B	C	D	E	F	G	H	I
1	样本数	每周的总收入/千元	电视广告费用/千元	报纸广告费用/千元					
2	1	96	5	1.5	m_i	1.274962	2.283844253	83.28284	b
3	2	90	2	2	se_i	0.288418	0.281907565	1.442066	se_b
4	3	95	4	1.5	r^2	0.929211	0.600852041	#N/A	se_y
5	4	92	2.5	2.5	F	32.81629	5	#N/A	df
6	5	95	3	3.5	ssreg	23.69488	1.805115875	#N/A	ssresid
7	6	94	3.5	2.3	方程总体显著性检验				
8	7	94	2.5	4.2	F_a	4.206658	显著		
9	8	94	3	2.5	回归系数显著性检验				
10						t值	p	检验结果	
11					常数b	57.75245	1.81064E-09	显著	
12					X1系数m1	8.101394	0.000189718	显著	
13					X2系数m2	4.420531	0.004468386	显著	

图 5.21 回归系数显著性

由图 5.21 可知，对应的回归方程为

$$Y=83.28+2.28X_1+1.27X_2$$

此方程总体拟合优度 0.95，且通过了 F 检验，因此回归方程总体显著；而从回归系数的检验来看，电视广告费用 X_1 对应的回归系数与报纸广告费 X_2 对应的回归系数均显著，说明电视广告和报纸广告对销售收入都有显著的影响。

2. 运用回归分析工具进行多元线性回归分析

Excel 2007 分析工具中的回归分析工具同样可以进行多元线性回归分析，且能给出详细的回归参数值及统计量，还可以给出残差和残差图等多种分析结果。关于回归分析的具体说明请参照一元线性回归分析部分。

下面使用回归分析工具对例 5.2 进行多元回归分析，具体操作步骤如下。

Step 01：打开“收入与广告费用数据.xlsx”，单击【数据】/【数据分析】命令，在弹出的【数据分析】对话框的【分析工具】栏中选择【回归】，单击【确定】按钮，如图 5.22 所示。

Step 02：在弹出的【回归】对话框中输入各项参数，单击【Y 值输入区域】后的折叠按钮，选择 B1:B9 单元格；单击【X 值输入区域】后的折叠按钮，选择 C1:D9 单元格；单击选中【标志】和【置信度】复选框，并在【置信度】后的文本框中输入“95”；输出选项为【新工作表组】；在【残差】选项组中，单击选中【残差】、【残差图】和【标准残差】复选框，如图 5.23 所示。

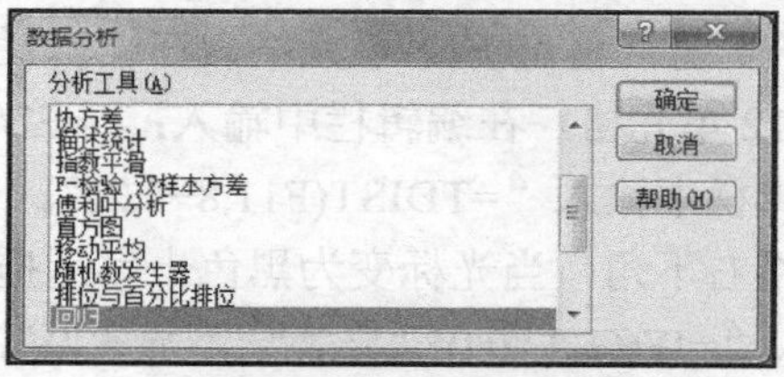

图 5.22　数据分析对话框

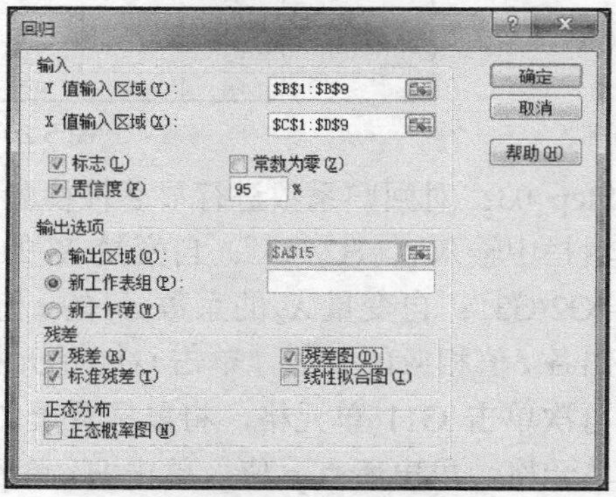

图 5.23　回归对话框

Step 03：单击【确定】按钮，对应回归分析中的回归汇总输出（SUMMARY OUTPUT）结果如图 5.24 所示。

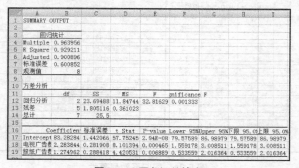

	A	B	C	D	E	F	G	H	I
1	SUMMARY OUTPUT								
2									
3	回归统计								
4	Multiple	0.963956							
5	R Square	0.929211							
6	Adjusted	0.900896							
7	标准误差	0.600852							
8	观测值	8							
9									
10	方差分析								
11		df	SS	MS	F	gnificance F			
12	回归分析	2	23.69488	11.84744	32.81629	0.001333			
13	残差	5	1.805116	0.361023					
14	总计	7	25.5						
15									
16		Coefficien	标准误差	t Stat	P-value	Lower 95%	Upper 95%	下限 95.0%	上限 95.0%
17	Intercept	83.28284	1.442066	57.75245	2.94E-08	79.57589	86.98979	79.57589	86.98979
18	电视广告费	2.283844	0.281908	8.101394	0.000465	1.559178	3.008511	1.559178	3.008511
19	报纸广告费	1.274962	0.288418	4.420531	0.006889	0.533559	2.016364	0.533559	2.016364

图 5.24　回归汇总输出

Step 04：对应回归分析中的残差输出（RESIDUAL OUTPUT）结果如图 5.25 所示。

23	RESIDUAL OUTPUT			
24				
25	观测值	周的总收人	残差	标准残差
26	1	96.61451	-0.61451	-1.2101
27	2	90.40045	-0.40045	-0.78859
28	3	94.33066	0.669338	1.318081
29	4	92.17986	-0.17986	-0.35418
30	5	94.59674	0.403259	0.79411
31	6	94.20871	-0.20871	-0.411
32	7	94.34729	-0.34729	-0.6839
33	8	93.32178	0.678221	1.335573
34				

图 5.25　残差输出

Step 05：对应回归分析结果中，电视广告费用与报纸广告费用的残差图如图 5.26 所示。

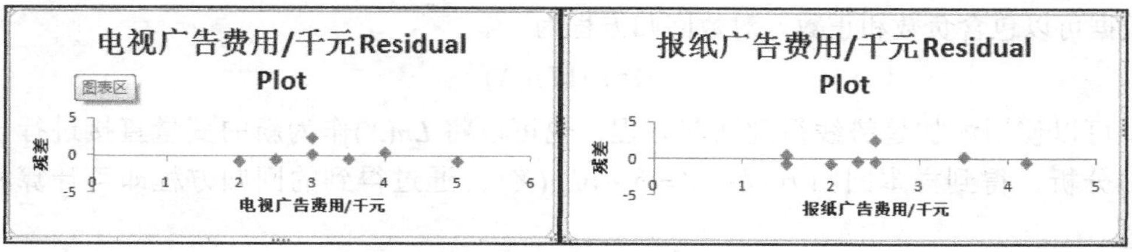

图 5.26　广告费用残差图

从图 5.24 中可以看出，对应回归方程为：$Y=83.28+2.28X_1+1.27X_2$。方程总体拟合优度为 0.900，且通过了 F 检验，因此回归方程总体显著；从回归系数的检验来看，两个自变量对应的回归系数的 p 值均小于 0.05，因此，两个自变量均对总收入有显著影响。

5.4　非线性回归分析

上述一元和多元线性回归分析问题中，因变量和自变量之间是线性关系，预测模型简单明了。但是在实际问题中，当变量之间不是线性相关关系时，不能用线性回归方程描述，需要进行非线性回归分析。以最小平方法分析非线性关系资料在数量变化上的规律，叫作非线性回归分析。从非线性角度来看，线性回归分析仅是其中的一种特例。

5.4.1　非线性回归分析原理

本节介绍 Excel 2007 中的几种非线性回归分析和预测模型：指数回归模型、对数回归模型、幂函数回归模型、多项式回归模型。

1. 指数回归模型

指数回归模型，应用于显示以越来越高的速率上升或下降的数据值。值得注意的是数据不应该包含零值或负数。指数回归方程为

$$Y=ae^{bX}$$

式中 a 和 b 是常量，e 是自然对数的底数。

对于指数回归模型，主要有两种分析方法。

（1）绘制数据散点图，然后添加趋势线拟合出指数回归曲线，并能得到拟合优度，这种方法简单快捷。

（2）将非线性回归问题转化为线性回归问题，对于指数曲线，通过两边取对数即可将其线性化为一元线性回归问题：

$$Ln(Y)=Ln(\mathrm{a})+\mathrm{b}X$$

运用一元线性回归得到回归参数 a 和 b。

2．对数回归模型

对数回归模型，应用于拟和曲线显示稳定前快速增加或减少的数据值。对于对数回归方程，数据可以包含负数和正数。对数回归方程为

$$Y=\mathrm{a}+\mathrm{b}Ln(X)$$

同样，可以使用添加趋势线得到回归方程，也可以将 $Ln(X)$作为新的变量直接进行一元线性回归分析，得到样本回归方程：$Y=\hat{\mathrm{a}}+\hat{\mathrm{b}}Ln(X)$。通过得到的回归方程即可计算相应的预测值。

3．幂函数回归模型

幂函数回归模型，应用于拟合以特定速率增加的测量值的数据值。对于幂趋势线，数据不应该包含零值或负数。幂函数回归方程为

$$Y=\mathrm{a}X^{\mathrm{b}}$$

幂函数回归可以通过添加趋势线得到回归方程，也可以两遍取对数化为一元线性回归问题，得到样本回归方程：$Ln(X)=Ln(\hat{\mathrm{a}})+\hat{\mathrm{b}}Ln(X)$，在获得回归方程的基础上即可得到相应点的预测值。

4．多项式回归模型

多项式回归模型，曲线显示变动数据值，数据可以包含零值或负数。一般二次多项式即可满足回归要求，当使用三次或更高次数能明显提高回归效果时才考虑使用。多项式回归方程为

$$Y=\mathrm{a}+\mathrm{b}_1X+\mathrm{b}_2X^2+\cdots+\mathrm{b}_nX^n$$

对于二次多项式回归分析问题，可以通过添加趋势线得到回归方程，也可以令 $X_2=X^2$ 将样本回归方程化为多元线性回归：$Y=\mathrm{a}+\mathrm{b}_1X+\mathrm{b}_2X_2$，通过多元线性回归分析可得到回归方程的参数。

5.4.2 非线性回归分析实例

Excel 2007 给出了散点图、趋势线和回归分析工具以及回归函数来实现非线性回归分析，下面将介绍在 Excel 2007 中实现非线性回归分析的具体方法。

例 5.3 商店销售额与流通率的非线性分析

某商店经理认为商店的销售额与流通率存在某种非线性关系，由 9 个月的历史数据组成的样本如表 5.3 所示。试通过表中数据给出销售额与流通率的非线性回归方程。

表 5.3　　销售额与流通率关系表

样　本	1	2	3	4	5	6	7	8	9
X—销售额（万元）	1.5	4.5	7.5	10.5	13.5	16.5	19.5	22.5	25.5
Y—流通率（%）	7	4.8	3.6	3.1	2.7	2.5	2.4	2.3	2.2

新建工作表“销售额与流通率数据.xlsx”，输入表 5.3 中所示的收入与支出，如图 5.27 所示。

	A	B	C
1	商店销售额与流通率的非线性回归分析		
2	样本点	销售额	流通率
3	1	1.5	7
4	2	4.5	4.8
5	3	7.5	3.6
6	4	10.5	3.1
7	5	13.5	2.7
8	6	16.5	2.5
9	7	19.5	2.4
10	8	22.5	2.3
11	9	25.5	2.2

图 5.27　销售额与流通率数据

1. 指数回归分析

下面使用 Excel 2007 散点图及趋势线中指数回归对例 5.3 进行分析，具体操作步骤如下。

Step 01：打开“销售额与流通率数据.xlsx”，按散点图生成步骤生成 *X* 方向【坐标轴标题】为“销售额”、*Y* 方向【坐标轴标题】为“流通率”，【系列名称】为“指数回归分析”的散点图，如图 5.28 所示。

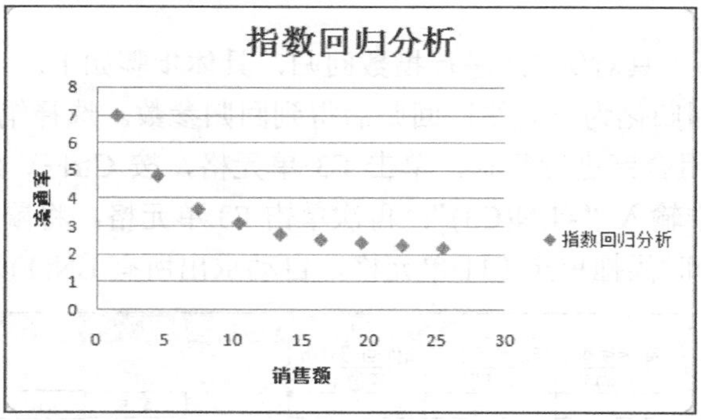

图 5.28　生成的散点图

Step 02：在图 5.28 所示的散点图中，右键单击散点图中的菱形散点，在弹出的快捷菜单中选择【添加趋势线】命令，弹出如图 5.29 所示的设置界面，在此设置关于趋势线的选项，在【趋势预测/回归分析类型】栏选中【指数】，单击选中【显示公式】、【显示 *R* 平方值】复选框，单击【关闭】按钮返回散点图。此时在散点图中显示了公式和判定系数，如图 5.30 所示。

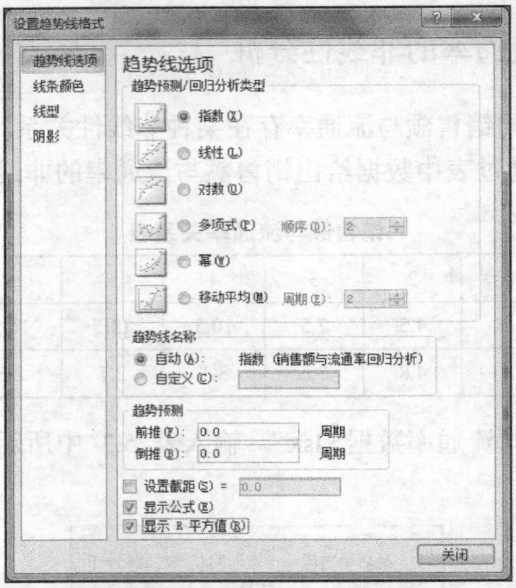

图 5.29　设置趋势线格式对话框

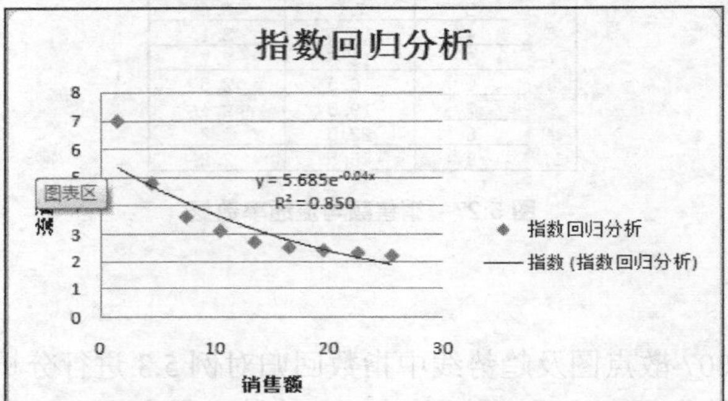

图 5.30　散点图及趋势线

从图 5.30 中可以看出，对应的回归方程为：$y=5.685e^{-0.04x}$，判定系数为：0.850，回归方程显著。

下面使用回归分析工具对例 5.3 进行指数回归，具体步骤如下。

Step 01：将指数回归化为一元线性回归后得到回归参数。选择销售额对应的 B3:B11 单元格区域，按 Ctrl+C 组合键进行复制，单击 E3 单元格，按 Ctrl+V 组合键进行粘贴。单击 F3 单元格，在编辑栏中输入“=LN(C3)”；再次单击 F3 单元格，将鼠标移动到单元格右下，当鼠标变为黑色十字的时候拖曳至 F11 单元格，自动求出所有 LN(*Y*)的值，如图 5.31 所示。

	A	B	C	D	E	F
1	商店销售额与流通率的非线性回归分析					
2	样本点	销售额	流通率			
3	1	1.5	7		1.5	=LN(C3)
4	2	4.5	4.8		4.5	1.568616
5	3	7.5	3.6		7.5	1.280934
6	4	10.5	3.1		10.5	1.131402
7	5	13.5	2.7		13.5	0.993252
8	6	16.5	2.5		16.5	0.916291
9	7	19.5	2.4		19.5	0.875469
10	8	22.5	2.3		22.5	0.832909
11	9	25.5	2.2		25.5	0.788457

图 5.31　LN(Y)的值

Step 02：运用 Excel 2007 的回归分析功能进行一元线性回归。单击【数据】/【数据分析】命令，在弹出的【数据分析】对话框的【分析工具】栏中选择【回归】，单击【确定】按钮，如图 5.32 所示。

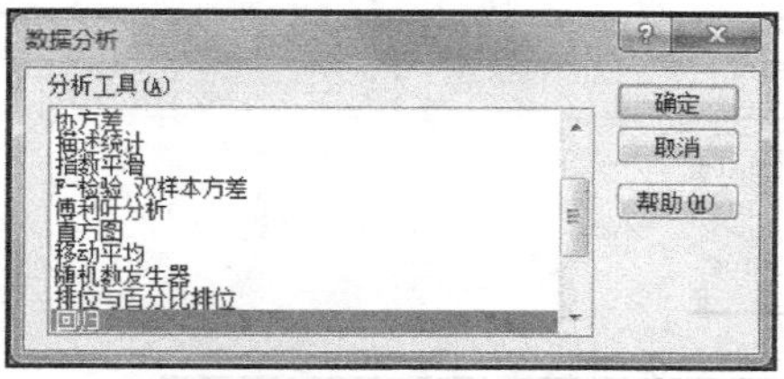

图 5.32　数据分析对话框

Step 03：在弹出的【回归】对话框中输入各项参数，单击【*Y* 值输入区域】后的折叠按钮，选择 F3:F11 单元格；单击【*X* 值输入区域】后的折叠按钮，选择 E3:E11；选择【标志】和【置信度】复选框，并在【置信度】复选框后的文本框中输入“95”；输出选项为【新工作表组】，如图 5.33 所示。

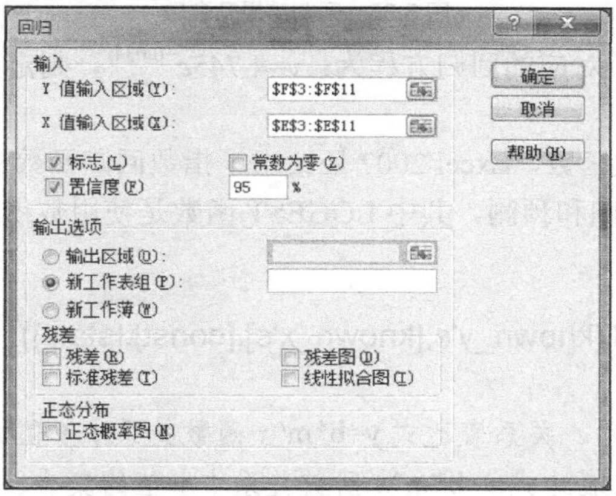

图 5.33　回归对话框

Step 04：单击图 5.33 中的【确定】按钮，对应回归分析结果中的回归汇总输出（SUMMARY OUTPUT），如图 5.34 所示。

	A	B	C	D	E	F	G	H	I
1	SUMMARY OUTPUT								
2									
3	回归统计								
4	Multiple	0.936204							
5	R Square	0.876479							
6	Adjusted	0.855892							
7	标准误差	0.101049							
8	观测值	8							
9									
10	方差分析								
11		df	SS	MS	F	gnificance F			
12	回归分析	1	0.434726	0.434726	42.57466	0.000618			
13	残差	6	0.061266	0.010211					
14	总计	7	0.495992						
15									
16		Coefficien	标准误差	t Stat	P-value	Lower 95%	Upper 95%	下限 95.0%	上限 95.0%
17	Intercept	1.557106	0.085757	18.15716	1.8E-06	1.347266	1.766947	1.347266	1.766947
18	1.5	-0.03391	0.005197	-6.52493	0.000618	-0.04663	-0.0212	-0.04663	-0.0212

图 5.34　回归汇总输出

Step 05：根据一元线性回归参数得到指数回归方程中的参数，其中 b=m，a=e^b。单击 B20 单元格，在编辑栏中输入“=B18”；单击 B21 单元格，在编辑栏中输入“=EXP(B17)”，如图 5.35 所示。

	A	B	C	D	E	F	G	H	I
1	SUMMARY OUTPUT								
2									
3	回归统计								
4	Multiple	0.936204							
5	R Square	0.876479							
6	Adjusted	0.855892							
7	标准误差	0.101049							
8	观测值	8							
9									
10	方差分析								
11		df	SS	MS	F	gnificance F			
12	回归分析	1	0.434726	0.434726	42.57466	0.000618			
13	残差	6	0.061266	0.010211					
14	总计	7	0.495992						
15									
16		Coefficien	标准误差	t Stat	P-value	Lower 95%	Upper 95%	下限 95.0%	上限 95.0%
17	Intercept	1.557106	0.085757	18.15716	1.8E-06	1.347266	1.766947	1.347266	1.766947
18	1.5	-0.03391	0.005197	-6.52493	0.000618	-0.04663	-0.0212	-0.04663	-0.0212
19									
20	b	-0.03391							
21	a	4.745071							

图 5.35 回归结果及参数

从图 5.35 可以看出，对应的回归方程为：$y=4.745e^{-0.034x}$，判定系数为：0.856，回归方程总体显著。

对 $y=ae^{bx}$ 形式的指数函数，Excel 2007 还给出了指数回归函数 LOGEST 和指数预测函数 GROWTH 来进行直接回归和预测。其中 LOGEST 函数是使用数组操作，最终以数组的形式输出。

函数语法：LOGEST(known_y's,[known_x's],[const],[stats])，LOGEST 函数具有以下参数。

- known_y's（必需）。关系表达式 y=b*m^x 函数关系中 y 值的集合。
- known_x's。关系表达式 y=b*m^x 函数关系中 y 值的集合。
- const 可选。一个逻辑值，用于指定是否将常量 b 强制设为 0。如果 const 为 TRUE 或被省略，b 将按通常方式计算；如果 const 为 FALSE，b 将被设为 0。
- stats 可选。一个逻辑值，用于指定是否返回附加回归统计值。

函数语法：GROWTH(known_y's,[known_x's],[new_x's],[stats])，GROWTH 函数具有以下参数。

- known_y's 是满足指数回归拟合曲线 y=b*m^x 的一组已知的 y 值。
- known_x's 是满足指数回归拟合曲线 y=b*m^x 的一组已知的 x 值的集合（可选参数）。
- new_x's 是一组新的 x 值，可通过 GROWTH 函数返回各自对应的 y 值。
- const 为一逻辑值，指明是否将系数 b 强制设为 1，如果 const 为 TRUE 或省略，b 将参与正常计算；如果 const 为 FALSE，b 将被设为 1，m 值将被调整使得 y=m^x。

下面使用指数回归函数对例 5.3 进行分析，具体操作步骤如下。

Step 01：打开“销售额与流通率数据.xlsx”，单击 B14 单元格，在编辑栏中输入“=LOGEST(C3:C11,B3:B11,1,1)”，选择 B14:C18 单元格区域（对应输出区域为 5×2），按 F2 键，同时按 Ctrl+Shift+Enter 组合键执行数组运算，得到数组运算的结果如图 5.36 所示。

	A	B	C	D
1	商店销售额与流通率的非线性回归分析			
2	样本点	销售额	流通率	
3	1	1.5	7	
4	2	4.5	4.8	
5	3	7.5	3.6	
6	4	10.5	3.1	
7	5	13.5	2.7	
8	6	16.5	2.5	
9	7	19.5	2.4	
10	8	22.5	2.3	
11	9	25.5	2.2	
12				
13				
14	m_i	0.95725718	5.685168323	b
15	se_{mi}	0.00693028	0.107865481	se_b
16	r^2	0.85020588	0.161045083	se_y
17	F	39.7308075	7	df
18	ssreg	1.03043911	0.181548632	ssresid

图 5.36　LOGEST 函数返回回归数组

Step 02：运用 GROWTH 函数进行预测。单击 B22 单元格，在编辑栏中输入“=GROWTH(C3:C11,B3:B11,B21,1)”，在 B21 单元格中输入“30”，预测结果如图 5.37 所示。

	A	B	C	D
13				
14	m_i	0.95725718	5.685168323	b
15	se_{mi}	0.00693028	0.107865481	se_b
16	r^2	0.85020588	0.161045083	se_y
17	F	39.7308075	7	df
18	ssreg	1.03043911	0.181548632	ssresid
19				
20	GROWTH函数预测			
21	X_f	30		
22	Y_f	1.53321251		

图 5.37　GROWTH 函数预测结果

从图 5.36 可以看出，对应的指数函数回归方程为：y=5.685×0.957^x，判定系数为 0.850，F 统计量为 39.7，总体方程显著。经过预测，在销售额为 30 的时候，流通率为 1.53。

2. 对数回归分析

下面使用 Excel 2007 散点图及添加趋势线对例 5.3 进行对数回归分析，具体操作步骤如下：

Step 01：打开“销售额与流通率数据.xlsx”工作表，按散点图生成步骤生成 X 方向【坐标轴标题】为“销售额”、Y 方向【坐标轴标题】为“流通率”，【系列名称】为“对数回归分析”的散点图，如图 5.38 所示。

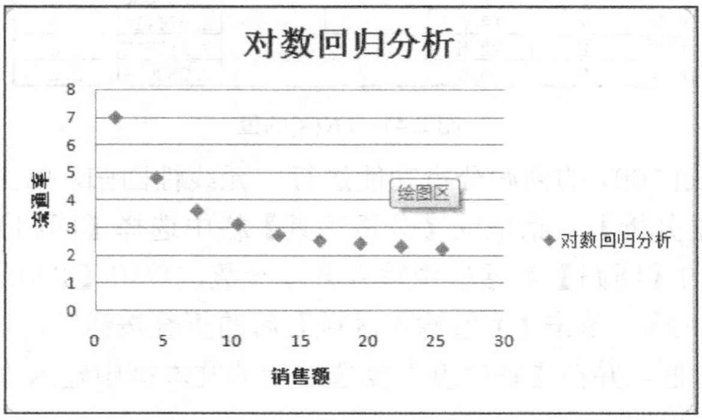

图 5.38　生成的散点图

Step 02：在图 5.38 中，右键单击散点图中的菱形散点，在弹出的快捷菜单中选择【添加趋势线】命令，弹出如图 5.39 所示的设置界面，在此设置关于趋势线的选项，在【趋势预测/回归分析类型】栏选中【对数】，单击选中【显示公式】、【显示 *R* 平方值】复选框，单击【关闭】按钮返回散点图。此时在散点图中显示了公式和判定系数，如图 5.40 所示。

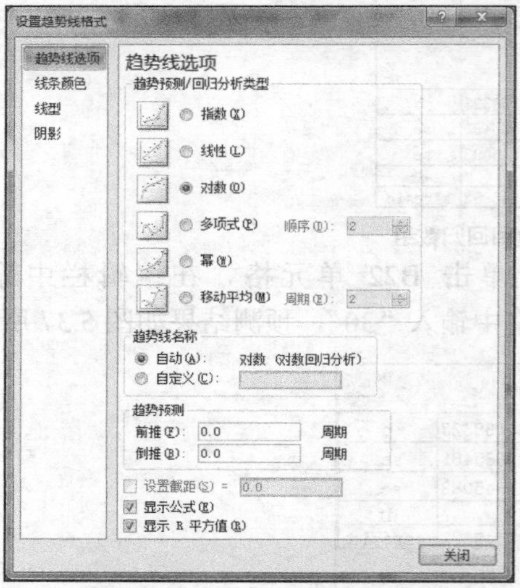

图 5.39 设置趋势线格式对话框

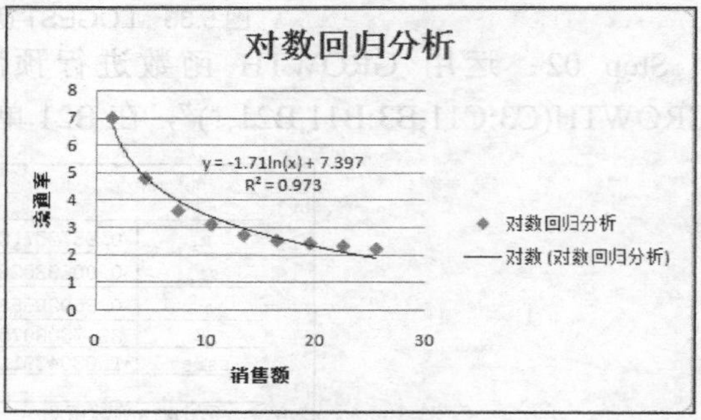

图 5.40 散点图及趋势线

下面使用回归分析工具对例 5.3 进行对数回归，具体步骤如下。

Step 01：将对数回归化为一元线性回归后得到回归参数。选择流通率对应的 C3:C11 单元格区域，按 Ctrl+C 组合键进行复制，单击 F3 单元格，按 Ctrl+V 组合键进行粘贴；单击 E3 单元格，在编辑栏中输入"=LN(B3)"，再次单击 E3 单元格，将鼠标移动到单元格右下角，当鼠标变为黑色十字的时候拖拽至 E11 单元格，自动求出所有 LN(*X*)的值，如图 5.41 所示。

	A	B	C	D	E	F
1	古销售额与流通率的非线性回归分					
2	样本点	销售额	流通率		LN(X)	Y
3	1	1.5	7		0.405465	7
4	2	4.5	4.8		1.504077	4.8
5	3	7.5	3.6		2.014903	3.6
6	4	10.5	3.1		2.351375	3.1
7	5	13.5	2.7		2.60269	2.7
8	6	16.5	2.5		2.80336	2.5
9	7	19.5	2.4		2.970414	2.4
10	8	22.5	2.3		3.113515	2.3
11	9	25.5	2.2		3.238678	2.2

图 5.41 LN(*X*)的值

Step 02：运用 Excel 2007 的回归分析功能进行一元线性回归。单击【数据】/【数据分析】命令，在弹出的【数据分析】对话框的【分析工具】栏中选择【回归】，单击【确定】按钮。

Step 03：在弹出的【回归】对话框中输入各项参数，单击【*Y* 值输入区域】后的折叠按钮，选择 F3:F11 单元格；单击【*X* 值输入区域】后的折叠按钮，选择 E3:E11；选择【标志】和【置信度】复选框，并在【置信度】复选框后的文本框中输入"95"；输出选项为【新工作表组】，如图 5.42 所示。

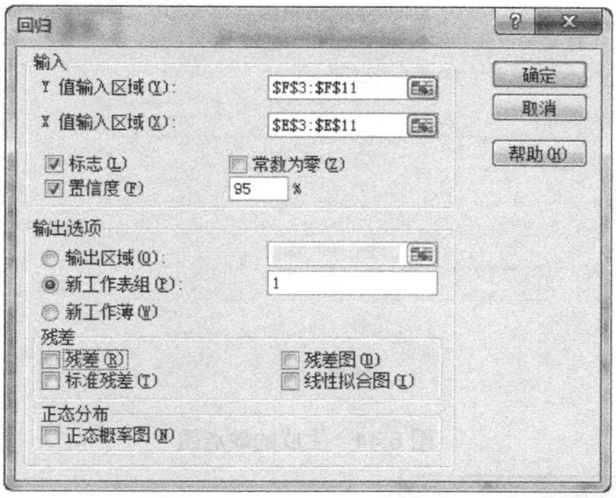

图 5.42　“回归”对话框

Step 04：单击图 5.42 中的【确定】按钮，对应回归分析结果中的回归汇总输出（SUMMARY OUTPUT），如图 5.43 所示。

	A	B	C	D	E	F	G	H	I
1	SUMMARY OUTPUT								
2									
3	回归统计								
4	Multiple	0.98656							
5	R Square	0.973301							
6	Adjusted	0.969486							
7	标准误差	0.276196							
8	观测值	9							
9									
10	方差分析								
11		df	SS	MS	F	gnificance F			
12	回归分析	1	19.46601	19.46601	255.1773	9.15E-07			
13	残差	7	0.53399	0.076284					
14	总计	8	20						
15									
16		Coefficien	标准误差	t Stat	P-value	Lower 95%	Upper 95%	下限 95.0%	上限 95.0%
17	Intercept	7.397868	0.266666	27.74208	2.03E-08	6.767303	8.028433	6.767303	8.028433
18	X Variabl	-1.71301	0.107235	-15.9743	9.15E-07	-1.96658	-1.45944	-1.96658	-1.45944
19									

图 5.43　回归汇总输出

从图 5.40 和图 5.43 中可以看出，对应的回归方程为 $y=-1.71\ln(x)+7.397$，判定系数为 0.973，回归方程总体显著。

3. 幂函数回归分析

下面使用 Excel 2007 散点图及添加趋势线，对例 5.3 的数据进行幂函数回归分析，具体操作步骤如下。

Step 01：打开“销售额与流通率数据.xlsx”工作表，按散点图生成步骤生成 X 方向【坐标轴标题】为“销售额”、Y 方向【坐标轴标题】为“流通率”,【系列名称】为“幂函数回归分析”的散点图，如图 5.44 所示。

Step 02：在图 5.44 中，右键单击散点图中的菱形散点，在弹出的快捷菜单中选择【添加趋势线】命令，弹出如图 5.45 所示的设置界面，在此设置关于趋势线的选项。在【趋势预测/回归分析类型】栏选中【幂】，单击选中【显示公式】、【显示 R 平方值】复选框，单击【关闭】按钮返回散点图。此时在散点图中显示了公式和判定系数，如图 5.46 所示。

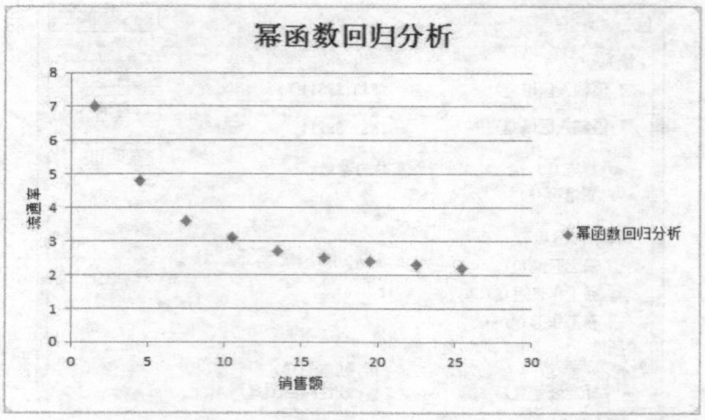

图 5.44　生成的散点图

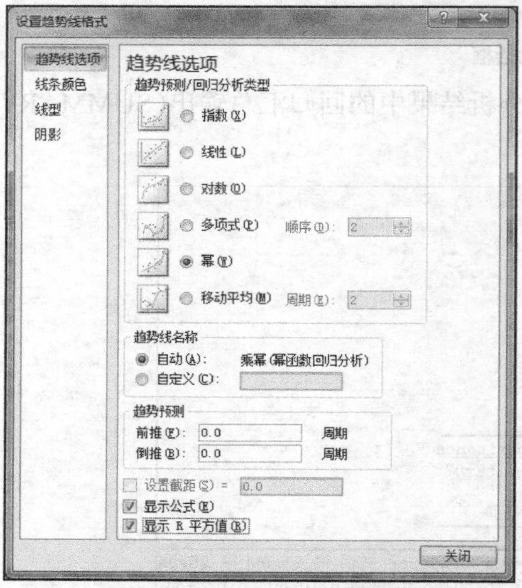

图 5.45　设置趋势线格式对话框

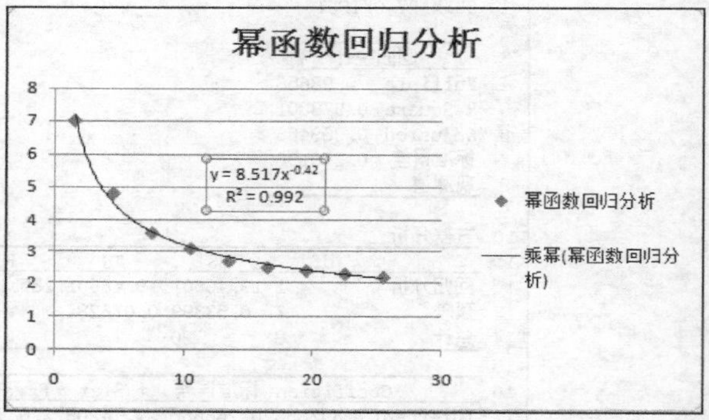

图 5.46　散点图及趋势线

从图 5.46 中可以看出，对应方程为 y=8.517$x^{-0.42}$，判定系数为 0.992，方程总体显著。

下面使用回归分析工具对例 5.3 的数据进行幂函数回归，具体步骤如下。

Step 01：将幂函数回归化为一元线性回归后得到回归参数。单击 F3 单元格，在编辑栏中输入“=LN(C3)”，再次单击 F3 单元格，将鼠标移动到单元格右下角，当鼠标变为黑色十字的时候拖拽至 F11 单元格，自动求出所有 LN(*Y*)的值；单击 E3 单元格，在编辑栏中输入“=LN(B3)”，再次单击 E3 单元格，将鼠标移动到单元格右下角，当鼠标变为黑色十字的时候拖曳至 E11 单元格，自动求出所有 LN(*X*)的值，如图 5.47 所示。

	A	B	C	D	E	F
1	店销售额与流通率的非线性回归分					
2	样本点	销售额	流通率		LN(X)	LN(Y)
3	1	1.5	7		0.405465	1.94591
4	2	4.5	4.8		1.504077	1.568616
5	3	7.5	3.6		2.014903	1.280934
6	4	10.5	3.1		2.351375	1.131402
7	5	13.5	2.7		2.60269	0.993252
8	6	16.5	2.5		2.80336	0.916291
9	7	19.5	2.4		2.970414	0.875469
10	8	22.5	2.3		3.113515	0.832909
11	9	25.5	2.2		3.238678	0.788457

图 5.47　LN(*X*)与 LN(*Y*)的值

Step 02：运用 Excel 2007 的回归分析功能进行一元线性回归。单击【数据】/【数据分析】命令，在弹出的【数据分析】的【分析工具】栏中选择【回归】，单击【确定】按钮。

Step 03：在弹出的【回归】对话框中输入各项参数，单击【*Y* 值输入区域】后的折叠按钮，选择 F3:F11 单元格；单击【*X* 值输入区域】后的折叠按钮，选择 E3:E11；选择【标志】和【置信度】复选框，并在【置信度】复选框后的文本框中输入“95”；输出选项为【新工作表组】，如图 5.48 所示。

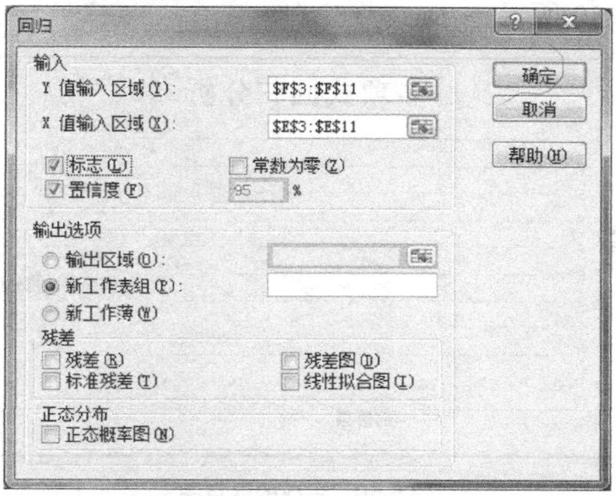

图 5.48　回归对话框

Step 04：单击图 5.48 中所示的【确定】按钮，对应回归分析结果中的回归汇总输出（SUMMARY OUTPUT），如图 5.49 所示。

	A	B	C	D	E	F	G	H	I
1	SUMMARY OUTPUT								
2									
3	回归统计								
4	Multiple	0.992858							
5	R Square	0.985767							
6	Adjusted	0.983395							
7	标准误差	0.034301							
8	观测值	8							
9									
10	方差分析								
11		df	SS	MS	F	gnificance F			
12	回归分析	1	0.488933	0.488933	415.5661	9.06E-07			
13	残差	6	0.007059	0.001177					
14	总计	7	0.495992						
15									
16		Coefficien	标准误差	t Stat	P-value	Lower 95%	Upper 95%	下限 95.0%	上限 95.0%
17	Intercept	2.198604	0.057711	38.09705	2.18E-08	2.057392	2.339817	2.057392	2.339817
18	0.405465	-0.4467	0.021913	-20.3854	9.06E-07	-0.50031	-0.39308	-0.50031	-0.39308
19									
20	b	-0.4467							
21	a	9.012426							

图 5.49　回归汇总输出

Step 05：根据线性回归方程求出幂函数回归方程的参数 a 和 b。单击图 5.49 中 B20 单元格，在编辑栏中输入“=B18”，得出对应 b 的值；单击图 5.49 中 B21 单元格，在编辑栏中输入“=EXP(B17)”，得出对应 a 的值。

从图 5.49 中可以看出，对应的回归方程为 $y=9.012x^{-0.45}$，判定系数为 0.986，方程总体显著。

4．多项式回归分析

下面使用 Excel 2007 散点图及添加趋势线，对例 5.3 的数据进行多项式回归分析，具体操作步骤如下。

Step 01：打开“销售额与流通率数据.xlsx”工作表，按散点图生成步骤生成 X 方向【坐标轴标题】为“销售额”、Y 方向【坐标轴标题】为“流通率”，【系列名称】为“多项式回归分析”的散点图，如图 5.50 所示。

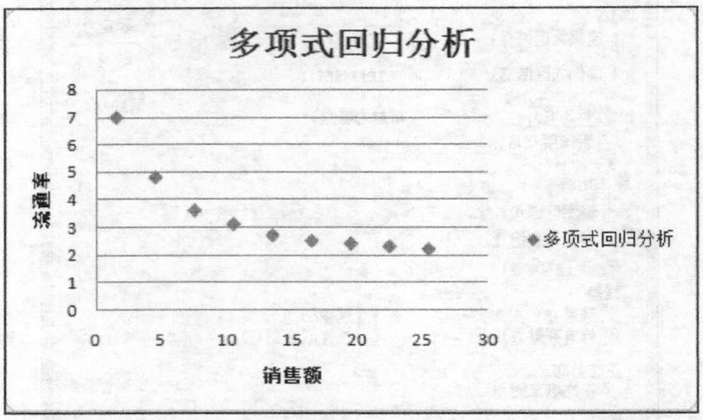

图 5.50　生成的散点图

Step 02：在图 5.50 中，右键单击散点图中的菱形散点，在弹出的快捷菜单中选择【添加趋势线】命令，弹出如图 5.51 所示的设置界面。在此设置关于趋势线的选项，在【趋势预测/回归分析类型】栏选中【多项式】，并在其后的【顺序】文本框中输入“2”，单击选中【显示公式】、【显示 R 平方值】复选框，单击【关闭】按钮返回散点图。此时在散点图中显示了公式和判定系数，如图 5.52 所示。

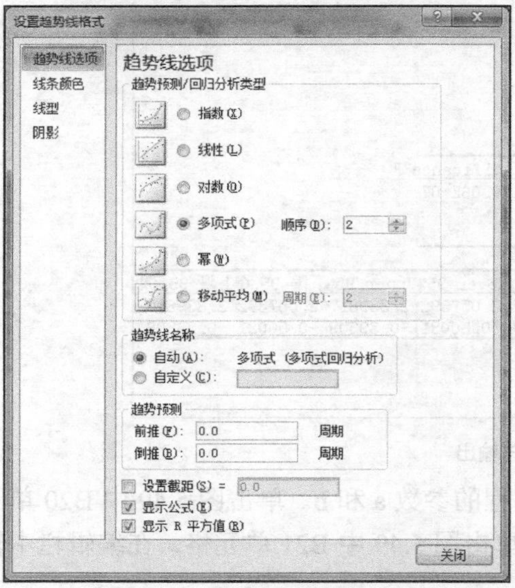

图 5.51　设置趋势线格式对话框

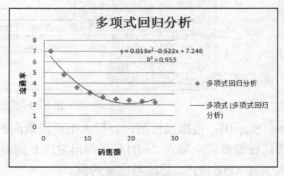

图 5.52　散点图及趋势线

从图 5.52 中可以看出，对应方程为 $y=0.013x^2-0.522x+7.246$，判定系数为 0.953，方程总体显著。

下面使用回归分析工具对例 5.3 进行多项式回归，具体步骤如下：

Step 01：三阶多项式回归。选择流通率对应的 C3:C11 单元格区域，按 Ctrl+C 组合键进行复制，单击 E3 单元格，按 Ctrl+V 组合键进行粘贴；选择流通率对应的 B3:B11 单元格区域，按 Ctrl+C 组合键进行复制，单击 F3 单元格，按 Ctrl+V 组合键进行粘贴；单击 G3 单元格，在编辑栏中输入“=F3^2”，再次单击 G3 单元格，将鼠标移动到单元格右下角，当鼠标变为黑色十字的时候拖拽至 G11 单元格，自动求出所有 X^2 的值，如图 5.53 所示。

Step 02：运用 Excel 2007 的回归分析功能进行一元线性回。单击【数据】/【数据分析】命令，在弹出的【数据分析】的【分析工具】栏中选择【回归】，单击【确定】。

Step 03：在弹出的【回归】对话框中输入各项参数，单击【Y 值输入区域】后的折叠按钮，选择 E3:E11 单元格；单击【X 值输入区域】后的折叠按钮，选择 F3:G11；选择【标志】和【置信度】复选框，并在【置信度】复选框后的文本框中输入“95”；输出选项为【新工作表组】，如图 5.54 所示。

	A	B	C	D	E	F	G
1	店销售额与流通率的非线性回归分						
2	样本点	销售额	流通率		Y	X	X2
3	1	1.5	7		7	1.5	2.25
4	2	4.5	4.8		4.8	4.5	20.25
5	3	7.5	3.6		3.6	7.5	56.25
6	4	10.5	3.1		3.1	10.5	110.25
7	5	13.5	2.7		2.7	13.5	182.25
8	6	16.5	2.5		2.5	16.5	272.25
9	7	19.5	2.4		2.4	19.5	380.25
10	8	22.5	2.3		2.3	22.5	506.25
11	9	25.5	2.2		2.2	25.5	650.25

图 5.53 X，X^2 及 Y 的值

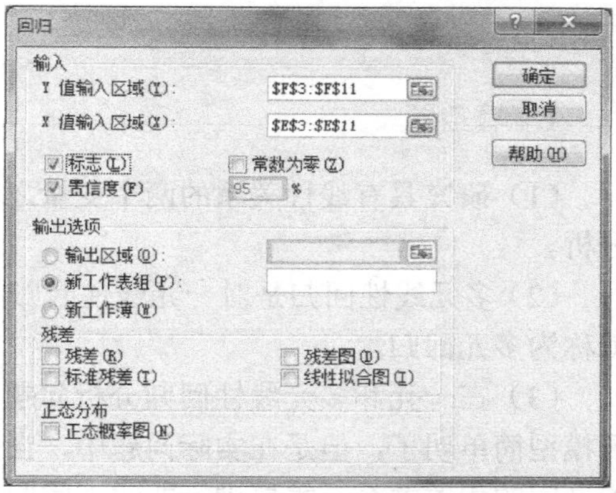

图 5.54 回归对话框

Step 04：单击图 5.54 中所示的【确定】按钮，对应回归分析结果中的回归汇总输出（SUMMARY OUTPUT），如图 5.55 所示。

	A	B	C	D	E	F	G	H	I
1	SUMMARY OUTPUT								
2									
3	回归统计								
4	Multiple	0.984616							
5	R Square	0.969469							
6	Adjusted	0.957257							
7	标准误差	0.181921							
8	观测值	8							
9									
10	方差分析								
11		df	SS	MS	F	gnificance F			
12	回归分析	2	5.254524	2.627262	79.38489	0.000163			
13	残差	5	0.165476	0.033095					
14	总计	7	5.42						
15									
16		Coefficien	标准误差	t Stat	P-value	Lower 95%	Upper 95%	下限 95.0%	上限 95.0%
17	Intercept	6.014881	0.317296	18.95666	7.53E-06	5.199245	6.830517	5.199245	6.830517
18	1.5	-0.35317	0.047712	-7.40229	0.000708	-0.47582	-0.23053	-0.47582	-0.23053
19	2.25	0.008201	0.00156	5.258771	0.003302	0.004192	0.01221	0.004192	0.01221
20									

图 5.55 回归汇总输出

从图 5.55 中可以看出，对应的回归方程为 $y=0.008x^2-0.353x+6.015$，判定系数为 0.969，

方程总体显著。

5.5 小 结

本章主要介绍了如何利用 Excel 2007 进行回归分析。本章首先介绍了线性回归、多元性回归和非线性回归的原理，再分别介绍了进行回归分析的三种方法：运用散点图和趋势线进行回归分析；运用回归函数进行回归分析；利用数学分析工具进行回归分析。并分别运用实例操作加以演示说明。

5.6 习 题

1. 填空题

（1）研究具有线性关系的两个变量之间关系的是_________，_________是最基本的回归分析。

（2）多元线性回归是对一元线性回归的推广，在回归分析中，如果有的自变量_________，就称为多元回归。

（3）在一元和多元线性回归分析问题中，因变量和自变量之间是线性关系，________预测模型简单明了，但是在实际问题中，当变量之间的相关关系，不能用线性回归方程描述他们之间的相关关系，需要进行非线性回归分析。

2. 操作题

（1）试求出某一化学反应过程中，温度 x（℃）对产品得率 Y（%）的影响，测得数据如表 5.4 所示。

表 5.4　温度与得率曲线

温度 x(℃)	100	110	120	130	140	150	160	170	180	190
得率 Y(%)	45	51	54	61	66	70	74	78	85	89

（2）根据某猪场 18 头育肥猪 4 个胴体性状的数据资料试进行瘦肉量 y 对眼肌面积（x_1）、腿肉量（x_2）、腰肉量（x_3）的多元线性回归分析。相关数据资料如表 5.5 所示。

表 5.5　某农场肥猪 4 个性状的数据资料

序号	瘦肉量 y(kg)	眼肌面积 x_1(cm^2)	腿肉量 x_2(kg)	腰肉量 x_3(kg)	序号	瘦肉量 y(kg)	眼肌面积 x_1(cm^2)	腿肉量 x_2(kg)	腰肉量 x_3(kg)
1	15.02	23.73	5.49	1.21	4	13.98	27.67	4.72	1.49
2	12.62	22.34	4.32	1.35	5	15.91	20.83	5.35	1.56
3	14.86	28.84	5.04	1.92	6	12.47	22.27	4.27	1.50

续表

序号	瘦肉量 y(kg)	眼肌面积 x_1(cm²)	腿肉量 x_2(kg)	腰肉量 x_3(kg)	序号	瘦肉量 y(kg)	眼肌面积 x_1(cm²)	腿肉量 x_2(kg)	腰肉量 x_3(kg)
7	15.80	27.57	5.25	1.85	13	13.81	24.53	4.88	1.39
8	14.32	28.01	4.62	1.51	14	15.58	27.65	5.02	1.66
9	13.76	24.79	4.42	1.46	15	15.85	27.29	5.55	1.70
10	15.94	23.52	5.18	1.98	16	15.28	29.07	5.26	1.82
11	14.33	21.86	4.86	1.59	17	16.40	32.47	5.18	1.75
12	15.11	28.95	5.18	1.37	18	15.02	29.65	5.08	1.70

（3）测定某肉鸡的生长过程，每两周记录一次鸡的重量，数据如表 5.6 所示，试用非线性回归分析得到最佳回归曲线方程。

表 5.6　　**肉鸡生长数据**

x/周	2	4	6	8	10	12	14
y/kg	0.3	0.86	1.73	2.2	2.47	2.67	2.8

（4）某种水泥在凝固时放出的热量 Y（cal/g）与水泥中 4 种化学成分有关，13 组观测输入如表 5.7 所示，试求线性回归方程。

表 5.7　　**水泥成分及热量数据**

编号	X_1（%）	X_2（%）	X_3（%）	X_4（%）	Y（cal/g）
1	7	26	6	60	78.5
2	1	29	15	52	74.3
3	11	56	8	20	104.3
4	11	31	8	47	87.6
5	7	52	6	33	95.9
6	11	55	9	22	109.2
7	3	71	17	6	102.7
8	1	31	22	44	72.5
9	2	54	18	22	93.1
10	21	47	4	26	115.9
11	1	40	23	34	83.8
12	11	66	9	12	113.3
13	10	68	8	12	109.4

第6章　相关分析

如果变量之间具有相随变动的关系，则称变量之间相关。相关关系是现象之间客观存在的，但关系值并不固定，即对于某一变量的每一个数值，另一变量存在若干个数值与之相对应。例如，身高1.70m的人可以有许多不同的体重。

我们通过散点图或借助若干分析指标可以进行相关分析，分析变量之间相互关联的紧密程度，揭示现象之间是否存在相关关系，确定相关关系的表现形式，以及现象变量间相关关系的密切程度和方向。

本章将主要介绍如何应用 Excel 2007 来分析统计变量的相关关系，重点讨论应用 Excel 来进行双变量相关分析、Spearman 秩相关分析、多重相关以及偏相关分析。

6.1　相关分析简介

事物或现象之间总是相互联系的，并且可以通过一定的数量关系反映出来。比如，教育需求量与居民收入水平之间，股票的价格和公司的利润之间，科研投入与科研产出之间等，都有着一定的依存关系。而这种依存关系一般可分为两种类型：一种是函数关系，另一种是相关关系。

函数关系是指事物或现象之间存在着严格的、确定的依存关系，对一个变量的每一个值，另一个变量都具有唯一确定的值与之相对应；如果所研究的事物或现象之间，存在着一定的数量关系，当一个或几个相互联系的变量取一定数值时，与其相对应的另一变量的值虽然不确定，但在一定的范围内按某种规律变化，这种变量之间的不稳定、不精确的变化关系称为相关关系。从某种角度说，函数关系是相关关系的特例。在现实世界中，各种事物或现象之间的联系大多体现为相关关系，而不是函数关系。

从不同的分类角度进行分析，相关关系可以有多种分类。

1. 根据相关程度的不同，相关关系可分为完全相关、不完全相关和不相关

如果一个变量的变化是由其他变量的数量变化所唯一确定，此时变量间的关系称为完全相关；如果变量间的关系介于不相关和完全相关之间，则称为不完全相关，大多数相关关系属于不完全相关，是统计研究的主要对象；如果变量间彼此的数量变化互相独立，则其关系为不相关。

2. 根据变量值变动方向的趋势，相关关系可分为正相关和负相关

正相关是指一个变量数值增加或减少时，另一个变量的数值也随之增加或减少，两个变量变化方向相同；负相关是指两个变量变化方向相反，即随着一个变量数值的增加，另一个

变量的数值反而减少，或随着一个变量数值的减少，另一个变量数值反而增加。

3. 根据自变量的多少划分，可分为单相关和复相关

两个因素之间的相关关系叫单相关，即研究时只涉及一个自变量和一个因变量；三个或三个以上因素的相关关系叫复相关，即研究时涉及两个或两个以上的自变量和因变量。

4. 根据变量间相互关系的表现形式划分为线性相关（也称直线相关）和非线性相关（也称曲线相关）

两个变量中的一个变量增加，另一个变量随之发生大致均等的增加或减少，近似地表现为一条直线，这种相关关系就称为直线相关。当两个变量中的一个变量变动时，另一个变量也相应地发生变动，但这种变动不是均等的，近似地表现为一条曲线，这种相关关系被称为曲线相关。

在统计学中，一般将分析两个或两个以上变量之间相关性质及其相关程度的过程称之为相关分析。相关分析主要是为了通过具体的数量描述，呈现统计变量之间相互关系的密切程度及变化规律，以利于统计预测和推断，为正确决策提供参考依据。

进行相关分析的主要方法有图示法和计算法。图示法是通过绘制相关散点图来进行相关分析；计算法则是根据不同类型的数据，选择不同的计算方法求出相关系数来进行相关分析。

6.2 双变量相关分析

双变量相关分析是分析两个变量间的相关关系，确定两个变量之间的相关性。

在进行相关分析时，散点图是重要的工具。分析前应先做散点图，以初步确定两个变量间是否存在相关趋势，该趋势是否为直线趋势，以及数据中是否存在异常点；否则可能出现错误结论。

通过相关函数法，也可确定出两个变量的相关系数，根据相关系数的大小，判断两个变量的相关性。

在 Excel 2007 中，还提供了相关系数的分析工具，通过相关工具同样可确定相关系数，判断两个变量的相关关系。

6.2.1 散点图图表法

散点图是观察两个变量之间关系程度最为直观的工具之一，通过 Excel 图表绘制出两个变量的散点图，根据散点图的分布情况可以确定两变量的相关关系。不过需要说明的是，散点图并不能给出两变量相关关系的定量度量，只能定性的确定出相关关系。

在 Excel 散点图中，横轴 x 为自变量，纵轴 y 为因变量。在双变量分析中简单线性相关的两个变量主要有三种关系：线性正相关、线性负相关和线性无关。

下面通过具体例子介绍如何通过绘制散点图确定两变量间的相关关系。

例 6.1 城市化与耕地面积变化的相关性分析

城市的发展、城市化水平的提高需要占用一部分耕地，造成耕地数量的逐年下降。统计部门统计了我国 1996～2005 年我国城市化水平与耕地面积状况，具体数据如表 6.1 所示，试用散点图观察城市化与耕地面积变化的相关性。

表 6.1　　1996～2005 年我国城市化水平与耕地面积状况

年　份	城市化水平（%）	耕地面积（万 hm^2）
1996	30.48	13004
1997	31.91	12990
1998	33.35	12964
1999	34.78	12921
2000	36.22	12824
2001	37.66	12762
2002	39.09	12593
2003	40.53	12339
2004	41.76	12244
2005	43.12	12032

使用 Excel 2007 绘制散点图，确定两变量间相关关系的具体操作步骤如下。

Step 01：新建“例 6.1 我国城市化水平与耕地面积状况.xlsx”工作表，将表 6.1 数据输入到新建工作表中，创建数据表格，如图 6.1 所示。

	A	B	C	D
1	年份	城市化水平 %	耕地面积 万 hm^2	
2	1996	30.48	13004	
3	1997	31.91	12990	
4	1998	33.35	12964	
5	1999	34.78	12921	
6	2000	36.22	12824	
7	2001	37.66	12762	
8	2002	39.09	12593	
9	2003	40.53	12339	
10	2004	41.76	12244	
11	2005	43.12	12032	
12				

图 6.1　数据表格

Step 02：选择图表类型，插入散点图。选取单元格区域 B2:C11，单击菜单栏【插入】/【图表】/【散点图】，弹出下拉列表，再单击第一个子图表类型【仅带数据标记的散点图】，插入图表，如图 6.2 所示。

Step 03：更改图表布局。单击图表区，然后单击菜单栏【设计】/【图表布局】，再单击【其他】按钮，选择【布局 1】后，图表中添加了“图表标题”、“坐标轴标题”和“系列 1”图例，如图 6.3 所示。

Step 04：设置纵坐标轴格式。右键单击纵坐标轴，在弹出的快捷菜单中单击选择【设置坐标轴格式】，弹出【设置坐标轴格式】对话框；然后在【坐标轴选项】下单击选择【最小值】为【固定】，再其后文本框中输入“12000”；再在【主要刻度线类型】下拉菜单中单击选择【内部】，设置如图 6.4 所示。

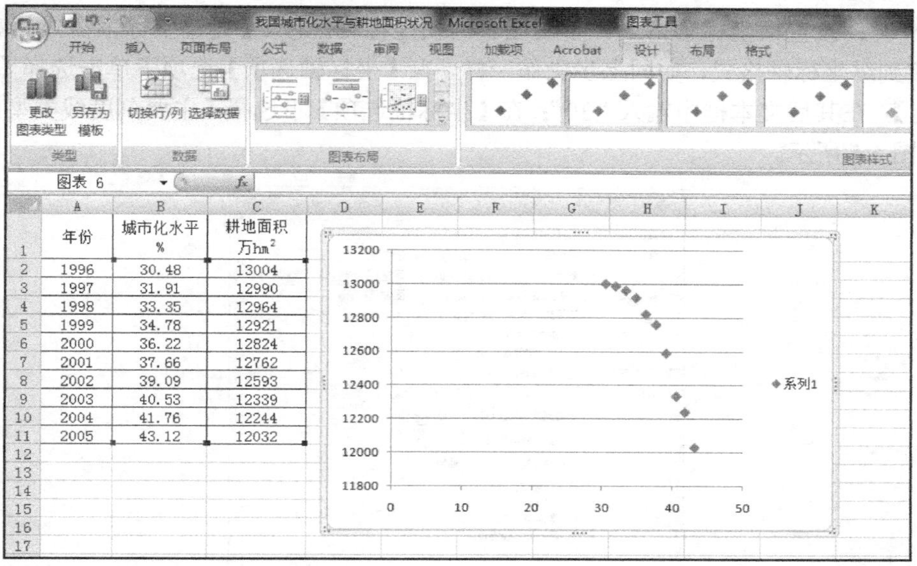

图 6.2　插入散点图

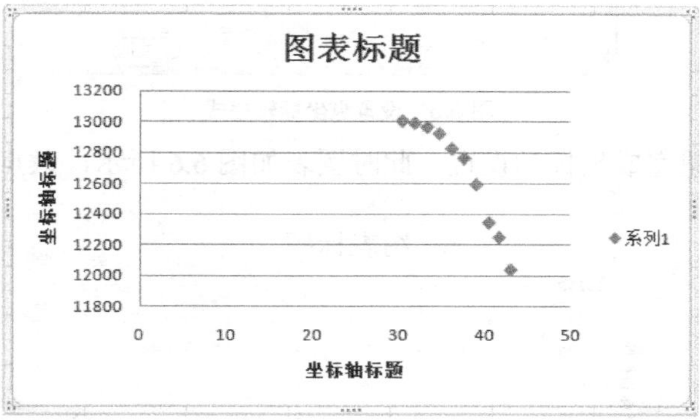

图 6.3　更改图表布局

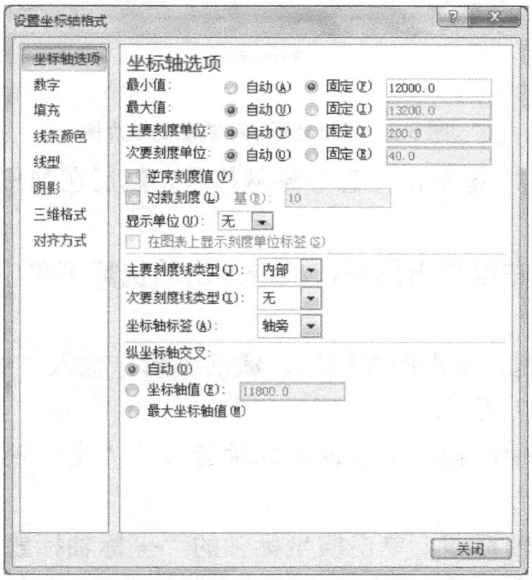

图 6.4　设置横坐标轴格式

Step 05：设置横坐标轴格式。单击图表的横坐标轴区域，【设置坐标轴格式】对话框会自动链接到纵坐标轴格式，如同上步操作一样，在【坐标轴选项】选项下单击选择【最小值】为【固定】，在其后文本框中输入“30”；在【坐标轴选项】下选择【主要刻度线类型】为【内部】，如图 6.5 所示。

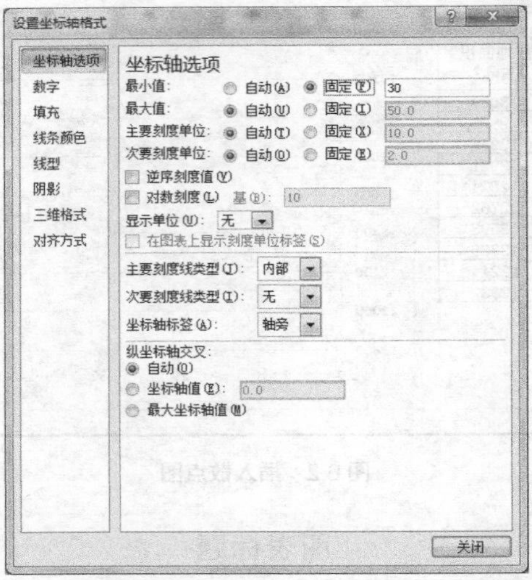

图 6.5　设置纵坐标轴格式

单击【关闭】按钮完成坐标轴设置，此时图表如图 6.6 所示，散点图更加清晰。

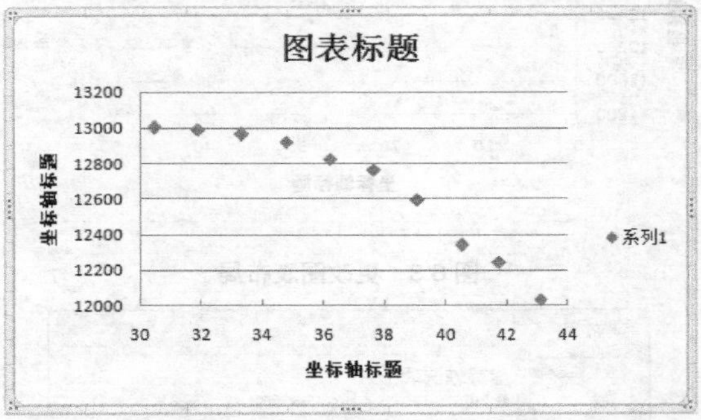

图 6.6　修改坐标轴格式后的散点图

Step 06：删除网格线。右键单击任意一条网格线，然后在弹出的快捷菜单中选取【删除】选项，即可删除网格线。

Step 07：删除图例。右键单击图例，单击弹出的快捷菜单中【删除】选项，即可删除图例。

Step 08：修改图表标题。单击图表标题，激活编辑，输入“城市化与耕地面积变化散点图”，修改后的图表如图 6.7 所示。

Step 09：修改纵坐标轴标题。单击纵坐标轴旁边的“坐标轴标题”，再单击激活编辑，输入“耕地面积（万 hm^2）”。

Step 10：修改横坐标轴标题。单击横坐标轴的“坐标轴标题”，然后再单击一下激活文字编辑，键入“城市化水平（%）”，绘制好的散点图如图 6.8 所示。

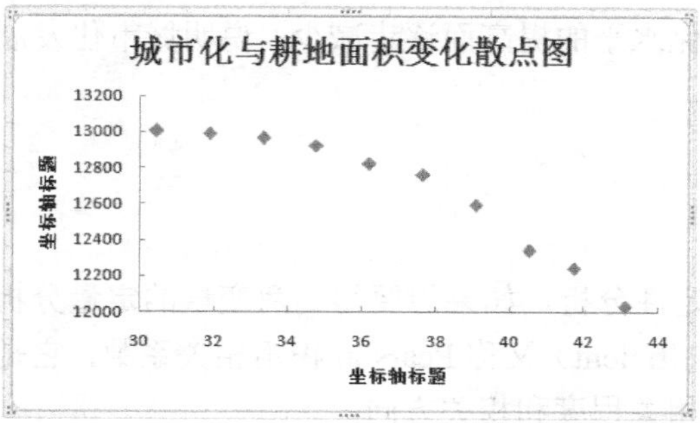

图 6.7 修改后的散点图

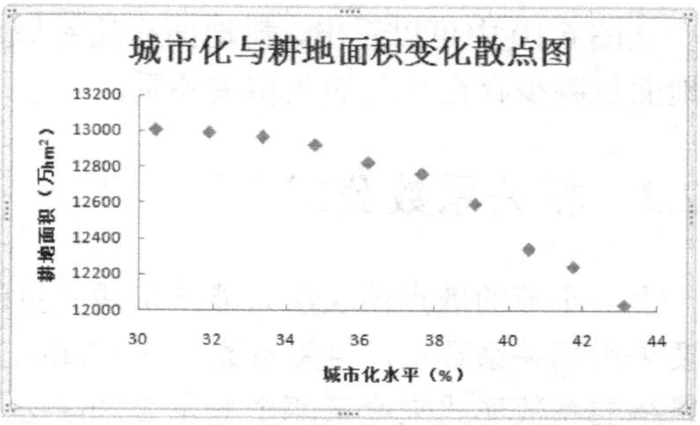

图 6.8 修改坐标轴标题

Step 11：设置绘图区边框。右键单击图表，在弹出的快捷菜单中选择【设置绘图区格式】选项，打开【设置绘图区格式】对话框，然后单击【边框颜色】，再单击【实线】单选钮，并设置边框颜色为黑色，如图 6.9 所示。

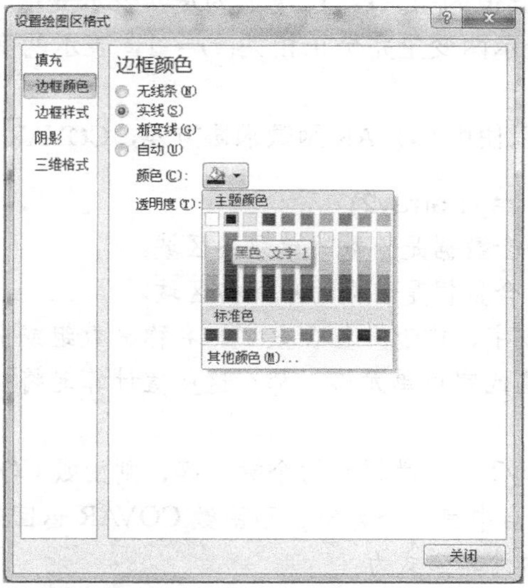

图 6.9 设置绘图区边框

Step 12：查看最后图表。单击【设置绘图区格式】对话框的【关闭】按钮，经过修改设置，最后散点图如图 6.10 所示。

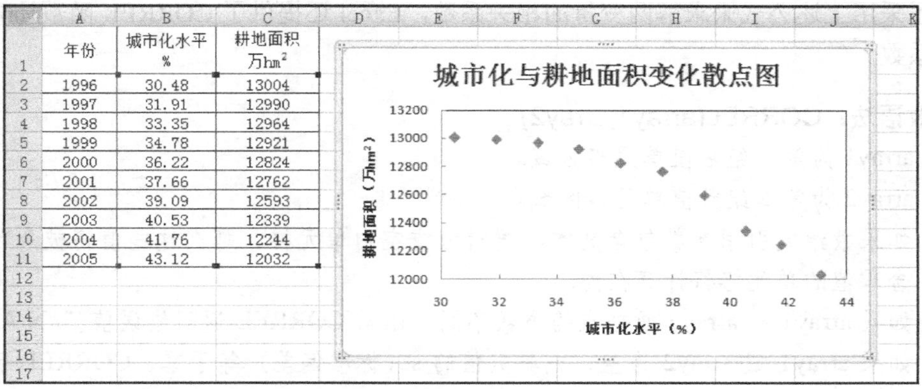

年份	城市化水平 %	耕地面积 万hm²
1996	30.48	13004
1997	31.91	12990
1998	33.35	12964
1999	34.78	12921
2000	36.22	12824
2001	37.66	12762
2002	39.09	12593
2003	40.53	12339
2004	41.76	12244
2005	43.12	12032

图 6.10 城市化与耕地面积变化散点图

从图 6.10 中可以看出，耕地面积随着城市化水平的提高而逐步减少，说明城市化发展与耕地面积减少存在显著的负相关关系。

6.2.2 相关系数公式

上一小节的散点图表法只能给出两变量的定性分析，如果想要得到两变量的定量分析，就要采用相关系数法。相关系数（correlation coefficient）又称 Pearson 积矩相关系数，它是用无量纲的系数形式来度量两个变量 X 和 Y 之间相关程度和相关方向。

样本相关系数，一般用 r 表示，计算公式如下：

$$r=\frac{\sum(X_i-\overline{X})(Y_i-\overline{Y})}{\sqrt{\sum(X_i-\overline{X})^2}\sqrt{\sum(Y_i-\overline{Y})^2}}=\frac{COV(X_i\ ,\ Y_i)}{\sigma_X\sigma_Y}$$

相关系数没有单位，其值为$-1\leqslant r\leqslant 1$。r 值为正，表示变量 X 和 Y 之间正相关；r 值为负，表示负相关；r=1，表示两变量完全正相关；r=−1，表示两变量完全负相关；若 r=0 则为不相关。

在 Excel 2007 中，可以使用 COVAR 函数求协方差，COVAR 函数语法如下。

函数语法：COVAR(array1,array2)

- array1 为第一个所含数据是整数的单元格区域。
- array2 为第二个所含数据是整数的单元格区域。
- 函数参数必须是数字，或者是包含数字的名称、数组或引用。如果数组或引用参数包含文本、逻辑值或空白单元格，那么这些值计算时将被忽略，但包含零值的单元格将计算在内。
- 如果 array1 和 array2 所含数据点的个数不等，则函数 COVAR 返回错误值“#N/A”。
- 若 array1、array2 当中有一个为空，则函数 COVAR 返回错误值“#DIV/0!”。
- 协方差函数对应的计算公式为

$$COV(X,Y)=\frac{1}{n}\sum(X_i-\overline{X})(Y_i-\overline{Y})$$

其中 $\overline{X}$ 和 $\overline{Y}$ 分别是样本平均值 AVERAGE(array1)和 AVERAGE(array2)，且 n 是样本大小。

除了采用上述公式来求解两变量的相关系数，Excel 还提供了 CORREL 函数计算两变量的相关系数。

函数语法：CORREL(array1,array2)

- array1 为第一组数值单元格区域。
- array2 为第二组数值单元格区域。
- 如果数组或引用参数包含文本、逻辑值或空白单元格，那么这些值将被忽略，但包含零值的单元格将计算在内。
- 如果 array1 和 array2 数据点的个数不同，函数 CORREL 返回错误值“#N/A”。
- 如果 array1 或 array2 为空，或其数值的 s（标准偏差）等于零，CORREL 函数将返回错误值“#DIV/0!”。

- 相关系数的计算公式

$$r = \frac{COV(X_i, Y_i)}{\sigma_X \sigma_Y}$$

下面继续用例 6.1 的数据来讲解如何在 Excel 2007 中进行相关分析。

例 6.2 采用相关函数求解相关系数

利用公式和函数求解相关系数具体操作步骤如下。

Step 01：打开“例 6.1 我国城市化水平与耕地面积状况.xlsx”工作表，将“Sheet1”中的数据复制到“Sheet2”中，创建数据表格，如图 6.11 所示。

	A	B	C	D	E	F
1	年份	城市化水平（%）	耕地面积（万hm²）		标准差	
2	1996	30.48	13004		城市化水平	耕地面积
3	1997	31.91	12990			
4	1998	33.35	12964			
5	1999	34.78	12921		公式法	
6	2000	36.22	12824		协方差	
7	2001	37.66	12762		相关系数	
8	2002	39.09	12593			
9	2003	40.53	12339		CORREL函数法	
10	2004	41.76	12244		相关系数	
11	2005	43.12	12032			
12						

图 6.11　我国城市化水平与耕地面积状况数据

Step 02：求城市化水平的标准差。单击 E3 单元格，在编辑栏中输入公式“=STDEVP(B2:B11)”，按回车键。

Step 03：求耕地面积的标准差。单击 F3 单元格，然后在编辑栏中输入公式“=STDEVP(C2:C11)”，按回车键，求出结果如图 6.12 所示。

	A	B	C	D	E	F
1	年份	城市化水平（%）	耕地面积（万hm²）		标准差	
2	1996	30.48	13004		城市化水平	耕地面积
3	1997	31.91	12990		4.056271687	331.5886156
4	1998	33.35	12964			
5	1999	34.78	12921		公式法	
6	2000	36.22	12824		协方差	
7	2001	37.66	12762		相关系数	
8	2002	39.09	12593			
9	2003	40.53	12339		CORREL函数法	
10	2004	41.76	12244		相关系数	
11	2005	43.12	12032			
12						

图 6.12　城市化水平和耕地面积的标准差

Step 04：求协方差。单击 F6 单元格，之后在编辑栏中输入公式“=COVAR(B2:B11, C2:C11)”，按回车键，求出协方差。

Step 05：依据公式求相关系数。单击 F7 单元格，再在编辑栏中输入公式“=F6/E3/F3”，按回车键得到结果如图 6.13 所示。

	A	B	C	D	E	F
1	年份	城市化水平（%）	耕地面积（万 hm²）		标准差	
2	1996	30.48	13004		城市化水平	耕地面积
3	1997	31.91	12990		4.056271687	331.5886156
4	1998	33.35	12964			
5	1999	34.78	12921		公式法	
6	2000	36.22	12824		协方差	-1276.085
7	2001	37.66	12762		相关系数	-0.94875255
8	2002	39.09	12593			
9	2003	40.53	12339		CORREL函数法	
10	2004	41.76	12244		相关系数	
11	2005	43.12	12032			
12						

图 6.13　求协方差和相关系数

Step 06：利用 CORREL 函数求相关系数。单击 F10 单元格，再在编辑栏中输入公式“=CORREL(B2:B11,C2:C11)”，然后按回车键，结果如图 6.14 所示。

	A	B	C	D	E	F
1	年份	城市化水平（%）	耕地面积（万 hm²）		标准差	
2	1996	30.48	13004		城市化水平	耕地面积
3	1997	31.91	12990		4.056271687	331.5886156
4	1998	33.35	12964			
5	1999	34.78	12921		公式法	
6	2000	36.22	12824		协方差	-1276.085
7	2001	37.66	12762		相关系数	-0.94875255
8	2002	39.09	12593			
9	2003	40.53	12339		CORREL函数法	
10	2004	41.76	12244		相关系数	-0.94875255
11	2005	43.12	12032			
12						

图 6.14　求相关系数

从图 6.14 可以看出，两种方法得到的相关系数均为“-0.9487525”，城市化发展与耕地面积存在着高度的负相关关系。

6.2.3　相关系数分析工具

在 Excel 2007 数据分析工具中提供了“相关系数”宏工具，此分析工具可用于判断两组数据之间的相关关系，可以使用其来确定两个区域中数据的变化是否相关。利用“相关系数”宏工具不但可以求双变量的相关系数，而且能求出多元相关的相关系数矩阵。

下面继续沿用例 6.1 的数据来讲解如何在 Excel 2007 中利用相关系数分析工具进行相关分析。

例 6.3　采用相关系数分析工具求解相关系数

利用相关系数分析工具进行相关分析的具体操作步骤如下。

Step 01：打开“例 6.1 我国城市化水平与耕地面积状况.xlsx”工作表，将“Sheet1”中的数据复制到“Sheet3”中，创建数据表格，如图 6.15 所示。

Step 02：打开【相关系数】对话框。单击菜单栏【数据】/【分析】/【数据分析】选项，弹出【数据分析】对话框，然后单击选择【相关系数】选项，如图 6.16 所示。

	A	B	C	D
1	年份	城市化水平 %	耕地面积 万hm²	
2	1996	30.48	13004	
3	1997	31.91	12990	
4	1998	33.35	12964	
5	1999	34.78	12921	
6	2000	36.22	12824	
7	2001	37.66	12762	
8	2002	39.09	12593	
9	2003	40.53	12339	
10	2004	41.76	12244	
11	2005	43.12	12032	
12				

图 6.15 原始数据表格

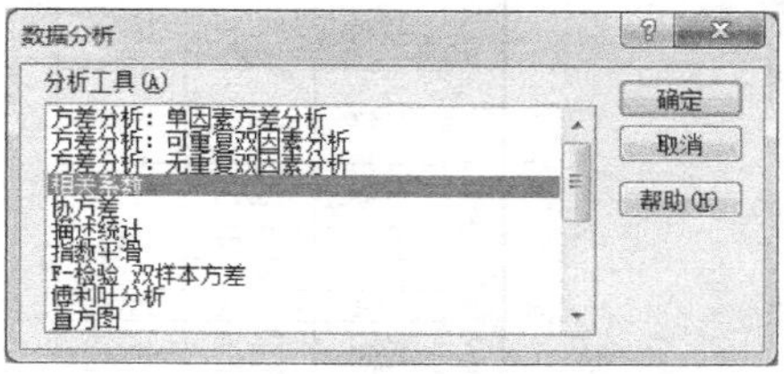

图 6.16 选择【相关系数】对话框

Step 03：选择输入区域。单击【数据分析】对话框的确定按钮，弹出【相关系数】对话框，然后单击【输入】选项下【输入区域】后的折叠按钮，选择 B1:C11 单元区域。

Step 04：选择分组方式。在【相关系数】对话框中，单击选择【分组方式】下的【逐列】单选钮。

Step 05：选择输出区域。在【相关系数】对话框中，单击选中【输出选项】区域下的【输出区域】单选钮，然后单击【输出区域】后的折叠按钮，选择 E2 单元格，如图 6.17 所示。

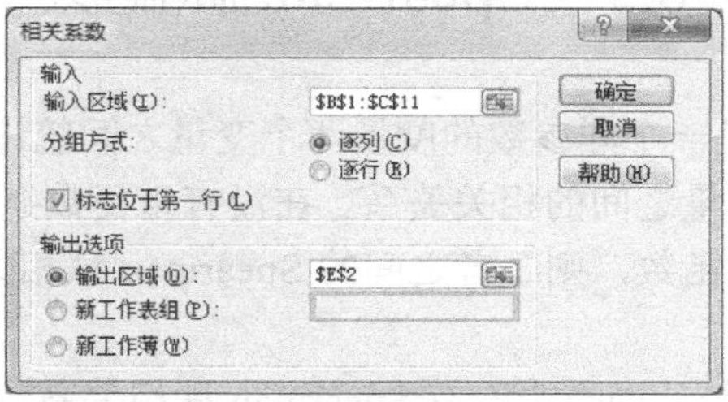

图 6.17 【相关系数】对话框设置

关于【相关系数】对话框中各个选项的含义如下。

【输入区域】：在此输入待分析数据区域的单元格引用。引用必须由两个或两个以上且按列或行排列的相邻数据区域组成。

【分组方式】：若要指示数据源区域中的数据是按行还是按列排列，在此单击选择【逐行】或【逐列】。

【标志位于第一行】：如果数据源区域的第一行中包含标志项，请选中【标志位于第一行】复选框；如果数据源区域的第一列中包含标志项，请选中【标志位于第一列】复选框；如果数据源区域中没有标志项，则该复选框将被清除。

【输出区域】：在此输入对输出表左上角单元格的引用。Excel 只填写输出表的一半，因为两个数据区域的相关性与区域的处理次序无关。输出表中具有相同行和列坐标的单元格包含数值 1，因为每个数据集与自身完全相关。

【新工作表】：单击此选项可在当前工作簿中插入新工作表，并从新工作表的 A1 单元格开始粘贴计算结果。若要为新工作表命名，在框中键入名称。

【新工作簿】：单击此选项可创建新工作簿并将结果添加到其中的新工作表中。

Step 06：单击【相关系数】对话框中的【确定】按钮，此时，Excel 表格计算出相关系数，如图 6.18 所示。

	A	B	C
1	年份	城市化水平 %	耕地面积 万hm²
2	1996	30.48	13004
3	1997	31.91	12990
4	1998	33.35	12964
5	1999	34.78	12921
6	2000	36.22	12824
7	2001	37.66	12762
8	2002	39.09	12593
9	2003	40.53	12339
10	2004	41.76	12244
11	2005	43.12	12032
12			

	城市化水平 %	耕地面积 万hm2
城市化水平 %	1	
耕地面积 万hm2	-0.9487525	1

图 6.18　相关系数计算结果

从图 6.18 可以看出，采用相关系数分析工具求出的相关系数也是−0.9487525，同公式和 CORREL 函数计算结果相同。同时计算结果也给出了变量与其自身的相关系数为 1。

6.3　Spearman 秩相关

Spearman 秩相关系数是一个非参数的度量两个变量之间统计相关性的指标，用来评估当用单调函数来描述时两个变量之间的相关关系。在没有重复数据的情况下，如果一个变量是另外一个变量的严格单调的函数，则二者之间的 Spearman 秩相关系数就是+1 或−1，此时，称变量完全 Spearman 相关。

目前，Excel 2007 常用统计函数中没有 Spearman 秩相关系数法，本节将通过实例介绍如何通过 Excel 常用的一些函数来实现 Spearman 秩相关系数的求解。

6.3.1　Spearman 秩相关简介

假设原始的统计数据 X_i，Y_i 已经按从小到大的顺序排列，记 X'_i，Y'_i 为原 X_i，Y_i 在排列后数据所在的位置，则 X'_i，Y'_i 称为变量 X'_i，Y'_i 的秩次，$d_i=X'_i-Y'_i$ 为 X_i，Y_i 的秩次之差。值得注意的是，一个相同的值在一列数据中必须有相同的秩次，那么在计算中采用的秩次就是数值在按从小到大排列时所在位置的平均值。

Spearman 秩相关系数计算公式为

$$r_s = 1 - \frac{6\sum d_i^2}{n(n^2-1)}$$

Spearman 秩相关系数的符号表示 X 和 Y 之间联系的方向。如果 Spearman 秩相关系数是正的，那么 Y 随着 X 的增加而增加，反之，若果 Spearman 秩相关系数是负的，Y 就随着 X 的增加而减小；Spearman 秩相关系数为 0，表示随着 X 的增加，Y 没有增大或减小的趋势；随着 Spearman 秩相关系数在数值上越来越大，X 和 Y 越来越接近严格单调的函数关系；当 Spearman 秩相关系数为 1 时，X、Y 有严格单增的关系；Spearman 秩相关系数为−1 时，则 X、Y 有严格单减的关系。

6.3.2　Spearman 秩相关实例分析

下面通过具体例子说明 Spearman 秩相关系数的求解。

例 6.4 空气质量变化趋势及规律分析

某市环境监测中心站统计了市区 2009 年各月份 PM_{10}、SO_2 及 NO_2 的均值，数据如表 6.2 所示，用 Spearman 秩相关系数检验法对空气质量变化趋势进行分析。

表 6.2　　　　　某市区 2009 年各月份空气质量

月份	SO_2	NO_2	PM_{10}
1	0.131	0.05	0.144
2	0.069	0.034	0.095
3	0.069	0.031	0.094
4	0.066	0.031	0.1
5	0.047	0.032	0.13
6	0.053	0.027	0.109
7	0.021	0.02	0.078
8	0.019	0.015	0.061
9	0.029	0.019	0.067
10	0.034	0.025	0.082
11	0.05	0.026	0.115
12	0.045	0.027	0.099

下面介绍 Spearman 秩相关系数的求解，具体操作步骤如下。

Step 01：新建“例 6.4 市区各月份的空气质量.xlsx”工作表，表头输入“某市区 2009 年各月份空气质量”，创建数据表格如图 6.19 所示。

	A	B	C	D	E
1	某市区2009年各月份空气质量				
2	月份	SO_2	NO_2	PM_{10}	
3	1	0.131	0.05	0.144	
4	2	0.069	0.034	0.095	
5	3	0.069	0.031	0.094	
6	4	0.066	0.031	0.1	
7	5	0.047	0.032	0.13	
8	6	0.053	0.027	0.109	
9	7	0.021	0.02	0.078	
10	8	0.019	0.015	0.061	
11	9	0.029	0.019	0.067	
12	10	0.034	0.025	0.082	
13	11	0.05	0.026	0.115	
14	12	0.045	0.027	0.099	
15					

图 6.19　某市区 2009 年各月份空气质量数据表格

Step 02：求月份的秩次。单击 F3 单元格，在编辑栏中输入公式“=RANK(A3,$A$3:$A$14,0)+(COUNT($A$3:$A$14)+1-RANK(A3,$A$3:$A$14,0)-RANK(A3,$A$3:$A$14,1))/2”，按回车键；然后再单击 F3 单元格，将鼠标移动至 F3 单元格右下角，当出现黑色十

字光标时单击左键拖动至 F14 单元格，求出 F3：F14 单元格的值。

Step 03：求 SO_2 浓度的秩次。单击 G3 单元格，在编辑栏中输入公式“=RANK(B3,$B$3:$B$14,0)+(COUNT($B$3:$B$14)+1−RANK(B3,$B$3:$B$14,0)-RANK(B3,$B$3:$B$14,1))/2”，按回车键；再单击 G3 单元格，将鼠标移动至 G3 单元格右下角，当出现黑色十字光标时，单击鼠标左键拖动至 G14 单元格，利用表格自动填充功能求出 G3:G14 单元格的值。

Step 04：求 NO_2 浓度的秩次。单击 H3 单元格，在编辑栏中输入公式“=RANK(C3,$C$3:$C$14,0)+(COUNT($C$3:$C$14)+1−RANK(C3,$C$3:$C$14,0)-RANK(C3,$C$3:$C$14,1))/2”，按回车键；然后再单击 H3 单元格，将鼠标移动至 H3 单元格右下角，当出现黑色十字光标时单击左键，拖动至 H14 单元格，求出 H3:H14 单元格的值。

Step 05：求 PM_{10} 浓度的秩次。和前三步一样，单击 I3 单元格，在编辑栏输入“=RANK(D3,$D$3:$D$14,0)+(COUNT($D$3:$D$14)+1−RANK(D3,$D$3:$D$14,0)-RANK(D3,$D$3:$D$14,1))/2”，按回车键；然后再单击 I3 单元格，将鼠标移动至 I3 单元格右下角，当出现黑色十字光标时单击左键拖动至 I14 单元格，利用自动填充功能求出 I3:I14 各单元格中的值，各变量的秩次结果如图 6.20 所示。

	A	B	C	D	E	F	G	H	I	J
1	某市区2009年各月份空气质量					秩次				
2	月份	SO_2	NO_2	PM_{10}		月份	SO_2	NO_2	PM_{10}	
3	1	0.131	0.05	0.144		12	1	1	1	
4	2	0.069	0.034	0.095		11	2.5	2	7	
5	3	0.069	0.031	0.094		10	2.5	4.5	8	
6	4	0.066	0.031	0.1		9	4	4.5	5	
7	5	0.047	0.032	0.13		8	7	3	2	
8	6	0.053	0.027	0.109		7	5	6.5	4	
9	7	0.021	0.02	0.078		6	11	10	10	
10	8	0.019	0.015	0.061		5	12	12	12	
11	9	0.029	0.019	0.067		4	10	11	11	
12	10	0.034	0.025	0.082		3	9	9	9	
13	11	0.05	0.026	0.115		2	6	8	3	
14	12	0.045	0.027	0.099		1	8	6.5	6	
15										

图 6.20　各变量的秩次

【注意】这里用到求一个数字在数字列表中的排位函数 RANK。

函数语法：RANK(number,ref,order)

- number 为需要找到排位的数字。
- ref 为数字列表数组或对数字列表的引用，ref 中的非数值型参数将被忽略。
- order 为一数字，指明排位的方式。如果 order 为 0（零）或省略，对数字的排位是基于 ref 为按照降序排列的列表；如果 order 不为零，对数字的排位是基于 ref 为按照升序排列的列表。
- 函数 RANK 对重复数的排位相同，但重复数的存在将影响后续数值的排位。
- 当考虑有重复数的排位时，对重复的数值，取其排列时所在位置的平均值，此时可通过将下列修正因素加到按排位返回的值来实现。该修正因素对于按照升序计算排位（顺序=非零值）或按照降序计算排位（顺序=0 或被忽略）的情况都是正确的。

重复数排位的修正因素公式如下：=(COUNT(ref)+1−RANK(number,ref,0)-RANK(number,ref,1))/2。

Step 06：求三种污染物 Σd_i^2 的值。单击 G16 单元格，在编辑栏中输入公式“=SUMXMY2($F$3:$F$14,G3:G14)”，按回车键；然后单击 G16 单元格，将鼠标移动至 G16 单元格右下角，当出现黑色十字光标时单击左键拖动至 I16 单元格，求出 G16:I16 单元格的值，如图 6.21 所示。

	A	B	C	D	E	F	G	H	I	J
1	某市区2009年各月份空气质量					秩次				
2	月份	SO_2	NO_2	PM_{10}		月份	SO_2	NO_2	PM_{10}	
3	1	0.131	0.05	0.144		12	1	1	1	
4	2	0.069	0.034	0.095		11	2.5	2	7	
5	3	0.069	0.031	0.094		10	2.5	4.5	8	
6	4	0.066	0.031	0.1		9	4	4.5	5	
7	5	0.047	0.032	0.13		8	7	3	2	
8	6	0.053	0.027	0.109		7	5	6.5	4	
9	7	0.021	0.02	0.078		6	11	10	10	
10	8	0.019	0.015	0.061		5	12	12	12	
11	9	0.029	0.019	0.067		4	10	11	11	
12	10	0.034	0.025	0.082		3	9	9	9	
13	11	0.05	0.026	0.115		2	6	8	3	
14	12	0.045	0.027	0.099		1	8	6.5	6	
15										
16						Σd_i^2	490.5	494	378	
17										

图 6.21　求 Σd_i^2 的值

【注意】这里用到求两数组中对应数值之差的平方和函数 SUMXMY2。

函数语法：SUMXMY2(array_x,array_y)

- array_x 为第一个数组或数值区域。
- array_y 为第二个数组或数值区域。
- 参数可以是数字，或者是包含数字的名称、数组或引用。如果数组或引用参数包含文本、逻辑值或空白单元格，则这些值将被忽略，但是包含零值的单元格将计算在内。
- 如果 array_x 和 array_y 的元素数目不同，函数 SUMXMY2 将返回错误值#N/A。
- 差的平方和的计算公式如下：

$$\text{SUMXMY2} = \sum (X_i' - Y_i')^2$$

Step 07：求 Spearman 秩相关系数。单击 G17 单元格，在编辑栏输入公式“=1−6×G16/(12^3−12)”，按回车键；然后再单击 G17 单元格，将鼠标移动至 I17 单元格右下角，当出现黑色十字光标时单击左键拖动至 I17 单元格，利用表格自动填充功能求出 G17:I17 单元格的值，如图 6.22 所示。

	A	B	C	D	E	F	G	H	I	J
1	某市区2009年各月份空气质量					秩次				
2	月份	SO_2	NO_2	PM_{10}		月份	SO_2	NO_2	PM_{10}	
3	1	0.131	0.05	0.144		12	1	1	1	
4	2	0.069	0.034	0.095		11	2.5	2	7	
5	3	0.069	0.031	0.094		10	2.5	4.5	8	
6	4	0.066	0.031	0.1		9	4	4.5	5	
7	5	0.047	0.032	0.13		8	7	3	2	
8	6	0.053	0.027	0.109		7	5	6.5	4	
9	7	0.021	0.02	0.078		6	11	10	10	
10	8	0.019	0.015	0.061		5	12	12	12	
11	9	0.029	0.019	0.067		4	10	11	11	
12	10	0.034	0.025	0.082		3	9	9	9	
13	11	0.05	0.026	0.115		2	6	8	3	
14	12	0.045	0.027	0.099		1	8	6.5	6	
15										
16						Σd_i^2	490.5	494	378	
17						Spearman秩相关系数	-0.71503	-0.72727	-0.32168	
18										

图 6.22　Spearman 秩相关系数

从图 6.22 所示中 Spearman 秩相关系数结果可看出，三种污染物浓度随时间呈递减趋势，污染物 SO_2 及 NO_2 浓度随时间变化趋势明显，而 PM_{10} 的浓度随时间变化的趋势不显著。

6.4 多重相关及偏相关分析

多重相关是指因变量与多个自变量之间的相关关系。例如，某种商品的需求量与其价格水平、职工收入水平等现象之间呈现多重相关关系。多重相关系数，又叫复相关系数，是度量复相关程度的指标。

偏相关是在诸多相关的变量中，剔除了其中的一个或若干个变量的影响后，两个变量之间的相关关系。

本节将介绍多重相关系数及偏相关系数在 Excel 2007 中的求解。

6.4.1 多重相关及偏相关分析简介

一个变量与两个或两个以上的其他变量的相关关系，称为多重相关，也叫复相关。例如，研究人的营养与人的身高、体重之间的关系，学生的学习成绩与其学习动机、方法、习惯等方面的关系，都属于多重相关。

一般，第 i 个变量与其余 $k-1$ 个变量的多重相关系数为

$$r_{i,(1、2,\cdots i-1、i+1,\cdots、k)} = \sqrt{1-\frac{R}{R_{ii}}}$$

其中 R 是单相关系数矩阵的行列式，R_{ii} 是单相关系数矩阵的第 i 行、第 i 列的代数余子式。多重相关系数越大，表明要素或变量之间的线性相关程度越密切。

在多要素所构成的系统中，先不考虑其他要素的影响，而单独研究两个要素之间的相互关系的密切程度，这称为偏相关。用以度量偏相关程度的统计量，称为偏相关系数。偏相关系数分布的范围在−1 到 1 之间，偏相关系数的绝对值越大，表示其偏相关程度越大。

偏相关系数考察变量 X_i 与 X_j 的相关关系，同时排除了其他变量的影响。变量 X_i 与 X_j 偏相关系数的计算公式为

$$r_{ij,(1、2,\cdots i-1、i+1,\cdots、k)} = (-1)^{i+j}\frac{R_{ij}}{\sqrt{R_{ii}R_{jj}}}$$

其中，R_{ii} 是单相关系数矩阵的第 i 行、第 i 列的代数余子式。R_{jj} 是单相关系数矩阵的第 j 行、第 j 列的代数余子式。R_{ij} 是单相关系数矩阵的第 i 行、第 j 列的代数余子式。

6.4.2 多重相关与偏相关分析实例

以 4 个变量的相关性为例，介绍在 Excel 2007 中多重相关系数和偏相关系数的求解。

例 6.5 运用活性污泥法处理污水时三种因素的影响分析

采用活性污泥法处理污水，剩余污泥与消化污泥以 1:1 的体积比充分混合后的脱水泥饼含水质量分数数据如表 6.3 所示。试求泥饼含水质量分数与进泥流量、加药流量及进泥含固质量分数的多重相关系数，泥饼含水质量分数和进泥流量的偏相关系数。

表 6.3　　　　　　　　脱水泥饼含水质量分数以及各影响因素数据

泥饼含水质量分数（%）	进泥流量（$m^3 \cdot h^{-1}$）	加药流量（$L \cdot h^{-1}$）	进泥含固质量分数（%）
67.35	14	700	3.06
73.18	14	800	3.41
73.89	14	900	3.41
75.18	14	1 000	3.06
73.98	16	600	3.26
69.42	16	700	3.06
69.55	16	800	3.28
72.35	16	1 000	3.06
74.47	20	700	3.06
74.1	20	800	3.06
73.57	20	900	3.26
73.55	20	920	3.28
75.25	25	700	3.06
77.29	25	800	3.41
77.94	25	910	2.83

采用 Excel 2007 求多重相关系数和偏相关系数，具体操作步骤如下。

Step 01：新建工作表“例 6.5 活性污泥法处理污水脱水泥饼含水质量分数数据.xlsx”，输入表 6.3 所示的数据，如图 6.23 所示。

	A	B	C	D	E
1	泥饼含水质量分数（%）	进泥流量（$m^3 \cdot h^{-1}$）	加药流量（$L \cdot h^{-1}$）	进泥含固质量分数（%）	
2	67.35	14	700	3.06	
3	73.18	14	800	3.41	
4	73.89	14	900	3.41	
5	75.18	14	1000	3.06	
6	73.98	16	600	3.26	
7	69.42	16	700	3.06	
8	69.55	16	800	3.28	
9	72.35	16	1000	3.06	
10	74.47	20	700	3.06	
11	74.1	20	800	3.06	
12	73.57	20	900	3.26	
13	73.55	20	920	3.28	
14	75.25	25	700	3.06	
15	77.29	25	800	3.41	
16	77.94	25	910	2.83	
17					

图 6.23　脱水泥饼含水质量分数及其影响因素数据

Step 02：打开【相关系数】对话框。单击菜单栏【数据】/【分析】/【数据分析】选项，弹出【数据分析】对话框，再单击选择【相关系数】选项，如图 6.24 所示。

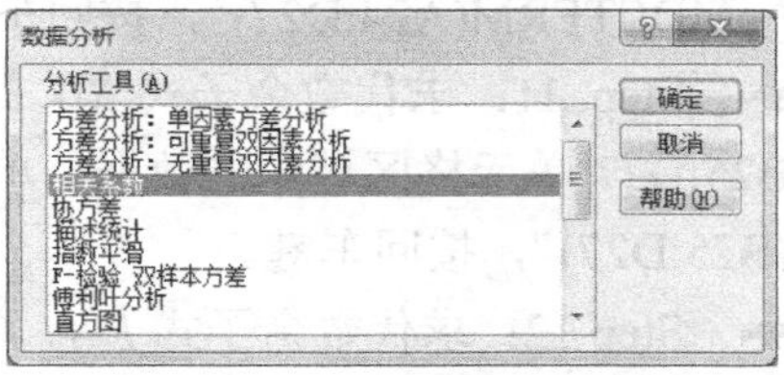

图 6.24　选择【相关系数】对话框

Step 03：选择输入区域。单击【数据分析】对话框的确定按钮，弹出【相关系数】对话框，然后单击【输入】选项下【输入区域】后的折叠按钮，选择 A1:D16

单元区域。

Step 04：选择分组方式。在【相关系数】对话框中，单击选择【分组方式】下的【逐列】复选框，再单击选择【标志位于第一行】复选框。

Step 05：选择输出区域。在【相关系数】对话框中，单击选中【输出选项】区域下的【输出区域】单选按钮，然后单击【输出区域】后的折叠按钮，选择 A18 单元格，如图 6.25 所示。

Step 06：单击【相关系数】对话框中的【确定】按钮，此时，Excel 计算出单相关系数矩阵，如图 6.26 所示。

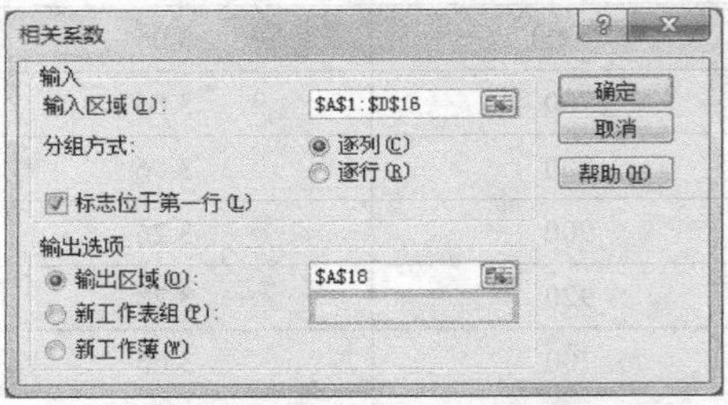

图 6.25 【相关系数】对话框设置

	A	B	C	D	E	F
17						
18		泥饼含水质量分数（%）	进泥流量（m3·h-1）	加药流量（L·h-1）	进泥含固质量分数（%）	
19	泥饼含水质量分数（%）	1				
20	进泥流量（m3·h-1）	0.658298	1			
21	加药流量（L·h-1）	0.276301	-0.05239	1		
22	进泥含固质量分数（%）	-0.03803	-0.2516	-0.03229	1	
23						

图 6.26 求单相关系数矩阵结果

Step 07：补充单相关矩阵。求出的相关系数矩阵只给出了下三角部分，根据对称性将其补充完整，得到完整的单相关系数矩阵，如图 6.27 所示。

Step 08：代数余子式 R_{22} 的元素。单相关系数矩阵的第 2 行、第 2 列的代数余子式中元素为去掉 B25 单元格所在的行和列后的数据，如图 6.28 所示。

	A	B	C	D	E
24	1	0.658298	0.276301	-0.03803	
25	0.658298	1	-0.05239	-0.2516	
26	0.276301	-0.05239	1	-0.03229	
27	-0.03803	-0.2516	-0.03229	1	
28					

图 6.27 单相关系数矩阵数据

	A	B	C	D
29	1	0.2763011	-0.03803	
30	0.276301125	1	-0.03229	
31	-0.03802639	-0.032286	1	
32				

图 6.28 代数余子式 R_{22} 的元素

Step 09：代数余子式 R_{12} 的元素。单相关系数矩阵的第 1 行、第 2 列的代数余子式中元素为去掉 B24 单元格所在的行和列后的数据，如图 6.29 所示。

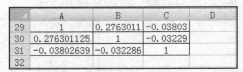

	A	B	C	D
33	0.658298027	-0.052389	-0.2516	
34	0.276301125	1	-0.03229	
35	-0.03802639	-0.032286	1	
36				

图 6.29 代数余子式 R_{12} 的元素

Step 10：求单相关系数矩阵的行列式 R。单击 B29 单元格，在编辑栏中输入公式“=MDETERM(A24:D27)”，按回车键。

Step 11：求代数余子式 R_{11}。单相关系数矩阵的第 1 行、第 1 列的代数余子式中元素为 B25:D27 单元格区域中的数据，单击 B30 单元格，然后在编辑栏中输入公式“=MDETERM (B25:D27)”，按回车键。

Step 12：求代数余子式 R_{22}。单击 B30 单元格，然后在编辑栏中输入公式“=MDETERM (A29:C31)”，按回车键。

Step 13：求代数余子式 R_{12}。单击 B30 单元格，然后在编辑栏中输入公式“=MDETERM(A33:C35)”，按回车键，计算结果如图 6.30 所示。

	A	B	C	D	E
25	0.658298027	1	-0.05239	-0.2516	
26	0.276301125	-0.052389	1	-0.03229	
27	-0.03802639	-0.251598	-0.03229	1	
28					
29	1	0.2763011	-0.03803		
30	0.276301125	1	-0.03229		
31	-0.03802639	-0.032286	1		
32					
33	0.658298027	-0.052389	-0.2516		
34	0.276301125	1	-0.03229		
35	-0.03802639	-0.032286	1		
36					
37	R	0.4178274			
38	R_{11}	0.9320603			
39	R_{22}	0.9218477			
40	R_{12}	0.6646998			
41					

图 6.30　R、R_{11}、R_{22}、R_{12} 的值

【注意】MDETERM 函数返回一个数组的矩阵行列式的值。

函数语法：MDETERM(array)

- array 为行数和列数相等的数值数组。
- array 可以是单元格区域、一个数组常量，也可以是区域或数组常量的名称。
- array 中单元格为空或包含文字或 array 的行和列的数目不相等，MDETERM 函数将返回#VALUE!错误。

Step 14：求泥饼含水质量分数与进泥流量、加药流量及进泥含固质量分数的多重相关系数。单击 B42 单元格，然后在编辑栏中输入公式“=SQRT(1−B37/B38)”，再按回车键。

Step 15：求泥饼含水质量分数和进泥流量的偏相关系数。单击 B43 单元格，然后在编辑栏中输入公式“=(−1)^(1+2)*B40/SQRT(B38*B39)”，再按回车键，查看所求多重相关系数和偏相关系数，如图 6.31 所示。

	A	B	C	D	E
24	1	0.658298	0.276301	-0.03803	
25	0.658298027	1	-0.05239	-0.2516	
26	0.276301125	-0.052389	1	-0.03229	
27	-0.03802639	-0.251598	-0.03229	1	
28					
29	1	0.2763011	-0.03803		
30	0.276301125	1	-0.03229		
31	-0.03802639	-0.032286	1		
32					
33	0.658298027	-0.052389	-0.2516		
34	0.276301125	1	-0.03229		
35	-0.03802639	-0.032286	1		
36					
37	R	0.4178274			
38	R_{11}	0.9320603			
39	R_{22}	0.9218477			
40	R_{12}	0.6646998			
41					
42	多重相关系数	0.7427761			
43	偏相关系数	-0.71709			
44					

图 6.31　多重相关系数和偏相关系数计算结果

对于其他变量间的偏相关系数，可以按照上述方法依次求出，这里只求 r_{12}，其他求解不再赘述。

6.5 小结

在 Excel 2007 中，可以通过散点图定性给出变量间的相关关系，也可以借助若干相关系数分析指标进行相关分析，使用 Excel 2007 提供的 CORREL 函数可以很方便地计算两变量的相关系数；数据分析工具中的“相关系数”宏工具可用于求双变量的相关系数以及多元相关的相关系数矩阵。Spearman 秩相关系数、多重相关以及偏相关分析需要根据公式通过简单操作计算。

6.6 习题

1. 填空题

（1）根据相关程度的不同，相关关系可分为________、________和________。

（2）在 Excel 2007 中，可通过函数计算两变量的相关系数，也可以通过宏工具来计算。

（3）当 Spearman 秩相关系数为 1 时，X、Y 有________关系；Spearman 秩相关系数为-1 时，则 X、Y 有________关系。

（4）偏相关系数分布的范围为________，偏相关系数的绝对值越大，表示________。

2. 操作题

（1）浦发银行（600000）和招商银行（600036）两种股票 20 个交易日的价格数据如表 6.4 所示。

- 绘出两种股票价格的散点图。
- 确定出两种股票价格的相关系数。

表 6.4　　两种股票的价格

日　期	600000	600036	日　期	600000	600036
20050701	5.99	9.28	20050715	5.56	8.87
20050702	5.87	9.23	20050716	5.44	8.76
20050703	5.78	9.18	20050717	5.37	8.73
20050704	5.84	8.96	20050718	5.38	8.65
20050707	5.74	8.95	20050720	5.26	8.61
20050708	5.75	8.73	20050721	5.35	8.52
20050709	5.54	8.65	20050722	5.32	8.47
20050710	5.44	8.59	20050723	5.34	8.36
20050711	5.41	8.52	20050724	5.16	8.26
20050714	5.32	8.49	20050725	6.12	8.44

（2）某公司想要知道是否职工期望成为好的销售员就能有好的销售记录。为了调查这个问题，公司根据职工成功的潜能给出了单独的等级评分。两年后获得了实际的销售记录，得到了第二份等级评分，如表 6.5 所示。试通过 spearman 秩相关系数计算，判断是否职工的销售潜能与开始两年的实际销售成绩一致。

表 6.5　　　　职工等级和成绩

职工编号	潜能等级	销售成绩	成绩等级
1	1	285	6
2	2	400	1
3	6	280	7
4	3	350	4
5	7	300	5
6	10	200	10
7	9	260	8
8	5	385	2
9	8	220	8
10	4	360	3

（3）华夏银行（600015））8 月间 15 个交易日的收益率、股票价格和成交金额数据如表 6.6 所示。求：

- 收益率与股票价格和成交金额的多元相关系数；
- 收益率和股票价格的偏相关系数；
- 收益率与成交金额的偏相关系数。

表 6.6　　　　15 个交易日的股票价格和成交金额、收益率

日　期	股票价格（元）	成交金额（元）	收益率
20080801	9.28	41652766	0.014923
20080802	9.23	18716130	−0.0023
20080803	9.18	41314097	−0.02315
20080804	8.96	18393783	0.003234
20080805	8.95	34259522	−0.00753
20080806	8.73	31981311	−0.02597
20080807	8.65	43000708	−0.01111
20080808	8.59	35314780	0.011236
20080809	8.52	34774469	0.039535
20080810	8.49	32888399	0.002237
20080811	8.42	23306213	−0.01897
20080812	8.37	38787086	−0.01479
20080813	8.31	30253320	0.020785
20080814	8.26	41662276	−0.00226
20080815	8.21	23703595	0.002245

第 7 章 判别分析

在科学研究中，往往需要根据一些指标对某一研究对象的归属作出判断，如根据国民收入、人均工农业产值、人均消费水平等多个指标来判断一个国家的经济发展程度所属类型；根据劳动生产率、利润总额等指标来判断一个企业属于哪一级别等。这些问题可通过判别分析来解决。

判别分析是一种根据观察或测量得到的若干变量值，判断研究对象如何分类的方法，实际上是根据表明事物特点的变量值和它们所属的类求出判别函数，根据判别函数对未知所属类别的事物进行分类的一种分析方法，其应用领域广阔。例如对客户进行信用预测，寻找潜在客户（是否为消费者）；公司是否成功；学生是否被录用等；临床上用于鉴别诊断等。

本章将介绍在 Excel 2007 中如何通过 Excel 函数实现判别分析，以及通过 Excel 的 VBA 编程来实现具体实例的判别分析。

7.1 判别分析简介

判别分析是根据已知的 G 个总体中取出的 G 组样品的观测值，建立总体与样品变量之间定量关系（判别函数），并据此判别未知类所属样品类别的一种多元统计分析方法。

利用判别分析方法在处理问题时，通常要给出一个衡量新样本与已知组别接近程度的描述指标，即判别函数，同时也指定一种判别规则，用以判定新样本的归属。判别规则可以是统计性的，决定新样本所属类别时用到数理统计的显著检验；也可以是确定性的，决定样本归属时，只考虑判别函数值的大小。判别分析就是从中筛选出能够提供较多信息的变量并建立判别函数，使得利用推导出来的判别函数判别观测量所属类别时的错判率最小。

判断分析有不同的分类，其分类如下。

（1）按判别的组数来分：两组判别分析、多组判别分析。

（2）按总体所用数学模型来分：线性判别、非线性判别。

（3）按判别对所处理变量方法来分：逐步判别、序贯判别。

（4）按判别准则来分：距离判别、贝叶斯（Bayes）判别、费歇尔（Fisher）判别准则。

判别分析最基本的要求是：分组类型在两组以上；在第一阶段工作是每组案例的规模必须至少在一个以上；解释变量必须是可测量的。

假设 1：每一个判别变量（解释变量）不能是其他判别变量的线性组合，即不存在多重共线性问题。

假设 2：各组变量的协方差矩阵相等。

假设 3：各判别变量之间具有多元正态分布，即每个变量对于所有其他变量的固定值有正态分布。

判别分析的基本步骤：

（1）搜集来自 G 个总体的 G 组已知观测值（m 个变量）；

（2）根据已知数据建立判别函数；

（3）利用判别函数判别未知总体的样品类属。

这里考虑两个总体的情况，设有 2 个类 G_1、G_2，希望建立一个准则，对给定的任意一个样本 X，依据这个准则就能判别它是来自哪一类别，而且要求其错判率最小。常见的判别分析方法有距离判别、费雪尔判别及贝叶斯判别。距离判别法简单实用，本章只介绍距离判别方法。

距离判别法的基本思想是：计算待判样本 X 到第 i 类总体的平均数的距离，哪个距离最小就将它判归哪个总体。计算距离时常用的是马氏距离 $D^2(X, G_1)$、$D^2(X, G_2)$，即

$$D^2(X,G_i)=(X-\mu^{(i)})'(\Sigma^{(i)})^{-1}(X-\mu^{(i)}) \qquad i=1,2$$

其中，$X=(x_1,x_2,\cdots,x_m)'$ 是从期望 $\mu^{(i)}=(\mu_1,\mu_2,\cdots,\mu_m)'$ 和协方差阵 $\Sigma^{(i)}=(\sigma_{ij})_{m\times m}>0$ 的总体 G_i 中抽得的观测值，若变量之间是相互无关的，则协方差矩阵为对角矩阵。

当 Σ，$\mu^{(1)}$，$\mu^{(2)}$ 已知，且 $\Sigma^{(1)}=\Sigma^{(2)}=\Sigma$ 时

$$D^2(X,G_2)-D^2(X,G_1)=2[X-\frac{1}{2}(\mu^{(1)}+\mu^{(2)})]'\Sigma^{-1}(\mu^{(1)}-\mu^{(2)})$$

令 $\bar{\mu}=1/2(\mu^{(1)}+\mu^{(2)})$，$\alpha=\Sigma^{-1}(\mu^{(1)}-\mu^{(2)})$，$\alpha$ 称为判别系数，则判别函数为

$$W(X)=(X-\bar{\mu})'\Sigma^{-1}(\mu^{(1)}-\mu^{(2)})=\alpha'(X-\bar{\mu})$$

判别准则为

$x\in G_1$，当 $W(X)>0$；

$x\in G_2$，当 $W(X)<0$；

待判，当 $W(X)=0$。

当 Σ，$\mu^{(1)}$，$\mu^{(2)}$ 已知，但 $\Sigma^{(1)}\neq\Sigma^{(2)}$ 时，则判别函数为

$$\begin{aligned}W(X)&=D^2(X,G_2)-D^2(X,G_1)\\&=(X-\mu^{(2)})'(\Sigma^{(2)})^{-1}(X-\mu^{(2)})-(X-\mu^{(1)})'(\Sigma^{(1)})^{-1}(X-\mu^{(1)})\end{aligned}$$

判别准则为

$x\in G_1$，当 $W(X)>0$；

$x\in G_2$，当 $W(X)<0$；

待判，当 $W(X)=0$。

当 Σ，$\mu^{(1)}$，$\mu^{(2)}$ 未知时，可通过样本来进行估计，对于具有 p 个属性的两类总体 G_1、G_2，已知 G_1 的 n_1 个训练样本，G_2 的 n_2 个训练样本为

$$\begin{bmatrix}x_{11}^{(1)} & x_{12}^{(1)} & \cdots & x_{1p}^{(1)}\\ x_{21}^{(1)} & x_{22}^{(1)} & \cdots & x_{2p}^{(1)}\\ \cdots & \cdots & \cdots & \cdots\\ x_{n_1 1}^{(1)} & x_{n_1 2}^{(1)} & \cdots & x_{n_1 p}^{(1)}\end{bmatrix}$$

$$\begin{bmatrix} x_{11}^{(2)} & x_{12}^{(2)} & \cdots & x_{1p}^{(2)} \\ x_{21}^{(2)} & x_{22}^{(2)} & \cdots & x_{2p}^{(2)} \\ \cdots & \cdots & \cdots & \cdots \\ x_{n_2 1}^{(2)} & x_{n_2 2}^{(2)} & \cdots & x_{n_2 p}^{(2)} \end{bmatrix}$$

G_1、G_2 的总体均值根据样本均值估计得到：

$$\overline{x}_i^{(1)} = \frac{1}{n_1}\sum_{k=1}^{n_1} x_{ki}^{(1)} \quad i = 1,2,\dots,p$$

$$\overline{x}_i^{(2)} = \frac{1}{n_2}\sum_{k=1}^{n_2} x_{ki}^{(2)} \quad i = 1,2,\dots,p$$

分别求出总体 G_1、G_2 的协方差矩阵 $S^{(1)}$、$S^{(2)}$：其中，协方差矩阵具体元素为

$$s_{ij}^{(1)} = \frac{1}{n_1 - 1}\sum_{k=1}^{n_1}(x_{ki}^{(1)} - \overline{x}_i^{(1)})(x_{kj}^{(1)} - \overline{x}_j^{(1)}) \quad i,j = 1,2,\dots,p$$

$$s_{ij}^{(2)} = \frac{1}{n_2 - 1}\sum_{k=1}^{n_2}(x_{ki}^{(2)} - \overline{x}_i^{(2)})(x_{kj}^{(2)} - \overline{x}_j^{(2)}) \quad i,j = 1,2,\dots,p$$

对于任意新样本 $X=(x_1, x_2, \cdots, x_p)^{\mathrm{T}}$，分别计算它到总体 G_1、G_2 的马氏距离：

$$D^2(X,G_1) = \begin{bmatrix} x_1 - \overline{x}_1^{(1)} \\ x_2 - \overline{x}_2^{(1)} \\ \cdots \\ x_p - \overline{x}_p^{(1)} \end{bmatrix}^T \cdot \begin{bmatrix} s_{11}^{(1)} & s_{12}^{(1)} & \cdots & s_{1p}^{(1)} \\ s_{21}^{(1)} & s_{22}^{(1)} & \cdots & s_{2p}^{(1)} \\ \cdots & \cdots & \cdots & \cdots \\ s_{p1}^{(1)} & s_{p2}^{(1)} & \cdots & s_{pp}^{(1)} \end{bmatrix}^{-1} \cdot \begin{bmatrix} x_1 - \overline{x}_1^{(1)} \\ x_2 - \overline{x}_2^{(1)} \\ \cdots \\ x_p - \overline{x}_p^{(1)} \end{bmatrix}$$

$$D^2(X,G_2) = \begin{bmatrix} x_1 - \overline{x}_1^{(2)} \\ x_2 - \overline{x}_2^{(2)} \\ \cdots \\ x_p - \overline{x}_p^{(2)} \end{bmatrix}^T \cdot \begin{bmatrix} s_{11}^{(2)} & s_{12}^{(2)} & \cdots & s_{1p}^{(2)} \\ s_{21}^{(2)} & s_{22}^{(2)} & \cdots & s_{2p}^{(2)} \\ \cdots & \cdots & \cdots & \cdots \\ s_{p1}^{(2)} & s_{p2}^{(2)} & \cdots & s_{pp}^{(2)} \end{bmatrix}^{-1} \cdot \begin{bmatrix} x_1 - \overline{x}_1^{(2)} \\ x_2 - \overline{x}_2^{(2)} \\ \cdots \\ x_p - \overline{x}_p^{(2)} \end{bmatrix}$$

判别函数 $W(X)$：

$$W(X) = D^2(X,G_2) - D^2(X,G_1)$$

判别准则为

$x \in G_1$，当 $W(X)>0$；

$x \in G_2$，当 $W(X)<0$；

待判，当 $W(X)=0$。

特别的，当$\Sigma^{(1)}=\Sigma^{(2)}=\Sigma$时，$\Sigma$的一个无偏估计是

$$\hat{\Sigma} = S = \frac{(n_1 - 1)S^{(1)} + (n_2 - 1)S^{(2)}}{n_1 + n_2 - 2}$$

此时，判别函数 $W(X)$为

$$W(X) = (X - \overline{x})'\Sigma^{-1}(\overline{x}^{(1)} - \overline{x}^{(2)}) = \alpha^T(X - \overline{x})$$

其中，$\alpha = S^{-1}(\overline{x}^{(1)} - \overline{x}^{(2)})$，$\overline{x} = \frac{1}{2}(\overline{x}^{(1)} + \overline{x}^{(2)})$。

7.2 判别分析实例

常见的判别分析方法有距离判别、费雪尔判别及贝叶斯判别，其中以距离判别法简单实用。使用多元统计方法中的距离判别分析法，利用 Excel 2007 函数，很容易实现判别分析，本节用具体实例来介绍如何在 Excel 中实现判别分析。

例 7.1 脂肪肝患者疾病判别分析实例

在体检中偶然发现脂肪肝患者可伴有血脂增高、肝功能的改变和血糖增高。某学校对教职工体检脂肪肝与甘油三脂（TG）、胆固醇（TC）、谷丙转氨酶（ALT）、血糖（GS）增高的关系进行了研究，发现脂肪肝与 TG、TC、ALT、GS 之间有一定的相关性，但非一致性，即非脂肪肝人群也有可能 TG、TC、ALT、GS 中有几项增高。

为此，通过数理研究的方法来研究分析，利用多元统计线性判别分析法。为增加判别准确率，对体检数据进行了分层抽样，在非脂肪肝人群中，对 TG、TC、ALT、GS 中有几项增高的都等比例的抽样给出，脂肪肝人群为随机抽样，抽样的原始数据如表 7.1 所示。试使用多元统计方法中的距离判别分析法求出判别系数以及判别函数。

表 7.1　　脂肪肝判别分析原始数据

非脂肪肝						脂肪肝					
编号	TG	TC	ALT	GS	类型	编号	TG	TC	ALT	GS	类型
1	0.77	5.27	40	6.21	1	19	2.33	5.38	44	5.5	2
2	1.47	4.35	67	4.7	1	20	1.23	6	78	5	2
3	0.83	3.42	29	4.2	1	21	2.57	5.9	46	5	2
4	1.43	4.6	55	7	1	22	4.11	4.31	75	6.1	2
5	2.31	3.74	35	5.4	1	23	2.32	4.81	92	5.5	2
6	1.42	4.03	56	4.8	1	24	3.96	7.34	80	4.6	2
7	2.97	4.08	46	4.8	1	25	4.51	5.3	73	5.4	2
8	2.46	4.5	35	5.8	1	26	4.04	5.36	58	5.7	2
9	1.6	5.76	92	4.7	1	27	2.26	5.4	65	5.2	2
10	1.69	6.51	39	5.6	1	28	2.12	4.59	91	5.4	2
11	0.65	6.07	38	5.3	1	29	2.36	5.65	54	5.7	2
12	1.74	4.76	27	6.3	1	30	1.32	6.02	87	5	2
13	3.73	2.8	38	4.8	1	31	1.96	5.62	73	5.7	2
14	0.78	4.99	26	4.8	1	32	1.77	5.16	40	5.3	2
15	0.94	4.58	77	4.9	1	33	2.58	4.84	47	5	2
16	1.34	5.35	35	6.6	1	34	3.11	4.8	73	8.9	2
17	0.69	5.84	36	7.7	1	35	2.47	4.62	60	5	2
18	0.64	3.8	26	5.3	1	36	3.24	6.44	130	8.3	2

判别分析过程的具体操作步骤如下。

Step 01：新建“例 7.1 脂肪肝判别分析原始数据.xlsx”工作表，将表 7.1 数据输入到新建工作表中，创建原始数据表格，如图 7.1 所示。

	A	B	C	D	E	F	G	H	I	J	K	L
1	非脂肪肝						脂肪肝					
2	编号	TG	TC	ALT	GS	类型	编号	TG	TC	ALT	GS	类型
3	1	0.77	5.27	40	6.21	1	19	2.33	5.38	44	5.5	2
4	2	1.47	4.35	67	4.7	1	20	1.23	6	78	5	2
5	3	0.83	3.42	29	4.2	1	21	2.57	5.9	46	5	2
6	4	1.43	4.6	55	7	1	22	4.11	4.31	75	6.1	2
7	5	2.31	3.74	35	5.4	1	23	2.32	4.81	92	5.5	2
8	6	1.42	4.03	56	4.8	1	24	3.96	7.34	80	4.6	2
9	7	2.97	4.08	46	4.8	1	25	4.51	5.3	73	5.4	2
10	8	2.46	4.5	35	5.8	1	26	4.04	5.36	58	5.7	2
11	9	1.6	5.76	92	4.7	1	27	2.26	5.4	65	5.2	2
12	10	1.69	6.51	39	5.6	1	28	2.12	4.59	91	5.4	2
13	11	0.65	6.07	38	5.3	1	29	2.36	5.65	54	5.7	2
14	12	1.74	4.76	27	6.3	1	30	1.32	6.02	87	5	2
15	13	3.73	2.8	38	4.8	1	31	1.96	5.62	73	5.7	2
16	14	0.78	4.99	26	4.8	1	32	1.77	5.16	40	5.3	2
17	15	0.94	4.58	77	4.9	1	33	2.58	4.84	47	5	2
18	16	1.34	5.35	35	6.6	1	34	3.11	4.8	73	8.9	2
19	17	0.69	5.84	36	7.7	1	35	2.47	4.62	60	5	2
20	18	0.64	3.8	26	5.3	1	36	3.24	6.44	130	8.3	2
21												

图 7.1 脂肪肝判别分析原始数据

Step 02：求非脂肪肝样本均值。单击 B22 单元格，在编辑栏中输入公式“=AVERAGE (B3:B20)”，按回车键；然后再单击 B22 单元格，将鼠标移动至 B22 单元格右下角，当出现黑色十字光标时，单击左键拖动至 E22 单元格，求出非脂肪肝 TG、TC、ALT 以及 GS 样本数据的均值。

Step 03：求脂肪肝样本均值。同上步一样，单击 H22 单元格，然后在编辑栏中输入公式“=AVERAGE(H3:H20)”，按回车键；然后再单击 H22 单元格，将鼠标移动至 H22 单元格右下角，当出现黑色十字光标时单击左键拖动至 K22 单元格，利用 Excel 的自动填充功能求出脂肪肝 TG、TC、ALT 以及 GS 样本数据的均值，求得样本均值如图 7.2 所示。

	A	B	C	D	E	F	G	H	I	J	K	L
1	非脂肪肝						脂肪肝					
2	编号	TG	TC	ALT	GS	类型	编号	TG	TC	ALT	GS	类型
3	1	0.77	5.27	40	6.21	1	19	2.33	5.38	44	5.5	2
4	2	1.47	4.35	67	4.7	1	20	1.23	6	78	5	2
5	3	0.83	3.42	29	4.2	1	21	2.57	5.9	46	5	2
6	4	1.43	4.6	55	7	1	22	4.11	4.31	75	6.1	2
7	5	2.31	3.74	35	5.4	1	23	2.32	4.81	92	5.5	2
8	6	1.42	4.03	56	4.8	1	24	3.96	7.34	80	4.6	2
9	7	2.97	4.08	46	4.8	1	25	4.51	5.3	73	5.4	2
10	8	2.46	4.5	35	5.8	1	26	4.04	5.36	58	5.7	2
11	9	1.6	5.76	92	4.7	1	27	2.26	5.4	65	5.2	2
12	10	1.69	6.51	39	5.6	1	28	2.12	4.59	91	5.4	2
13	11	0.65	6.07	38	5.3	1	29	2.36	5.65	54	5.7	2
14	12	1.74	4.76	27	6.3	1	30	1.32	6.02	87	5	2
15	13	3.73	2.8	38	4.8	1	31	1.96	5.62	73	5.7	2
16	14	0.78	4.99	26	4.8	1	32	1.77	5.16	40	5.3	2
17	15	0.94	4.58	77	4.9	1	33	2.58	4.84	47	5	2
18	16	1.34	5.35	35	6.6	1	34	3.11	4.8	73	8.9	2
19	17	0.69	5.84	36	7.7	1	35	2.47	4.62	60	5	2
20	18	0.64	3.8	26	5.3	1	36	3.24	6.44	130	8.3	2
21												
22	非脂肪肝样本均值	1.525556	4.691667	44.27778	5.495		脂肪肝样本均值	2.681111	5.418889	70.33333	5.683333	
23												

图 7.2 非脂肪肝和脂肪肝的影响因素的样本均值

Step 04：求均值差。单击 B24 单元格，然后在编辑栏中输入公式“=B22-H22”，按回车键；然后再单击 B24 单元格，将鼠标移动至 B24 单元格右下角，当出现黑色十字光标时，单击左键拖动至 E24 单元格，求出 B24:E24 单元格区域均值差。

Step 05：求 $\bar{x}^T$。单击 B26 单元格，然后在编辑栏中输入公式“=(B22+H22)/2”，按回车

键；然后再单击 B26 单元格，将鼠标移动至 B26 单元格右下角，当出现黑色十字光标时单击左键不放，拖动至 E26 单元格，利用 Excel 的自动填充功能求出 B26:E26 单元格区域的对应值，结果如图 7.3 所示。

	A	B	C	D	E	F	G	H	I	J	K	L
1	非脂肪肝						脂肪肝					
2	编号	TG	TC	ALT	GS	类型	编号	TG	TC	ALT	GS	类型
3	1	0.77	5.27	40	6.21	1	19	2.33	5.38	44	5.5	2
4	2	1.47	4.35	67	4.7	1	20	1.23	6	78	5	2
5	3	0.83	3.42	29	4.2	1	21	2.57	5.9	46	5	2
6	4	1.43	4.6	55	7	1	22	4.11	4.31	75	6.1	2
7	5	2.31	3.74	35	5.4	1	23	2.32	4.81	92	5.5	2
8	6	1.42	4.03	56	4.8	1	24	3.96	7.34	80	4.6	2
9	7	2.97	4.08	46	4.8	1	25	4.51	5.3	73	5.4	2
10	8	2.46	4.5	35	5.8	1	26	4.04	5.36	58	5.7	2
11	9	1.6	5.76	92	4.7	1	27	2.26	5.4	65	5.2	2
12	10	1.69	6.51	39	5.6	1	28	2.12	4.59	91	5.4	2
13	11	0.65	6.07	38	5.3	1	29	2.36	5.65	54	5.7	2
14	12	1.74	4.76	27	6.3	1	30	1.32	6.02	87	5	2
15	13	3.73	2.8	38	4.8	1	31	1.96	5.62	73	5.7	2
16	14	0.78	4.99	26	4.8	1	32	1.77	5.16	40	5.3	2
17	15	0.94	4.58	77	4.9	1	33	2.58	4.84	47	5	2
18	16	1.34	5.35	35	6.6	1	34	3.11	4.8	73	8.9	2
19	17	0.69	5.84	36	7.7	1	35	2.47	4.62	60	5	2
20	18	0.64	3.8	26	5.3	1	36	3.24	6.44	130	8.3	2
21												
22	非脂肪肝样本均值	1.525556	4.691667	44.27778	5.495		脂肪肝样本均值	2.681111	5.418889	70.33333	5.683333	
23												
24	均值差	-1.15556	-0.72722	-26.0556	-0.18833							
25												
26	$\bar{x}^T$	2.103333	5.055278	57.30556	5.589167							
27												

图 7.3　均值差 $\bar{X}^{(1)}-\bar{X}^{(2)}$和 $\bar{X}^{\mathrm{T}}$的值

Step 06：将脂肪肝判别分析原始数据复制到 A29:L48 单元格区域，并将 B31:E48 单元格区域和 H31:K48 单元格区域中的样本数据值删除，然后合并 A28:L28 单元格区域，并输入“样本差”。如图 7.4 所示。

	A	B	C	D	E	F	G	H	I	J	K	L
28	样本差											
29	非脂肪肝						脂肪肝					
30	编号	TG	TC	ALT	GS	类型	编号	TG	TC	ALT	GS	类型
31	1					1	19					2
32	2					1	20					2
33	3					1	21					2
34	4					1	22					2
35	5					1	23					2
36	6					1	24					2
37	7					1	25					2
38	8					1	26					2
39	9					1	27					2
40	10					1	28					2
41	11					1	29					2
42	12					1	30					2
43	13					1	31					2
44	14					1	32					2
45	15					1	33					2
46	16					1	34					2
47	17					1	35					2
48	18					1	36					2

图 7.4　求样本差区域

Step 07：求非脂肪肝下的样本与对应均值的差。单击单元格 B31，然后在编辑栏中输入公式“=B3-$B$22”，按回车键；再单击单元格 C31，然后在编辑栏中输入公式“=C3-$C$22”，按回车键；继续单击 D31 单元格，然后在编辑栏中输入公式“=D3-$D$22”，按回车键；然后再继续单击 E31 单元格，然后在编辑栏中输入公式“=E3-$E$22”，按回车键结束。

Step 08：单击 B31 单元格，将鼠标移动至 B31 单元格右下角，当出现黑色十字光标时单击左键，先拖动至 E31 单元格，然后再继续向下拖动鼠标至 E48 单元格，求出 B31:E48 单元格区域的值，即所有非脂肪肝下的样本与对应均值的差，如图 7.5 所示。

	A	B	C	D	E	F	G	H	I	J	K	L
28	样本差											
29	非脂肪肝						脂肪肝					
30	编号	TG	TC	ALT	GS	类型	编号	TG	TC	ALT	GS	类型
31	1	-0.75556	0.578333	-4.27778	0.715	1	19					2
32	2	-0.05556	-0.34167	22.72222	-0.795	1	20					2
33	3	-0.69556	-1.27167	-15.2778	-1.295	1	21					2
34	4	-0.09556	-0.09167	10.72222	1.505	1	22					2
35	5	0.784444	-0.95167	-9.27778	-0.095	1	23					2
36	6	-0.10556	-0.66167	11.72222	-0.695	1	24					2
37	7	1.444444	-0.61167	1.722222	-0.695	1	25					2
38	8	0.934444	-0.19167	-9.27778	0.305	1	26					2
39	9	0.074444	1.068333	47.72222	-0.795	1	27					2
40	10	0.164444	1.818333	-5.27778	0.105	1	28					2
41	11	-0.87556	1.378333	-6.27778	-0.195	1	29					2
42	12	0.214444	0.068333	-17.2778	0.805	1	30					2
43	13	2.204444	-1.89167	-6.27778	-0.695	1	31					2
44	14	-0.74556	0.298333	-18.2778	-0.695	1	32					2
45	15	-0.58556	-0.11167	32.72222	-0.595	1	33					2
46	16	-0.18556	0.658333	-9.27778	1.105	1	34					2
47	17	-0.83556	1.148333	-8.27778	2.205	1	35					2
48	18	-0.88556	-0.89167	-18.2778	-0.195	1	36					2
49												

图 7.5　非脂肪肝下的样本与对应均值的差

Step 09：求脂肪肝下的样本与对应均值的差。操作步骤同前两步一样，单击单元格 H31，然后在编辑栏中输入公式“=H3-$H$22”，按回车键；再单击单元格 I31，然后在编辑栏中输入公式“=I3-$I$22”，按回车键；继续单击 J31 单元格，然后在编辑栏中输入公式“=J3-$J$22”，按回车键；然后再继续单击 K31 单元格，然后在编辑栏中输入公式“=K3-$K$22”，按回车键结束。

Step 10：单击选中 H31:K31 单元格，将鼠标移动至 K31 单元格右下角，当出现黑色十字光标时单击左键，向下拖动至 K48 单元格，求出 H31:K48 单元格区域的值，即所有脂肪肝下的样本与对应均值的差，如图 7.6 所示。

	A	B	C	D	E	F	G	H	I	J	K	L
28	样本差											
29	非脂肪肝						脂肪肝					
30	编号	TG	TC	ALT	GS	类型	编号	TG	TC	ALT	GS	类型
31	1	-0.75556	0.578333	-4.27778	0.715	1	19	-0.35111	-0.03889	-26.3333	-0.18333	2
32	2	-0.05556	-0.34167	22.72222	-0.795	1	20	-1.45111	0.581111	7.666667	-0.68333	2
33	3	-0.69556	-1.27167	-15.2778	-1.295	1	21	-0.11111	0.481111	-24.3333	-0.68333	2
34	4	-0.09556	-0.09167	10.72222	1.505	1	22	1.428889	-1.10889	4.666667	0.416667	2
35	5	0.784444	-0.95167	-9.27778	-0.095	1	23	-0.36111	-0.60889	21.66667	-0.18333	2
36	6	-0.10556	-0.66167	11.72222	-0.695	1	24	1.278889	1.921111	9.666667	-1.08333	2
37	7	1.444444	-0.61167	1.722222	-0.695	1	25	1.828889	-0.11889	2.666667	-0.28333	2
38	8	0.934444	-0.19167	-9.27778	0.305	1	26	1.358889	-0.05889	-12.3333	0.016667	2
39	9	0.074444	1.068333	47.72222	-0.795	1	27	-0.42111	-0.01889	-5.33333	-0.48333	2
40	10	0.164444	1.818333	-5.27778	0.105	1	28	-0.56111	-0.82889	20.66667	-0.28333	2
41	11	-0.87556	1.378333	-6.27778	-0.195	1	29	-0.32111	0.231111	-16.3333	0.016667	2
42	12	0.214444	0.068333	-17.2778	0.805	1	30	-1.36111	0.601111	16.66667	-0.68333	2
43	13	2.204444	-1.89167	-6.27778	-0.695	1	31	-0.72111	0.201111	2.666667	0.016667	2
44	14	-0.74556	0.298333	-18.2778	-0.695	1	32	-0.91111	-0.25889	-30.3333	-0.38333	2
45	15	-0.58556	-0.11167	32.72222	-0.595	1	33	-0.10111	-0.57889	-23.3333	-0.68333	2
46	16	-0.18556	0.658333	-9.27778	1.105	1	34	0.428889	-0.61889	2.666667	3.216667	2
47	17	-0.83556	1.148333	-8.27778	2.205	1	35	-0.21111	-0.79889	-10.3333	-0.68333	2
48	18	-0.88556	-0.89167	-18.2778	-0.195	1	36	0.558889	1.021111	59.66667	2.616667	2
49												

图 7.6　脂肪肝下的样本与对应均值的差

Step 11：求协方差矩阵 S 第一行元素。单击 A51 单元格，在编辑栏中输入公式“=(SUMPRODUCT($B$31:$B$48,B31:B48)+SUMPRODUCT($H$31:$H$48,H31:H48))/(36-2)”，按回车键；然后再单击 A51 单元格，将鼠标移动至 A51 单元格右下角，当出现黑色十字光标时，单击左键拖动至 D51 单元格，求出 A51:D51 单元格区域内的值。

Step 12：求协方差矩阵 S 第二行元素。单击 A52 单元格，再在编辑栏输入公式“=(SUMPRODUCT($C$31:$C$48,B31:B48)+SUMPRODUCT($I$31:$I$48,H31:H48))/(36-2)”，

按回车键；然后再单击 A52 单元格，将鼠标移动至 A52 单元格右下角，当出现黑色十字光标时单击左键拖动至 D52 单元格，利用 Excel 自动填充功能求出 A52:D52 单元格区域内的值。

Step 13：求协方差矩阵 S 第三行元素。单击 A53 单元格，在编辑栏输入公式“=(SUMPRODUCT($D$31:$D$48,B31:B48)+SUMPRODUCT($J$31:$J$48,H31:H48))/(36-2)”，按回车键；然后再单击 A53 单元格，利用 Excel 自动填充功能求出 A53：D53 单元格区域内的值。

Step 14：求协方差矩阵 S 第四行元素。单击 A54 单元格，在编辑栏中输入公式“=(SUMPRODUCT($E$31:$E$48,B31:B48)+SUMPRODUCT($K$31:$K$48,H31:H48))/(36-2)”，按回车键；再单击 A54 单元格，利用 Excel 自动填充功能求出 A54:D54 单元格区域内的值。协方差矩阵 S 如图 7.7 所示。

	A	B	C	D	E
50	协方差矩阵S				
51	0.8342007	-0.19356	1.320752	0.055716	
52	-0.19356	0.761713	3.471716	0.155606	
53	1.3207516	3.471716	411.9297	3.299559	
54	0.0557157	0.155606	3.299559	1.070843	
55					

图 7.7　协方差矩阵 S

【注意】SUMPRODUCT 函数在给定的几组数组中，将数组间对应的元素相乘，并返回乘积之和。

函数语法：SUMPRODUCT(array1,array2,array3,...)

- array1，array2，array3，...为 2 到 255 个数组，其相应元素进行相乘并求和。
- 数组参数必须具有相同的维数，否则，函数 SUMPRODUCT 将返回错误值#VALUE!。
- 函数 SUMPRODUCT 将非数值型的数组元素作为 0 处理。

Step 15：求协方差矩阵 S 的逆矩阵 S^{-1}。单击 F51 单元格并拖动鼠标选中 F51:I54 单元格区域，在编辑栏中输入公式“=MINVERSE(A51:D54)”，按 Ctrl+Shift+Enter 组合键，求的协方差矩阵 S 的逆矩阵 S^{-1} 如图 7.8 所示。

	A	B	C	D	E	F	G	H	I	J
50	协方差矩阵S					S^{-1}				
51	0.8342007	-0.19356	1.320752	0.055716		1.304857	0.382664	-0.00658	-0.10322	
52	-0.19356	0.761713	3.471716	0.155606		0.382664	1.50728	-0.01232	-0.20097	
53	1.3207516	3.471716	411.9297	3.299559		-0.00658	-0.01232	0.0026	-0.00588	
54	0.0557157	0.155606	3.299559	1.070843		-0.10322	-0.20097	-0.00588	0.986528	
55										

图 7.8　协方差矩阵 S 的逆矩阵 S^{-1}

Step 16：求 $\bar{x}^{(1)}-\bar{x}^{(2)}$ 矩阵。$\bar{x}^{(1)}-\bar{x}^{(2)}$ 矩阵就是在 Step 04 中求的均值差的转置。单击 A57 单元格并拖动鼠标选中 A57:A60 单元格区域，在编辑栏中输入公式“=TRANSPOSE(B24:E24)”，按 Ctrl+Shift+Enter 组合键，求出 $\bar{x}^{(1)}-\bar{x}^{(2)}$ 矩阵，结果如图 7.9 所示。

A57　　{=TRANSPOSE(B24:E24)}

	A	B	C	D	E	F
56	$\bar{x}^{(1)}-\bar{x}^{(2)}$					
57	-1.155556					
58	-0.727222					
59	-26.05556					
60	-0.188333					
61						

图 7.9　$\bar{x}^{(1)}-\bar{x}^{(2)}$ 矩阵结果

【注意】TRANSPOSE 函数可返回转置单元格区域，即将行单元格区域转置成列单元格区域，反之亦然。TRANSPOSE 函数必须在与源单元格区域具有相同行数和列数的单元格区域中作为数组公式（数组公式对一组或多组值执行多重计算，并返回一个或多个结果。数组公式括于大括号{}中。按 Ctrl+Shift+Enter 可以输入数组公式）分别输入。使用 TRANSPOSE 可以转置数组或工作表上单元格区域的垂直和水平方向。

函数语法：TRANSPOSE(array)

- array 需要进行转置的数组或工作表上的单元格区域。

Step 17：求 $\bar{x}$ 。单击 C57 单元格并拖动鼠标选中 C57:C60 单元格区域，在编辑栏中输入公式“=TRANSPOSE(B26:E26)”，按 Ctrl+Shift+Enter 组合键，所求结果如图 7.10 所示。

C57 {=TRANSPOSE(B26:E26)}

	A	B	C	D	E	F
56	$\bar{x}^{(1)}-\bar{x}^{(2)}$		$\bar{x}$			
57	-1.155556		2.103333			
58	-0.727222		5.055278			
59	-26.05556		57.30556			
60	-0.188333		5.589167			
61						

图 7.10 $\bar{x}$ 矩阵

Step 18：求判别系数α。单击 E57 单元格，拖动鼠标选中 E57:E60 单元格区域，在编辑栏中输入公式“=MMULT(F51:I54,A57:A60)”，然后按 Ctrl+Shift+Enter，求得结果如图 7.11 所示。

E57 {=MMULT(F51:I54,A57:A60)}

	A	B	C	D	E	F	G	H	I	J
50		协方差矩阵S					S^{-1}			
51	0.8342007	-0.19356	1.320752	0.055716		1.304857	0.382664	-0.00658	-0.10322	
52	-0.19356	0.761713	3.471716	0.155606		0.382664	1.50728	-0.01232	-0.20097	
53	1.3207516	3.471716	411.9297	3.299559		-0.00658	-0.01232	0.0026	-0.00588	
54	0.0557157	0.155606	3.299559	1.070843		-0.10322	-0.20097	-0.00588	0.986528	
55										
56	$\bar{x}^{(1)}-\bar{x}^{(2)}$		$\bar{x}$		α					
57	-1.155556		2.103333		-1.59518					
58	-0.727222		5.055278		-1.17945					
59	-26.05556		57.30556		-0.05006					
60	-0.188333		5.589167		0.232766					
61										

图 7.11 判别系数 α

【注意】MMULT 函数返回两个数组的矩阵乘积。

函数语法：MMULT(array1,array2)

- array1，array2 是要进行矩阵乘法运算的两个数组。
- array1 的列数必须与 array2 的行数相同，而且两个数组中都只能包含数值。
- array1 和 array2 可以是单元格区域、数组常量或引用。
- 当任意单元格为空或包含文字，或 array1 的列数与 array2 的行数不相等时，MMULT 计算结果返回错误值#VALUE!。

● 对于返回结果为数组的公式，必须以数组公式的形式输入。

Step 19：求判别系数的转置α^T。单击 B62 单元格，拖动鼠标选中 B62:E62 单元格区域，然后再在编辑栏中输入公式“=TRANSPOSE(E57:E60)”，按 Ctrl+Shift+Enter 组合键，结果如图 7.12 所示。

B62　{=TRANSPOSE(E57:E60)}

	A	B	C	D	E	F
56	$\bar{x}^{(1)}-\bar{x}^{(2)}$		$\bar{x}$		α	
57	-1.155556		2.103333		-1.59518	
58	-0.727222		5.055278		-1.17945	
59	-26.05556		57.30556		-0.05006	
60	-0.188333		5.589167		0.232766	
61						
62	α^T	-1.59518	-1.17945	-0.05006	0.232766	
63						

图 7.12　判别系数的转置α^T

Step 20：求$\alpha^T \bar{x}$。单击 H56 单元格，然后再在编辑栏中输入公式“=MMULT(B62:E62, C57:C60)”，按 Ctrl+Shift+Enter 组合键，如图 7.13 所示。

H56　{=MMULT(B62:E62,C57:C60)}

	A	B	C	D	E	F	G	H
56	$\bar{x}^{(1)}-\bar{x}^{(2)}$		$\bar{x}$		α		$\alpha^T \cdot \bar{x}$	-10.8855
57	-1.155556		2.103333		-1.59518			
58	-0.727222		5.055278		-1.17945			
59	-26.05556		57.30556		-0.05006			
60	-0.188333		5.589167		0.232766			
61								
62	α^T	-1.59518	-1.17945	-0.05006	0.232766			
63								

图 7.13　$\alpha^T \bar{x}$ 值

从图中结果，可以写出判别函数为：

$$W(X) = -1.59518TG - 1.17945TC - 0.05006ALT + 0.232766GS + 10.8855$$

下面继续在 Excel 中操作，进行回代判别检验回代误判率。

Step 21：建立判别计算区域，如图 7.14 所示。

	A	B	C	D	E	F	G
64		非脂肪肝			脂肪肝		
65	编号	类型	判别结果	编号	类型	判别结果	
66	1	1		19	2		
67	2	1		20	2		
68	3	1		21	2		
69	4	1		22	2		
70	5	1		23	2		
71	6	1		24	2		
72	7	1		25	2		
73	8	1		26	2		
74	9	1		27	2		
75	10	1		28	2		
76	11	1		29	2		
77	12	1		30	2		
78	13	1		31	2		
79	14	1		32	2		
80	15	1		33	2		
81	16	1		34	2		
82	17	1		35	2		
83	18	1		36	2		
84							

图 7.14　判别计算区域

✎ Step 22：求非脂肪肝样本判别结果。单击 C66 单元格，然后依照判别准则，在编辑栏中输入公式“=IF($B$62*B3+$C$62*C3+$D$62*D3+$E$62*E3-$H$56>0,1,2)”，按回车键；然后再单击 C66 单元格，将鼠标移动至 C66 单元格右下角，当出现黑色十字光标时单击左键拖动至 C83 单元格，求出 C66:C83 单元格中的判别值。

【注意】IF 函数根据指定的条件计算结果为 TRUE 或 FALSE，返回不同的结果。可以使用 IF 对数值和公式执行条件检测。

函数语法：IF(logical_test,value_if_true,value_if_false)

- logical_test 表示计算结果为 TRUE 或 FALSE 的任意值或表达式。此参数可使用任何比较运算符。
- value_if_true 是 logical_test 为 TRUE 时返回的值。如果 logical_test 为 TRUE 而 value_if_true 为空，则此参数返回 0（零）。若要显示单词 TRUE，请为此参数使用逻辑值“TRUE”。value_if_true 可以是其他公式。
- value_if_false 是 logical_test 为 FALSE 时返回的值。如果 logical_test 为 FALSE 而 value_if_false 被省略（即 value_if_true 后没有逗号），则会返回逻辑值 FALSE。如果 logical_test 为 FALSE 且 value_if_false 为空（即 value_if_true 后有逗号并紧跟着右括号），则会返回值 0（零）。value_if_false 可以是其他公式。

✎ Step 23：求脂肪肝样本判别结果。单击 F66 单元格，依照判别准则，在编辑栏中输入公式“=IF($B$62*H3+$C$62*I3+$D$62*J3+$E$62*K3-$H$56>0,1,2)”，按回车键；然后再单击 F66 单元格，将鼠标移动至 F66 单元格右下角，当出现黑色十字光标时，单击左键拖动至 F83 单元格，求出 F66:F83 单元格中的判别值。判别结果如图 7.15 所示。

	A	B	C	D	E	F	G	H	I
56	$\bar{x}^{(1)}-\bar{x}^{(2)}$		$\bar{x}$		α		$\alpha^T \cdot \bar{x}$	-10.8855	
57	-1.155556		2.103333		-1.59518				
58	-0.727222		5.055278		-1.17945				
59	-26.05556		57.30556		-0.05006				
60	-0.188333		5.589167		0.232766				
61									
62	α^T	-1.59518	-1.17945	-0.05006	0.232766				
63									
64		非脂肪肝			脂肪肝				
65	编号	类型	判别结果	编号	类型	判别结果			
66	1	1	1	19	2	2			
67	2	1	1	20	2	2			
68	3	1	1	21	2	2			
69	4	1	1	22	2	2			
70	5	1	1	23	2	2			
71	6	1	1	24	2	2			
72	7	1	1	25	2	2			
73	8	1	1	26	2	2			
74	9	1	2	27	2	2			
75	10	1	2	28	2	2			
76	11	1	1	29	2	2			
77	12	1	1	30	2	2			
78	13	1	1	31	2	2			
79	14	1	1	32	2	1			
80	15	1	1	33	2	2			
81	16	1	1	34	2	2			
82	17	1	1	35	2	2			
83	18	1	1	36	2	2			
84									

图 7.15　判别结果

观察图 7.15，对比判别结果和实际的类型，可以看出，对于非脂肪肝人群，9 号、10 号判错，对于脂肪肝人群，32 号判错，判错率为 3/36=8.33%，回代误判率较低。因此，在医学诊断上可根据检测的 TG、TC、ALT、GS 来辅助判别是否为脂肪肝。有兴趣的读者可选择一可能 TG、TC、ALT、GS 样本数值，利用上述求判别结果的方法判别其所属类型。

7.3　Excel 操作及 VBA 编程解决

从例 7.1 的具体操作过程可以看出，虽然使用 Excel 函数可以进行判别分析，但是操作过程繁琐，需要通过使用多个函数以及多步骤的操作才能实现。如果能有一个进行判别分析的专业工作表函数，那么在进行判别分析时就可以简便的实现判别分析的计算，VBA（Visual Basic for Application）可以实现这一目的。VBA 是一种强大的编程语言，通过它可以开发 Excel 中无法找到的专业的工作表函数。

本节将使用 Excel VBA 编辑器编写判别分析计算程序，然后再调用此函数进行判别分析。通过“Visual Basic 编辑器”编写计算程序，建立自定义的专用距离判别分析函数 DisAnalysis（函数的名称可以自己设定）以及判别系数求解函数 DiscriCoefficient。这里依然以例 7.1 的数据为例，详细介绍具体的操作步骤和应用方法。

例 7.2　以例 7.1 实例为基础，通过 VBA 编程实现距离判别分析

首先，新建启用了宏的工作表“例 7.2 脂肪肝判别分析的 VBA 编程解决.xlsm”，输入实例 7.1 中的数据信息。为了更加方便，可直接将工作表“例 7.1 脂肪肝判别分析原始数据.xlsx”中的数据复制到新工作表中，并进行简单的修改，如图 7.16 所示。

	A	B	C	D	E	F	G	H	I	J	K	L	M	N
1				非脂肪肝							脂肪肝			
2	编号	TG	TC	ALT	GS	类型	判别结果	编号	TG	TC	ALT	GS	类型	判别结果
3	1	0.77	5.27	40	6.21	1		19	2.33	5.38	44	5.5	2	
4	2	1.47	4.35	67	4.7	1		20	1.23	6	78	5	2	
5	3	0.83	3.42	29	4.2	1		21	2.57	5.9	46	5	2	
6	4	1.43	4.6	55	7	1		22	4.11	4.31	75	6.1	2	
7	5	2.31	3.74	35	5.4	1		23	2.32	4.81	92	5.5	2	
8	6	1.42	4.03	56	4.8	1		24	3.96	7.34	80	4.6	2	
9	7	2.97	4.08	46	4.8	1		25	4.51	5.3	73	5.4	2	
10	8	2.46	4.5	35	5.8	1		26	4.04	5.36	58	5.7	2	
11	9	1.6	5.76	92	4.7	1		27	2.26	5.4	65	5.2	2	
12	10	1.69	6.51	39	5.6	1		28	2.12	4.59	91	5.4	2	
13	11	0.65	6.07	38	5.3	1		29	2.36	5.65	54	5.7	2	
14	12	1.74	4.76	27	6.3	1		30	1.32	6.02	87	5	2	
15	13	3.73	2.8	38	4.8	1		31	1.96	5.62	73	5.7	2	
16	14	0.78	4.99	26	4.8	1		32	1.77	5.16	40	5.3	2	
17	15	0.94	4.58	77	4.9	1		33	2.58	4.84	47	5	2	
18	16	1.34	5.35	35	6.6	1		34	3.11	4.8	73	8.9	2	
19	17	0.69	5.84	36	7.7	1		35	2.47	4.62	60	5	2	
20	18	0.64	3.8	26	5.3	1		36	3.24	6.44	130	8.3	2	
21														
22														
23	判别系数α^T													
24														

图 7.16　判别分析实例数据

首次使用 Excel 2007 VBA 编辑器需要先在功能区显示【开发工具】，然后再打开 VBA 编辑器进行编程。通过 VBA 编程建立判别分析工作表函数，进行判别分析的具体操作步骤如下。

Step 01：在功能区中显示【开发工具】选项卡。单击【Microsoft Office 按钮】（按钮），然后单击右下角的【Excel 选项】，弹出【Excel 选项】对话框；在【Excel 选项】对话框中

选择【常用】选项卡，然后继续单击选中【在功能区显示“开发工具”选项卡】复选框，如图 7.17 所示。

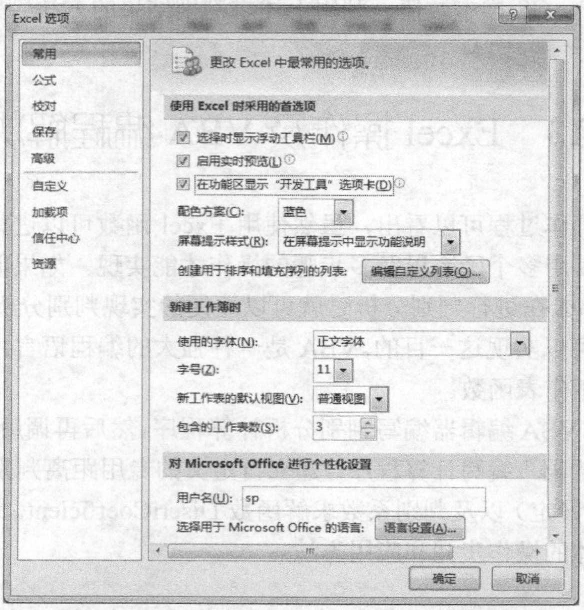

图 7.17　选中【在功能区显示“开发工具”选项卡】

然后单击【Excel 选项】对话框中的【确定】按钮，返回 Excel 中，可发现在功能区中多了一项【开发工具】选项卡，如图 7.18 所示。

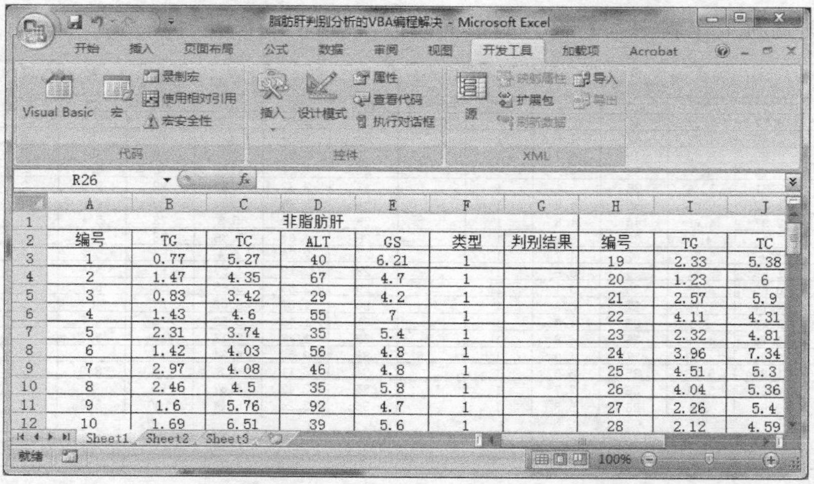

图 7.18　功能区增加开发工具

Step 02：打开 VB 编辑器。单击【开发工具】选项卡，在【代码】项下单击【Visual Basic】选项，可打开 VB 编辑器，如图 7.19 所示。VB 编辑器的页面可以根据需要放大或者缩小。

Step 03：插入模块。在【工程-VBAProject】窗口中检查是否存在【模块】，如果没有，则单击菜单栏中【插入】选项卡下的【模块】。插入模块后，立即弹出一个通用模块窗口，并在【工程-VBAProject】窗口中显示“模块 1”，如图 7.20 所示。

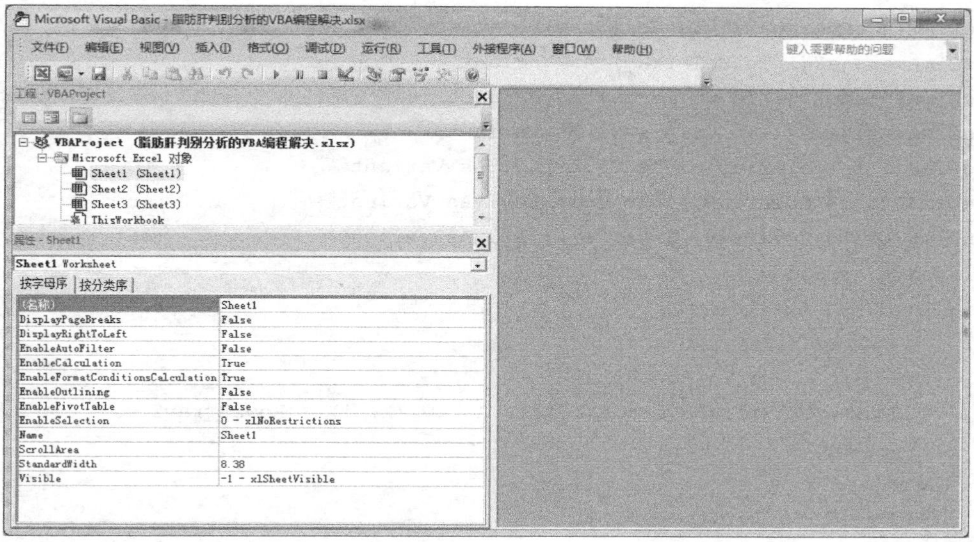

图 7.19　Excel 2007 的 Visual Basic 编辑器

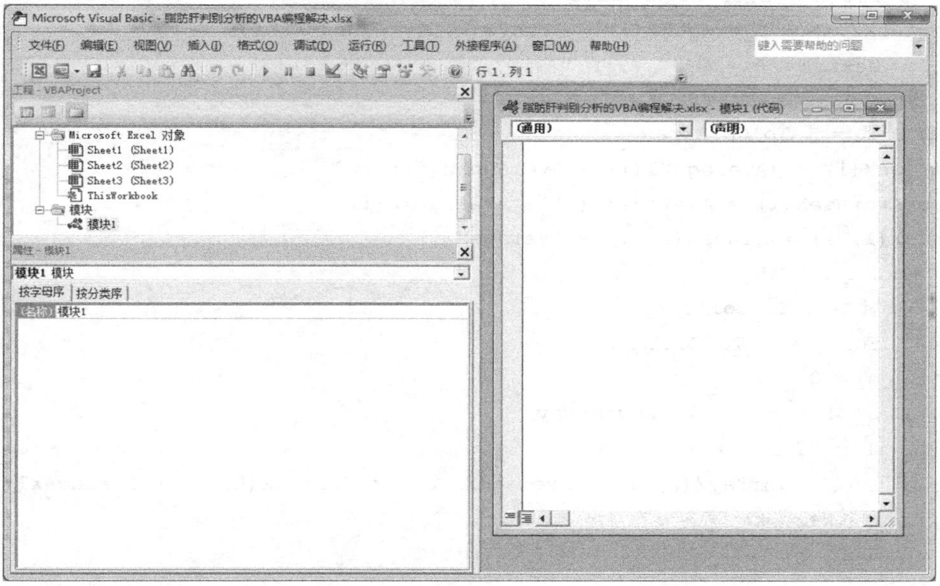

图 7.20　插入模块

Step 04：编写程序。在选定的“模块 1”窗口中编写程序，录入时需要按照一定的格式。自定义距离判别函数名为“DisAnalysis”，相应的程序代码内容如下。

```
Function DisAnalysis(Array1, Array2, Array3) As Variant
    Dim i%, j%, k%, W As Variant
    Dim ColArray%, RowsArray2%, RowsArray3%
    Dim MinusX, MinusAverageX(), AverageX(), AverageX1(), AverageX2() As Variant
    Dim S(), S1(), S2(), MInverseS, Transalpha As Variant
    RowsArray2 = Array2.Rows.Count
    RowsArray3 = Array3.Rows.Count
ColArray = Array2.Columns.Count
```

```
ReDimMinusAverageX(1 To ColArray)
ReDimAverageX(1 To ColArray) As Variant
ReDimAverageX1(1 To ColArray) As Variant
ReDimAverageX2(1 To ColArray) As Variant
ReDimS(1 To ColArray, 1 To ColArray) As Variant
ReDimS1(1 To ColArray, 1 To ColArray) As Variant
ReDimS2(1 To ColArray, 1 To ColArray) As Variant
MinusX = Array1
    For i = 1 To ColArray
        AverageX1(i) = 0
          For k = 1 To RowsArray2
        AverageX1(i) = AverageX1(i) + Array2(k, i) / RowsArray2
          Next k
    Next i
    For i = 1 To ColArray
AverageX2(i) = 0
        For k = 1 To RowsArray3
AverageX2(i) = AverageX2(i) + Array3(k, i) / RowsArray3
        Next k
    Next i
    For i = 1 To ColArray
AverageX(i) = (AverageX1(i) + AverageX2(i)) / 2
MinusAverageX(i) = AverageX1(i) - AverageX2(i)
MinusX(1, i) = MinusX(1, i) - AverageX(i)
    Next i
    For i = 1 To ColArray
        For j = 1 To ColArray
S1(i, j) = 0
            For k = 1 To RowsArray2
S1(i, j) = S1(i, j) + _
                (Array2(k, i) - AverageX1(i)) * (Array2(k, j) - AverageX1(j))
            Next k
        Next j
    Next i
    For i = 1 To ColArray
        For j = 1 To ColArray
S2(i, j) = 0
            For k = 1 To RowsArray3
S2(i, j) = S2(i, j) + _
                (Array3(k, i) - AverageX2(i)) * (Array3(k, j) - AverageX2(j))
            Next k
        Next j
    Next i
    For i = 1 To ColArray
        For j = 1 To ColArray
```

```
S(i, j) = 0
S(i, j) = S1(i, j) + S2(i, j)
S(i, j) = S(i, j) / (RowsArray2 + RowsArray3 - 2)
        Next j
    Next i
MInverseS = Application.WorksheetFunction.MInverse(S)
Transalpha = Application.WorksheetFunction.MMult(MinusAverageX, MInverseS)
MinusX = Application.WorksheetFunction.Transpose(MinusX)
    W = Application.WorksheetFunction.MMult(Transalpha, MinusX)
    If W(1) > 0 Then
W(1) = 1
ElseIf W(1) = 0 Then
        W(1) = "待判"
    Else
W(1) = 2
    End If
DisAnalysis = W(1)
End Function
```

编写好程序之后的模块窗口如图 7.21 所示，在主菜单中单击【文件】选项卡，单击选择【关闭并返回到 Microsoft Excel】选项，然后就可以调用自定义函数 DisAnalysis 了。

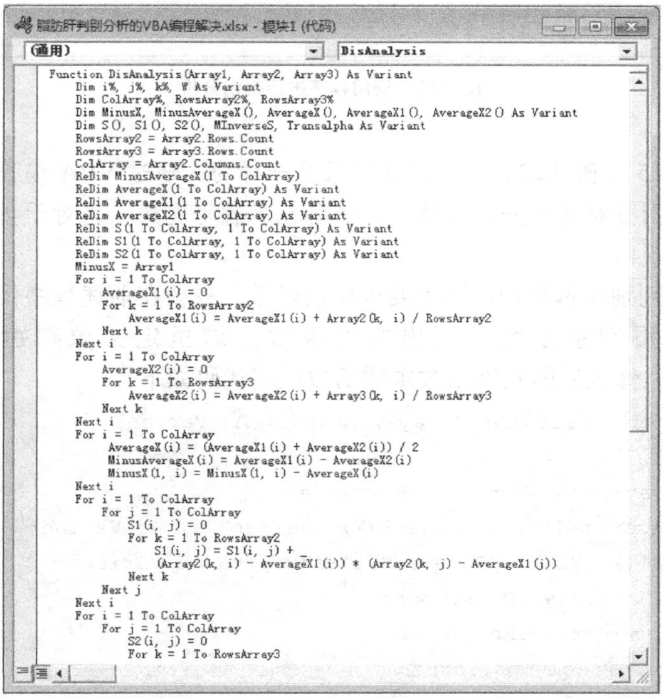

图 7.21 编写判别分析 VBA 程序的模块 1 窗口

所编写定义的 DisAnalysis 函数的应用格式为 DisAnalysis(Array1,Array2,Array3)，其中 Array1 为所要判别的新样本，Array2 为总体 G_1，Array3 为总体 G_2。

Step 05：利用 DisAnalysis 函数进行判别分析。单击选择 G3 单元格区域，在编辑栏中输入公式“=DisAnalysis(B3:E3,$B$3:$E$20,$I$3:$L$20)”，按 Enter 键结束；然后继续单击 G3 单元格，将鼠标移动至 G3 单元格右下角，当出现黑色十字光标时，单击左键拖动至 G20 单元格，求得编号 1～18 样本的判别结果。

单击 N3 单元格区域，在编辑栏中输入公式“=DisAnalysis(I3:L3,$B$3:$E$20,$I$3:$L$20)”，按 Enter 键结束；继续单击 N3 单元格，将鼠标移动至 N3 单元格右下角，当出现黑色十字光标时单击左键拖动至 N20 单元格，求得编号 19～36 样本的判别结果。判别结果如图 7.22 所示。

N3 =DisAnalysis(I3:L3,$B$3:$E$20,$I$3:$L$20)

	A	B	C	D	E	F	G	H	I	J	K	L	M	N
1	非脂肪肝							脂肪肝						
2	编号	TG	TC	ALT	GS	类型	判别结果	编号	TG	TC	ALT	GS	类型	判别结果
3	1	0.77	5.27	40	6.21	1	1	19	2.33	5.38	44	5.5	2	2
4	2	1.47	4.35	67	4.7	1	1	20	1.23	6	78	5	2	2
5	3	0.83	3.42	29	4.2	1	1	21	2.57	5.9	46	5	2	2
6	4	1.43	4.6	55	7	1	1	22	4.11	4.31	75	6.1	2	2
7	5	2.31	3.74	35	5.4	1	1	23	2.32	4.81	92	5.5	2	2
8	6	1.42	4.03	56	4.8	1	1	24	3.96	7.34	80	4.6	2	2
9	7	2.97	4.08	46	4.8	1	1	25	4.51	5.3	73	5.4	2	2
10	8	2.46	4.5	35	5.8	1	1	26	4.04	5.36	58	5.7	2	2
11	9	1.6	5.76	92	4.7	1	2	27	2.26	5.4	65	5.2	2	2
12	10	1.69	6.51	39	5.6	1	2	28	2.12	4.59	91	5.4	2	2
13	11	0.65	6.07	38	5.3	1	1	29	2.36	5.65	54	5.7	2	2
14	12	1.74	4.76	27	6.3	1	1	30	1.32	6.02	87	5	2	2
15	13	3.73	2.8	38	4.8	1	1	31	1.96	5.62	73	5.7	2	2
16	14	0.78	4.99	26	4.8	1	1	32	1.77	5.16	40	5.3	2	1
17	15	0.94	4.58	77	4.9	1	1	33	2.58	4.84	47	5	2	2
18	16	1.34	5.35	35	6.6	1	1	34	3.11	4.8	73	8.9	2	2
19	17	0.69	5.84	36	7.7	1	1	35	2.47	4.62	60	5	2	2
20	18	0.64	3.8	26	5.3	1	1	36	3.24	6.44	130	8.3	2	2
21														
22														
23	判别系数 α^T													
24														

图 7.22　调用程序进行判别分析

【结论】

观察对比图 7.15 与图 7.22，判别计算结果是一样的。通过 VBA 编程定义一函数，然后使用此函数实现判别分析是十分方便的，只需要几步就可完成，这对于会 VBA 编程的读者来说是十分容易实现的。

如果不仅仅是判别样本类别，还需要求判别函数。只要在前述程序代码中稍作修改就可以实现，从而求得判别系数，写出判别函数。这里定义求判别系数的函数名为“DiscriCoefficient”，修改后的判别系数求解函数程序代码如下。

```
Function DiscriCoefficient(Array2, Array3) As Variant
    Dim i%, j%, k%
    Dim ColArray%, RowsArray2%, RowsArray3%
    Dim MinusAverageX(), AverageX1(), AverageX2() As Variant
    Dim S(), S1(), S2(), MInverseS, Transalpha As Variant
    RowsArray2 = Array2.Rows.Count
    RowsArray3 = Array3.Rows.Count
ColArray = Array2.Columns.Count
ReDimMinusAverageX(1 To ColArray)
ReDimAverageX1(1 To ColArray) As Variant
ReDimAverageX2(1 To ColArray) As Variant
ReDimS(1 To ColArray, 1 To ColArray) As Variant
ReDimS1(1 To ColArray, 1 To ColArray) As Variant
```

```
ReDimS2(1 To ColArray, 1 To ColArray) As Variant
    For i = 1 To ColArray
AverageX1(i) = 0
        For k = 1 To RowsArray2
AverageX1(i) = AverageX1(i) + Array2(k, i) / RowsArray2
        Next k
    Next i
    For i = 1 To ColArray
AverageX2(i) = 0
        For k = 1 To RowsArray3
AverageX2(i) = AverageX2(i) + Array3(k, i) / RowsArray3
        Next k
    Next i
    For i = 1 To ColArray
MinusAverageX(i) = AverageX1(i) - AverageX2(i)
    Next i
    For i = 1 To ColArray
        For j = 1 To ColArray
S1(i, j) = 0
            For k = 1 To RowsArray2
S1(i, j) = S1(i, j) + _
                (Array2(k, i) - AverageX1(i)) * (Array2(k, j) - AverageX1(j))
            Next k
        Next j
    Next i
    For i = 1 To ColArray
        For j = 1 To ColArray
S2(i, j) = 0
            For k = 1 To RowsArray3
S2(i, j) = S2(i, j) + _
                (Array3(k, i) - AverageX2(i)) * (Array3(k, j) - AverageX2(j))
            Next k
        Next j
    Next i
    For i = 1 To ColArray
        For j = 1 To ColArray
S(i, j) = 0
S(i, j) = S1(i, j) + S2(i, j)
S(i, j) = S(i, j) / (RowsArray2 + RowsArray3 - 2)
        Next j
    Next i
MInverseS = Application.WorksheetFunction.MInverse(S)
Transalpha = Application.WorksheetFunction.MMult(MinusAverageX, MInverseS)
DiscriCoefficient = Transalpha
End Function
```

Step 06：插入模块。单击菜单栏中【插入】选项卡下的【模块】，插入模块后，立即又弹出一个通用模块窗口，并在【工程-VBAProject】窗口中显示“模块 2”，将 DiscriCoefficient 函数源代码录入模块窗口，如图 7.23 所示。

录入程序后，在主菜单中单击【文件】选项卡，然后单击选择【关闭并返回到 Microsoft Exce】选项，就可调用自定义函数 DiscriCoefficient 了。

脂肪肝判别分析的VBA编程解决.xlsx - 模块2 (代码)

(通用) | DiscriCoefficient

```
Function DiscriCoefficient(Array2, Array3) As Variant
    Dim i%, j%, k%
    Dim ColArray%, RowsArray2%, RowsArray3%
    Dim MinusAverageX(), AverageX1(), AverageX2() As Variant
    Dim S(), S1(), S2(), MInverseS, Transalpha As Variant
    RowsArray2 = Array2.Rows.Count
    RowsArray3 = Array3.Rows.Count
    ColArray = Array2.Columns.Count
    ReDim MinusAverageX(1 To ColArray)
    ReDim AverageX1(1 To ColArray) As Variant
    ReDim AverageX2(1 To ColArray) As Variant
    ReDim S(1 To ColArray, 1 To ColArray) As Variant
    ReDim S1(1 To ColArray, 1 To ColArray) As Variant
    ReDim S2(1 To ColArray, 1 To ColArray) As Variant
    For i = 1 To ColArray
        AverageX1(i) = 0
        For k = 1 To RowsArray2
            AverageX1(i) = AverageX1(i) + Array2(k, i) / RowsArray2
        Next k
    Next i
    For i = 1 To ColArray
        AverageX2(i) = 0
        For k = 1 To RowsArray3
            AverageX2(i) = AverageX2(i) + Array3(k, i) / RowsArray3
        Next k
    Next i
    For i = 1 To ColArray
         MinusAverageX(i) = AverageX1(i) - AverageX2(i)
    Next i
    For i = 1 To ColArray
        For j = 1 To ColArray
            S1(i, j) = 0
            For k = 1 To RowsArray2
                S1(i, j) = S1(i, j) + _
                 (Array2(k, i) - AverageX1(i)) * (Array2(k, j) - AverageX1(j))
            Next k
        Next j
    Next i
    For i = 1 To ColArray
        For j = 1 To ColArray
            S2(i, j) = 0
            For k = 1 To RowsArray3
                S2(i, j) = S2(i, j) + _
                 (Array3(k, i) - AverageX2(i)) * (Array3(k, j) - AverageX2(j))
            Next k
```

图 7.23 录入 DiscriCoefficient 函数源代码

Step 07：利用 DiscriCoefficient 函数求判别系数。单击选择 B23:E23 单元格区域，然后在编辑栏中输入公式“=DiscriCoefficient(B3:E20,I3:L20)”，再按 Ctrl+Shift+Enter 组合键，求得判别系数，如图 7.24 所示。

B23 | {=DiscriCoefficient(B3:E20,I3:L20)}

	A	B	C	D	E	F	G	H	I	J	K	L	M	N
1				非脂肪肝							脂肪肝			
2	编号	TG	TC	ALT	GS	类型	判别结果	编号	TG	TC	ALT	GS	类型	判别结果
3	1	0.77	5.27	40	6.21	1	1	19	2.33	5.38	44	5.5	2	2
4	2	1.47	4.35	67	4.7	1	1	20	1.23	6	78	5	2	2
5	3	0.83	3.42	29	4.2	1	1	21	2.57	5.9	46	5	2	2
6	4	1.43	4.6	55	7	1	1	22	4.11	4.31	75	6.1	2	2
7	5	2.31	3.74	35	5.4	1	1	23	2.32	4.81	92	5.5	2	2
8	6	1.42	4.03	56	4.8	1	1	24	3.96	7.34	80	4.6	2	2
9	7	2.97	4.08	46	4.8	1	1	25	4.51	5.3	73	5.4	2	2
10	8	2.46	4.5	35	5.8	1	1	26	4.04	5.36	58	5.7	2	2
11	9	1.6	5.76	92	4.7	1	2	27	2.26	5.4	65	5.2	2	2
12	10	1.69	6.51	39	5.6	1	2	28	2.12	4.59	91	5.4	2	2
13	11	0.65	6.07	38	5.3	1	1	29	2.36	5.65	54	5.7	2	2
14	12	1.74	4.76	27	6.3	1	1	30	1.32	6.02	87	5	2	2
15	13	3.73	2.8	38	4.8	1	1	31	1.96	5.62	73	5.7	2	2
16	14	0.78	4.99	26	4.8	1	1	32	1.77	5.16	40	5.3	2	1
17	15	0.94	4.58	77	4.9	1	1	33	2.58	4.84	47	5	2	2
18	16	1.34	5.35	35	6.6	1	1	34	3.11	4.8	73	8.9	2	2
19	17	0.69	5.84	36	7.7	1	1	35	2.47	4.62	60	5	2	2
20	18	0.64	3.8	26	5.3	1	1	36	3.24	6.44	130	8.3	2	2
21														
22														
23	判别系数α^T	-1.59518	-1.17945	-0.05006	0.232766									

图 7.24 利用 DiscriCoefficient 函数求判别系数

【结论】

图 7.24 所示的判别系数与图 7.12 所示相同，但是其计算操作过程要相对简单。这里所编写的判别分析工作表函数不仅仅局限于本节例题，还适用于其他可以应用距离判别法进行判别的例子。需要说明的是，这里考虑的是两类总体协方差相等的情况，当两类总体协方差不相等时，只需要对程序稍作修改即可达到计算目的，限于篇幅，不再赘述，有兴趣的读者可以参考本节程序尝试修改。

7.4 小　　结

在常见的判别分析方法中，以距离判别法最简单实用，结合 Excel 2007 函数与一系列的操作，很容易实现具体实例的判别分析，通过操作过程可熟悉判别分析的过程。使用 Excel VBA 编辑器编写判别分析计算程序，定义判别函数，然后再调用此函数进行判别分析，可避免普通判别操作过程的繁琐。

7.5 习　　题

1．填空题

（1）按总体所用数学模型来分，判别分析可分为________和________。

（2）定义两总体 G_1 和 G_2 的判别分析函数为 $W(X)=D^2(X,G_2)-D^2(X,G_1)$，当某样本 X 满足 W（X）>0 时，可判断样本 X 属于________总体。

2．操作题

某旅游公司进行市场调查，试图通过统计影响顾客旅游决定的因素，来判别潜在客户的意图，更好地开展业务，如表 7.2 所示是统计数据结果。

试使用多元统计方法中的距离判别分析法求出顾客游览与否的判别系数以及判别函数，并计算判错率。

表 7.2　　统计数据结果

A 组						B 组					
编号	游览与否	家庭年收入	对旅游的喜好	对家庭旅游的态度	家庭规模	编号	游览与否	家庭年收入	对旅游的喜好	对家庭旅游的态度	家庭规模
1	1	50.2	5	8	3	6	1	75	8	7	5
2	1	70.3	6	7	4	7	1	46.2	5	3	3
3	1	62.1	7	5	6	8	1	57	2	4	6
4	1	48.5	7	5	5	9	1	64.1	7	5	4
5	1	52.7	6	6	4	10	1	68.5	7	6	5

续表

A组						B组					
编号	游览与否	家庭年收入	对旅游的喜好	对家庭旅游的态度	家庭规模	编号	游览与否	家庭年收入	对旅游的喜好	对家庭旅游的态度	家庭规模
11	1	73.4	5	7	5	21	2	38.1	1	6	2
12	1	71.9	1	8	4	22	2	55.1	3	2	2
13	1	56	4	8	6	23	2	46.8	6	5	3
14	1	49.5	5	2	3	24	2	35	2	4	5
15	1	62	5	6	2	25	2	37.3	5	7	4
16	2	32.1	4	4	3	26	2	41.8	8	1	3
17	2	36.3	2	3	2	27	2	57.6	6	3	2
18	2	43.2	5	5	2	28	2	33.4	3	8	2
19	2	50.4	6	2	4	29	2	37.5	3	2	3
20	2	44.7	6	6	3	30	2	41.2	6	3	2

第 8 章 时间序列预测

时间序列预测法，也称历史引申预测法，是以时间数列所能反映的社会经济现象的发展过程和规律性进行引伸外推，预测其发展趋势的方法。时间序列，是将某种统计指标的数值，按时间先后顺序排列所形成的数列。时间序列预测法就是通过编制和分析时间序列，根据时间序列所反映出来的发展过程、方向和趋势，进行类推或延伸，借以预测下一段时间或以后若干年内可能达到的水平。其内容包括：收集与整理某种社会经济现象的历史资料，并对这些资料进行检查鉴别，排成数列；分析时间数列，从中寻找该社会经济现象随时间变化而变化的规律，得出一定的模式，并以此模式去预测该社会经济现象将来的情况。

根据对资料分析方法的不同，时间序列预测的主要方法又可分为：简单序时平均数法、加权序时平均数法、移动平均法、加权移动平均法、趋势预测法、指数平滑法、季节性趋势预测法、市场寿命周期预测法等。

本章将详细介绍如何使用 Excel 2007 进行移动平均法和指数平滑法预测。

8.1 移动平均法预测

移动平均法分为简单移动平均法和加权移动平均法。简单移动平均法就是相继移动计算若干时期的算术平均数作为下期预测值；加权移动平均法即将简单移动平均数进行加权计算。在确定权数时，近期观察值的权数应该大些，远期观察值的权数应该小些。

8.1.1 移动平均法原理

1．简单一次移动平均预测法原理

设时间序列为$\{y_t\}$，取移动平均的项数为 n，则第 $t+1$ 期预测值的计算公式为

$$\hat{y}_{t+1} = M_t^{(1)} = \frac{y_t + y_{t-1} + \cdots + y_{t-n+1}}{n} = \frac{1}{n}\sum_{j=1}^{n} y_{t-n+j}$$

式中：y_t 表示第 t 期实际值；$M_t^{(1)}$ 表示第 t 期第一次移动平均数；$\hat{y}_{t+1}$ 表示第 $t+1$ 期预测值 ($t \geqslant n$)。

其预测标准误差为

$$S = \sqrt{\frac{\sum\left(y_{t+1} - \hat{y}_{t+1}\right)^2}{N-n}}$$

式中，N 为时间序列$\{y_t\}$所含原始数据的个数。

项数 n 的数值，要根据时间序列的特点而定，不宜过大或过小。n 过大会降低移动平均数的敏感性，影响预测的准确性；n 过小，移动平均数易受随机变动的影响，难以反映实际趋势。一般取 n 的大小能包含季节变动和周期变动的时期为好，这样可消除它们的影响。对于没有季节变动和周期变动的时间序列，项数 n 的取值可取较大的数；如果历史数据的类型呈上升（或下降）型的发展趋势，则项数 n 的数值应取较小的数，这样能取得较好的预测效果。

2. 加权一次移动平均预测法原理

简单一次移动平均预测法，是把参与平均的数据在预测中所起的作用同等对待。但参与平均的各期数据所起的作用往往是不同的，为此，需要采用加权移动平均法进行预测。加权一次移动平均预测法是其中比较简单的一种，其计算公式为

$$\hat{y}_{t+1}=\frac{W_1y_t+W_2y_{t-1}+\cdots+W_ny_{t-n+1}}{W_1+W_2+\cdots+W_n}=\sum_{i=1}^{n}W_iy_{t-n+1}\Big/\sum_{i=1}^{n}W_i$$

式中：y_t 表示第 t 期实际值；$M_t^{(1)}$ 表示第 t 期第一次移动平均数；$\hat{y}_{t+1}$ 表示第 t+1 期预测值 ($t \geqslant n$)；W_i 表示权数；n 表示移动平均的项数。

其预测标准误差为

$$S=\sqrt{\frac{\sum(y_{t+1}-\hat{y}_{t+1})^2}{N-n}}$$

式中，N 为时间序列 $\{y_t\}$ 所含原始数据的个数。

3. 中心移动平均预测法原理

中心移动平均是将时间变量值以当前时期为中心，依次作 n 项的滚动平均。平均的项数 n 为奇数和偶数时会不同，应分开讨论。

对于一组时间序列，如果 n 为奇数，则对应中心移动平均法进行一次平均即可，公式为

$$M_t^{(1)}=\frac{y_{t-\frac{n-1}{2}}+\cdots+y_{t-1}+y_t+y_{t+1}\cdots+y_{t+\frac{n-1}{2}}}{n}$$

式中，t 代表移动平均中间项的时间，$M_t^{(1)}$ 表示依次中心移动平均数。

如果 n 为偶数，则中心移动平均法进行一次平均公式为

$$M_t^{(1)}=\frac{y_{t-\frac{n-1}{2}}+\cdots+y_{t-1}+y_{t+1}\cdots+y_{t+\frac{n-1}{2}}}{n}$$

式中，$M_t^{(1)}$ 表示一次中心移动平均数，t 为 $\frac{n+1}{2},\frac{n+1}{2}+1,\cdots$，是两个时间项的中间值。为得到移动平均值，还需再进行一次移动平均，公式为

$$M_t^{(2)}=M_{(t-1)/2}^{(1)}+M_{(t+1)/2}^{(1)}$$

式中，t 为 $\frac{n}{2}+1,\frac{n}{2}+2,\cdots$。

8.1.2　移动平均法实例

1．简单一次移动平均法测定短期趋势

Excel 2007 数学分析工具可实现简单一次移动平均预测，下面将介绍在 Excel 2007 中实现移动平均预测的具体方法。

例 8.1　已知我国 1993～2003 年的人均 GDP，如表 8.1 所示，试预测 2004 年的人均 GDP 值

表 8.1　我国人均 GDP 数据　（单位：元）

年份	1993	1994	1995	1996	1997	1998	1999	2000	2001	2002	2003
人均 GDP	4 101	4 567	4 993	5 412	5 833	6 228	6 612	7 086	7 561	8 135	8 844

新建工作表“我国人均 GDP 预测.xlsx”，输入表 8.1 中的数据，如图 8.1 所示。

下面使用 Excel 2007 移动平均工具，对例 8.1 进行简单一次移动平均预测，具体操作步骤如下。

Step 01：打开“我国人均 GDP 预测.xlsx”，单击【数据】/【数据分析】命令，弹出【数据分析】对话框，单击【移动平均】选项，如图 8.2 所示，再单击【确定】按钮。

	A	B
1	年份	人均GDP
2	1993	4101
3	1994	4567
4	1995	4993
5	1996	5412
6	1997	5833
7	1998	6228
8	1999	6612
9	2000	7086
10	2001	7561
11	2002	8135
12	2003	8844

图 8.1　我国人均 GDP 数据

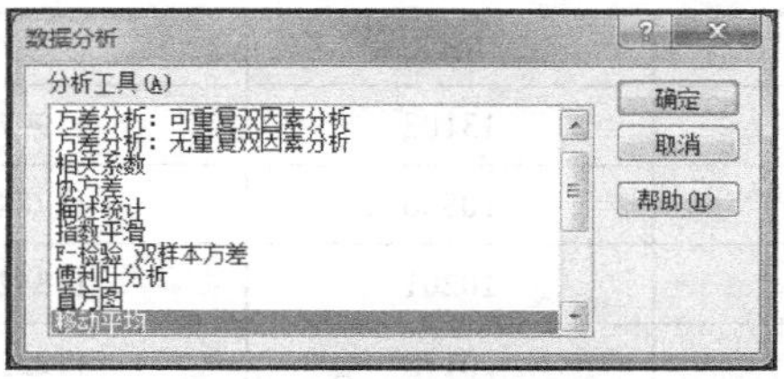

图 8.2　数据分析对话框

Step 02：在弹出的【移动平均】对话框中，单击【输入区域】后的折叠按钮，选择 B2:B12 单元格区域；在【间隔】后的文本框中输入“3”；单击【图表输出】复选框；单击【输出区域】后的折叠按钮，选择 C2 单元格，如图 8.3 所示。再单击【确定】按钮，得到的结果如图 8.4 所示。

图 8.3　移动平均对话框

	A	B	C
1	年份	人均GDP	$M_t^{(1)}$
2	1993	4101	#N/A
3	1994	4567	#N/A
4	1995	4993	4553.667
5	1996	5412	4990.667
6	1997	5833	5412.667
7	1998	6228	5824.333
8	1999	6612	6224.333
9	2000	7086	6642
10	2001	7561	7086.333
11	2002	8135	7594
12	2003	8844	8180

图 8.4　一次移动平均数

Step 03：求出预测值。单击 D5 单元格，在编辑栏主输入“=C4”，将鼠标移动到 D5 单元格的右下角，当光标变为黑色十字时，将光标拖动到 D12 单元格，得到预测值。

Step 04：求出每年的预测值与实际值的差值。单击 E5 单元格，在编辑栏中输入“=B5-D5”，将鼠标移动到 E5 单元格的右下角，当光标变为黑色十字时，将光标拖动到 E12 单元格，得到预测值与实际值的差值；单击 F5 单元格，在编辑栏中输入“=E5^2”，将鼠标移动到 F5 单元格的右下角，当光标变为黑色十字时，将光标拖动到 F12 单元格，得到差值的平方。

Step 05：求出标准误差。单击 F13 单元格，在编辑栏中输入“=(SUM(F5:F12)/8)^(1/2)”，得到标准误差，如图 8.5 所示。

	B	C	D	E	F
1	人均GDP	$M_t^{(1)}$	预测值	差值	
2	4101	#N/A			
3	4567	#N/A			
4	4993	4553.667			
5	5412	4990.667	4553.667	858.3333	736736.1
6	5833	5412.667	4990.667	842.3333	709525.4
7	6228	5824.333	5412.667	815.3333	664768.4
8	6612	6224.333	5824.333	787.6667	620418.8
9	7086	6642	6224.333	861.6667	742469.4
10	7561	7086.333	6642	919	844561
11	8135	7594	7086.333	1048.667	1099702
12	8844	8180	7594	1250	1562500
13			8180	标准误差	934.1226

图 8.5　一次移动平均预测结果

从图 8.5 中可以看出，一次移动平均预测法预测 2004 年我国人均 GDP 为 8 180 元，预测标准误差为 934 元。本例也说明了一次移动平均法具有很大的滞后性，误差较大。

2. 简单一次移动平均法测定长期趋势

例 8.2 我国 1998～2001 年流通中现金总量（月末数）如表 8.2 所示，试测定其长期趋势，并给出长期趋势线

表 8.2　　流通现金总量数据　　（单位：亿元）

	1998	1999	2000	2001
1 月	13108	11997	16094	17019
2 月	10886	12784	13983	14910
3 月	10201	11342	13235	14362
4 月	10173	11225	13676	14623
5 月	9984	10889	13076	13942
6 月	9720	10881	13006	13943
7 月	10037	11199	13157	14072
8 月	10129	11395	13379	14370
9 月	10528	12255	13895	15065
10 月	10501	12154	13590	14484
11 月	10671	12483	13878	14780
12 月	11204	13455	14653	15689

新建工作表“流通现金总量预测.xlsx”，输入表 8.2 中的数据，单击 B2 单元格，在编辑栏中输入“1”，将鼠标移动到 B2 单元格的右下角，当光标变为黑色十字时，按下 CTRL 键，同时将光标拖动到 B49 单元格，将 1998 年到 2001 年的月份数排列成 1 到 48 作为 *X* 坐标，

如图 8.6 所示。

	A	B	C	D	E
1	年	月	流通现金	$M^{(1)}$	$M^{(2)}$
2	1998年	1	13108		
3		2	10886		
4		3	10201		
5		4	10173		
6		5	9984		
7		6	9720	10595.17	
8		7	10037	10502.58	10548.88
9		8	10129	10660.75	10581.67
10		9	10528	10755.83	10708.29
11		10	10501	10843.5	10799.67
12		11	10671	10918.92	10881.21
13		12	11204	11015.67	10967.29
14	1999年	13	11997	11112.5	11064.08
15		14	12784	11218	11165.25
16		15	11342	11361.92	11289.96
17		16	11225	11499.67	11430.79
18		17	10889	11650.67	11575.17
19		18	10881	11838.25	11744.46
20		19	11199	12179.67	12008.96

图 8.6　流通现金总量数据

下面使用添加移动平均趋势线，对这些数据进行简单一次移动平均预测，具体操作步骤如下。

Step 01：在年度周期的例子中，平均移动项数为每年的月数 12。打开工作表“流通现金总量预测.xlsx”，单击菜单栏【插入】/【散点图】命令，在弹出的【散点图】对话框中单击【仅带数据标记的散点图】按钮生成一个初始散点图。右键单击生成的初始散点图，单击【选择数据】按钮，弹出【选择数据源】对话框如图 8.7 所示。

Step 02：单击图 8.7 中【添加】按钮，弹出【编辑数据系列】对话框，在【系列名称】中输入“流通现金总量”，单击【x 轴系列值】后的折叠按钮，选择 B2:B49 单元格区域；单击【y 轴系列值】后的折叠按钮，选择 C2:C49 单元格区域，单击【确定】按钮。在弹出的【选择数据源】对话框中单击【确定】按钮，得到的流通现金总量曲线如图 8.8 所示。

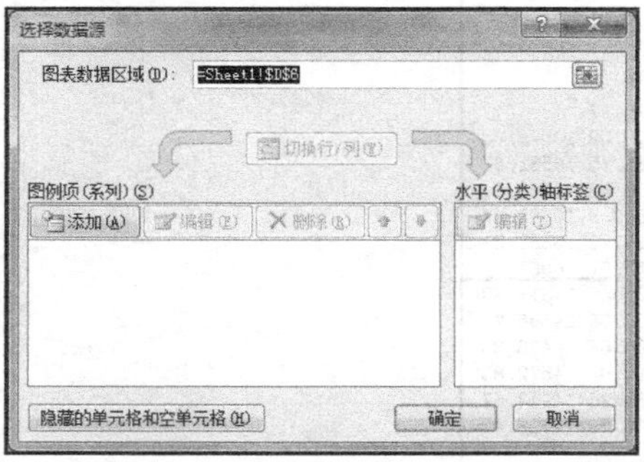

图 8.7　选择数据源对话框

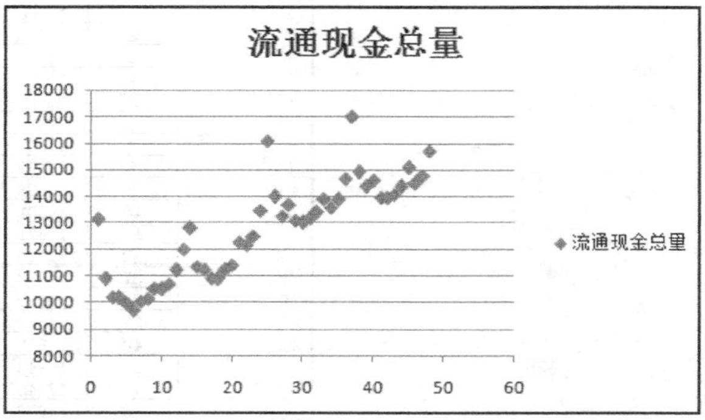

图 8.8　流通现金总量散点图

Step 03：在图 8.8 所示的图中，右键单击散点图中的菱形散点，在弹出的快捷菜单中选择【添加趋势线】命令，弹出如图 8.9 所示的设置界面，在此设置关于趋势线的选项，在【趋势预测/回归分析类型】栏选中【移动平均】，在【周期】后的文本框中输入“12”，再单击【确定】按钮，得到的趋势线如图 8.10 所示。

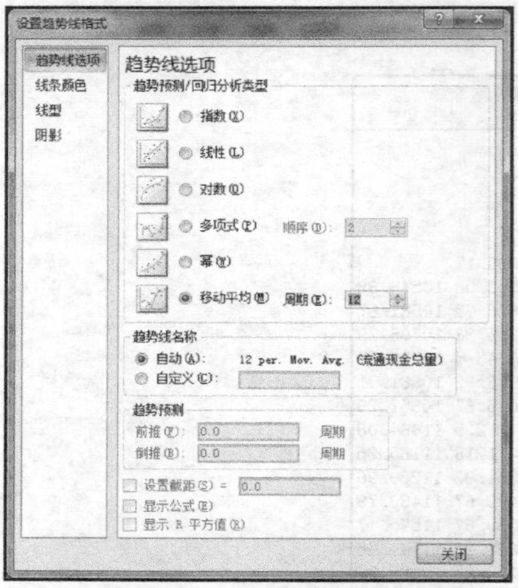

图 8.9 设置趋势线格式对话框

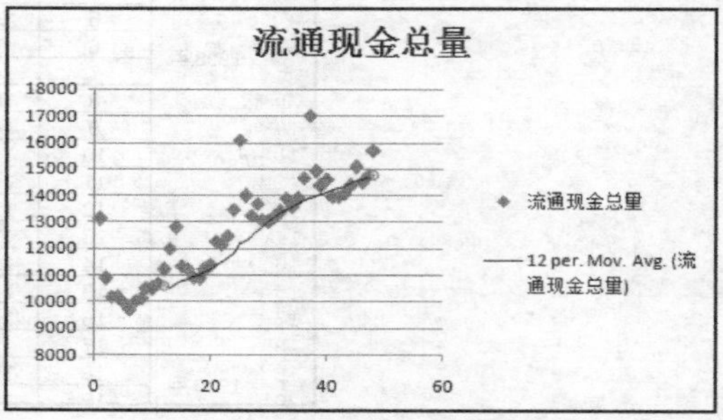

图 8.10 流通现金总量趋势线

3．中心移动平均法测定长期趋势

下面使用中心移动平均法，对例 8.2 进行移动平均预测，具体操作步骤如下。

Step 01：在年度周期的例子中，平均移动项数为每年的月数 12。由于平均移动项数为偶数，需要采用两次移动平均。打开工作表“流通现金总量预测.xlsx”。求第一次移动平均值。单击 D7 单元格，在编辑栏中输入“=AVERAGE(C2:C13)”，将鼠标移动到 D7 单元格的右下角，当光标变为黑色十字时，将光标拖动到 D43 单元格，得到一次中心平均数的值。

Step 02：求第二次移动平均值。单击 E8 单元格，在编辑栏中输入“=AVERAGE(D7:D8)”，将鼠标移动到 E8 单元格的右下角，当光标变为黑色十字时，将光标拖动到 E43 单元格，得到二次中心平均数的值，如图 8.11 所示。

	A	B	C	D	E
1	年	月	流通现金	$M^{(1)}$	$M^{(2)}$
2	1998年	1	13108		
3		2	10886		
4		3	10201		
5		4	10173		
6		5	9984		
7		6	9720	10595.17	
8		7	10037	10502.58	10548.88
9		8	10129	10660.75	10581.67
10		9	10528	10755.83	10708.29
11		10	10501	10843.5	10799.67
12		11	10671	10918.92	10881.21
13		12	11204	11015.67	10967.29
38	2001年	37	17019	14355.5	14317.38
39		38	14910	14438.08	14396.79
40		39	14362	14535.58	14486.83
41		40	14623	14610.08	14572.83
42		41	13942	14685.25	14647.67
43		42	13943	14771.58	14728.42
44		43	14072		

图 8.11 中心移动平均结果

从图 8.11 中可以得到一次和二次中心平均数的值。为方便读者理解操作，1999 年数据和 2000 年数据被隐藏。

Step 03：绘制趋势线，分析流通现金总量的变化趋势。单击菜单栏【插入】/【散点图】命令，在弹出的【散点图】对话框中单击【仅带数据标记的散点图】按钮生成一个初始散点图。右键单击生成的初始散点图，单击【选择数据】按钮，弹出【选择数据源】对话框，如

图 8.12 所示。

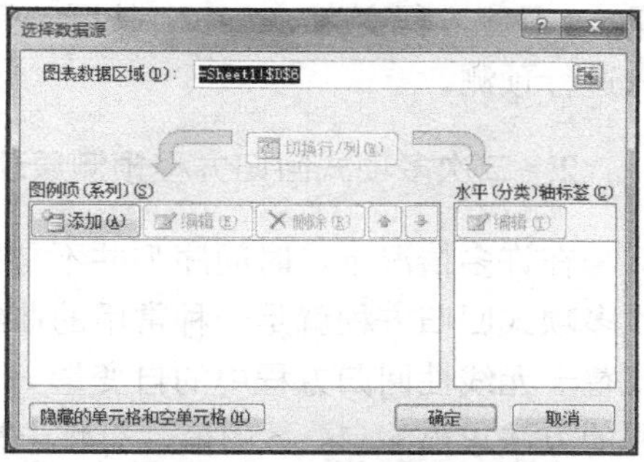

图 8.12　选择数据源对话框

单击图 8.12 中【添加】按钮，弹出【编辑数据系列】对话框，在【系列名称】中输入“流通现金总量”，单击【x 轴系列值】后的折叠按钮，选择 B2:B49 单元格区域；单击【y 轴系列值】后的折叠按钮，选择 C2:C49 单元格区域，点击【确定】按钮。

再次单击图 8.12 中【添加】按钮，弹出【编辑数据系列】对话框，在【系列名称】中输入“中心移动平均值”，单击【x 轴系列值】后的折叠按钮，选择 B8:B43 单元格区域；单击【y 轴系列值】后的折叠按钮，选择 E8:E43 单元格区域，点击【确定】按钮。在弹出的【选择数据源】对话框中点击【确定】按钮，得到的流通现金总量和中心移动平均值曲线如图 8.13 所示。

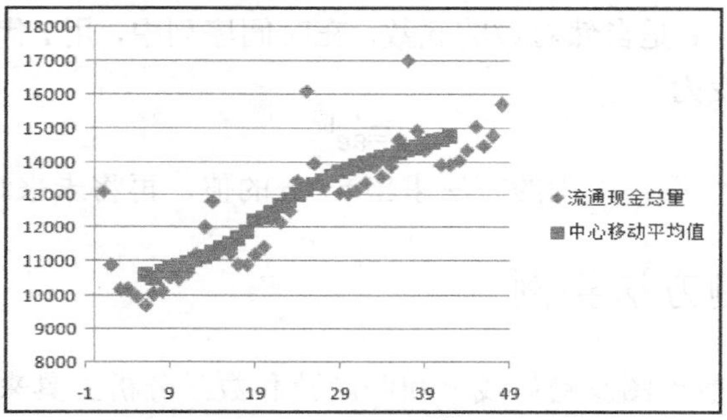

图 8.13　流通现金总量和中心移动平均线

从图 8.13 可以看出，历史数据呈现周期性波动，采用项数为 12 的中心移动平均法消除了波动，从中心移动平均形成的长期趋势线中可以看出，流通现金总量是在不断增加的，呈现出上升趋势。

8.2　回归趋势线预测

通过添加平均移动趋势线的方法只能绘出趋势线并判断长期趋势的方向，不能给出数据与时间的定量关系，对此可应用回归趋势线的方法，通过对历史数据进行回归分析，得到历史数据与时间的回归方程，再由求得的回归方程对未来进行预测的一种方法。常用的回归趋势线方程有一元线性回归方程、二次多项式回归方程和指数回归方程。

8.2.1　趋势线预测方法原理

1. 一元线性回归方程预测原理

一元线性回归方程公式为 Y=a+bx，在时间序列中，用 t 代替一元线性回归方程中的自变

量 x，对应方程变为 Y=a+bt，按照一元线性回归方程的方法求出 a、b 的值，再将未来时间带入进行预测。

2. 二次多项式回归方程预测原理

在许多情况下，时间序列并不是按线性增长，此时应使用曲线的回归方程进行预测。二次多项式回归方程就是一种常用的曲线回归方程，公式为 $Y=a+bx+cx^2$，在时间序列中，用 t 代替一元线性回归方程中的自变量 x，对应方程变为 $Y=a+bt+ct^2$。按照二次多项式线性回归方程的方法求出 a、b、c 的值，再将未来时间带入进行预测。

3. 指数回归方程预测原理

指数回归方程应用于显示越来越高的速率上升或下降的数据值。值得注意的是数据不应该包含零值或负数。指数回归方程为

$$Y=ae^{bx}$$

式中 a 和 b 是常量，e 是自然对数的底数。在时间序列中，用 t 代替一元线性回归方程中的自变量 x，对应方程变为

$$Y=ae^{bt}$$

按照二次多项式线性回归方程的方法求出 a、b 的值，再将未来时间带入进行预测。

8.2.2 趋势线预测方法实例

Excel 2007 给出了散点图及趋势线、回归函数和数学分析工具来实现回归分析，下面将介绍在 Excel 2007 中通过回归分析实现趋势线预测的具体方法。

1. 使用散点图和趋势线进行一元回归方程预测

下面使用 Excel 2007 散点图和趋势线对例 8.1 进行趋势线预测，具体操作步骤如下。

Step 01：打开“我国人均 GDP 预测.xlsx”，单击菜单栏【插入】/【散点图】命令，在弹出的【散点图】对话框中单击【仅带数据标记的散点图】按钮生成一个初始散点图。右键单击生成的初始散点图，单击【选择数据】按钮，弹出【选择数据源】对话框如图 8.14 所示。

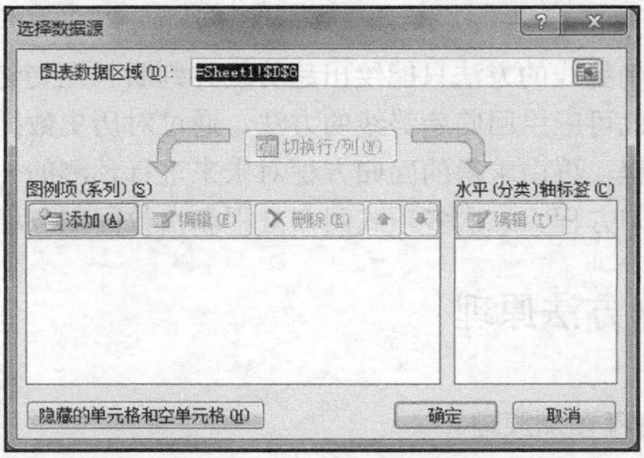

图 8.14 选择数据源对话框

Step 02：单击图 8.14 中【添加】按钮，弹出【编辑数据系列】对话框，在【系列名称】中输入“我国人均 GDP 预测”，单击【x 轴系列值】后的折叠按钮，选择 A2:A12 单元格区域；单击【y 轴系列值】后的折叠按钮，选择 B2:B12 单元格区域，点击【确定】按钮。在弹出的【选择数据源】对话框中单击【确定】按钮，得到的曲线如图 8.15 所示。

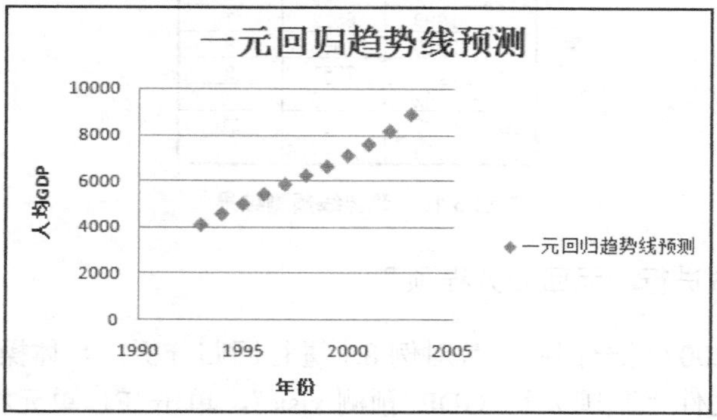

图 8.15 我国人均 GDP 散点图

Step 03：在图 8.15 中，右键单击散点图中的菱形散点，在弹出的快捷菜单中选择【添加趋势线】命令，弹出如图 8.16 所示的设置界面，在此设置关于趋势线的选项。在【趋势预测/回归分析类型】栏选中【线性】，单击选中【显示公式】、【显示 R 平方值】复选框，单击【关闭】按钮返回散点图。此时在散点图中显示了公式和判定系数，如图 8.17 所示。

图 8.16 设置趋势线格式对话框

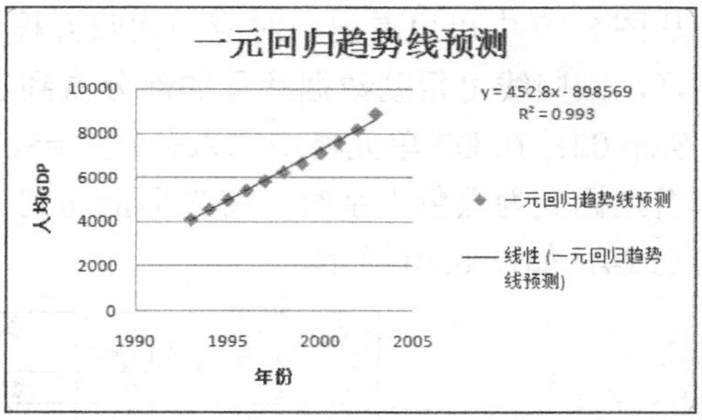

图 8.17 散点图及趋势线

从图 8.17 中可以看出，对应的回归方程为 y=452.8t−898569，判定系数为 0.993，回归方程显著，可以使用回归方程中的系数作为趋势线预测的标准。

Step 04：预测 2004 年的人均 GDP 值。在 B13 单元格中输入“=A13*452.9−898569”，得到 2004 年的预测人均 GDP 值为 9042，如图 8.18 所示。

	A	B	C
1	年份	人均GDP	
2	1993	4101	1
3	1994	4567	2
4	1995	4993	3
5	1996	5412	4
6	1997	5833	5
7	1998	6228	6
8	1999	6612	7
9	2000	7086	8
10	2001	7561	9
11	2002	8135	10
12	2003	8844	11
13	2004	9042.6	

图 8.18　趋势线预测结果

2. 使用回归函数进行一元回归方程预测

下面使用 Excel 2007 综合回归函数对例 8.1 进行回归分析，具体操作步骤如下。

Step 01：打开文件“我国人均 GDP 预测.xlsx”，单击 F1 单元格，在编辑栏中输入：“=LINEST(B2:B12,A2:A12,1,1)”。选中 E2:F6 单元格区域（对应需要输出 5×2 的数组），按 F2 键，同时按下 Ctrl+Shift+Enter 组合键执行数组运算，得到数组运算的结果如图 8.19 所示。

	A	B	C	D	E	F
1	年份	人均GDP				
2	1993	4101	1		452.8909	-898569
3	1994	4567	2		11.92516	23826.51
4	1995	4993	3		0.993799	125.0722
5	1996	5412	4		1442.31	9
6	1997	5833	5		22562119	140787.4
7	1998	6228	6			
8	1999	6612	7			
9	2000	7086	8			
10	2001	7561	9			
11	2002	8135	10			
12	2003	8844	11			
13	2004					

图 8.19　数据运算对话框

从图 8.19 中可以看出，对应的回归方程为 $y=452.9t-898569$，判定系数为 0.994，说明拟合很好，回归线可帮助数据解释的部分占到了 99.4%。

Step 02：在 D2 单元格中输入公式“=$E$2*A2+$F$2”，将鼠标移动到 D2 单元格的右下角，当光标变为黑色十字时，将光标拖动到 D12 单元格，得到历年的预测值，其中 2004 年的为 9024，如图 8.20 所示。

	A	B	C	D	E	F
1	年份	人均GDP		预测值		
2	1993	4101	1	4042.091	452.8909	-898569
3	1994	4567	2	4494.982	11.92516	23826.51
4	1995	4993	3	4947.873	0.993799	125.0722
5	1996	5412	4	5400.764	1442.31	9
6	1997	5833	5	5853.655	22562119	140787.4
7	1998	6228	6	6306.545		
8	1999	6612	7	6759.436		
9	2000	7086	8	7212.327		
10	2001	7561	9	7665.218		
11	2002	8135	10	8118.109		
12	2003	8844	11	8571		
13	2004			9023.891		

图 8.20　回归函数趋势线预测结果

3. 使用数学分析工具进行一元回归方程预测

Step 01：打开“我国人均 GDP 预测.xlsx”，单击【数据】/【数据分析】命令，在弹出的【数据分析】对话框的【分析工具】栏中选择【回归】，单击【确定】按钮如图 8.21 所示。

Step 02：在弹出的【回归】对话框中输入各项参数。单击【Y 值输入区域】后的折叠按钮，选择 B2:B12 单元格；单击【X 值输入区域】后的折叠按钮，选择 A2:A12 单元格；单击选中【标志】和【置信度】复选框，并在【置信度】后的文本框中输入“95”；单击输出选项的【输入区域】后的折叠按钮，选择 D1 单元格，如图 8.22 所示。

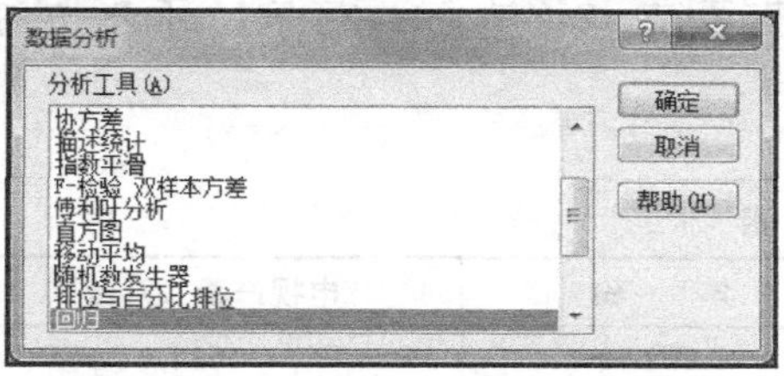

图 8.21　数据分析对话框

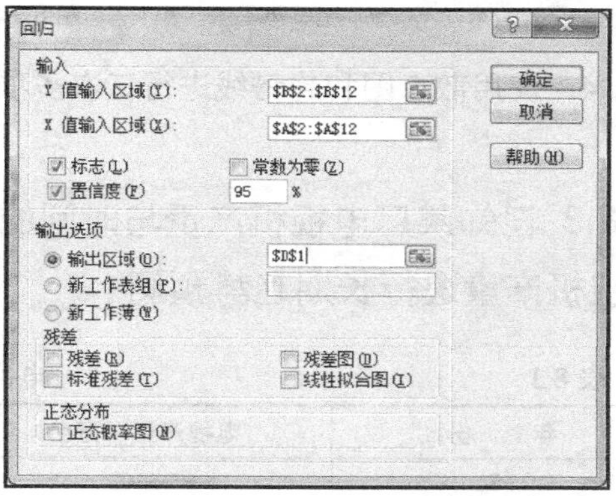

图 8.22　回归对话框

Step 03：单击图 8.22 中所示的【确定】按钮，对应回归分析结果中的回归汇总输出(SUMMARY OUTPUT)，如图 8.23 所示。

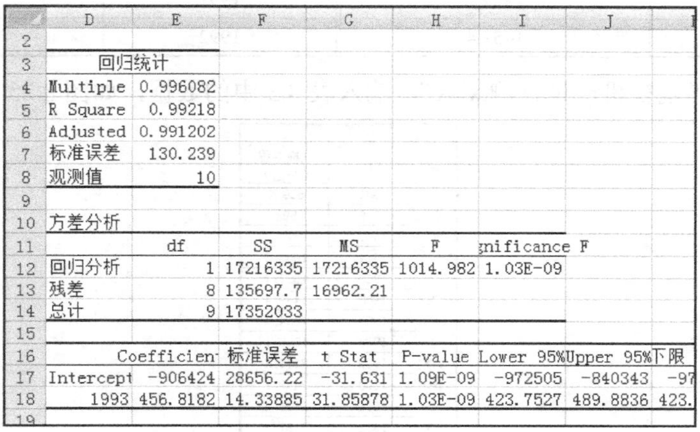

	D	E	F	G	H	I	J	
2								
3	回归统计							
4	Multiple	0.996082						
5	R Square	0.99218						
6	Adjusted	0.991202						
7	标准误差	130.239						
8	观测值	10						
9								
10	方差分析							
11		df	SS	MS	F	gnificance F		
12	回归分析	1	17216335	17216335	1014.982	1.03E-09		
13	残差	8	135697.7	16962.21				
14	总计	9	17352033					
15								
16		Coefficien	标准误差	t Stat	P-value	Lower 95%	Upper 95%	下限
17	Intercept	-906424	28656.22	-31.631	1.09E-09	-972505	-840343	-97
18	1993	456.8182	14.33885	31.85878	1.03E-09	423.7527	489.8836	423.
19								

图 8.23　回归汇总输出

从图 8.23 中可以看出，对应的回归方程为 $y=456.8t-906424$，判定系数为 0.996，回归方程显著，可以使用回归方程中的系数作为趋势线预测的标准。

Step 04：在 C2 单元格中输入公式“=$E$18*A2+$E$17”，将鼠标移动到 C2 单元格的右下角，当光标变为黑色十字时，将光标拖动到 C12 单元格，得到历年的预测值，其中 2004 年的为 9039，如图 8.24 所示。

	A	B	C
1	年份	人均GDP	预测值
2	1993	4101	4014.6
3	1994	4567	4471.418
4	1995	4993	4928.236
5	1996	5412	5385.055
6	1997	5833	5841.873
7	1998	6228	6298.691
8	1999	6612	6755.509
9	2000	7086	7212.327
10	2001	7561	7669.145
11	2002	8135	8125.964
12	2003	8844	8582.782
13	2004		9039.6

图 8.24 回归预测结果

4. 使用散点图和趋势线进行二次多项式方程长期趋势预测

例 8.3 已知某厂电视机产量与时间的原始数据如表 8.3 所示，对某厂未来 5 年的电视机产量进行长期趋势预测

表 8.3 电视机产量预测

年 份	电视产量（万台）	年 份	电视产量（万台）
1981	539.4	1987	1634.4
1982	592.0	1988	1805.1
1983	684.0	1989	2273.5
1984	1003.8	1990	2448.1
1985	1367.7	1991	2631.4
1986	1459.4	1992	3467.8

新建工作表“电视机产量预测.xlsx”，输入表 8.3 中的数据，如图 8.25 所示。

	A	B
1	年份	电视产量（万台）
2	1981	539.4
3	1982	592
4	1983	684
5	1984	1003.8
6	1985	1367.7
7	1986	1459.4
8	1987	1634.4
9	1988	1805.1
10	1989	2273.5
11	1990	2448.1
12	1991	2631.4
13	1992	3467.8

图 8.25 电视机产量数据

下面使用 Excel 2007 散点图和趋势线对例 8.3 进行趋势线预测，具体操作步骤如下。

Step 01：打开“电视机产量预测.xlsx”，单击 C2 单元格，在编辑栏中输入“1”，将鼠标移动到 C2 单元格的右下角，当光标变为黑色十字时，按下 Ctrl 键，同时将光标拖动到 C18 单元格，将年份数排列成 1 到 17 作为 X 坐标，单击菜单栏【插入】/【散点图】命令，在弹出的【散点图】对话框中单击【仅带数据标记的散点图】按钮生成一个初始散点图。右键单击生成的初始散点图，单击【选择数据】按钮，弹出【选择数据源】对话框，如图 8.26 所示。

Step 02：单击图 8.26 中【添加】按钮，弹出【编辑数据系列】对话框，在【系列名称】中输入“二次多项式测定长期趋势”，单击【*x* 轴系列值】后的折叠按钮，选择 C2:C13 单元格区域；单击【*y* 轴系列值】后的折叠按钮，选择 B2:B13 单元格区域，单击【确定】按钮。在弹出的【选择数据源】对话框中单击【确定】按钮，得到的电视机产量曲线如图 8.27 所示。

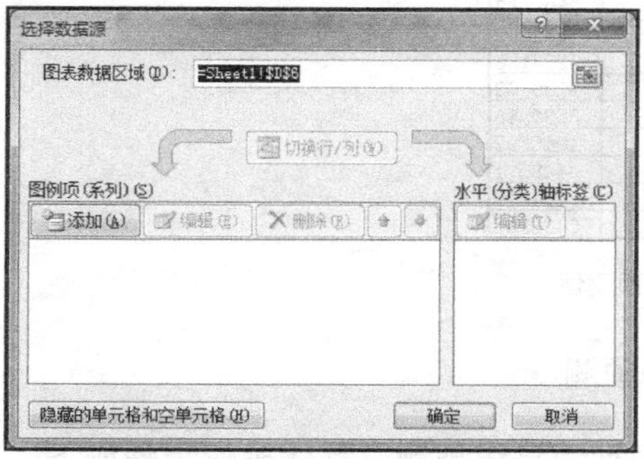

图 8.26　选择数据源对话框

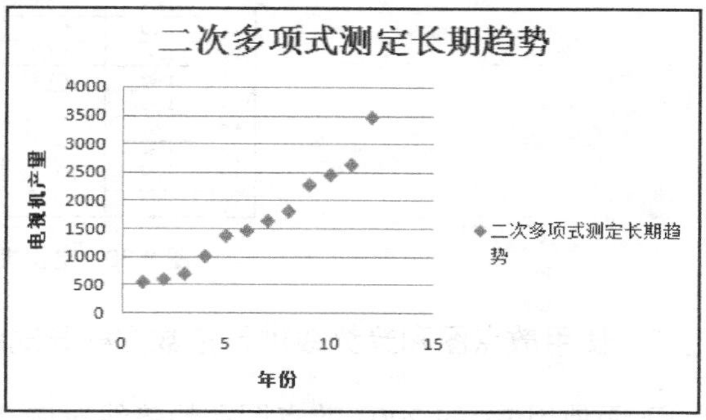

图 8.27　电视机产量散点图

Step 03：在图 8.27 所示的图中，右键单击散点图中的菱形散点，在弹出的快捷菜单中选择【添加趋势线】命令，弹出如图 8.28 所示的设置界面，在此设置关于趋势线的选项，在【趋势预测/回归分析类型】栏选中【多项式】，在【顺序】后的文本框中输入“2”，单击选中【显示公式】、【显示 *R* 平方值】复选框，单击【关闭】按钮返回散点图。此时在散点图中显示了公式和判定系数，如图 8.29 所示。

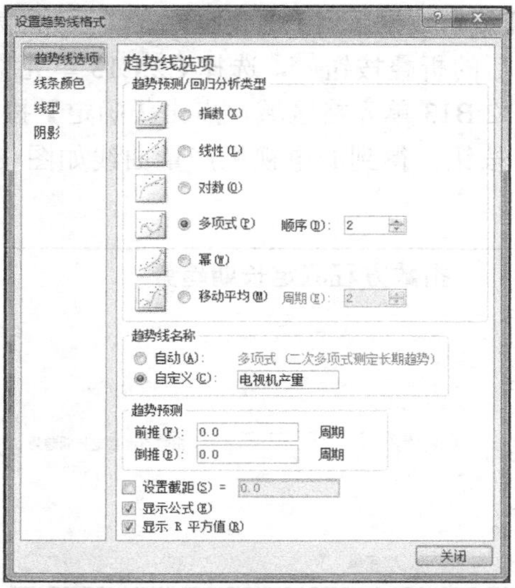

图 8.28　设置趋势线格式对话框

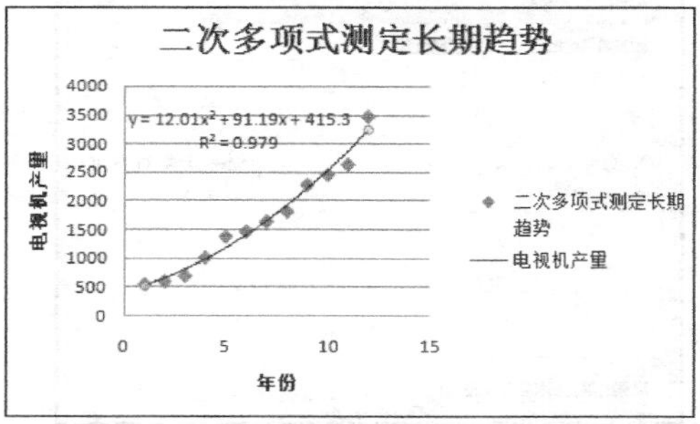

图 8.29　散点图及趋势线

从图 8.29 中可以看出，对应的回归方程为 $y=12.01t^2+91.19t+415.3$，判定系数为 0.979，回归方程显著，可以使用回归方程中的系数作为趋势线预测的标准。

Step 04：对未来几年的电视机产量进行预测。单击 D2 单元格，在编辑栏中输入“=12.01*C2*C2+91.19*C2+415.3”，将鼠标移动到 D2 单元格的右下角，当光标变为黑色十字时，将光标拖动到 D18 单元格，得到历年的预测值，如图 8.30 所示。

	A	B	C	D
1	年份	电视产量（万台）	时间	预测值
2	1981	539.4	1	518.5
3	1982	592	2	645.72
4	1983	684	3	796.96
5	1984	1003.8	4	972.22
6	1985	1367.7	5	1171.5
7	1986	1459.4	6	1394.8
8	1987	1634.4	7	1642.12
9	1988	1805.1	8	1913.46
10	1989	2273.5	9	2208.82
11	1990	2448.1	10	2528.2
12	1991	2631.4	11	2871.6
13	1992	3467.8	12	3239.02
14	1993		13	3630.46
15	1994		14	4045.92
16	1995		15	4485.4
17	1996		16	4948.9
18	1997		17	5436.42

图 8.30　电视机产量预测值

5. 使用散点图和趋势线进行指数方程长期趋势预测

下面使用 Excel 2007 散点图和趋势线对例 8.3 进行趋势线预测，具体操作步骤如下。

Step 01：打开“电视机产量预测.xlsx”，单击 C2 单元格，在编辑栏中输入“1”，将鼠标移动到 C2 单元格的右下角，当光标变为黑色十字时，按下 Ctrl 键，同时将光标拖动到 C18 单元格，将年份数排列成 1 到 18 作为 X 坐标，单击菜单栏【插入】/【散点图】命令，在弹出的【散点图】对话框中单击【仅带数据标记的散点图】按钮生成一个初始散点图。右键单击生成的初始散点图，单击【选择数据】按钮，弹出【选择数据源】对话框，如图 8.31 所示。

Step 02：单击图 8.31 中【添加】按钮，弹出【编辑数据系列】对话框，在【系列名称】中输入“电视机产量预测”，单击【x 轴系列值】后的折叠按钮，选择 C2:C13 单元格区域；单击【y 轴系列值】后的折叠按钮，选择 B2:B13 单元格区域，点击【确定】按钮。在弹出的【选择数据源】对话框中单击【确定】按钮，得到的电视机产量曲线如图 8.32 所示。

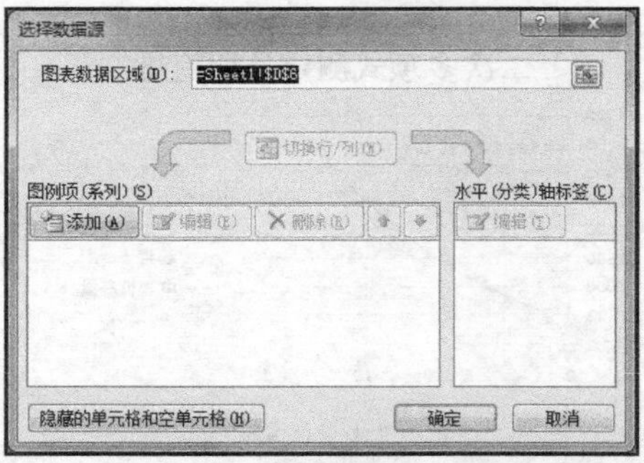

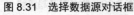

图 8.31　选择数据源对话框

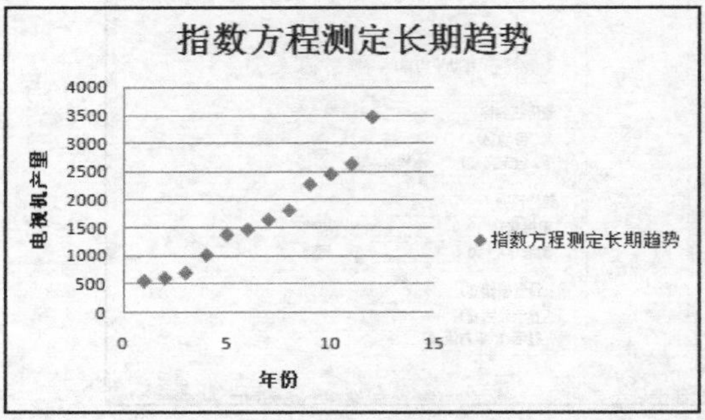

图 8.32　电视机产量散点图

Step 03：在图 8.32 所示的图中，右键单击散点图中的菱形散点，在弹出的快捷菜单中选择【添加趋势线】命令，弹出如图 8.33 所示的设置界面，在此设置关于趋势线的选项，在【趋势预测/回归分析类型】栏选中【指数】，单击选中【显示公式】、【显示 R 平方值】复选框，单击【关闭】按钮返回散点图。此时在散点图中显示了公式和判定系数，如图 8.34 所示。

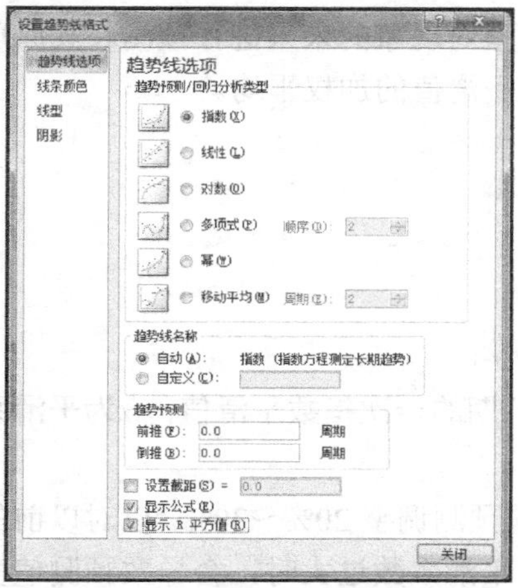

图 8.33　设置趋势线格式对话框

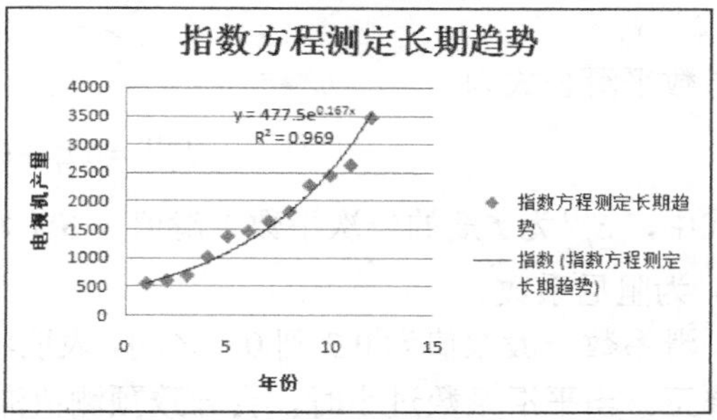

图 8.34　散点图及趋势线

从图 8.34 中可以看出，对应的回归方程为 $y=477.5e^{0.167x}$，判定系数为 0.969，回归方程显著，可以使用回归方程中的系数作为趋势线预测的标准。

Step 04：对未来几年的电视机产量进行预测。单击 D2 单元格，在编辑栏中输入"=477.5*EXP(0.167*C2)"，将鼠标移动到 D2 单元格的右下角，当光标变为黑色十字时，将光标拖动到 D18 单元格，得到历年的预测值，如图 8.35 所示。

	A	B	C	D
1	年份	电视产量（万台）	时间	预测
2	1981	539.4	1	564.2877
3	1982	592	2	666.8494
4	1983	684	3	788.0521
5	1984	1003.8	4	931.2839
6	1985	1367.7	5	1100.549
7	1986	1459.4	6	1300.578
8	1987	1634.4	7	1536.964
9	1988	1805.1	8	1816.313
10	1989	2273.5	9	2146.436
11	1990	2448.1	10	2536.56
12	1991	2631.4	11	2997.591
13	1992	3467.8	12	3542.416
14	1993		13	4186.265
15	1994		14	4947.136
16	1995		15	5846.299
17	1996		16	6908.889
18	1997		17	8164.609

图 8.35　电视机产量预测值

8.3　指数平滑法预测

指数平滑法是生产预测中常用的一种方法，用于中短期经济发展趋势预测。所有预测方法中，指数平滑是用得最多的一种。简单的全期平均法是对时间数列的过去数据一个不漏地全部加以同等利用；移动平均法则不考虑较远期的数据，并在加权移动平均法中给予近期资料更大的权重；而指数平滑法则兼容了全期平均和移动平均所长，不舍弃过去的数据，但是仅给予逐渐减弱的影响程度，即随着数据的远离，赋予逐渐收敛为零的权数。

也就是说，指数平滑法是在移动平均法基础上发展起来的一种时间序列分析预测法，它是通过计算指数平滑值，配合一定的时间序列预测模型对现象的未来进行预测。其原理是任一期的指数平滑值都是本期实际观察值与前一期指数平滑值的加权平均。

8.3.1　指数平滑法原理

指数平滑公式为

$$S_t^{(1)} = \alpha Y_t + (1-\alpha) S_{t-1}^{(1)}$$

式中，$S_t^{(1)}$ 为 t 期的一次指数平滑值；$S_{t-1}^{(1)}$ 为 $t-1$ 期的一次指数平滑值；α为平滑系数；（1−α）为阻尼系数。

平滑系数一般取值为 0.2 到 0.3 之间，表明将当前预测调整 20%～30%，以对以前的预测进行修正。当平滑系数过小时，会导致预测值滞后；平滑系数过大时，会导致预测值变得不稳定。根据给定时间序列的历史数据，会存在一个最佳的阻尼系数，使得误差最小，所以要确定最佳阻尼系数再进行指数平滑预测。

最佳阻尼系数的确定原则为时间序列的实际值和预测值误差最小，因此可以使误差平方和最小的阻尼系数值作为最佳阻尼系数。

满足误差的平方和 S^2 最小的公式为

$$S^2 = \frac{1}{n-1}\sum_{i=1}^{n}(Y_i - \bar{Y})^2$$

8.3.2　指数平滑法实例

下面使用 Excel 2007 规划求解和数据分析中的指数平滑功能对例 8.3 进行指数平滑预测，具体操作步骤如下。

Step 01：打开“电视机产量预测.xlsx”，单击 C2 单元格，在编辑栏中输入“1”，将鼠标移动到 C2 单元格的右下角，当光标变为黑色十字时，按下 Ctrl 键，同时将光标拖动到 C18 单元格，将年份数排列成 1 到 17。

Step 02：任意给定阻尼系数为 0.8，求在该阻尼系数下对应的那个误差 S^2。单击 G1 单元格，在编辑栏中输入“0.8”；单击 G2 单元格，在编辑栏中输入“=1−G1”，求出电视机产量的平均值。单击 G3 单元格，在编辑栏中输入“=AVERAGE(B2:B13)”。

Step 03：求出采用指数平滑法的预测值。当 t 为 1 的时候，采用自身历史数据作为预测值，单击 D2 单元格，在编辑栏中输入“=B2”；单击 D3 单元格，在编辑栏中输入“=B3*$G$2+D2*$G$1”，将鼠标移动到 D3 单元格的右下角，当光标变为黑色十字时将光标拖动到 D13 单元格，求出所有预测值。

Step 04：求出总误差。单击 E2 单元格，在编辑栏中输入“=((D2-B2)^2+(D2-$G$3)^2)/(12-1)”，将鼠标移动到 E2 单元格的右下角，当光标变为黑色十字时将光标拖动到 E13 单元格，求出每年的误差；单击 G4 单元格，在编辑栏中输入“=SUM(E2:E13)”，求出总误差。

Step 05：运用规划求解功能确定最佳阻尼系数。单击【数据】/【规划求解】命令，弹出【规划求解参数】对话框，单击【设置目标单元格】后的折叠按钮，选择 G4 单元格；选中【最小值】单选按钮；单击可变单元格后的折叠按钮，选择 G1 单元格；单击【约束】选项组中的【添加】按钮，弹出【添加约束】对话框，单击【单元格引用位置】后的折叠按钮，选择 G1 单元格，在下拉列表中选择“ <= ”，在【约束值】下的文本框中输入“1”，如图 8.36 所示。

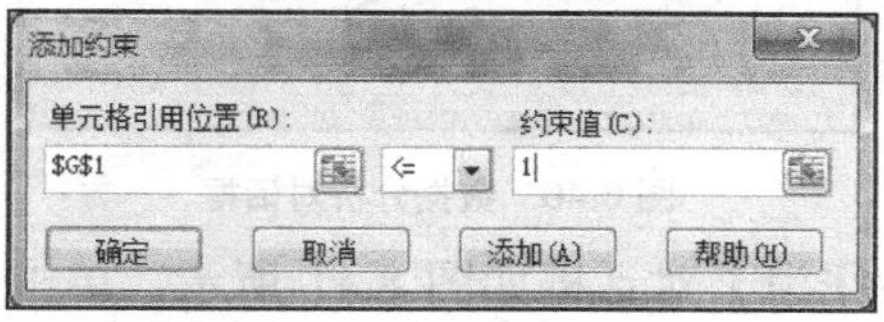

图 8.36　添加约束对话框

再次单击【约束】选项组中的【添加】按钮，弹出【添加约束】对话框，单击【单元格引用位置】后的折叠按钮，选择 G1 单元格，在下拉列表中选择“ >= ”，在【约束值】下的文本框中输入“0”，对应的【规划求解参数】对话框如图 8.37 所示。

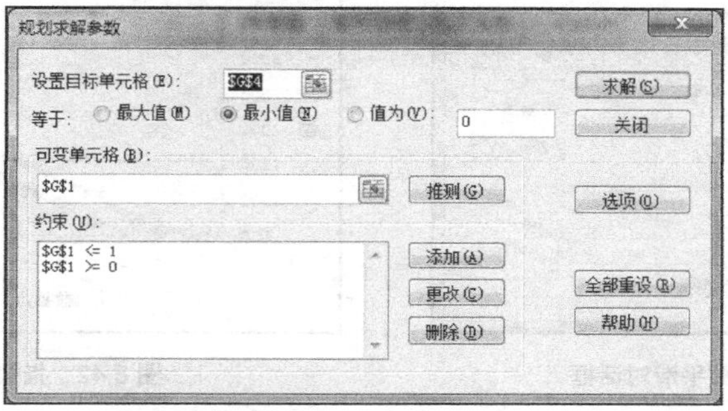

图 8.37　规划求解参数对话框

Step 06：单击【求解】按钮，弹出【规划求解结果】对话框，如图 8.38 所示。单击【保存规划求解结果】单选按钮，单击【运算结果报告】，再单击【确定】按钮，生成的运算结果报告如图 8.39 所示。

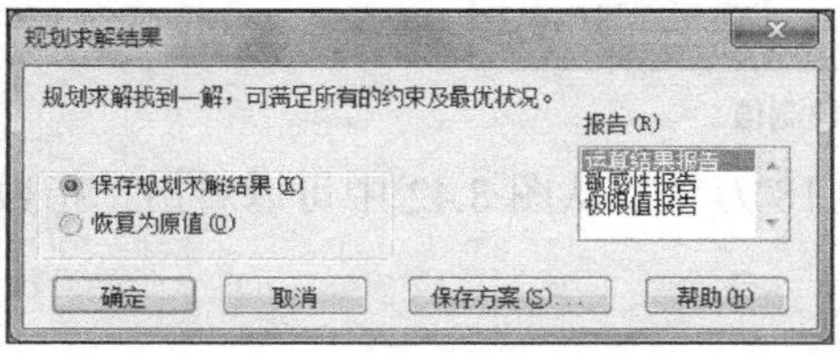

图 8.38　规划求解结果对话框

Microsoft Excel 12.0 运算结果报告
工作表 [新建 Microsoft Office Excel 工作表.xlsx]Sheet11
报告的建立：2011/3/15 1:42:57

目标单元格（最小值）

单元格	名字	初值	终值
$G$4	总误差	3564908.175	730488.6879

可变单元格

单元格	名字	初值	终值
$G$1	阻尼系数	1	0.476998255

约束

单元格	名字	单元格值	公式	状态	型数值
$G$1	阻尼系数	0.476998255	$G$1<=1	未到限制值	0.523001745
$G$1	阻尼系数	0.476998255	$G$1>=0	未到限制值	0.476998255

图 8.39　运算结果报告

从图 8.39 中可以看出，最佳阻尼系数为 0.477。G1 单元格中的阻尼系数相应也变为了 0.477。

Step 07：单击【数据】/【数据分析】命令，在弹出的【数据分析】的【分析工具】栏中选择【指数平滑】，单击【确定】按钮如图 8.40 所示。

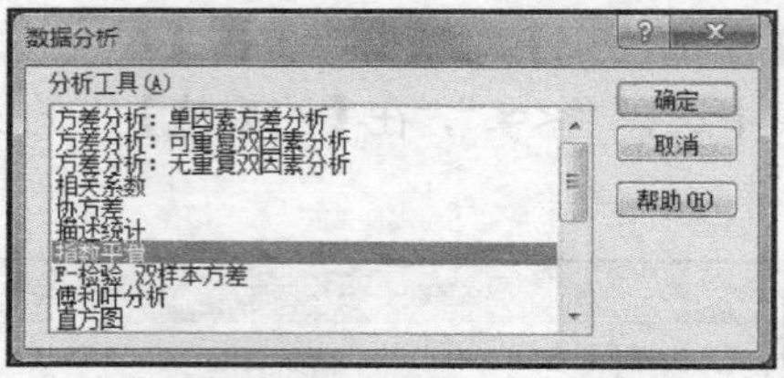

图 8.40 数据分析对话框

Step 08：弹出的【指数平滑】对话框如图 8.41 所示，单击【输入】/【输入区域】后的折叠按钮，选择 D1:D13 单元格；在【阻尼系数】后的文本框中输入“0.477”；选中【标志】复选框；单击【输出选项】/【输出区域】后的折叠按钮，选择 H2 单元格；选中【图表输出】和【标准误差】复选框，单击【确定】按钮，生成的指数平滑图如图 8.42 所示。

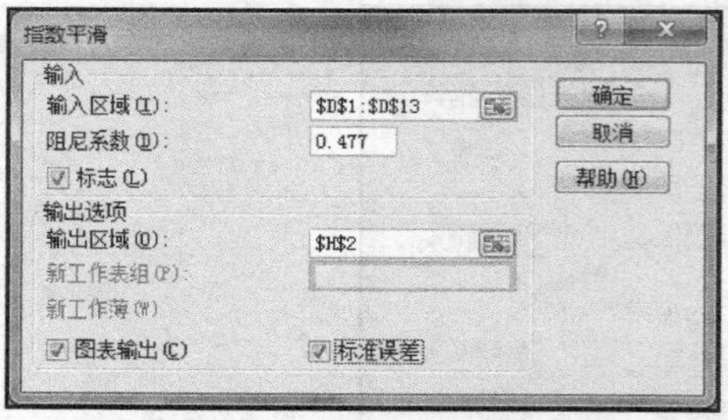

图 8.41 指数平滑对话框

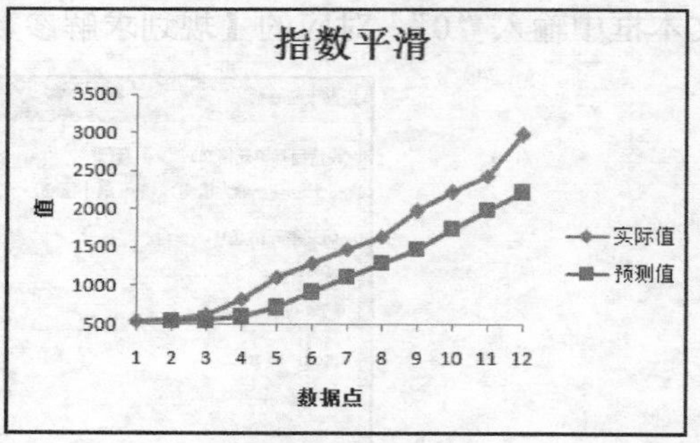

图 8.42 指数平画图

Step 09：单击 H3 单元格，将鼠标移动到 H3 单元格的右下角，当光标变为黑色十字时，将光标拖动到 H14 单元格，得到未来一年的预测值，如图 8.43 所示。

	A	B	F	G	H	I
1	年份	电视产量（万台）	阻尼系数	0.476998	预测值	标准误差
2	1981	539.4	平滑系数	0.523002	#N/A	#N/A
3	1982	592	平均值	1658.883	539.4	#N/A
4	1983	684	总误差	730488.7	553.7877	#N/A
5	1984	1003.8			592.6782	#N/A
6	1985	1367.7			713.981	141.5166
7	1986	1459.4			920.3925	267.7605
8	1987	1634.4			1114.792	340.4499
9	1988	1805.1			1301.151	374.5636
10	1989	2273.5			1481.398	357.728
11	1990	2448.1			1739.073	403.5206
12	1991	2631.4			1991.642	445.2455
13	1992	3467.8			2224.101	473.8177
14	1993				2617.181	

图 8.43 指数平滑预测值

从图 8.43 可以看出，1993 年的预测值为 2 617.18 万台。从图 8.42 中可以看出，指数平滑法得到的预测值比实际值有明显的滞后。

8.4 季节变动预测

季节变动预测法又称季节周期法、季节指数法、季节变动趋势预测法，是对包含季节波动的时间序列进行预测的方法。要研究这种预测方法，首先要研究时间序列的变动规律。

季节变动是指价格由于自然条件、生产条件和生活习惯等因素的影响，随着季节的转变而呈现的周期性变动，这种周期通常为 1 年。季节变动的特点是有规律性的，每年重复出现，其表现为逐年同月（或季）有相同的变化方向和大致相同的变化幅度。

季节变动预测常用的方法有平均数趋势整理法和季节虚拟变量回归法。

8.4.1　季节变动预测原理

1. 平均数趋势整理法原理

平均数趋势整理法的原理是先对历史资料各年同月或同季的数据求平均数，然后再利用所求出的平均数，消除其中的趋势成分，求出季节指数，最后建立趋势季节模型进行预测的方法。

设一时间序列 $y_1, y_2, \cdots, y_t$，T 为序列长度，这序列是由 N（N 大于等于 3）年的统计资料构成，它受直线趋势，季节变动和随机变动的影响。一年季节周期的分段为 k，则 $N \times k=T$，如果以月为单位，则 k=12，T=12N，预测步骤如下。

第 1 步：各年同月平均数

$$r_1 = \frac{1}{N}(y_1 + y_{13} + \cdots + y_{12N-11})$$

$$r_2 = \frac{1}{N}(y_2 + y_{14} + \cdots + y_{12N-10})$$

$$\vdots$$

$$r_{12} = \frac{1}{N}(y_{12} + y_{24} + \cdots + y_{12-N})$$

第 2 步：各年月平均

$$\overline{y}_{(1)} = \frac{1}{12}(y_1 + y_2 + \cdots + y_{12})$$

$$\overline{y}_{(2)} = \frac{1}{12}(y_{13} + y_{14} + \cdots + y_{24})$$

$$\vdots$$

$$\overline{y}_{(N)} = \frac{1}{12}(y_{12N-11} + y_{12N-10} + \cdots + y_{12N})$$

第 3 步：建立的趋势预测模型。根据年的约平均数，建立年趋势直线模型

$$\hat{T}_t = a + bt$$

式中，t 以年为单位。再用最小平方法估计参数 a，b，公式为

$$a = \frac{\sum y_t}{n}, \quad b = \frac{\sum t y_t}{\sum t^2}$$

取序列 $\overline{y}_{(t)}$ 的中点年为时间原点。再把此模型转变为月趋势线模型，公式为

$$\hat{T}_t = a_0 + b_0 t$$

$$a_0 = a + \frac{b}{24}, b_0 = \frac{b}{12}$$

式中，a_0，b_0 分别为新原点的月趋势线和每月增量，利用此月趋势线模型求原点年各月的趋势值，可得到 $\hat{T}_1, \hat{T}_2, \cdots, \hat{T}_{12}$。

第 4 步：求季节指数。同月平均数与原点年该月的趋势值的比值 f_i 即为季节指数，公式为

$$f_i = \frac{r_i}{\hat{T}_i}$$

第 5 步：求预测值。首先，用月趋势线模型求未来月份的趋势值，公式为 $\hat{T}_t = a_0 + b_0 t$。然后再用趋势季节模型求其预测值，公式为 $\hat{y}_t = (a_0 + b_0 t) f_i$。

2. 季节虚拟变量回归法原理

添加虚拟变量进行回归是研究经济问题时常用的方法，虚拟变量是一个值为 0 或 1 的变量，如果该虚拟变量对应的事件发生，则该变量变为 1，否则该变量值为 0。添加虚拟变量后，如果该变量的系数显著，则说明该虚拟变量代表的因素有显著的影响，可以按照系数进行调整。

添加虚拟变量时，如果对应 N 种现象，应添加 N−1 个虚拟变量。所以，考虑 12 个月的影响应添加 11 个虚拟变量。

设定 11 个虚拟变量 $M_1, M_2, \cdots, M_{11}$,，分别为 1 月到 11 月的虚拟变量，对应虚拟变量的取值为:

第 i 月（i<12）时，M_i=1，M_j=0（其中 $i \neq j$）。

第 i 月（i=12）时，M_i=0，M_j=0（其中 $i \neq j$）。

8.4.2 季节变动预测实例

1. 平均数趋势整理法预测实例

例 8.4 已知某店 2008 年到 2010 年的某商品销售量数据，如表 8.4 所示，请用平均数趋势整理法预测 2011 年 1 月到 3 月该商品的销售量

表 8.4　　某商品历年销售量数据

	1月	2月	3月	4月	5月	6月	7月	8月	9月	10月	11月	12月
2008 年	5	3	12	9	13	20	37	44	26	14	5	1
2009 年	3	13	18	19	31	34	60	62	56	24	8	2
2010 年	9	15	31	37	42	51	90	98	80	40	11	4

新建工作表“平均数趋势预测.xlsx”，输入表 8.4 中的数据，如图 8.44 所示。

下面使用 Excel 2007 对例 8.4 进行平均数趋势整理法预测，具体操作步骤如下。

	A	B	C	D	E
1				年份	
2			2008	2009	2010
3		时间t	-1	0	1
4	月份	1	5	3	9
5		2	3	13	15
6		3	12	18	31
7		4	9	19	37
8		5	13	31	42
9		6	20	34	51
10		7	37	60	90
11		8	44	62	98
12		9	26	56	80
13		10	14	24	40
14		11	5	8	11
15		12	1	2	4

图 8.44 某商品销售量数据

Step 01：打开“平均数趋势预测.xlsx”，求同月平均值。单击 F3 单元格，在编辑栏中输入“=AVERAGE(C4:E4)”，将鼠标移动到 F4 单元格的右下角，当光标变为黑色十字时将光标拖动到 F15 单元格，求出所有同月平均值。

Step 02：求出月平均值。单击 C16 单元格，在编辑栏中输入“=AVERAGE(C4:C15)”，将鼠标移动到 C16 单元格的右下角，当光标变为黑色十字时将光标拖动到 E16 单元格，求出所有月平均值。

Step 03：求出参数 a，b。单击 B18 单元格，在编辑栏中输入“=SUM(C16:E16)/3”，得到参数 a 的值；单击 B19 单元格，在编辑栏中输入“=(C16*C3+D16*D3+E16*E3)/ (C3^2+D3^2+E3^2)”，得到参数 b 的值。

Step 04：求出参数 a_0，b_0。单击 B18 单元格，在编辑栏中输入“=B18+B19/24”，得到 a_0 的值，即为 2009 年 7 月的趋势值；单击 B19 单元格，在编辑栏中输入“=B19/12”，得到 b_0 的值。

Step 05：求出各月趋势值。单击 G10 单元格，在编辑栏中输入“=D18”，再单击 G11 单元格，在编辑栏中输入“=G10+$D$19”，将鼠标移动到 G11 单元格的右下角，当光标变为黑色十字时将光标拖动到 G15 单元格；单击 G9 单元格，在编辑栏中输入“=G10-$D$19”，将鼠标移动到 G9 单元格的右下角，当光标变为黑色十字时将光标拖动到 G4 单元格，求出所有各月趋势值。

Step 06：求季节指数。单击 H4 单元格，在编辑栏中输入“=F4/G4”，将鼠标移动到 H4 单元格的右下角，当光标变为黑色十字时将光标拖动到 H15 单元格，求出各月季节指数，如图 8.45 所示。

	A	B	C	D	E	F	G	H
1				年份				
2			2008	2009	2010	同月平均	各月趋势	季节指数
3		时间t	-1	0	1			
4	月份	1	5	3	9	5.67	22.44	0.2526
5		2	3	13	15	10.33	23.54	0.4389
6		3	12	18	31	20.33	24.65	0.8248
7		4	9	19	37	21.67	25.76	0.8411
8		5	13	31	42	28.67	26.87	1.0670
9		6	20	34	51	35.00	27.97	1.2512
10		7	37	60	90	62.33	29.08	2.1434
11		8	44	62	98	68.00	30.19	2.2525
12		9	26	56	80	54.00	31.30	1.7254
13		10	14	24	40	26.00	32.40	0.8024
14		11	5	8	11	8.00	33.51	0.2387
15		12	1	2	4	2.33	34.62	0.0674
16			15.75	27.50	42.33			
17								
18	a	28.53	a_0	29.08				
19	b	13.29	b_0	1.108				
20	T_0	28.53						

图 8.45 季节指数

Step 07：求出 2011 年前三月的预测值。单击 B22 单元格，在编辑栏中输入“18”，将鼠标移动到 B22 单元格的右下角，当光标变为黑色十字时将光标拖动到 B24 单元格，得到 2011

	A	B	C	D
19	b	13.29	b_0	1.108
20	T_0	28.53		
21			预测值	
22	2011年1月	18	12.38	
23	2011年2月	19	22.00	
24	2011年3月	20	42.26	

图 8.46　平均数趋势整理法预测值

年前三月对应距时间中心的月数；单击 C22 单元格，在编辑栏中输入“=(B22*$D$19+$D$18)*H4”，将鼠标移动到 C22 单元格的右下角，当光标变为黑色十字时将光标拖动到 C24 单元格，得到 2011 年前三月对应的预测值，如图 8.46 所示。

2. 季节虚拟变量回归法预测实例

新建工作表“季节虚拟变量回归法.xlsx”，输入表 8.4 中的数据，如图 8.47 所示。

	A	B	C
1	月份	销售量	t
2	200801	5	1
3	200802	3	2
4	200803	12	3
5	200804	9	4
6	200805	13	5
7	200806	20	6
8	200807	37	7
9	200808	44	8
10	200809	26	9
11	200810	14	10
12	200811	5	11
13	200812	1	12
32	201007	90	31
33	201008	98	32
34	201009	80	33
35	201010	40	34
36	201011	11	35
37	201012	4	36

图 8.47　某商品销售量数据

下面使用 Excel 2007 的数学分析工具对例 8.4 进行季节虚拟变量回归法预测，具体操作步骤如下。

Step 01：设定时间 t。单击 C2 单元格，在编辑栏中输入“1”，将鼠标移动到 C2 单元格的右下角，当光标变为黑色十字时将光标拖动到 C37 单元格，设定所有月份的时间。

Step 02：设置虚拟变量的值。按季节虚拟变量回归法预测原理，在相应的单元格中输入“1”或者“0”。

Step 03：单击【数据】/【数据分析】命令，在弹出的【数据分析】的【分析工具】栏中选择【回归】，单击【确定】按钮如图 8.48 所示。

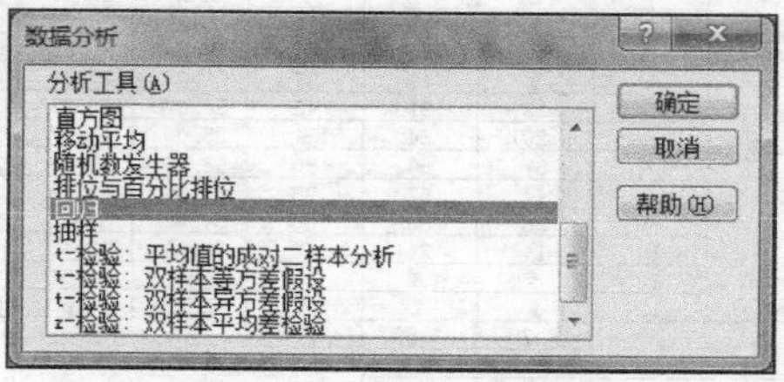

图 8.48　数据分析对话框

Step 04：在弹出的【回归】对话框中输入各项参数。单击【Y 值输入区域】后的折叠按钮，选择 B1:B37 单元格；单击【X 值输入区域】后的折叠按钮，选择 C1:N37 单元格；单击选中【标志】和【置信度】复选框，并在【置信度】后的文本框中输入“95”；单击输出选项的【输入区域】后的折叠按钮，选择 P2 单元格，如图 8.49 所示。

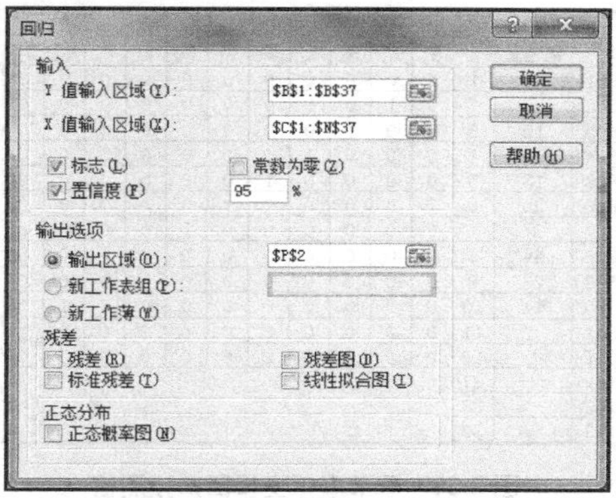

图 8.49　回归对话框

Step 05：单击图 8.49 中所示的【确定】按钮，对应回归分析结果中的回归汇总输出（SUMMARY OUTPUT），如图 8.50 所示。

	P	Q	R	S	T	U	V	W	X
1									
2	SUMMARY OUTPUT								
3									
4	回归统计								
5	Multiple	0.952361							
6	R Square	0.906992							
7	Adjusted	0.858466							
8	标准误差	9.597611							
9	观测值	36							
10									
11	方差分析								
12		df	SS	MS	F	gnificance F			
13	回归分析	12	20660.35	1721.696	18.6909	4.58E-09			
14	残差	23	2118.625	92.11413					
15	总计	35	22778.97						
16									
17		Coefficien	标准误差	t Stat	P-value	Lower 95%	Upper 95%	下限 95.0%	上限 95.0%
18	Intercept	-24.25	6.786536	-3.57325	0.001612	-38.289	-10.211	-38.289	-10.211
19	t	1.107639	0.163259	6.784564	6.41E-07	0.769913	1.445365	0.769913	1.445365
20	M1	15.51736	8.039557	1.930126	0.066013	-1.11373	32.14845	-1.11373	32.14845
21	M2	19.07639	8.004671	2.383157	0.02581	2.517465	35.63531	2.517465	35.63531
22	M3	27.96875	7.972976	3.507944	0.001891	11.47539	44.46211	11.47539	44.46211
23	M4	28.19444	7.94451	3.548922	0.001711	11.75997	44.62892	11.75997	44.62892
24	M5	34.08681	7.919308	4.304266	0.000264	17.70447	50.46914	17.70447	50.46914
25	M6	39.3125	7.897401	4.977903	4.93E-05	22.97548	55.64952	22.97548	55.64952
26	M7	65.53819	7.878817	8.318279	2.18E-08	49.23962	81.83677	49.23962	81.83677
27	M8	70.09722	7.863579	8.914163	6.38E-09	53.83017	86.36427	53.83017	86.36427
28	M9	54.98958	7.851707	7.00352	3.88E-07	38.74709	71.23208	38.74709	71.23208

图 8.50　回归汇总输出

在图 8.50 中，Q6 单元格为判定系数，达到了 0.91，说明回归结果拟合良好。Q18 到 Q30 为虚拟变量系数。

Step 06：求 2011 年 1 月到 3 月的预测值。2011 年 1 月到 2011 年 3 月的时间 t 为 37 到 39，单击 C38 单元格，将鼠标移动到 C38 单元格的右下角，当光标变为黑色十字时将光标拖动到 C40 单元格，设定 2011 年的时间。单击 O2 单元格，在编辑栏中输入“=$Q$18+$Q$19*C2+D2*$Q$20+E2*$Q$21+F2*$Q$22+G2*$Q$23+H2*$Q$24+I2*$Q$25+J2*$Q$26+K2*$Q$27+L2*$Q$28+M2*$Q$29+N2*$Q$30”，将鼠标移动到 O2 单元格的右下角，当光标变为黑色十字时将光标拖动到 O40 单元格，得到所有预测值，如图 8.51 所示。

从图 8.51 可以看出，2011 年 1 月的预测值为 16.7 台，2011 年 2 月的预测值为 17.8 台，2011 年 3 月的预测值为 18.9 台。

	A	B	C	D	E	F	G	H	I	J	K	L	M	N	O
1	月份	销售量	t	M_1	M_2	M_3	M_4	M_5	M_6	M_7	M_8	M_9	M_{10}	M_{11}	预测值
2	200801	5	1	1	0	0	0	0	0	0	0	0	0	0	-7.625
3	200802	3	2	0	1	0	0	0	0	0	0	0	0	0	-2.95833
4	200803	12	3	0	0	1	0	0	0	0	0	0	0	0	7.041667
5	200804	9	4	0	0	0	1	0	0	0	0	0	0	0	8.375
6	200805	13	5	0	0	0	0	1	0	0	0	0	0	0	15.375
7	200806	20	6	0	0	0	0	0	1	0	0	0	0	0	21.70833
8	200807	37	7	0	0	0	0	0	0	1	0	0	0	0	49.04167
9	200808	44	8	0	0	0	0	0	0	0	1	0	0	0	54.70833
10	200809	26	9	0	0	0	0	0	0	0	0	1	0	0	40.70833
11	200810	14	10	0	0	0	0	0	0	0	0	0	1	0	12.70833
12	200811	5	11	0	0	0	0	0	0	0	0	0	0	1	-5.29167
13	200812	1	12	0	0	0	0	0	0	0	0	0	0	0	-10.9583
38	201101		37												16.73264
39	201102		38												17.84028
40	201103		39												18.94792

图 8.51　季节虚拟变量回归预测值

Step 07：单击菜单栏【插入】/【散点图】命令，在弹出的【散点图】对话框中单击【仅带数据标记的散点图】按钮生成一个初始散点图。右键单击生成的初始散点图，单击【选择数据】按钮，弹出【选择数据源】对话框，如图 8.52 所示。

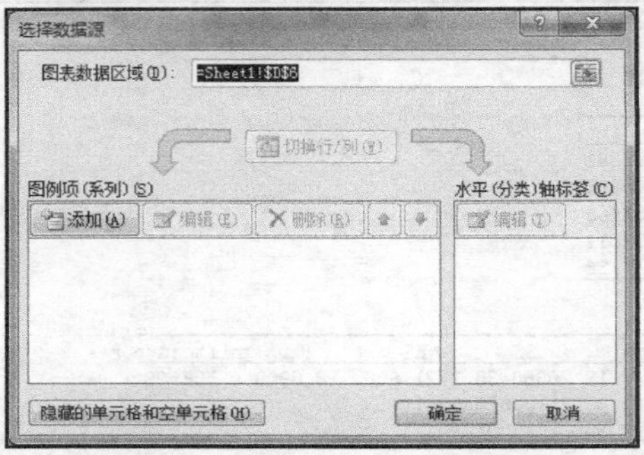

图 8.52　选择数据源对话框

Step 08：单击图 8.52 中所示的【添加】按钮，弹出【编辑数据系列】对话框，在【系列名称】中输入“季节虚拟变量回归预测值”，单击【*x* 轴系列值】后的折叠按钮，选择 C1:C40 单元格区域；单击【*y* 轴系列值】后的折叠按钮，选择 O1:O40 单元格区域，单击【确定】按钮。在弹出的【选择数据源】对话框中单击【确定】按钮。

再次单击图 8.52 中【添加】按钮，弹出【编辑数据系列】对话框，在【系列名称】中输入“实际销售量”，单击【*x* 轴系列值】后的折叠按钮，选择 C1:C40 单元格区域；单击【*y* 轴系列值】后的折叠按钮，选择 B1:B40 单元格区域，单击【确定】按钮。在弹出的【选择数据源】对话框中单击【确定】按钮，得到的预测值和实际值曲线如图 8.53 所示。

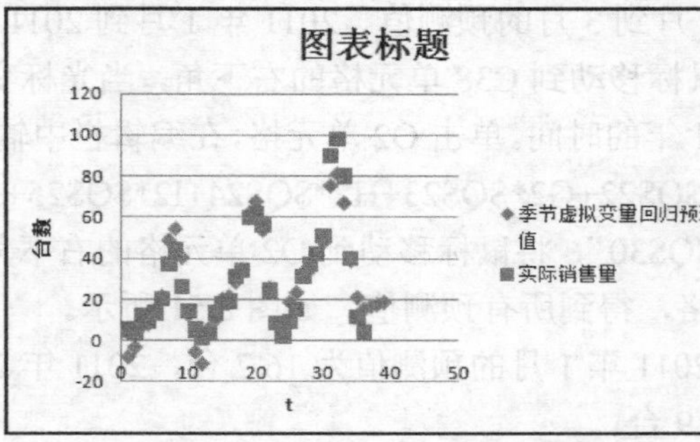

图 8.53　某商品历年销售量散点图

Step 09：观察实际值与预测值的移动平均曲线。在图 8.53 中，右键单击散点图中的菱形散点，在弹出的快捷菜单中选择【添加趋势线】命令，弹出如图 8.54 所示的设置界面，在此设置关于趋势线的选项。在【趋势预测/回归分析类型】栏选中【移动平均】，在【周期】后的文本框中输入 2，单击【关闭按钮】；右键单击散点图中的方形散点，在弹出的快捷菜单中选择【添加趋势线】命令，弹出如图 8.54 所示的设置界面，在此设置关于趋势线的选项，在【趋势预测/回归分析类型】栏选中【移动平均】，在【周期】后的文本框中输入 2，单击【关闭按钮】，得到两条趋势线如图 8.55 所示。

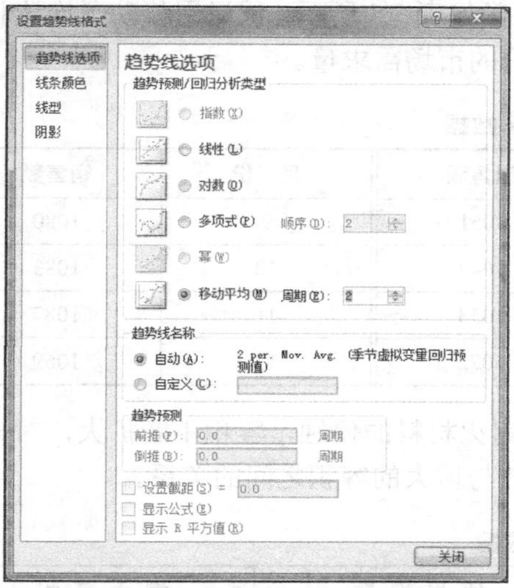

图 8.54　设置趋势线格式对话框

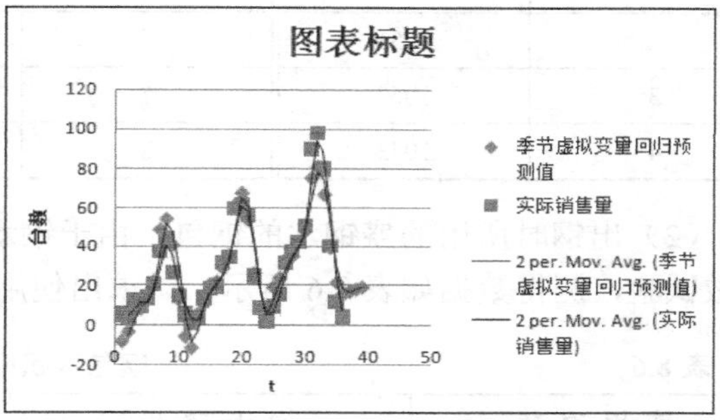

图 8.55　散点图及趋势线

从图 8.55 中可以看出，预测值与实际值的回归曲线拟合良好。

8.5　小　　结

本章主要介绍了如何利用 Excel 2007 进行时间序列预测。时间序列预测主要有以下几种方法：移动平均法、趋势线预测法、指数平滑法和季节变动预测。本章介绍了趋势线预测法如何在 Excel 2007 中通过自带的数学工具、数学函数和趋势线直接实现，同时介绍了另外几种方法实现的步骤。

8.6　习　　题

1. 填空题

（1）移动平均法分为________和________。就是相继移动计算若干时期的算术平均数作为下期预测值。

（2）通过添加的方法只能绘出趋势线并判断长期趋势的方向，不能给出数据与时间的定量关系，对此可应用________的方法，通过对历史数据进行回归分析，得到历史数据与时间的回归方程，再由求得的回归方程对未来进行预测的一种方法。

（3）________是先对历史资料各年同月或同季的数据求平均数，然后再利用所求出的平均数，消除其中的趋势成分，求出季节指数，最后建立趋势季节模型进行预测的方法。

2. 操作题

（1）设某产品 2009 年 1～12 月份实际市场销售额如表 8.5 所示。试运用移动平均法和二次移动平均法，采用近 4 期数据预测 2010 年 1 月份的市场需求量。

表 8.5　　　　某产品 2009 年销售数据

月　份	销售额	月　份	销售额	月　份	销售额
1	1034	5	1051	9	1080
2	1051	6	1043	10	1083
3	1067	7	1053	11	1087
4	1043	8	1072	12	1069

（2）出钢时所用的盛钢水的钢包，由于钢水对耐火材料的侵蚀，容积不断扩大，对一钢包做试验，测得数据如表 8.6 所示，试求出使用次数与增大的容积之间的关系。

表 8.6　　　　钢包容积增大数据

使用次数	增大容积	使用次数	增大容积
2	6.42	9	9.99
3	8.20	10	10.49
4	9.58	11	10.59
5	9.50	12	10.60
6	9.70	13	10.80
7	10.00	14	10.90
8	9.93	15	11.12

（3）某商品从 2007 年到 2010 年连续 4 年各季度销售量如表 8.7 所示。求 2011 年各季度的需求量。

表 8.7　　　　某商品各季度销售量数据

	1 季度	2 季度	3 季度	4 季度
2007	400	900	500	800
2008	500	1000	700	1200
2009	600	1100	800	1300
2010	800	1200	900	1400

（4）已知某店 1999 年到 2002 年的某商品销售量数据如表 8.8 所示，请用平均数趋势整理法预测 2003 年各月该商品的销售量。

表 8.8　　某商品 4 年时间各月销售量

月份	1999 年	2000 年	2001 年	2002 年
1	13.41	21.52	31.34	41.79
2	12.02	17.31	27.14	37.95
3	13.11	20.64	30.32	41.03
4	13.45	21.17	31.12	41.64
5	14.03	22.98	33.50	44.31
6	14.61	22.87	31.61	41.82
7	15.22	23.59	32.39	41.87
8	14.11	22.79	32.61	42.00
9	14.12	23.40	33.11	42.79
10	14.17	23.34	33.80	43.16
11	14.22	23.96	34.24	43.81
12	15.82	24.91	35.57	45.32

第 9 章　马尔可夫链分析

马尔可夫链是以俄国数学家马尔可夫（A.Markov）的名字命名的一种状态转移分析和预测技术，由马尔可夫提出，并由蒙特-卡罗（Mote-Carlo）加以发展。只要是无后效性的时空演化过程，就可以借助马尔可夫链开展系统发展预测，根据事物的一种状态向另一种状态转化的概率来预测未来的状态概率分布，在经济、社会、生态、遗传等许多领域中有着广泛的应用。

马尔可夫链分析法是用马尔可夫链的理论和方法来研究分析有关数据变化规律，从而预测未来变化趋势的一种方法。但是这种方法的手工计算非常复杂，本章将详细介绍如何使用 Excel 2007 进行马尔可夫链分析。

9.1　马尔可夫链简介

在考察随机因素影响的动态系统时，常碰到这样的情况：系统在每个时期所处的状态是随机的，从这个时期到下个时期的状态按照一定的概率进行转移，且下个时期的状态只取决于这个时期的状态和转移概率，与之前各时期的状态无关。这种性质称为无后效性或马尔可夫性。

具有马氏性的，时间、状态为离散的随机转移过程通常用马氏链（Markov Chain）模型描述。

按照系统的发展，时间离散化为 n=0,1,…，对每个 n，系统的状态用随机变量 X_n 表示，设 X_n 可以取 k 个离散值 X_n=1,2,…,k，且 $X_n=i$ 的概率记作 $a_i(n)$，称为状态概率；从 $X_n=i$ 到 $X_{n+1}=j$ 的概率记作 p_{ij}，为转移概率。如果 X_{n+1} 的取值只取决于 X_n 的取值及转移概率，而与 X_{n-1}, X_{n-2}, … 的取值无关，则这种离散状态按照离散时间的随机转移过程称为马尔可夫链。

由状态转移的无后效性和全概率公式可以写出马氏链的基本方程为

$$a_i(n+1)=\sum_{j=1}^{k}a_j(n)p_{ij}\quad i=1,2,\cdots,k$$

并且 $a_i(n)$和 p_{ij} 应满足

$$\sum_{j=1}^{k}a_j(n)=1\quad n=0,1,2,\cdots\ ;\quad p_{ij}\geqslant 0;\ \sum_{j=1}^{k}p_{ij}=1\quad i=1,2,\cdots,k$$

引入状态概率向量 $a(n)=(a_1(n),a_2(n),\cdots,a_k(n))$和转移概率矩阵 $P=\{p_{ij}\}_k$，则基本方程可以表示为 $a(n+1)=a(n)P=a(0)P^{n+1}$。

一个有 k 个状态的马尔可夫链，如果存在正整数 N，满足从任意状态 i 经 N 次转移都以大于零的概率到达状态 $j(i,j=1,2,\cdots,k)$，则称其为正则链。正则链存在唯一的极限状态概率

$w=(w_1, w_2, \cdots, w_k)$，使得当 $n\to\infty$时的状态概率 $a(n)\to w$，w 与初始概率 $a(0)$无关。w 称为稳态概率，满足 $wP=w$ 且$\Sigma w_i=1$。

利用马尔可夫链原理进行状态转移和预测的步骤如下：

（1）确定研究对象初期的状态概率向量 $a(0)$；

（2）确定一步状态转移概率矩阵 $P=\{p_{ij}\}_k$；

（3）预测第 n 期的状态概率向量 $a(n)$，$a(n)=a(n-1)P=a(0)P^n$；

（4）预测稳态概率 w。经过较长时期后，马尔可夫过程逐渐趋于稳定状态，即第 N 期的状态概率与第 $N-1$ 期的状态概率相等，此时有 $w=a(N)=a(N)P$。

9.2　马尔可夫链分析实例

在 Excel 2007 中，可以通过多种途径实现常规的马尔可夫链分析。对于简单的马尔可夫链，利用 Excel 的矩阵乘法函数、自动填充功能即可实现，也可以通过 Excel 规划求解工具来求解。当问题相对复杂时，则可以使用 Excel VBA 编辑器编写简单的计算程序，然后调用相关函数来进行马尔可夫链分析。

例 9.1 市场占有率的马尔可夫链分析实例

某地区有 A、B、C、D 四间工厂生产同种产品，该产品有 1400 家用户，其订购户情况如下：6 月份，A 有 250 户，B 有 450 户，C 有 300 户，D 有 400 户；7 月份，情况发生了一些变化，A 保留 150 户，而从 B 转入 90 户，从 C 转入 20 户，从 D 转入 60 户；B 保留 250 户，而从 A 转入 40 户，从 C 转入 35 户，从 D 转入 75 户；C 保留 215 户，从 A 转入 30 户，从 B 转入 60 户，从 D 转入 65 户；D 保留 200 户，从 A 转入 30 户，从 B 转入 50 户，从 C 转入 30 户。试通过现有的市场占有率和转移概率预测今后各工厂的市场占有率。

根据实例信息，汇总数据。新建工作表“例 9.1 市场占有率的马尔可夫链分析.xlsx”，输入实例中的数据信息，如图 9.1 所示。

	A	B	C	D	E	F
1		A	B	C	D	
2	7月份订购户	250	450	300	400	
3						
4		A	B	C	D	
5	A	150	40	30	30	
6	B	90	250	60	50	
7	C	20	35	215	30	
8	D	60	75	65	200	
9						

图 9.1　市场占有率数据

下面通过 Excel 2007 操作进行市场占有率的马尔可夫链分析，具体操作步骤如下。

Step 01：求 6 月份到 7 月份的转移概率 P。打开“例 9.1 市场占有率的马尔可夫链分析.xlsx”。单击 B11 单元格，在编辑栏中输入“=B5/\$B\$2”，按回车键；同样分别在 B12、B13、B14 单元格中输入“=B6/\$C\$2”、“=B7/\$D\$2”、“=B8/\$E\$2”。然后单击选择 B11:B14 单元格区域，将鼠标移动至 B14 单元格右下角，当出现黑色十字光标时，单击左键拖动至 E14 单元格，利用 Excel 自动填充功能得到转移概率矩阵，结果如图 9.2 所示。

Step 02：求初期市场占有率 $a(0)$。单击 B16 单元格，然后在编辑栏中输入“=B2/1400”，按回车键。再单击选择 B16 单元格，将鼠标移动至 B16 单元格右下角，当出现黑色十字光标时单击左键拖动至 E16 单元格，利用 Excel 自动填充功能求出初期市场占有率，如图 9.3

所示。

	A	B	C	D	E	F
1		A	B	C	D	
2	7月份订购户	250	450	300	400	
3						
4		A	B	C	D	
5	A	150	40	30	30	
6	B	90	250	60	50	
7	C	20	35	215	30	
8	D	60	75	65	200	
9						
10	转移概率	A	B	C	D	
11	A	0.6	0.16	0.12	0.12	
12	B	0.2	0.555556	0.133333	0.111111	
13	C	0.066667	0.116667	0.716667	0.1	
14	D	0.15	0.1875	0.1625	0.5	
15						

图 9.2　转移概率矩阵

	A	B	C	D	E	F
1		A	B	C	D	
2	7月份订购户	250	450	300	400	
3						
4		A	B	C	D	
5	A	150	40	30	30	
6	B	90	250	60	50	
7	C	20	35	215	30	
8	D	60	75	65	200	
9						
10	转移概率	A	B	C	D	
11	A	0.6	0.16	0.12	0.12	
12	B	0.2	0.555556	0.133333	0.111111	
13	C	0.066667	0.116667	0.716667	0.1	
14	D	0.15	0.1875	0.1625	0.5	
15						
16	初期市场占有率	0.178571	0.321429	0.214286	0.285714	
17						

图 9.3　初期市场占有率

Step03：求 $a(0)P$。单击选择 B17:E17 单元格区域，在编辑栏中输入“=MMULT(B16:E16,$B$11:$E$14)”，按 Ctrl+Shift+Enter 组合键，结果如图 9.4 所示。

Step 04：求 $a(n)$，n=2,3,4,…，为说明方便，这里我们求 $a(2)$～$a(10)$的值。单击选择 B17:E17 单元格区域，将鼠标移动至 E17 单元格右下角，当出现黑色十字光标时单击左键拖动至 E26 单元格，求出 $a(2)$～$a(10)$的值，分别对应于 B18:B26 单元格区域内的值，结果如图 9.5 所示。

	A	B	C	D	E	F
1		A	B	C	D	
2	7月份订购户	250	450	300	400	
3						
4		A	B	C	D	
5	A	150	40	30	30	
6	B	90	250	60	50	
7	C	20	35	215	30	
8	D	60	75	65	200	
9						
10	转移概率	A	B	C	D	
11	A	0.6	0.16	0.12	0.12	
12	B	0.2	0.555556	0.133333	0.111111	
13	C	0.066667	0.116667	0.716667	0.1	
14	D	0.15	0.1875	0.1625	0.5	
15						
16	初期市场占有率	0.178571	0.321429	0.214286	0.285714	
17		0.228571	0.285714	0.264286	0.221429	
18						

图 9.4　$a(0)P$ 的值

	A	B	C	D	E	F
16	初期市场占有率	0.178571	0.321429	0.214286	0.285714	
17		0.228571	0.285714	0.264286	0.221429	
18		0.245119	0.267653	0.290911	0.196317	
19		0.249444	0.258664	0.305489	0.186403	
20		0.249725	0.254204	0.313646	0.182424	
21		0.248949	0.251977	0.318285	0.180789	
22		0.248102	0.25085	0.320953	0.180094	
23		0.247443	0.25027	0.322501	0.179787	
24		0.246988	0.249965	0.323403	0.179644	
25		0.246692	0.249801	0.323932	0.179575	
26		0.246507	0.249711	0.324242	0.179539	
27						

图 9.5　$a(2)$～$a(10)$的值

Step 05：求稳态概率 w。单击选择 B26:E26 单元格区域，如 Step 04 操作，利用 Excel 的自动填充功能求出 B27:E40 单元格区域内的值，结果如图 9.6 所示。

	A	B	C	D	E	F
16	初期市场占有率	0.178571	0.321429	0.214286	0.285714	
17		0.228571	0.285714	0.264286	0.221429	
18		0.245119	0.267653	0.290911	0.196317	
19		0.249444	0.258664	0.305489	0.186403	
20		0.249725	0.254204	0.313646	0.182424	
21		0.248949	0.251977	0.318285	0.180789	
22		0.248102	0.25085	0.320953	0.180094	
23		0.247443	0.25027	0.322501	0.179787	
24		0.246988	0.249965	0.323403	0.179644	
25		0.246692	0.249801	0.323932	0.179575	
26		0.246507	0.249711	0.324242	0.179539	
27		0.246394	0.249662	0.324424	0.17952	
28		0.246325	0.249633	0.324532	0.17951	
29		0.246284	0.249617	0.324595	0.179504	
30		0.246259	0.249608	0.324632	0.179501	
31		0.246244	0.249603	0.324654	0.179499	
32		0.246236	0.2496	0.324667	0.179498	
33		0.24623	0.249598	0.324675	0.179497	
34		0.246227	0.249597	0.324679	0.179497	
35		0.246226	0.249596	0.324682	0.179497	
36		0.246224	0.249596	0.324683	0.179496	
37		0.246224	0.249596	0.324684	0.179496	
38		0.246223	0.249595	0.324685	0.179496	
39		0.246223	0.249595	0.324685	0.179496	
40		0.246223	0.249595	0.324685	0.179496	
41						

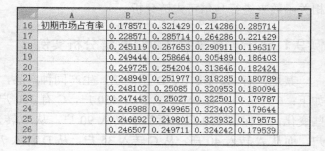

图 9.6　求稳态概率 w

【结论】

从图 9.6 可以看出，在 Step 05 计算结果中，B38:E38 单元格区域之后的数值不再变化，趋于稳定，此时的极限值即是稳态概率，稳态概率 w=(0.246223,0.249595,0.324685,0.179496)。

例 9.2 使用 Excel 规划求解工具进行马尔可夫链分析

上述操作是利用 Excel 的矩阵乘法函数、自动填充功能来实现马尔可夫链分析的。下面通过 Excel 规划求解工具来进行马尔可夫链分析，具体操作步骤如下。

Step 01：新建工作簿“例 9.2 使用 Excel 规划求解工具进行马尔可夫链分析.xlsx”，将“例 9.1 市场占有率的马尔可夫链分析.xlsx”中 A1:E14 单元格区域内的数据复制到“例 9.2 使用 Excel 规划求解工具进行马尔可夫链分析.xlsx”工作表中，并添加操作区域，如图 9.7 所示。

Step 02：单击选择 B18:E18 单元格区域，然后在编辑栏中输入“=MMULT(B16:E16, B11:E14)”，按 Ctrl+Shift+Enter 组合键；然后单击 B20 单元格，在编辑栏中输入“=SUM(B16:E16)”，按回车键，如图 9.8 所示。

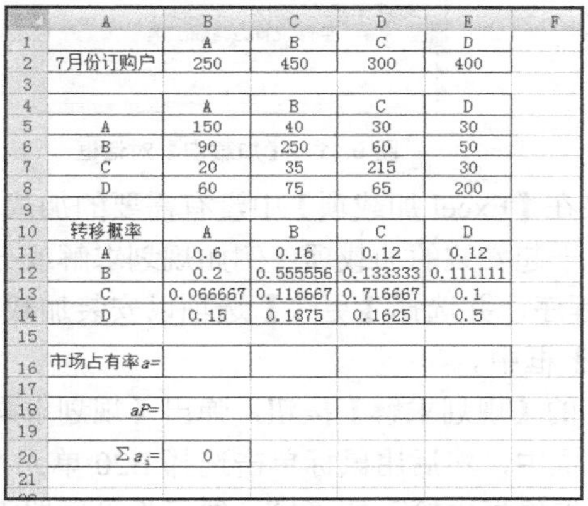

	A	B	C	D	E
1		A	B	C	D
2	7月份订购户	250	450	300	400
3					
4		A	B	C	D
5	A	150	40	30	30
6	B	90	250	60	50
7	C	20	35	215	30
8	D	60	75	65	200
9					
10	转移概率	A	B	C	D
11	A	0.6	0.16	0.12	0.12
12	B	0.2	0.555556	0.133333	0.111111
13	C	0.066667	0.116667	0.716667	0.1
14	D	0.15	0.1875	0.1625	0.5
15					
16	市场占有率a=				
17					
18	aP=				
19					
20	Σa_i=	0			

图 9.7　建立操作区域

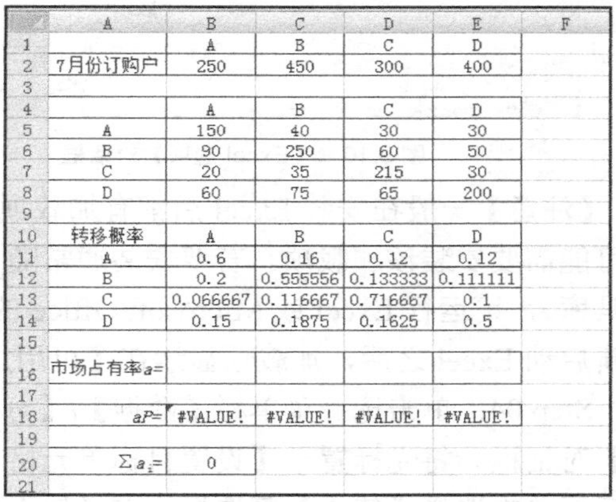

	A	B	C	D	E
1		A	B	C	D
2	7月份订购户	250	450	300	400
3					
4		A	B	C	D
5	A	150	40	30	30
6	B	90	250	60	50
7	C	20	35	215	30
8	D	60	75	65	200
9					
10	转移概率	A	B	C	D
11	A	0.6	0.16	0.12	0.12
12	B	0.2	0.555556	0.133333	0.111111
13	C	0.066667	0.116667	0.716667	0.1
14	D	0.15	0.1875	0.1625	0.5
15					
16	市场占有率a=				
17					
18	aP=	#VALUE!	#VALUE!	#VALUE!	#VALUE!
19					
20	Σa_i=	0			

图 9.8　输入公式

Step 03：加载规划求解工具。单击【Microsoft Office 按钮】(按钮)，如图 9.9 所示。

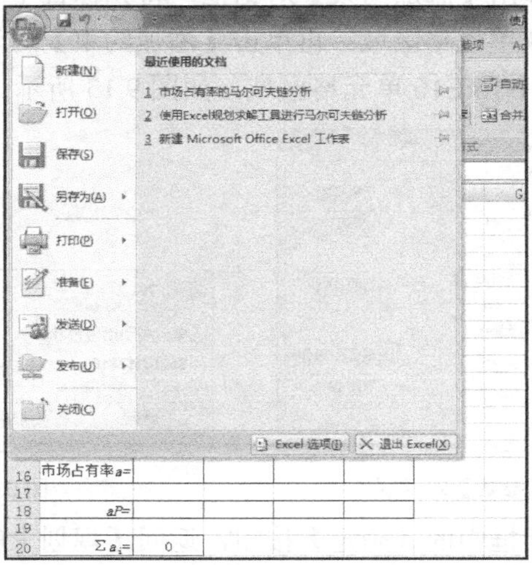

图 9.9　Microsoft Office 按钮

单击右下角的【Excel 选项】，弹出【Excel 选项】对话框，单击左侧选择【加载项】，然后在【管理】选项下选择“Excel 加载项”，如图 9.10 所示。

单击【Excel 选项】对话框下的【转到】按钮，弹出【加载宏】对话框，在【可用加载宏】选项中单击选中【规划求解加载项】复选框，如图 9.11 所示。然后单击【确定】按钮即可加载规划求解工具。

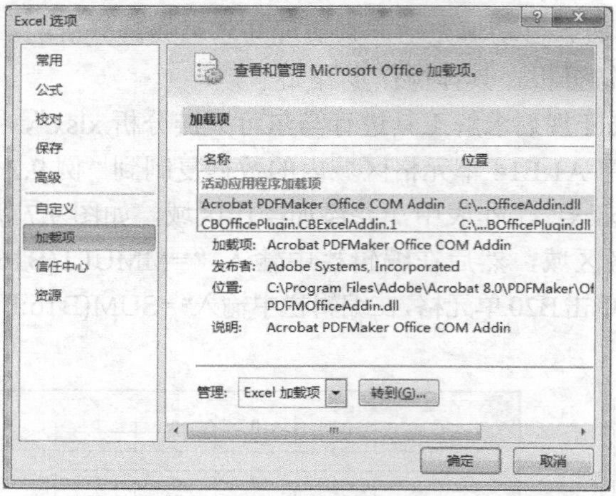

图 9.10 【Excel 选项】对话框

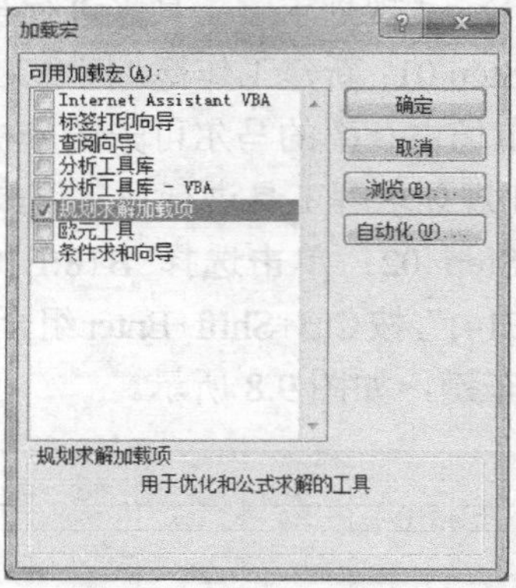

图 9.11 【加载宏】对话框

【注意】一般在安装 Excel 后都有加载项，如果在【Excel 加载项】中没有需要的加载项，则可能需要安装该加载项。若要安装通常随 Excel 一起安装的加载项（例如规划求解或分析工具库），请运行 Excel 或 Microsoft Office 的安装程序，并选择【更改】选项以安装加载项。重新启动 Excel 之后，加载项显示在【可用加载项】框中。

Step 04：单击选择菜单栏【数据】/【分析】下的【规划求解】按钮，弹出【规划求解参数】对话框。将光标置于【设置目标单元格】编辑框中，然后用鼠标单击选择 B20 单元格，然后再单击选择【值为】复选框，在【值为】后的编辑框中输入值“1”；然后将光标置于可变单元格编辑框中，再单击选择 B16:E16 单元格区域，如图 9.12 所示。

单击【添加】按钮，弹出【添加约束】对话框，将光标置于【单元格引用位置】编辑框中，然后单击选择 B18:E18 单元格区域；再单击【添加约束】对话框中的黑色下三角符号，选择“=”；【约束值】选择 B16:E16 单元格区域，如图 9.13 所示。

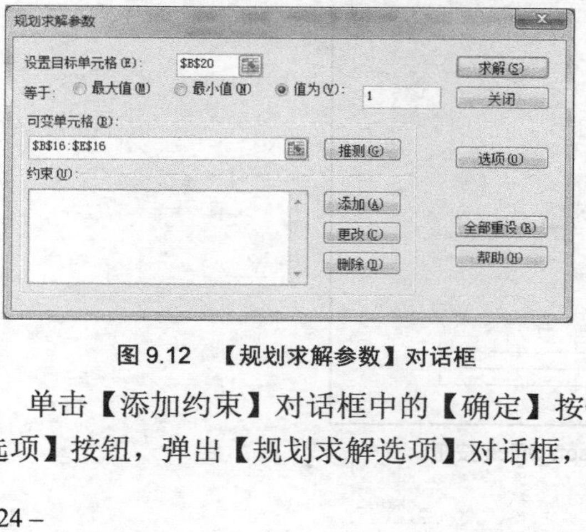

图 9.12 【规划求解参数】对话框

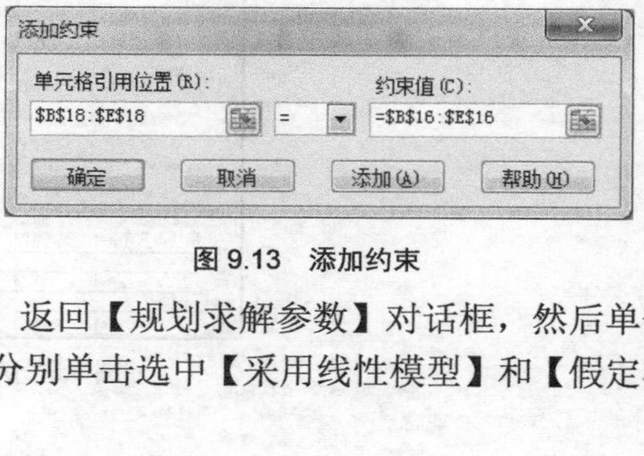

图 9.13 添加约束

单击【添加约束】对话框中的【确定】按钮，返回【规划求解参数】对话框，然后单击【选项】按钮，弹出【规划求解选项】对话框，再分别单击选中【采用线性模型】和【假定非负】两复选框，其他选择设置默认，如图 9.14 所示。

单击【规划求解选项】对话框中的【确定】按钮，返回【规划求解参数】对话框，如图 9.15 所示。

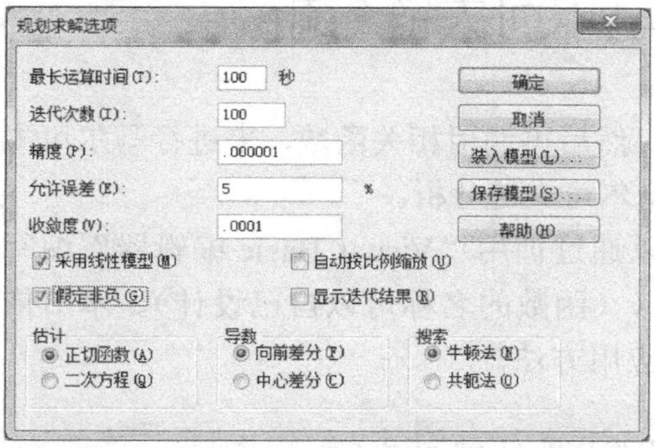

图 9.14　【规划求解选项】设置

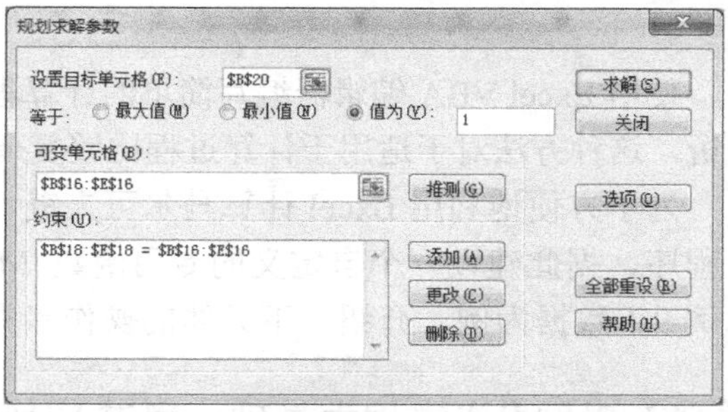

图 9.15　【规划求解参数】对话框参数设置

Step 05：单击【规划求解参数】对话框中的【求解】按钮，弹出【规划求解结果】对话框，单击选择【保存规划求解结果】复选框，如图 9.16 所示。

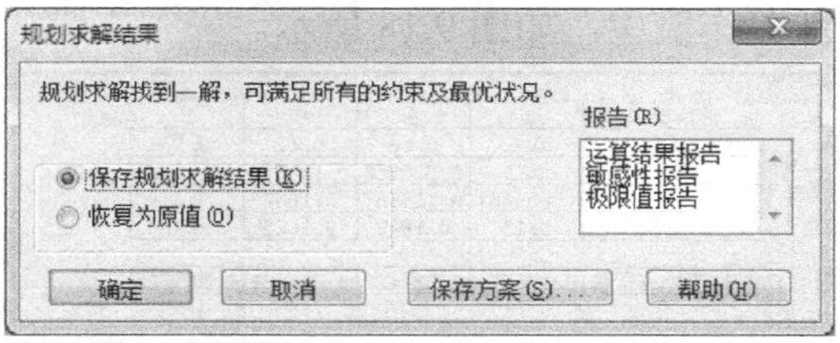

图 9.16　【保存规划求解结果】复选框

Step 06：单击【规划求解结果】对话框中的【确定】按钮，即可得到最后状态概率的稳定值，如图 9.17 所示。

	A	B	C	D	E	F
1		A	B	C	D	
2	7月份订购户	250	450	300	400	
3						
4		A	B	C	D	
5	A	150	40	30	30	
6	B	90	250	60	50	
7	C	20	35	215	30	
8	D	60	75	65	200	
9						
10	转移概率	A	B	C	D	
11	A	0.6	0.16	0.12	0.12	
12	B	0.2	0.555556	0.133333	0.111111	
13	C	0.066667	0.116667	0.716667	0.1	
14	D	0.15	0.1875	0.1625	0.5	
15						
16	市场占有率a=	0.246223	0.249595	0.324686	0.179496	
17						
18	aP=	0.246223	0.249595	0.324686	0.179496	
19						
20	Σa_i=	1				
21						

图 9.17　规划求解结果

【结论】

从图 9.17 中可以看到，市场占有率 a 的规划求解值即是稳态概率，与前述普通操作方法得到的结果是一样的。同时在规划求解步骤中，并没有计算初期市场占有率，这也说明了 w

与初始概率 $a(0)$无关。

9.3 VBA 编程解决马尔可夫链分析

使用 Excel VBA 编辑器编写简单的计算程序，然后再调用相关函数，来进行马尔可夫链分析，这种方法对于适用于计算过程比较复杂的马尔可夫链分析。

为了方便地利用 Excel 计算马尔可夫链，可以通过调用“Visual Basic 编辑器”编写一段程序，据此建设一个自定义的专用函数 Markov（函数的名称可以自己设计）。本节依然以例 9.1 数据为例，介绍一下具体的操作步骤和应用方法。

例 9.3 以例 9.1 数据为基础，通过 VBA 编程计算马尔可夫链

首先，新建启用了宏的工作表“例 9.3 VBA 编程解决马尔可夫链分析.xlsm”，输入实例 9.1 中的数据信息。为方便操作，这里直接将工作表“例 9.1 市场占有率的马尔可夫链分析.xlsx”中的数据复制到新工作表中，如图 9.18 所示。

	A	B	C	D	E	F
1	转移概率	A	B	C	D	
2	A	0.6	0.16	0.12	0.12	
3	B	0.2	0.555556	0.133333	0.111111	
4	C	0.066667	0.116667	0.716667	0.1	
5	D	0.15	0.1875	0.1625	0.5	
6						
7	初期市场占有率	0.178571	0.321429	0.214286	0.285714	
8						

图 9.18 实例数据

通过 VBA 编程进行马尔可夫链分析的具体操作步骤如下。

Step 01：在功能区中显示【开发工具】选项卡。单击【Microsoft Office 按钮】按钮，再单击右下角的【Excel 选项】，弹出【Excel 选项】对话框，在【Excel 选项】对话框中选择【常用】选项卡，然后单击选中【在功能区显示“开发工具”选项卡】复选框，如图 9.19 所示。

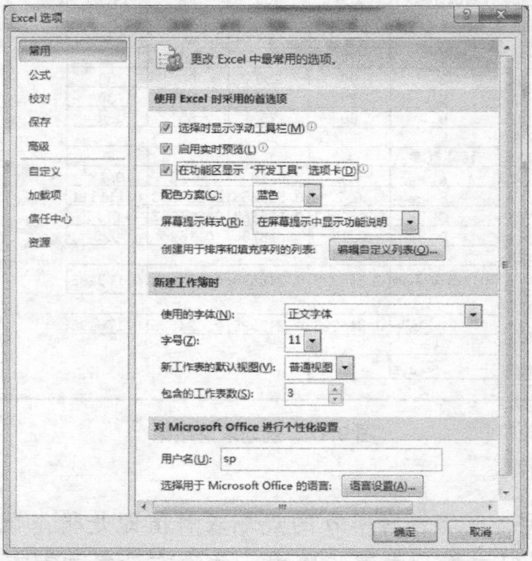

图 9.19 选中【在功能区显示“开发工具”选项卡】

然后单击【Excel 选项】对话框中的【确定】按钮，返回 Excel 中，即可发现在功能区中多了一项【开发工具】选项卡，如图 9.20 所示。

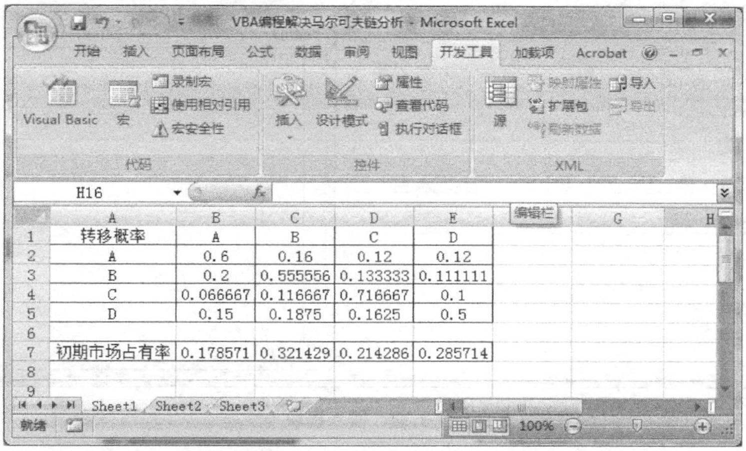

图 9.20　功能区增加开发工具

Step 02：打开 VB 编辑器。单击【开发工具】选项卡，然后在【代码】项下单击【Visual Basic】选项，即可打开 VB 编辑器，如图 9.21 所示。VB 编辑器的页面可以根据需要放大或者缩小。

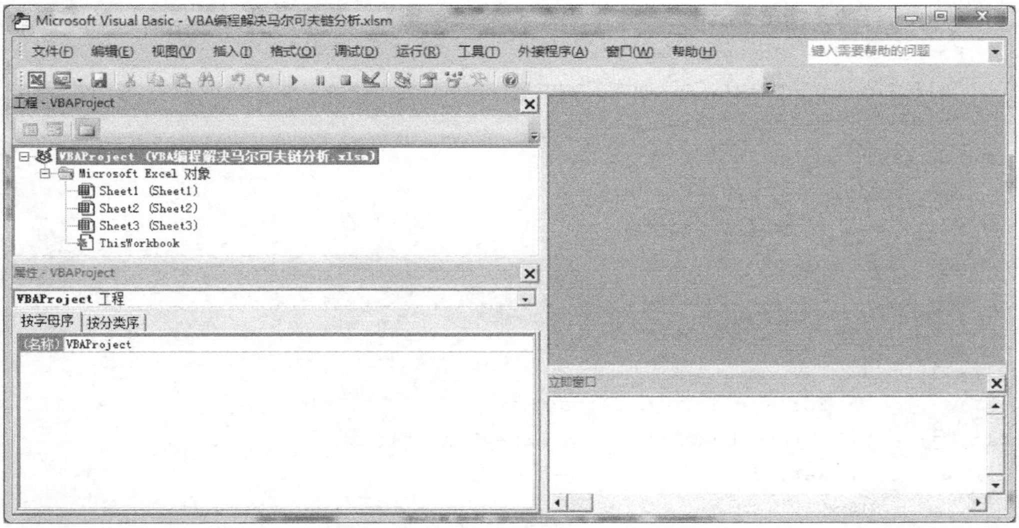

图 9.21　Excel 2007 的 Visual Basic 编辑器

Step 03：插入模块。在【工程-VBAProject】窗口中检查是否存在【模块】，如果没有，则单击菜单栏中【插入】选项卡下的【模块】，插入模块后，立即弹出一个通用模块窗口，并在【工程-VBAProject】窗口中显示“模块 1”，如图 9.22 所示。

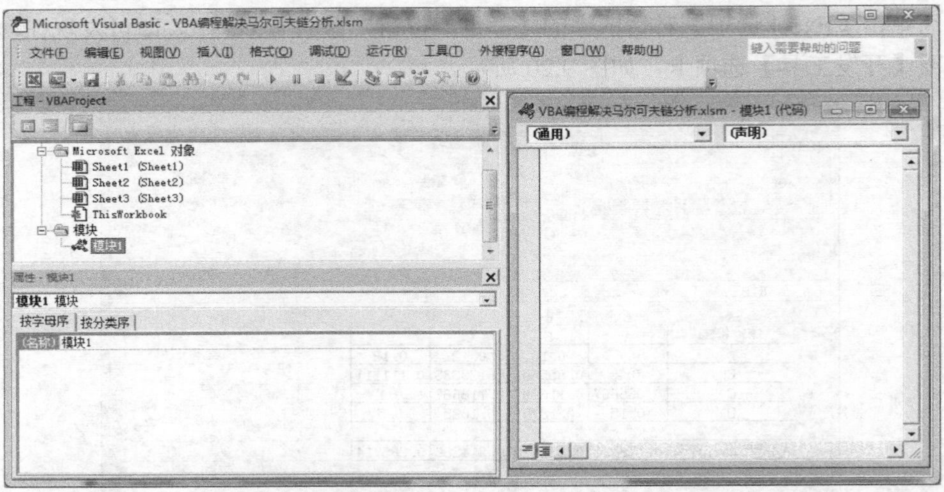

图 9.22　插入模块

Step 04：编写程序。在选定的“模块 1”窗口中编写程序，录入时按照一定的格式。自定义函数命名为 Markov，相应的程序内容如下。

```
Function Markov(Array1 As Variant, Array2 As Variant, m As Integer) As Variant
    Dim i, j, k, l, temp1 As Variant, temp2 As Variant
    Dim RowsArray1 As Integer, ColArray1 As Integer, ColArray2 As Integer
    Dim t, s As Variant
    RowsArray1 = Array1.Rows.Count
    ColArray1 = Array1.Columns.Count
    ColArray2 = Array2.Rows.Count
 s = Array1
    t = Array2
    For k = 1 To m - 1 Step 1
        temp2 = t
        For i = 1 To ColArray2
            For j = 1 To ColArray2
t(i, j) = 0
                For l = 1 To ColArray2
t(i, j) = t(i, j) + temp2(i, l) * Array2(l, j)
                Next l
            Next j
        Next i
    Next k
    temp1 = s
    For i = 1 To RowsArray1 Step 1
        For j = 1 To ColArray1
s(i, j) = 0
            For l = 1 To ColArray2
s(i, j) = s(i, j) + temp1(i, l) * t(l, j)
            Next l
        Next j
```

```
        Next i
        Markov = s
    End Function
```

编写好程序之后的模块窗口如图 9.23 所示，在主菜单中单击【文件】选项卡，然后单击选择【关闭并返回到 Microsoft Excel】选项，然后就可以调用自定义函数 Markov 了。

这里需要说明一下：所定义的 Markov 函数的应用格式，Markov(Array1,Array2,*m*)。Array1 为初始状态概率向量代表的数组所在的单元格区域，Array2 为概率转移矩阵代表的数组所在的区域，*m* 为第 *m* 期。

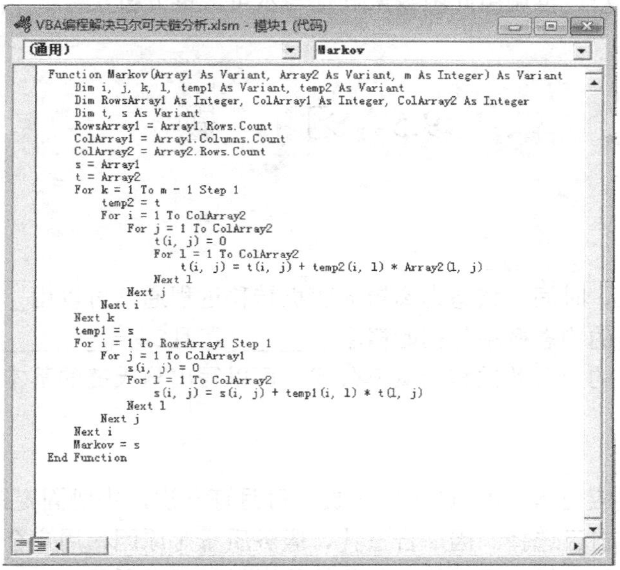


```
Function Markov(Array1 As Variant, Array2 As Variant, m As Integer) As Variant
    Dim i, j, k, l, temp1 As Variant, temp2 As Variant
    Dim RowsArray1 As Integer, ColArray1 As Integer, ColArray2 As Integer
    Dim t, s As Variant
    RowsArray1 = Array1.Rows.Count
    ColArray1 = Array1.Columns.Count
    ColArray2 = Array2.Rows.Count
    s = Array1
    t = Array2
    For k = 1 To m - 1 Step 1
        temp2 = t
        For i = 1 To ColArray2
            For j = 1 To ColArray2
                t(i, j) = 0
                For l = 1 To ColArray2
                    t(i, j) = t(i, j) + temp2(i, l) * Array2(l, j)
                Next l
            Next j
        Next i
    Next k
    temp1 = s
    For i = 1 To RowsArray1 Step 1
        For j = 1 To ColArray1
            s(i, j) = 0
            For l = 1 To ColArray2
                s(i, j) = s(i, j) + temp1(i, l) * t(l, j)
            Next l
        Next j
    Next i
    Markov = s
End Function
```

图 9.23　编写 Markov 链计算代码的模块 1 窗口

Step 05：调用程序计算任意某一时期的状态概率。这里以计算第 5 个阶段的状态概率为例，即 11 月份时的市场占有率。单击选择 B9:E9 单元格区域，然后在编辑栏中输入公式"=Markov(B7:E7,B2:E5,5)"，再按 Ctrl+Shift+Enter 组合键，求得第 5 个阶段的状态概率结果，如图 9.24 所示。

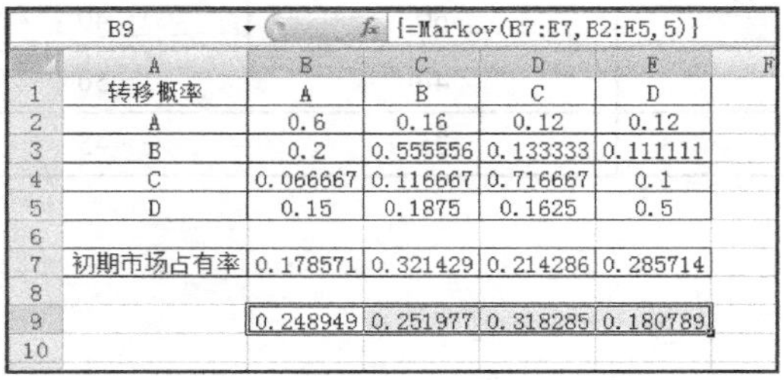

	A	B	C	D	E
1	转移概率	A	B	C	D
2	A	0.6	0.16	0.12	0.12
3	B	0.2	0.555556	0.133333	0.111111
4	C	0.066667	0.116667	0.716667	0.1
5	D	0.15	0.1875	0.1625	0.5
6					
7	初期市场占有率	0.178571	0.321429	0.214286	0.285714
8					
9		0.248949	0.251977	0.318285	0.180789
10					

图 9.24　调用程序计算状态概率

【结论】

观察对比图 9.5 与图 9.24，这里用 VBA 编程算得的第 5 个阶段的状态概率与图 9.5 中的计算结果是一样的，程序运行正确。感兴趣的读者可以尝试利用 Markov 函数计算其他 *m* 值对应的状态概率并与图 9.6 中的结果比较。

9.4 小　结

在 Excel 2007 中，可以利用 Excel 的矩阵运算工作表函数、工作表自动填充等功能来实现常规的马尔可夫链分析，而且对于简单的马尔可夫链，也可以通过 Excel 规划求解工具来求解。此外，对于高级用户，可以使用 Excel VBA 编辑器编写简单的马尔可夫链分析计算程序，定义一工作表函数，再调用此函数来进行马尔可夫链分析。

9.5 习　题

1. 填空题

（1）具有马氏性、时间、状态为离散的随机转移过程通常可以用________模型描述。

（2）马尔可夫链的稳态概率与初始概率________，且Σw_i=________。

（3）由状态转移的无后效性和全概率公式，可以写出马氏链的基本方程为________。

2. 操作题

设某地的牛奶供应由 A、B、C 三厂负责，每月订一次，牛奶固定销售给 1 000 户顾客，要订哪厂牛奶由顾客自己选择。因广告宣传、服务质量等原因，用户会改换厂家。现在有 7 月份三个厂销售情况的市场调查记录，具体统计资料如下表所示。

试预测未来某时刻各销售者的市场占有率和将来销售者的市场份额的得失比率。

六月份顾客的变化

牛奶厂	六月份顾客的变化			
	7 月 1 日顾客变化	得	失	8 月 1 日顾客数
A	200	60	40	220
B	500	40	50	490
C	300	35	45	290

第 10 章　聚类分析

“物以类聚，人以群分”，人类认识世界往往首先将被认识的对象进行分类，聚类分析(Clustering Analysis）就是研究分类问题的多元数据分析方法。聚类分析也称群分析、点群分析，是将样本个体或指标变量按其具有的特性进行分类的一种统计分析方法。例如，我们可以根据学校的师资、设备、学生的情况，将大学分成一流大学，二流大学等；国家之间根据其发展水平可以划分为发达国家、发展中国家。

聚类分析是分析如何对样品（或变量）进行量化分类的问题，它与第 7 章判别分析的主要不同点是：在聚类分析中，一般人们事先并不知道或一定要明确应该分成几类，完全根据数据来确定；而判别分析是在已知研究对象可用某种方法分成若干类的前提下（也即至少有一个已经明确知道类别的“训练样本”，利用这个数据，就可以建立判别准则)，通过建立判别函数，来对未知类别的观测值进行判别。

通常聚类分析分为 Q 型聚类和 R 型聚类。Q 型聚类是对样品进行分类处理，R 型聚类是对变量进行分类处理。根据距离远近关系，借助一定的归类方法，将变量或者样本按照一定的类别层次梳理出一个明确的谱系，根据这个谱系可以清楚地看出变量或者样品的关系远近。

本章将通过实例介绍在 Excel 2007 中使用 Excel 开展 Q 型聚类分析，以及通过 Excel 的 VBA 编程来实现具体实例的聚类分析。R 型聚类和 Q 型聚类过程相似，可以依此类推。

10.1　聚类分析原理简介

聚类分析的基本思想是在样品之间定义距离，在变量之间定义相似系数，距离和相似系数分别代表样品和变量之间的相似程度。按相似程度的大小，将样品（或变量）归类，关系密切的类聚到小的分类单位，再逐步扩大，使关系疏远的聚合到一个大的分类单位，直到所有的样品（或变量）都聚集完毕，形成一个表示亲疏关系的谱系图，依次按某些要求对样品（或变量）进行分类。

Q 型聚类分析常用距离来测度样品之间的相似程度。每个样品有 p 个指标（变量）从不同方面描述其属性，形成一个 p 维的向量。如果把 n 个样品看成 p 维空间中的 n 个点，则两个样品间相似程度就可用 p 维空间中的两点距离公式来度量。

两点距离公式可以从不同角度进行定义，令 d_{ij} 表示样品 X_i 与 X_j 的距离，存在以下的距离公式

1. 明考夫斯基距离（又称闵可夫斯基距离）

$$d_{ij}(q)=\left(\sum_{k=1}^{p}\left|X_{ik}-X_{jk}\right|^{q}\right)^{1/q}$$

明考夫斯基距离简称明氏距离。按 q 的取值不同又可分成：

（1）绝对距离（q=1）

$$d_{ij}(1)=\sum_{k=1}^{p}\left|X_{ik}-X_{jk}\right|$$

（2）欧氏距离（q=2）

$$d_{ij}(2)=\left(\sum_{k=1}^{p}\left|X_{ik}-X_{jk}\right|^{2}\right)^{1/2}$$

（3）切比雪夫距离（q=∞）

$$d_{ij}(\infty)=\max_{1\leqslant k\leqslant p}\left|X_{ik}-X_{jk}\right|$$

2. 马氏距离

$$d_{ij}(M)=\left[(X_i-X_j)'\Sigma^{-1}(X_i-X_j)\right]^{\frac{1}{2}}$$

其中 Σ 是由样品 x_1，x_2，…x_j，…，x_n 算得的协方差矩阵：

$$\overline{X}=\frac{1}{n}\sum_{i=1}^{n}X_i,\sum=\frac{1}{n-1}\sum_{i=1}^{n}(X_i-\overline{X})(X_j-\overline{X})^T$$

3. 兰氏距离

$$d_{ij}(L)=\frac{1}{p}\sum_{k=1}^{p}\frac{\left|X_{ik}-X_{jk}\right|}{X_{ik}+X_{jk}}$$

当对 p 个指标变量进行聚类时，用相似系数来衡量变量之间的相似程度（或关联程度），相似系数中最常用的是相关系数与夹角余弦。

变量 X_i 与 X_j 的相关系数为

$$\gamma_{ij}=\frac{\sum_{k=1}^{n}(x_{ki}-\overline{x}_i)(x_{kj}-\overline{x}_j)}{\sqrt{\left[\sum_{k=1}^{n}(x_{ki}-\overline{x}_i)^2\right]\left[\sum_{k=1}^{n}(x_{kj}-\overline{x}_j)^2\right]}}$$

夹角余弦是从向量集合角度定义的一种测度变量之间亲疏程度的相似系数。设在 n 维空间的向量 $x_i=(x_{1i},x_{2i},\cdots,x_{ni})'$，$x_j=(x_{1j},x_{2j},\cdots,x_{nj})'$，则夹角余弦的公式可表示为

$$c_{ij} = \cos\alpha_{ij} = \frac{\sum_{k=1}^{n} x_{ki}x_{kj}}{\sqrt{\sum_{k=1}^{n} x_{ki}^2 \sum_{k=1}^{n} x_{kj}^2}},\quad d_{ij}^2 = 1 - C_{ij}^2$$

系统聚类过程是：假设总共有 n 个样品（或变量），第一步将每个样品（或变量）独自聚成一类，共有 n 类；第二步根据所确定的样品（或变量）“距离”公式，把距离较近的两个样品（或变量）聚合为一类，其他的样品（或变量）仍各自聚为一类，共聚成 n–1 类；第三步将“距离”最近的两个类进一步聚成一类，共聚成 n–2 类……以上步骤一直进行下去，最后将所有的样品（或变量）聚成一类。

为了直观地反映以上的系统聚类过程，可以把整个分类系统画成一张谱系图。所以有时系统聚类也称为谱系分析、分层聚类。除系统聚类法外，还有有序聚类法、动态聚类法、图论聚类法、模糊聚类法等方法。

在系统聚类之前，还需要定义类与类之间的距离，常用的类间距离定义有 8 种之多，相应的系统聚类法也有 8 种，分别为最短距离法、最长距离法、中间距离法、重心法、类平均法、可变类平均法、可变法和离差平方和法。它们的归类步骤基本上是一致的，主要差异是类间距离的计算方法不同，下面以最短距离法为例加以介绍。

用 d_{ij} 表示样品 X_i 与 X_j 之间距离，用 D_{ij} 表示类 G_i 与 G_j 之间的距离。定义类 G_i 与 G_j 之间的距离为两类最近样品的距离，即为

$$D_{ij} = \min_{X_i \in G_i, X_j \in G_j} d_{ij}$$

设类 G_p 与 G_q 合并成一个新类记为 G_r，则任一类 G_k 与 G_r 的距离为

$$D_{kr} = \min_{X_i \in G_k, X_j \in G_r} d_{ij} = \min\{\min_{X_i \in G_k, X_j \in G_p} d_{ij}, \min_{x_i \in G_k, x_j \in G_q} d_{ij}\} = \min\{D_{kp}, D_{kq}\}$$

使用最短距离法进行聚类分析的步骤如下。

（1）定义样品之间距离，计算各样品间的距离，得一距离阵记为 D(0)，开始每个样品自成一类，显然这时 $D_{ij}=d_{ij}$；

（2）找出距离最小元素，设为 D_{pq}，则将 G_p 和 G_q 合并成一个新类，记为 G_r，即 $G_r=\{G_p, G_q\}$；

（3）计算新类 G_r 与其它类的距离；

（4）重复（2）、（3）两步，直到所有元素并成一类为止。如果某一步距离最小的元素不止一个，则对应这些最小元素的类可以同时合并。

图 10.1 表示的是对六个样品指标 1，2，5，7，9，10 采用绝对值距离及最短距离法进行分类后的谱系图。通过谱系图对聚类的过程有一个可视化的认知。

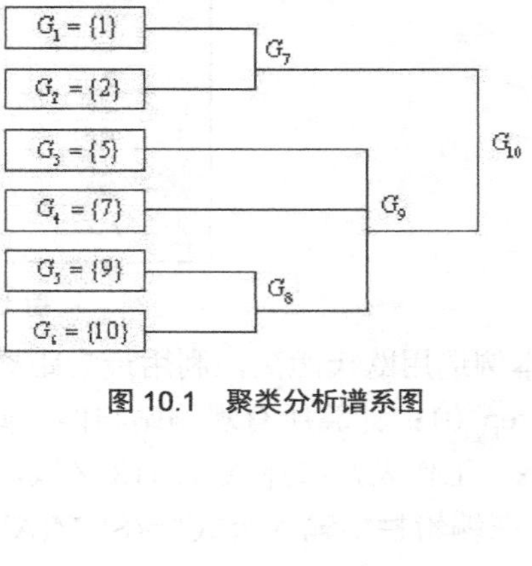

图 10.1　聚类分析谱系图

10.2　水域污染情况聚类分析及 Excel 编程解决

选择何种距离计算方法，需要根据研究对象的性质和分类研究的目标来决定。通过计算一种合适的距离，再选择一种恰当的归类方法，就可以梳理出样品明确的谱系。为简明起见，下面基于欧式距离，利用最短距离法聚类，通过具体的实例来介绍聚类分析在 Excel 中的计算过程，透彻了解系统聚类分析的各个环节。

例　水域污染情况聚类分析实例

某水域沿线 7 个观测站在某时期内的水质指标检测数据如表 10.1 所示，主要的监测指标有 4 个：PH 值、溶解氧（DO）、高锰酸盐指数（COD）、氨氮指数（NH3-N）。试使用 Excel 2007 进行水域污染情况聚类分析。

表 10.1　　　　　　　　水质指标检测数据

观测站	主要监测项目（单位：mg/L）			
	PH	**DO**	**COD**	**NH3-N**
四川	8.336	8.9763	1.8422	0.1043
重庆	7.7485	8.3412	2.0237	0.227
湖北	8.0322	8.1631	2.4688	0.1946
湖南	7.88	9.4217	3.1277	0.3565
江西	7.602	8.004	2.1945	0.213
安徽	7.4907	7.7091	2.3602	0.2195
江苏	7.8047	7.1328	2.0432	0.1366

新建“例某水域污染情况检测数据.xlsx”工作表，将表 10.1 中的数据输入工作表中，如图 10.2 所示。

	A	B	C	D	E
1	观测站	主要监测项目（单位：mg/L）			
2		PH	DO	COD	NH3-N
3	四川	8.336	8.9763	1.8422	0.1043
4	重庆	7.7485	8.3412	2.0237	0.227
5	湖北	8.0322	8.1631	2.4688	0.1946
6	湖南	7.88	9.4217	3.1277	0.3565
7	江西	7.602	8.004	2.1945	0.213
8	安徽	7.4907	7.7091	2.3602	0.2195
9	江苏	7.8047	7.1328	2.0432	0.1366
10					

图 10.2　水质指标检测数据

本例选用欧氏距离，利用最短距离法来进行聚类分析，具体操作步骤如下。

Step 01：计算所有观测站与四川站的欧氏距离。打开“例 10.1 某水域污染情况检测数据.xlsx”工作表，选择 A11:H18 区域，事先排列好数据标签即各个观测站名称。单击 B12 单元格，在编辑栏中输入公式“=(SUM(ABS($B3:$E3-$B$3:$E$3)^2))^(1/2)”，按 Ctrl+Shift+Enter

组合键；单击 B12 单元格，将鼠标移动至 B12 单元格右下角，当出现小黑色十字光标时单击左键拖动至 B18 单元格，求出 B12:B18 区域内的值，如图 10.3 所示。

观测站	主要监测项目（单位：mg/L）			
	PH	DO	COD	NH3-N
四川	8.336	8.9763	1.8422	0.1043
重庆	7.7485	8.3412	2.0237	0.227
湖北	8.0322	8.1631	2.4688	0.1946
湖南	7.88	9.4217	3.1277	0.3565
江西	7.602	8.004	2.1945	0.213
安徽	7.4907	7.7091	2.3602	0.2195
江苏	7.8047	7.1328	2.0432	0.1366

	四川	重庆	湖北	湖南	江西	安徽	江苏
四川	0						
重庆	0.892472						
湖北	1.074416						
湖南	1.456857						
江西	1.272814						
安徽	1.613048						
江苏	1.929305						

图 10.3　所有观测站与四川站的欧氏距离

Step 02：计算所有观测站与重庆站的欧氏距离。单击 C12 单元格，在编辑栏中输入公式“=(SUM(ABS($B3:$E3-$B$4:$E$4)^2))^(1/2)”，按 Ctrl+Shift+Enter 组合键；然后如 Step 01 操作，利用 Excel 的自动填充功能求出 C12:C18 区域内的值，如图 10.4 所示。

观测站	主要监测项目（单位：mg/L）			
	PH	DO	COD	NH3-N
四川	8.336	8.9763	1.8422	0.1043
重庆	7.7485	8.3412	2.0237	0.227
湖北	8.0322	8.1631	2.4688	0.1946
湖南	7.88	9.4217	3.1277	0.3565
江西	7.602	8.004	2.1945	0.213
安徽	7.4907	7.7091	2.3602	0.2195
江苏	7.8047	7.1328	2.0432	0.1366

	四川	重庆	湖北	湖南	江西	安徽	江苏
四川	0	0.892472					
重庆	0.892472	0					
湖北	1.074416	0.558005					
湖南	1.456857	1.55575					
江西	1.272814	0.405629					
安徽	1.613048	0.761117					
江苏	1.929305	1.213236					

图 10.4　所有观测站与重庆站的欧氏距离

Step 03：计算所有观测站与湖北站的欧氏距离。操作步骤同前两步相似，单击 D12 单元格，在编辑栏中输入公式“=(SUM(ABS($B3:$E3-$B$5:$E$5)^2))^(1/2)”，按 Ctrl+Shift+Enter 结束；再单击 D12 单元格，将鼠标移动至 D12 单元格右下角，当出现小黑色十字光标时，单击左键拖动至 D18 单元格，求出 D12:D18 区域内的值，结果如图 10.5 所示。

观测站	主要监测项目（单位：mg/L）			
	PH	DO	COD	NH3-N
四川	8.336	8.9763	1.8422	0.1043
重庆	7.7485	8.3412	2.0237	0.227
湖北	8.0322	8.1631	2.4688	0.1946
湖南	7.88	9.4217	3.1277	0.3565
江西	7.602	8.004	2.1945	0.213
安徽	7.4907	7.7091	2.3602	0.2195
江苏	7.8047	7.1328	2.0432	0.1366

	四川	重庆	湖北	湖南	江西	安徽	江苏
四川	0	0.892472	1.074416				
重庆	0.892472	0	0.558005				
湖北	1.074416	0.558005	0				
湖南	1.456857	1.55575	1.437915				
江西	1.272814	0.405629	0.534756				
安徽	1.613048	0.761117	0.715369				
江苏	1.929305	1.213236	1.139199				

图 10.5　所有观测站与湖北站的欧氏距离

Step 04：计算所有观测站与湖南站的欧氏距离。单击 E12 单元格，在编辑栏中输入公式“=(SUM(ABS($B3:$E3-$B$6:$E$6)^2))^(1/2)”，按组合键 Ctrl+Shift+Enter；然后单击 E12 单元格，将鼠标移动至 E12 单元格右下角，当出现小黑色十字光标时单击左键，拖动鼠标至 E18 单元格，求出 E12:E18 区域内的值，如图 10.6 所示。

	A	B	C	D	E	F	G	H
1	观测站	主要监测项目（单位：mg/L）						
2		PH	DO	COD	NH3-N			
3	四川	8.336	8.9763	1.8422	0.1043			
4	重庆	7.7485	8.3412	2.0237	0.227			
5	湖北	8.0322	8.1631	2.4688	0.1946			
6	湖南	7.88	9.4217	3.1277	0.3565			
7	江西	7.602	8.004	2.1945	0.213			
8	安徽	7.4907	7.7091	2.3602	0.2195			
9	江苏	7.8047	7.1328	2.0432	0.1366			
10								
11		四川	重庆	湖北	湖南	江西	安徽	江苏
12	四川	0	0.892472	1.074416	1.456857			
13	重庆	0.892472	0	0.558005	1.55575			
14	湖北	1.074416	0.558005	0	1.437915			
15	湖南	1.456857	1.55575	1.437915	0			
16	江西	1.272814	0.405629	0.534756	1.725866			
17	安徽	1.613048	0.761117	0.715369	1.921556			
18	江苏	1.929305	1.213236	1.139199	2.543468			
19								

图 10.6 所有观测站与湖南站的欧氏距离

Step 05：同前几步一样，依次求出江西、安徽、江苏同所有观测站的欧氏距离。分别在 F12 单元格中输入公式“{=(SUM(ABS($B3:$E3-$B$7:$E$7)^2))^(1/2)}”，在 G12 单元格中输入公式“{=(SUM(ABS($B3:$E3-$B$8:$E$8)^2))^(1/2)}”和在 H12 单元格中输入公式“{=(SUM(ABS($B3:$E3-$B$9:$E$9)^2))^(1/2)}”，结果如图 10.7 所示。可以看出欧式距离矩阵为对称矩阵。

	A	B	C	D	E	F	G	H	I
1	观测站	主要监测项目（单位：mg/L）							
2		PH	DO	COD	NH3-N				
3	四川	8.336	8.9763	1.8422	0.1043				
4	重庆	7.7485	8.3412	2.0237	0.227				
5	湖北	8.0322	8.1631	2.4688	0.1946				
6	湖南	7.88	9.4217	3.1277	0.3565				
7	江西	7.602	8.004	2.1945	0.213				
8	安徽	7.4907	7.7091	2.3602	0.2195				
9	江苏	7.8047	7.1328	2.0432	0.1366				
10									
11		四川	重庆	湖北	湖南	江西	安徽	江苏	
12	四川	0	0.892472	1.074416	1.456857	1.272814	1.613048	1.929305	
13	重庆	0.892472	0	0.558005	1.55575	0.405629	0.761117	1.213236	
14	湖北	1.074416	0.558005	0	1.437915	0.534756	0.715369	1.139199	
15	湖南	1.456857	1.55575	1.437915	0	1.725866	1.921556	2.543468	
16	江西	1.272814	0.405629	0.534756	1.725866	0	0.356164	0.910387	
17	安徽	1.613048	0.761117	0.715369	1.921556	0.356164	0	0.733539	
18	江苏	1.929305	1.213236	1.139199	2.543468	0.910387	0.733539	0	
19									

图 10.7 欧氏距离

Step 06：单击 A11 单元格并拖动鼠标，选择复制 A11:H18 单元格区域，然后再单击 A20 单元格，再单击右键，在快捷菜单中选择【选择性粘贴(V)...】，弹出【选择性粘贴】对话框。在【粘贴】选择项下单击选择【数值】，如图 10.8 所示。

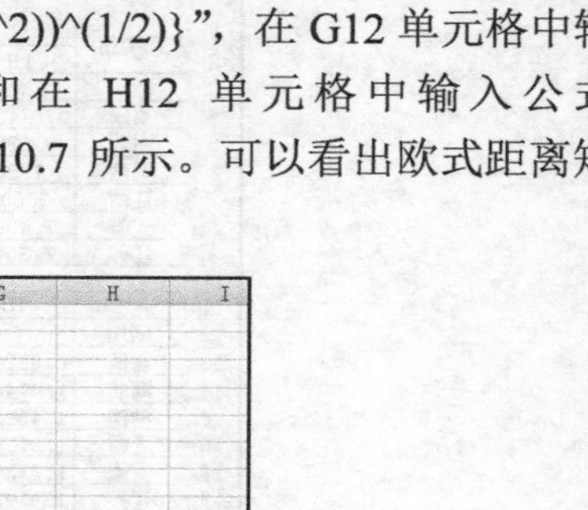

图 10.8 【选择性粘贴】对话框

Step 07：单击【选择性粘贴】对话框中的【确定】按钮。由于对称性，可以只写出下三角部分，删除上三角部分的数据，并对样品进行编号，记为 1～7。单击 A29 单元格，在编辑栏输入公式“=MIN(IF(B21:H27>0,B21:H27))”，按 Ctrl+Shift+Enter，求出非对角元素的最小值，$d_{5,6}$=0.356164，如图 10.9 所示。

	A	B	C	D	E	F	G	H	I
14	湖北	1.074416	0.558005	0	1.437915	0.534756	0.715369	1.139199	
15	湖南	1.456857	1.55575	1.437915	0	1.725866	1.921556	2.543468	
16	江西	1.272814	0.405629	0.534756	1.725866	0	0.356164	0.910387	
17	安徽	1.613048	0.761117	0.715369	1.921556	0.356164	0	0.733539	
18	江苏	1.929305	1.213236	1.139199	2.543468	0.910387	0.733539	0	
19									
20		1：四川	2：重庆	3：湖北	4：湖南	5：江西	6：安徽	7：江苏	
21	1：四川	0							
22	2：重庆	0.892472	0						
23	3：湖北	1.074416	0.558005	0					
24	4：湖南	1.456857	1.55575	1.437915	0				
25	5：江西	1.272814	0.405629	0.534756	1.725866	0			
26	6：安徽	1.613048	0.761117	0.715369	1.921556	0.356164	0		
27	7：江苏	1.929305	1.213236	1.139199	2.543468	0.910387	0.733539	0	
28									
29	0.356164								
30									

图 10.9　最短距离法（1）

Step 08：将第 5 个样品与第 6 个样品合并。首先合并第 5 列和第 6 列，再合并第 5 行和第 6 行，原则是“两数相遇取其短”，当然，任何元素与对角元素相遇，保留对角线的元素。将合并的结果记为第 8 类，A29 单元格自动计算出合并后的非对角线元素的最小值，得到 $d_{2,8}$=0.405629，如图 10.10 所示。

	A	B	C	D	E	F	G	H	I
20		1：四川	2：重庆	3：湖北	4：湖南	8:江西,安徽		7：江苏	
21	1：四川	0							
22	2：重庆	0.892472	0						
23	3：湖北	1.074416	0.558005	0					
24	4：湖南	1.456857	1.55575	1.437915	0				
25–26	8:江西,安徽	1.272814	0.405629	0.534756	1.725866	0			
27	7：江苏	1.929305	1.213236	1.139199	2.543468	0.733538752		0	
28									
29	0.405629								
30									

图 10.10　最短距离法（2）

Step 09：将第 2 个样品与第 8 个样品合并。先将第 8 个样品列剪切到第 2 个样品列前，再将第 8 个样品行剪切到第 2 个样品行前，并将对角线以上的元素剪贴到对角线下对称的位置，然后逐行按列合并单元格，逐列按行合并单元格，将合并结果记为第 9 类，同时得到 $d_{3,9}$=0.534756，如图 10.11 所示。

	A	B	C	D	E	F	G	H
20		1：四川	9:(8:江西,安徽,2：重庆)			3：湖北	4：湖南	7：江苏
21	1：四川	0						
22–24	9:(8:江西,安徽,2:重庆)	0.892472	0					
25	3：湖北	1.074416	0.534755926			0		
26	4：湖南	1.456857	1.555750221			1.437915	0	
27	7：江苏	1.929305	0.733538752			1.139199	2.543468	0
28								
29	0.534756							

图 10.11　最短距离法（3）

Step 10：将第 3 个样品与第 9 个样品合并。同 Step 09 操作一样，将逐行按列合并单元格，逐列按行合并单元格，并将合并结果记为第 10 类，同时得 $d_{7,10}$=0.733539，如图 10.12 所示。

	A	B	C	D	E	F	G	H	I
20		1：四川	10:(9:(8:江西,安徽,2:重庆),3:湖北)				4：湖南	7：江苏	
21	1：四川	0							
22–25	10:(9:(8:江西,安徽,2:重庆),3:湖北)	0.892472	0						
26	4：湖南	1.456857	1.437915025				0		
27	7：江苏	1.929305	0.733538752				2.543468	0	
28									
29	0.733539								
30									

图 10.12 最短距离法（4）

Step 11：将第 7 个样品与第 10 个样品合并。首先，将第 7 个样品列剪切到第 10 个样品列前，再将第 7 个样品行剪切到第 10 个样品行前，并将对角线以上的元素剪贴到对角线下对称的位置。然后按列合并单元格，再按行合并单元格，将合并结果记为第 11 类，同时得到 $d_{1,11}$=0.8924717，如图 10.13 所示。

	A	B	C	D	E	F	G	H	I
20		1：四川	11:(10:(9:(8:江西,安徽,2:重庆),3:湖北),7:江苏)					4：湖南	
21	1：四川	0							
22–26	11:(10:(9:(8:江西,安徽,2:重庆),3:湖北),7:江苏)	0.892472	0						
27	4：湖南	1.456857	1.437915025					0	
28									
29	0.8924717								
30									

图 10.13 最短距离法（5）

Step 12：将第 1 个样品与第 11 个样品合并。只要逐行按列合并 B20:G26 单元格，再逐列按行合并 A21:H26 单元格即可，将合并结果记为第 12 类，同时得到 $d_{4,12}$=1.437915，如图 10.14 所示。

	A	B	C	D	E	F	G	H	I
20		12:(11:(10:(9:(8:江西,安徽,2:重庆),3:湖北),7:江苏),1:四川)						4：湖南	
21–26	12:(11:(10:(9:(8:江西,安徽,2:重庆),3:湖北),7:江苏),1:四川)	0							
27	4：湖南	1.437915025						0	
28									
29	1.437915								
30									

图 10.14 最短距离法（6）

Step 13：将第 4 个样品与第 12 个样品合并。只剩最后两个样本类，合并成一类即可。逐行按列合并 B20:H27 单元格，再逐列按行合并 A21:H27 单元格即可，将合并结果记为第 13 类，如图 10.15 所示。

	A	B	C	D	E	F	G	H	I
20		13:(12:(11:(10:(9:(8:江西,安徽,2:重庆),3:湖北),7:江苏),1:四川),4:湖南)							
21–27	13:(12:(11:(10:(9:(8:江西,安徽,2:重庆),3:湖北),7:江苏),1:四川),4:湖南)	0							
28									
29	0								
30									

图 10.15 最短距离法（7）

Step 14：绘出聚类结果的谱系图。在 Excel 中无法直接绘出这种谱系图，可以借助 Autocad 等绘图软件绘制。下面给出谱系图，如图 10.16 所示。

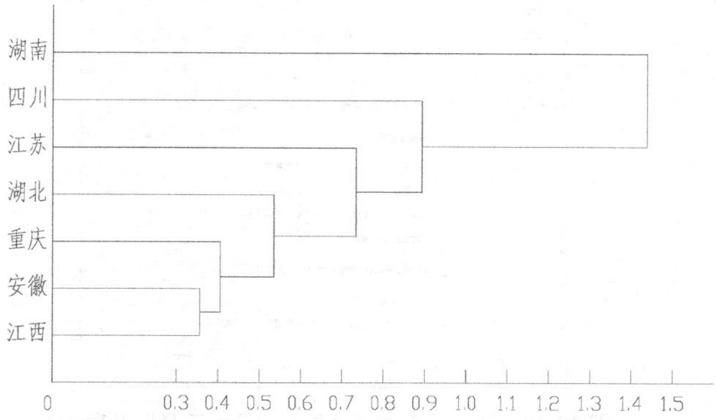

图 10.16　基于欧氏距离和最短距离法的水域污染情况聚类谱系图

【结论】

从本节例子可以看出，当样本较少时通过 Excel 2007 进行聚类分析是很方便的，聚类过程繁而不难。与 SPSS 之类的统计分析软件进行聚类分析相比虽不简便，但通过具体操作可以熟悉掌握聚类分析中距离矩阵各种计算方法以及分类方法。

从上述操作过程可以看出，得到样品距离后进行简单的单元格删除、合并等操作就可完成聚类分析，但是在 Excel 2007 中并没有专业的求解欧氏距离的函数。编者为方便欧氏距离的求解，特意编写定义了简单的 VBA 函数“EucDist（Array1）”，通过此函数来计算样品间的欧氏距离是很方便的。下面介绍通过 EucDist 函数来求解样品欧氏距离的方法，具体操作步骤如下。

Step 01：首先，新建启用了宏的工作表“例 10.1 某水域污染情况欧氏距离 VBA 编程实现.xlsm”，然后将工作表“例 10.1 某水域污染情况检测数据.xlsx”中的数据复制到新工作表中，稍作修改，如图 10.17 所示。

	A	B	C	D	E
1	观测站	主要监测项目（单位：mg/L）			
2		PH	DO	COD	NH3-N
3	四川	8.336	8.9763	1.8422	0.1043
4	重庆	7.7485	8.3412	2.0237	0.227
5	湖北	8.0322	8.1631	2.4688	0.1946
6	湖南	7.88	9.4217	3.1277	0.3565
7	江西	7.602	8.004	2.1945	0.213
8	安徽	7.4907	7.7091	2.3602	0.2195
9	江苏	7.8047	7.1328	2.0432	0.1366
10					

图 10.17　判别分析实例数据

Step 02：在功能区中显示【开发工具】选项卡。单击【Microsoft Office 按钮】（ 按钮），然后单击右下角的【Excel 选项】，弹出【Excel 选项】对话框；在【Excel 选项】对话框中选择【常用】选项卡，继续单击【在功能区显示“开发工具”选项卡】复选框，如图 10.18 所示。

图 10.18　选中【在功能区显示"开发工具"选项卡】

然后单击【Excel 选项】对话框中的【确定】按钮，返回 Excel 中，在功能区中显示【开发工具】选项卡，如图 10.19 所示。

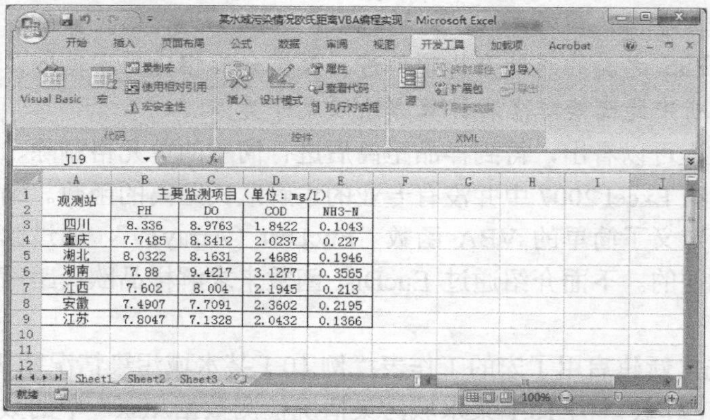

图 10.19　功能区增加开发工具

Step 03：打开 VB 编辑器。单击【开发工具】选项卡，在【代码】项下单击【Visual Basic】选项，打开 VB 编辑器，如图 10.20 所示。

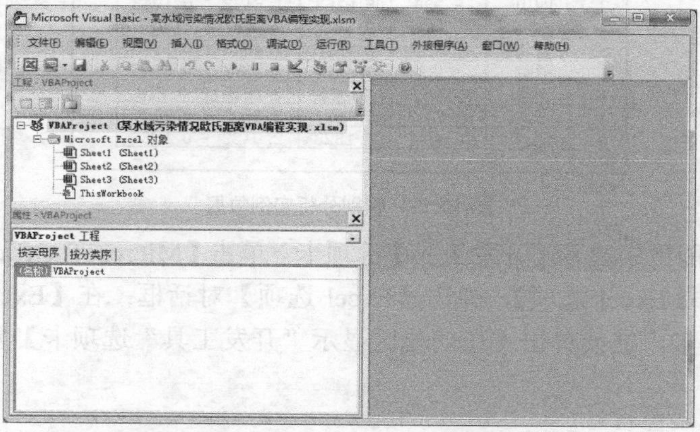

图 10.20　Excel 2007 的 Visual Basic 编辑器

Step 04：插入模块。单击菜单栏中【插入】选项卡中的【模块】选项，插入模块后，弹出通用模块窗口，并在【工程-VBAProject】窗口中显示“模块 1”，如图 10.21 所示。

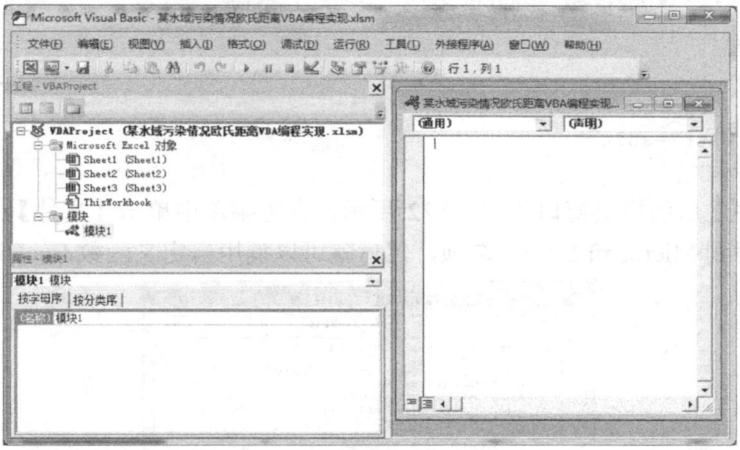

图 10.21　插入模块

Step 05：编写程序。在选定的“模块 1”窗口中编写程序，录入时需要按照一定的格式。自定义欧氏距离求解函数名为“EucDist”，相应的程序代码内容如下。

```
Function EucDist(Array1) As Variant
    Dim i%, j%, k%, p%
    Dim RowsArray1%, ColArray1%, RowsResult%
    Dim DistResult() As Variant
    RowsArray1 = Array1.Rows.Count
    ColArray1 = Array1.Columns.Count
RowsResult = RowsArray1 + 1
ReDimDistResult(1 To RowsResult, 1 To RowsResult)
DistResult(1, 1) = "欧氏距离"
    For i = 2 To RowsResult
DistResult(i, 1) = Array1(i - 1, 1)
DistResult(1, i) = Array1(i - 1, 1)
    Next i
    For i = 2 To RowsResult
        For j = 2 To i - 1
DistResult(i, j) = 0
            For k = 2 To ColArray1
DistResult(i, j) = DistResult(i, j) + _
                (Array1(i - 1, k) - Array1(j - 1, k)) ^ 2
            Next k
        Next j
    Next i
    For i = 2 To RowsResult
        For j = 2 To i - 1
DistResult(i, j) = DistResult(i, j) ^ 0.5
        Next j
```

```
    Next i
    For i = 2 To RowsResult
        For j = i + 1 To RowsResult
DistResult(i, j) = ""
        Next j
    Next i
EucDist = DistResult
End Function
```

编写好程序之后的模块窗口如图 10.22 所示，在主菜单中单击【文件】选项卡，单击选择【关闭并返回到 Microsoft Exce】选项，然后就可以调用自定义函数 EucDist 了。

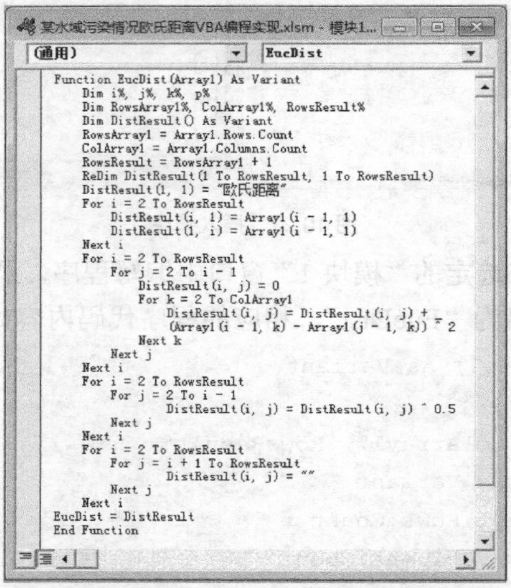

某水域污染情况欧氏距离VBA编程实现.xlsm - 模块1...

(通用) | EucDist

```
Function EucDist(Array1) As Variant
    Dim i%, j%, k%, p%
    Dim RowsArray1%, ColArray1%, RowsResult%
    Dim DistResult() As Variant
    RowsArray1 = Array1.Rows.Count
    ColArray1 = Array1.Columns.Count
    RowsResult = RowsArray1 + 1
    ReDim DistResult(1 To RowsResult, 1 To RowsResult)
    DistResult(1, 1) = "欧氏距离"
    For i = 2 To RowsResult
        DistResult(i, 1) = Array1(i - 1, 1)
        DistResult(1, i) = Array1(i - 1, 1)
    Next i
    For i = 2 To RowsResult
        For j = 2 To i - 1
            DistResult(i, j) = 0
            For k = 2 To ColArray1
                DistResult(i, j) = DistResult(i, j) +
                 (Array1(i - 1, k) - Array1(j - 1, k)) ^ 2
            Next k
        Next j
    Next i
    For i = 2 To RowsResult
        For j = 2 To i - 1
                DistResult(i, j) = DistResult(i, j) ^ 0.5
        Next j
    Next i
    For i = 2 To RowsResult
        For j = i + 1 To RowsResult
                DistResult(i, j) = ""
        Next j
    Next i
EucDist = DistResult
End Function
```

图 10.22　编写 EucDist 函数的模块 1 窗口

Step 06：利用 EucDist 函数求解欧氏距离。单击选择 A12:H19 单元格区域，在编辑栏中输入公式“=EucDist(A3:E9)”，再按 Ctrl+Shift+Enter 键，求得欧氏距离结果如图 10.23 所示。

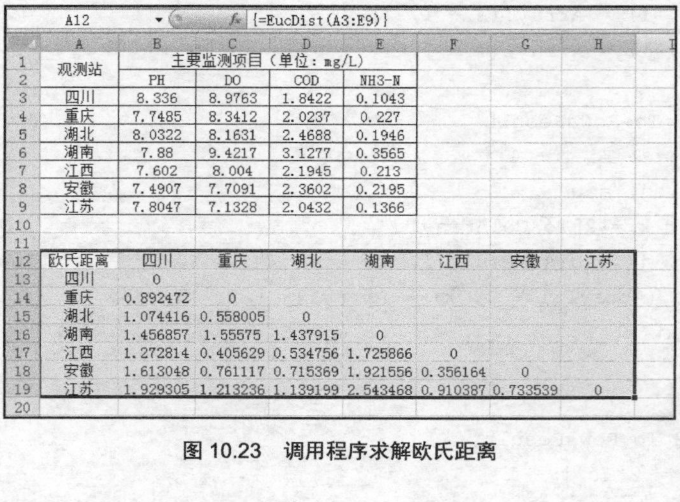

A12　{=EucDist(A3:E9)}

	A	B	C	D	E	F	G	H
1	观测站	主要监测项目（单位：mg/L）						
2		PH	DO	COD	NH3-N			
3	四川	8.336	8.9763	1.8422	0.1043			
4	重庆	7.7485	8.3412	2.0237	0.227			
5	湖北	8.0322	8.1631	2.4688	0.1946			
6	湖南	7.88	9.4217	3.1277	0.3565			
7	江西	7.602	8.004	2.1945	0.213			
8	安徽	7.4907	7.7091	2.3602	0.2195			
9	江苏	7.8047	7.1328	2.0432	0.1366			
10								
11								
12	欧氏距离	四川	重庆	湖北	湖南	江西	安徽	江苏
13	四川	0						
14	重庆	0.892472	0					
15	湖北	1.074416	0.558005	0				
16	湖南	1.456857	1.55575	1.437915	0			
17	江西	1.272814	0.405629	0.534756	1.725866	0		
18	安徽	1.613048	0.761117	0.715369	1.921556	0.356164	0	
19	江苏	1.929305	1.213236	1.139199	2.543468	0.910387	0.733539	0
20								

图 10.23　调用程序求解欧氏距离

【结论】

通过 VBA 自定义函数所求欧氏距离结果如图 10.23 所示，对比图 10.7，计算结果相同。

通过提供此专业计算欧氏距离的 VBA 函数，使计算更快捷，不需要太多的操作就能实现聚类分析，简化了分析过程。

10.3　小　　结

聚类分析的一般步骤，是先根据研究对象的性质和分类研究的目标，选择合适的距离计算方法，再通过计算样本间距离，借助一种恰当的归类方法，梳理出样本明确的谱系。本章介绍使用 Excel 2007 表格来实现基于欧式距离的最短距离聚类分析方法，介绍聚类分析在 Excel 中的计算过程，而且通过 VBA 编辑器编写定义了欧式距离计算程序，简化了操作过程。

10.4　习　　题

1. 填空题

（1）聚类分析可分为________和________。前者是对进行分类处理，后者是对进行分类处理。

（2）根据类间距离的定义不同，可将系统聚类法分为________、最长距离法、中间距离法、________、类平均法、________、可变法和________。

2. 操作题

（1）在某工业区设有 20 个监测点，对该工业区的大气、地表水和土壤等环境要素进行监测，得到各种环境要素代表性污染物的日平均浓度。将其分别除以相应的环境质量标准（消除量纲不同的影响），得到超标倍数如表 10.2 所示，试对监测点进行系统聚类分析。

表 10.2　　各监测点环境要素的超标倍数

监测点序号	超标倍数			监测点序号	超标倍数		
	大气	地表水	土壤		大气	地表水	土壤
1	3.56	2.56	2.41	11	12.53	3.38	1.49
2	3.44	2.57	2.32	12	3.12	1.58	1.43
3	3.29	5.71	1.91	13	0.64	1.11	1.13
4	6.74	1.31	1.91	14	3.66	1.32	1.17
5	3.79	1.31	1.53	15	3.13	2.80	1.15
6	8.55	1.17	3.51	16	3.84	1.08	1.13
7	4.65	6.16	4.25	17	3.96	1.36	1.19
8	4.85	5.61	2.75	18	3.43	1.68	1.23
9	5.69	1.39	1.23	19	3.66	0.89	1.11
10	4.25	3.45	2.51	20	1.18	0.78	1.24

（2）某年我国 15 个地区农民支出情况的抽样调查数据如表 10.3 所示，试对农民支出情况进行系统聚类分析。

表 10.3　　15 个地区农民支出情况

地区	食品	衣着	燃料	住房	交通/通讯	娱乐教育文化
北京	190.33	43.77	9.73	60.54	49.01	9.04
天津	135.3	36.4	10.47	44.16	36.49	3.94
河北	95.31	33.83	9.3	32.44	32.81	3.8
山西	104.78	25.11	7.4	9.89	18.17	3.35
内蒙古	138.41	37.73	8.94	13.58	33.99	3.37
辽宁	145.78	33.83	17.79	37.39	39.09	3.47
吉林	159.37	33.38	18.37	11.81	35.39	5.32
黑龙江	117.32	39.57	13.34	13.77	31.75	7.04
上海	321.11	38.74	13.53	115.75	50.85	5.89
江苏	144.98	39.13	11.77	43.7	37.3	5.74
浙江	179.93	33.75	13.73	47.13	34.35	5.4
安徽	135.11	23.09	15.73	23.54	18.18	7.39
福建	144.92	31.37	17.96	19.53	31.75	7.73
江西	140.54	31.5	17.74	19.19	15.97	4.94
山东	115.84	30.37	13.2	33.7	33.77	3.85

第 11 章　主成分分析与因子分析

主成分分析，是将多个变量通过线性变换以选出较少个数重要变量的一种多元统计分析方法，又称主分量分析。在实际生活中，为了全面分析问题，往往提出很多与此有关的变量（或因素），因为每个变量都在不同程度上反映所关心问题的某些信息。

在用统计分析方法研究涉及多变量的课题时，变量个数太多就会增加课题的复杂性。人们自然希望变量个数较少而得到的信息较多。在很多情形，变量之间是有一定的相关关系的，当两个变量之间有一定相关关系时，可以解释为这两个变量反映此课题的信息有一定的重叠。主成分分析是对于原先提出的所有变量，建立尽可能少的新变量，使得这些新变量是两两不相关的，而且这些新变量在反映课题的信息方面尽可能保持原有的信息。

本章将详细介绍如何使用 Excel 2007 进行主成分分析。

11.1　主成分分析

主成分分析，可在减少分析变量个数的同时，保留较多的原始信息，从而能够帮助实验人员理清思路、简化计算。

假定有 n 个样本，每个样本共有 p 个变量，构成一个 $n\times p$ 阶的数据矩阵

$$X=\begin{bmatrix} x_{11} & x_{12} & \cdots & x_{1p} \\ x_{21} & x_{22} & \cdots & x_{2p} \\ \vdots & \vdots & & \vdots \\ x_{n1} & x_{n2} & \cdots & x_{np} \end{bmatrix}$$

当 p 较大时，在 p 维空间中考察问题比较麻烦。为了克服这一困难，就需要进行降维处理，即用较少的几个综合指标代替原来较多的变量指标，并且使这些较少的综合指标既能尽量多地反映原来较多变量指标所反映的信息，又能保证它们之间的相互独立。主成分分析和因子分析都是用来实现降维的方法。

11.1.1　主成分分析原理

首先，要明确各分析变量之间是否具有线性相关性，如果所有变量彼此间不相关则没有必要进行主成分分析。

在进行分析之前，要对原始数据进行标准化：$x_{ij}^{*}=\dfrac{x_{ij}-\overline{x}_j}{\sigma_j}$。

定义：记 $x_1, x_2, \cdots, x_p$ 为原变量指标，$z_1, z_2, \cdots, z_m$（$m \leqslant p$）为新变量指标，得到矩阵

$$\begin{cases} z_1 = l_{11}x_1 + l_{12}x_2 + \cdots + l_{1p}x_p \\ z_2 = l_{21}x_1 + l_{22}x_2 + \cdots + l_{2p}x_p \\ \cdots \\ z_m = l_{m1}x_1 + l_{m2}x_2 + \cdots + l_{mp}x_p \end{cases}$$

系数 l_{ij} 的确定原则：z_i 与 z_j（$i \neq j$；$i, j=1, 2, \cdots, m$）相互无关；z_1 是 x_1，x_2，…，x_P 中的一切线性组合中方差最大者，z_2 是与 z_1 不相关的 x_1，x_2，…，x_P 中的所有线性组合中方差最大者，z_m 是与 z_1，z_2，…，z_{i-1} 都不相关的 x_1，x_2，…，x_P 中的所有线性组合中方差最大者。

从以上的分析可以看出，主成分分析的实质就是确定原来变量 x_j（$j=1, 2, \cdots, p$）在诸主成分 z_i（$i=1, 2, \cdots, m$）上的荷载 l_{ij}（$i=1, 2, \cdots, m$；$j=1, 2, \cdots, p$）。从数学上可以证明，它们分别是相关矩阵 m 个较大的特征值所对应的特征向量。

计算相关系数矩阵

$$R = \begin{bmatrix} r_{11} & r_{12} & \cdots & r_{1p} \\ r_{21} & r_{22} & \cdots & r_{2p} \\ \vdots & \vdots & & \vdots \\ r_{p1} & r_{p2} & \cdots & r_{pp} \end{bmatrix}$$

r_{ij}（$i, j=1, 2, \cdots, p$）为原变量 x_i 与 x_j 的相关系数，$r_{ij}=r_{ji}$ 其计算公式为

$$r_{ij} = \frac{\sum_{k=1}^{n}(x_{ki}-\overline{x}_i)(x_{kj}-\overline{x}_j)}{\sqrt{\sum_{k=1}^{n}(x_{ki}-\overline{x}_i)^2 \sum_{k=1}^{n}(x_{kj}-\overline{x}_j)^2}}$$

解特征方程 $|\lambda I - R| = 0$，常用雅可比法（Jacobi）求出特征值，并使其按大小顺序排列。分别求出对应于特征值 λ_i 的特征向量 $e_i(i=1, 2, \cdots, p)$，要求 $\|e_i\| = 1$，即：$\sum_{j=1}^{p} e_{ij}^2 = 1$，其中 e_{ij} 表示向量 e_i 的第 j 个分量。计算

主成分贡献率：$\dfrac{\lambda_i}{\sum_{k=1}^{p}\lambda_k} \quad (i = 1, 2, \cdots, p)$

累计贡献率：$\dfrac{\sum_{k=1}^{i}\lambda_k}{\sum_{k=1}^{p}\lambda_k} \quad (i = 1, 2, \cdots, p)$。

一般取累计贡献率达 85%～95%的特征值 $\lambda_1, \lambda_2, \cdots, \lambda_m$ 所对应的第 1、第 2、…、第 m（$m \leqslant p$）个主成分。

计算主成分荷载：$l_{ij} = p(z_i, x_j) = \sqrt{\lambda_i} e_{ij} (i, j = 1, 2, \cdots, p)$

计算主成分的得分（转换后的新变量）：

$$Z=\begin{bmatrix} z_{11} & z_{12} & \cdots & z_{1m} \\ z_{21} & z_{22} & \cdots & z_{2m} \\ \vdots & \vdots & & \vdots \\ z_{n1} & z_{n2} & \cdots & z_{nm} \end{bmatrix}$$

11.1.2　主成分分析实例

使用 Excel 2007 中的数学分析工具、规划求解工具等共同实现主成分分析，下面介绍在 Excel 2007 中实现主成分分析的具体方法。

例 11.1 对某农业生态经济系统进行主成分分析

为了解人均耕地面积、森林覆盖率对某农业生态经济系统的影响，列出数据如表 11.1 所示，试对该农业生态经济系统进行主成分分析。

表 11.1　　某农业生态经济系统数据

序　号	人均耕地面积（x_1/hm^2）	森林覆盖率（x_2/%）
1	0.352	0.161
2	0.445	0.243
3	1.411	0.656
4	0.831	0.332
5	1.623	0.866
6	2.032	0.762
7	0.801	0.311
8	1.452	0.733
9	0.841	0.489
10	0.812	0.465
11	0.858	0.503
12	1.041	0.646
13	0.836	0.628
14	0.623	0.601
15	1.022	0.68
16	0.654	0.607
17	0.661	0.633
18	0.737	0.542
19	0.598	0.559
20	1.245	0.545
21	0.731	0.491

新建工作表“某农业生态经济系统.xlsx”，输入表 11.1 中的数据，如图 11.1 所示。

	A	B	C
1	样本序号	人均耕地面积	森林覆盖率
2	1	0.352	0.161
3	2	0.445	0.243
4	3	1.411	0.656
5	4	0.831	0.332
6	5	1.623	0.866
7	6	2.032	0.762
8	7	0.801	0.311
9	8	1.452	0.733
10	9	0.841	0.489
11	10	0.812	0.465
12	11	0.858	0.503
13	12	1.041	0.646
14	13	0.836	0.628
15	14	0.623	0.601
16	15	1.022	0.68
17	16	0.654	0.607
18	17	0.661	0.633

图 11.1　某农业生态经济系统数据

下面使用 Excel 2007 对例 11.1 进行主成分分析，具体步骤如下。

Step 01：打开“某农业生态经济系统.xlsx”。求出两个数据的均值、方差和标准差。单击 B23 单元格，在编辑栏中输入“=AVERAGE(B2:B22)”，将鼠标移动到 B23 单元格右下角，当鼠标变为黑色十字的时候拖拽至 C23 单元格，求出两个变量的均值；单击 B24 单元格，在编辑栏中输入“=VARP (B2:B22)”，将鼠标移动到 B24 单元格右下角，当鼠标变为黑色十字的时候拖拽至 C24 单元格，求出两个变量的方差；单击 B25 单元格，在编辑栏中输入“=STDEV(B2:B22)”，将鼠标移动到 B25 单元格右下角，当鼠标变为黑色十字的时候拖曳至 C25 单元格，求出两个变量的标准差，如图 11.2 所示。

Step 02：求原始数据散点图、判定系数。按照散点图生成步骤，生成的散点图为：【x 轴系列值】为“人均耕地面积”，单击【x 轴系列值】后的折叠按钮，选择 B2:B22 单元格区域；【y 轴系列值】为“森林覆盖率”，单击【y 轴系列值】后的折叠按钮，选择 C2:C22 单元格区域。右键单击散点图中的菱形散点，选择【添加趋势线】命令，在弹出的【添加趋势线】对话框中设置趋势线选项。在【趋势预测/回归分析类型】栏选中【线性】，单击选中【显示公式】、【显示 R 平方值】复选框，单击【关闭】按钮返回散点图，得到结果如图 11.3 所示。

	A	B	C
4	3	1.411	0.656
5	4	0.831	0.332
6	5	1.623	0.866
19	18	0.737	0.542
20	19	0.598	0.559
21	20	1.245	0.545
22	21	0.731	0.491
23	均值	0.934	0.55
24	方差	0.161	0.029
25	标准差	0.411	0.173

图 11.2　均值、方差及标准差

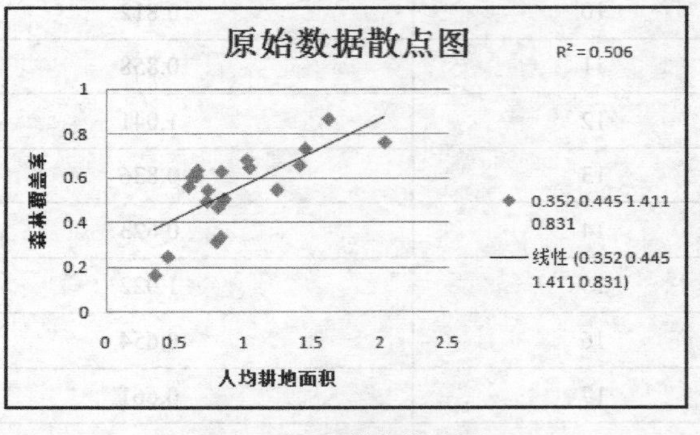

图 11.3　原始数据散点图

从图 11.3 中可以看出，判定系数为：0.506。

Step 03：对数据进行标准化。单击 D2 单元格，在编辑栏中输入“=(B2-$B$23)/$B$25”，将鼠标移动到 D2 单元格右下角，当鼠标变为黑色十字的时候拖拽至 D22 单元格，求出标准化后的 x_1；单击 E2 单元格，在编辑栏中输入“=(C2-$C$23)/$C$25”，将鼠标移动到 E2 单元格右下角，当鼠标变为黑色十字的时候拖拽至 E22 单元格，求出标准化后的 x_2。

Step 04：标准化后数据的散点图。运用散点图生成步骤，生成的散点图【x 轴系列值】为“人均耕地面积”，单击【x 轴系列值】后的折叠按钮，选择 D2:D22 单元格区域；【y 轴系列值】为“森林覆盖率”，单击【y 轴系列值】后的折叠按钮，选择 E2:E22 单元格区域。右键单击散点图中的菱形散点，选择【添加趋势线】命令，在弹出的【添加趋势线】对话框中设置趋势线选项。在【趋势预测/回归分析类型】栏选中【线性】，单击选中【显示公式】、【显示 R 平方值】复选框，单击【关闭】按钮返回散点图，得到结果如图 11.4 所示。

Step 05：求标准化数据的相关系数矩阵。单击【数据】/【数据分析】命令，在弹出的【数据分析】的【分析工具】栏中选择【相关系数】，单击【确定】按钮如图 11.5 所示。

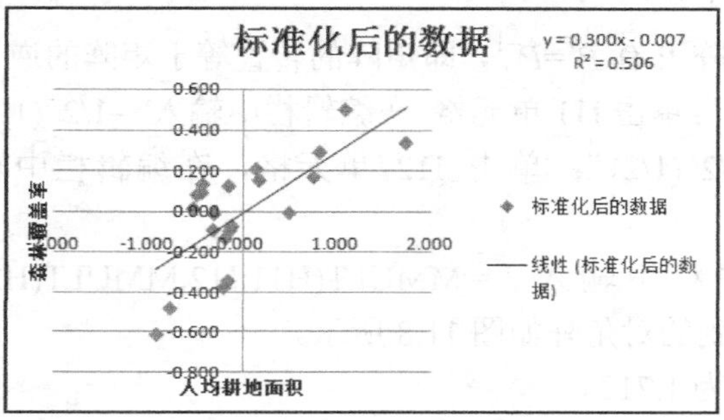

图 11.4　标准化后的数据散点图

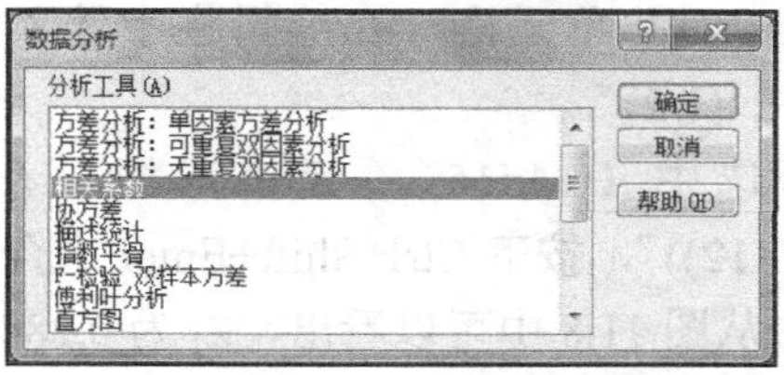

图 11.5　数据分析对话框

在弹出的【相关系数】对话框的【输入】/【输入区域】后的折叠按钮，选择 D2:E22 单元格；单击【输出选项】/【输出区域】后的折叠按钮，选择 G2 单元格，单击确定按钮，得到相关系数矩阵如图 11.6 所示。

	G	H	I
1			
2		列 1	列 2
3	列 1	1	
4	列 2	0.711987	1

图 11.6　生成的相关系数矩阵

将 H4 单元格中的数字复制到 I3 单元格中，得到完整的相关系数矩阵。

Step 06：求相关系数矩阵的特征值与特征向量。单击 H6 单元格，在编辑栏中输入“1”；单击 H7 单元格，在编辑栏中输入“0”；单击 I6 单元格，在编辑栏中输入“0”；单击 I7 单元格，在编辑栏中输入“1”；单击 G6 单元格，在编辑栏中输入“-10”；单击 G7 单元格，在编辑栏中输入“=MDETERM(H3:I4-H6:I7*G6)”。

单击【数据】/【规划求解】弹出【规划求解参数】对话框，如图 11.7 所示。单击【设置目标单元格】后的折叠按钮，选择 G7 单元格；在【值为】后的文本框中输入“0”；单击【可变单元格】后的折叠按钮，选择 G6 单元格。

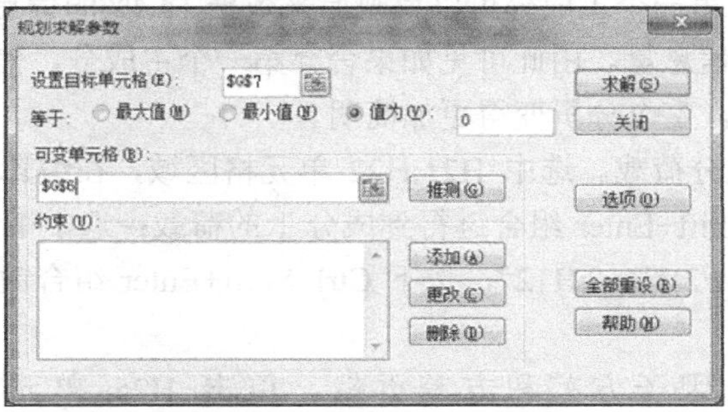

图 11.7　规划求解对话框

G6 单元格数值变化为 0.288，此值为相关系数矩阵其中一个特征值。

再次单击 G6 单元格，在编辑栏中输入“10”，单击【数据】/【规划求解】弹出【规划求解】对话框，单击【设置目标单元格】后的折叠按钮，选择 G7 单元格；在【值为】后的文本框中输入“0”；单击【可变单元格】后的折叠按钮，选择 G6 单元格。

G6 单元格数值变化为 1.712，此值为相关系数矩阵另一个特征值。

在 Excel 2007 中，没有直接求出特征值对应特征向量的方法。所以笔者使用 Matlab 计算出了所有特征值对应的特征向量组成的正交矩阵。

$$P=[e_1\,e_2]=\begin{bmatrix}-1/\sqrt{2} & 1/\sqrt{2}\\ 1/\sqrt{2} & 1/\sqrt{2}\end{bmatrix}$$

Step 07：求对角阵。特征向量的正交矩阵 P 有 $P^T=P^{-1}$，即矩阵的转置等于矩阵的逆。单击 H11 单元格，在编辑栏中输入“=−1/2^(1/2)”；单击 I11 单元格，在编辑栏中输入“=1/2^(1/2)”；单击 H12 单元格，在编辑栏中输入“=1/2^(1/2)”；单击 I12 单元格，在编辑栏中输入“=1/2^(1/2)”。

选中 H14:I15 单元格区域，在编辑栏中输入“=MMULT(H11:I12,MMULT(H3:I4,H11:I12))”，按下 Ctrl+Shift+Enter 组合键得到的对角阵如图 11.8 所示。

从图 11.8 中可以看出，λ_1 为 0.288，λ_2 为 1.712。

Step 08：根据特征根计算累计方差贡献率。单击 H17 单元格，在编辑栏中输入“=H14”；单击 H18 单元格，在编辑栏中输入“=I15”；单击 H19 单元格，在编辑栏中输入“=H17/SUM(H17:H18)”；单击 H20 单元格，在编辑栏中输入“=H18/SUM(H17:H18)”，如图 11.9 所示。

	G	H	I
1			
2		列 1	列 2
3	列 1	1	0.712
4	列 2	0.712	1
5			
6	1.712	1	0
7	0	0	1
8			
9			
10	特征向量	e_1	e_2
11		-0.70711	0.707107
12		0.707107	0.707107
13			
14	对角化矩阵	0.288	0
15		0	1.712

图 11.8 生成的对角阵

	G	H
16		
17	λ_1	0.288
18	λ_2	1.712
19	成分1贡献率	0.144
20	成分2贡献率	0.856

图 11.9 各成分贡献率

从图 11.9 可以看出第一个主成分可以反映原来数据 14.4%的信息，而第二个主成分可以反映原来数据的 85.6%信息量。由此可见如果舍弃第一个主成分，信息量仅仅损失 14.4%，但分析变量却减少一个，整个分析变得更加简明。

Step 09：计算主成分荷载。选中 H21:H22 单元格区域，在编辑栏中输入“=H17^(1/2)*H11:H12”，按下 Ctrl+Shift+Enter 组合键得到成分 1 的荷载；选中 H23:H24 单元格区域，在编辑栏中输入“=H18^(1/2)*H11:H12”，按下 Ctrl+Shift+Enter 组合键得到成分 2 的荷载，如图 11.10 所示。

Step 10：计算公因子方差和方差贡献。单击 H25 单元格，在编辑栏中输入“=H21^2+H23^2”，将鼠标移动到 H25 单元格右下角，当鼠标变为黑色十字的时候拖曳至 H26

单元格，求出所有公因子方差；单击 H27 单元格，在编辑栏中输入“=H21^2+H22^2”；单击 H28 单元格，在编辑栏中输入“=H23^2+H24^2”，如图 11.11 所示。

	G	H
16		
17	λ_1	0.288
18	λ_2	1.712
19	成分1贡献率	0.144
20	成分2贡献率	0.856
21–22	成分1荷载	成分2荷载
23	-0.3795	0.9252
24	0.3795	0.9252

图 11.10　各成分的荷载

	G	H
16		
17	λ_1	0.288
18	λ_2	1.712
19	成分1贡献率	0.144
20	成分2贡献率	0.856
21	成分1荷载	-0.37947
22		0.379473
23	成分2荷载	0.925203
24		0.925203
25	V_1	1
26	V_2	1
27	CV_1	0.288
28	CV_2	1.712

图 11.11　公因子方差及方差贡献

从图 11.11 中可以看出：方差贡献等于对应主成分的特征根，这是决定提取主成分数目的判据之一；公因子方差相等或彼此接近，这是判断提取主成分数目是否合适的判据之一；公因子方差之和等于方差贡献之和，这是判断提取主成分后是否损失信息的判据之一。

Step 11：计算主成分得分。单击 K2 单元格，在编辑栏中输入“=D2*$H$11+E2*$I$11”，将鼠标移动到 K2 单元格右下角，当鼠标变为黑色十字的时候拖拽至 K22 单元格，求出所有 z_1 的得分；单击 L2 单元格，在编辑栏中输入“=D2*$H$12+E2*$I$12”，将鼠标移动到 L2 单元格右下角，当鼠标变为黑色十字的时候拖拽至 L22 单元格，求出所有 z_2 的得分，如图 11.12 所示。

Step 12：求出各主成分得分数据的均值、方差和标准差。单击 K23 单元格，在编辑栏中输入“=AVERAGE(K2:K22)”，将鼠标移动到 K23 单元格右下角，当鼠标变为黑色十字的时候拖拽至 L23 单元格，求出两个变量的均值；单击 K24 单元格，在编辑栏中输入“=VARP(B2:B22)”，将鼠标移动到 K24 单元格右下角，当鼠标变为黑色十字的时候拖拽至 L24 单元格，求出两个变量的方差；单击 K25 单元格，在编辑栏中输入“=STDEV(K2:K22)”，将鼠标移动到 K25 单元格右下角，当鼠标变为黑色十字的时候拖拽至 L25 单元格，求出两个变量的标准差，如图 11.13 所示。

	K	L
1	z_1得分	z_2得分
2	0.339274	-1.66164
3	0.320353	-1.36062
4	-0.63088	1.011434
5	-0.19052	-0.54356
6	-0.63432	1.737328
7	-1.51674	2.261966
8	-0.17504	-0.63129
9	-0.56895	1.214409
10	0.062334	-0.2563
11	0.070935	-0.34747
12	0.057174	-0.20297
13	-0.01163	0.357786
14	0.310032	-0.0258
15	0.629976	-0.43863
16	0.079535	0.383588
17	0.586973	-0.37499
18	0.619655	-0.31822

图 11.12　各主成分得分

	A	K	L
1	样本序号	z_1得分	z_2得分
2	1	-0.56742	-2.56833
3	2	-0.39291	-2.07389
4	3	-0.36994	1.272366
17	16	0.732322	-0.22964
18	17	0.826334	-0.11154
19	18	0.324419	-0.352
20	19	0.632859	-0.52176
21	20	-0.53717	0.534061
22	21	0.126713	-0.57035
23	均值	0.00	0.00
24	方差	0.274298	1.630464
25	标准差	0.536668	1.308429

图 11.13　均值、方差及标准差

从图 11.13 中可以看出各主成分得分的均值为 0。

Step 13：求主成分得分散点图、判定系数。按照散点图生成步骤，生成的散点图为：【x 轴系列值】为“z_1 得分”，单击【x 轴系列值】后的折叠按钮，选择 K2:K22 单元格区域；

【y 轴系列值】为"z_2得分"，单击【y 轴系列值】后的折叠按钮，选择 L2:L22 单元格区域。右键单击散点图中的菱形散点，选择【添加趋势线】命令，在弹出的【添加趋势线】对话框中设置趋势线选项。在【趋势预测/回归分析类型】栏选中【线性】，单击选中【显示公式】、【显示 R 平方值】复选框，单击【关闭】按钮返回散点图，得到结果如图 11.14 所示。

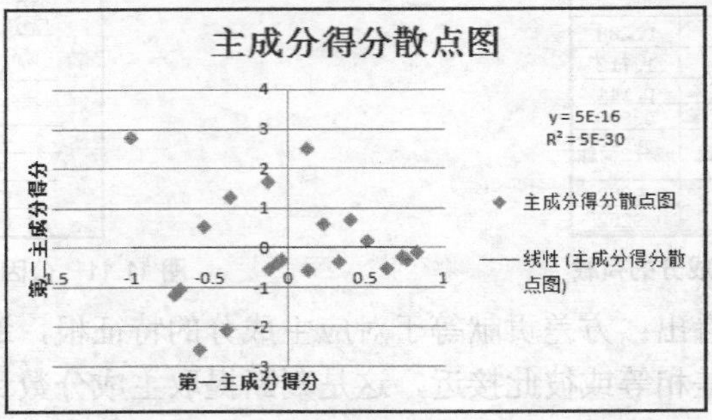

图 11.14　主成分得分散点图

从图 11.14 中可以看出，判定系数趋近于 0，说明各主成分之间已经没有相关性。

Step 14：对数据进行标准化。单击 M2 单元格，在编辑栏中输入"=K2/($K$25)"，将鼠标移动到 M2 单元格右下角，当鼠标变为黑色十字的时候拖拽至 M22 单元格，求出标准化后的 z_1；单击 N2 单元格，在编辑栏中输入"=L2/$L$25"，将鼠标移动到 N2 单元格右下角，当鼠标变为黑色十字的时候拖拽至 N22 单元格，求出标准化后的 z_2。

Step 15：标准化后数据的散点图。运用散点图生成步骤，生成的散点图【x 轴系列值】为"人均耕地面积"，单击【x 轴系列值】后的折叠按钮，选择 M2:M22 单元格区域；【y 轴系列值】为"森林覆盖率"，单击【y 轴系列值】后的折叠按钮，选择 N2:N22 单元格区域。右键单击散点图中的菱形散点，选择【添加趋势线】命令，在弹出的【添加趋势线】对话框中设置趋势线选项。在【趋势预测/回归分析类型】栏选中【线性】，单击选中【显示公式】、【显示 R 平方值】复选框，单击【关闭】按钮返回散点图，得到结果如图 11.15 所示。

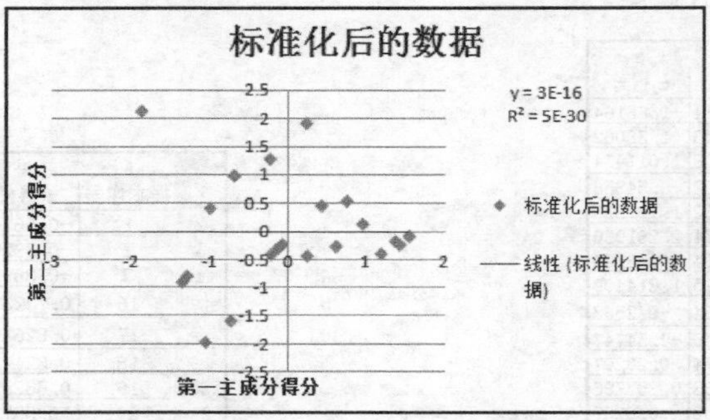

图 11.15　标准化后的数据散点图

Step 16：验证相关系数。运用散点图生成步骤，生成的散点图【x 轴系列值】为"x_1^*"，单击【x 轴系列值】后的折叠按钮，选择 D2:D22 单元格区域；【y 轴系列值】为"z_1^*"，单击【y 轴系列值】后的折叠按钮，选择 M2:M22 单元格区域。右键单击散点图中的菱形散点，选择【添加趋势线】命令，在弹出的【添加趋势线】对话框中设置趋势线选项。在【趋势预测/回归分析类型】栏选中【线性】，单击选中【显示公式】、【显示 R 平方值】复选框，单击【关闭】按钮返回散点图，得到结果如图 11.16 所示。

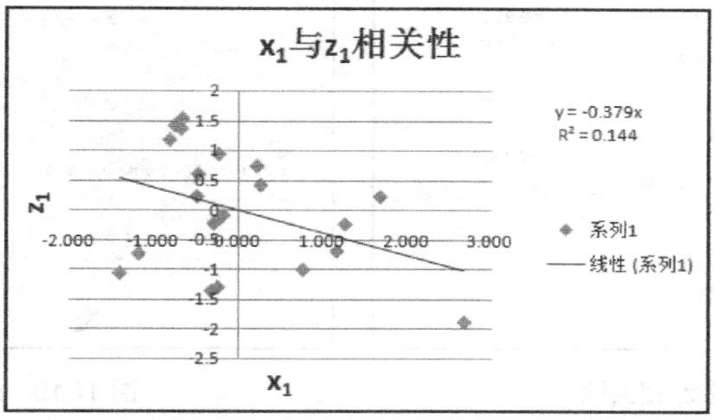

图 11.16　x_1与 z_1相关性

运用散点图生成步骤，生成的散点图【x 轴系列值】为“x_2^*”，单击【x 轴系列值】后的折叠按钮，选择 E2:E22 单元格区域；【y 轴系列值】为“z_2^*”，单击【y 轴系列值】后的折叠按钮，选择 N2:N22 单元格区域。右键单击散点图中的菱形散点，选择【添加趋势线】命令，在弹出的【添加趋势线】对话框中设置趋势线选项。在【趋势预测/回归分析类型】栏选中【线性】，单击选中【显示公式】、【显示 R 平方值】复选框，单击【关闭】按钮返回散点图，得到结果如图 11.17 所示。

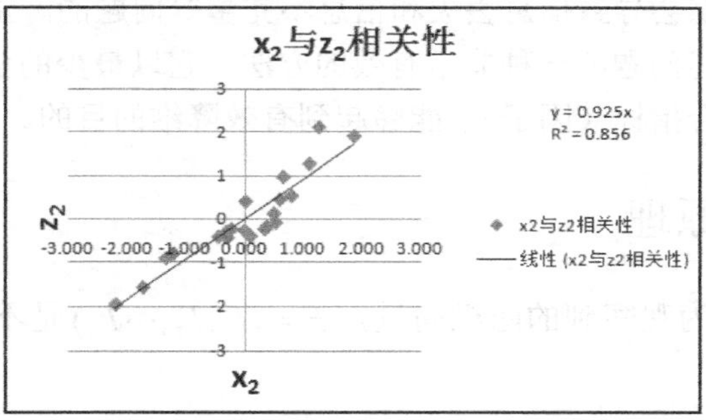

图 11.17　x_2与 z_2相关性

运用散点图生成步骤，生成的散点图【x 轴系列值】为“x_1^*”，单击【x 轴系列值】后的折叠按钮，选择 D2:D22 单元格区域；【y 轴系列值】为“z_2^*”，单击【y 轴系列值】后的折叠按钮，选择 N2:N22 单元格区域。右键单击散点图中的菱形散点，选择【添加趋势线】命令，在弹出的【添加趋势线】对话框中设置趋势线选项。在【趋势预测/回归分析类型】栏选中【线性】，单击选中【显示公式】、【显示 R 平方值】复选框，单击【关闭】按钮返回散点图，得到结果如图 11.18 所示。

运用散点图生成步骤，生成的散点图【x 轴系列值】为“x_2^*”，单击【x 轴系列值】后的折叠按钮，选择 E2:E22 单元格区域；【y 轴系列值】为“z_1^*”，单击【y 轴系列值】后的折叠按钮，选择 M2:M22 单元格区域。右键单击散点图中的菱形散点，选择【添加趋势线】命令，在弹出的【添加趋势线】对话框中设置趋势线选项。在【趋势预测/回归分析类型】栏选中【线性】，单击选中【显示公式】、【显示 R 平方值】复选框，单击【关闭】按钮返回散点图，得到结果如图 11.19 所示。

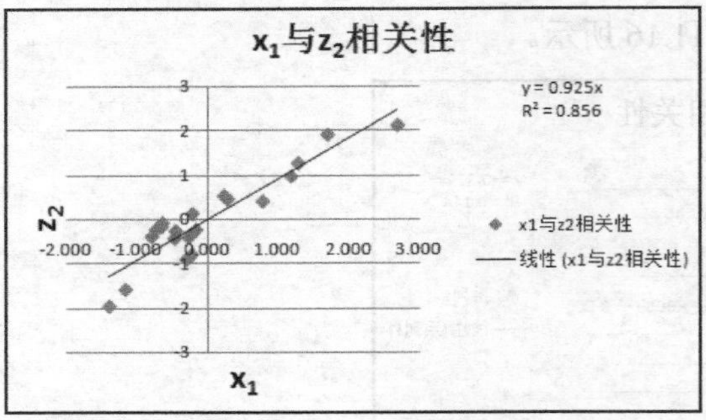

图 11.18　x_1 与 z_2 相关性

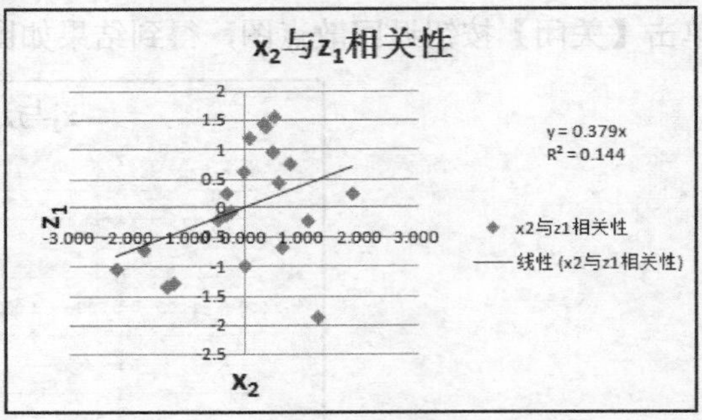

图 11.19　x_2 与 z_1 相关性

将图 11.16 到图 11.19 中的判定系数开方即可得到相关系数。

11.2 因子分析

在实际问题的分析过程中，对研究对象的描述会有很多指标。变量过多，虽然能够比较全面精确的描述事物，但在实际建模时这些变量会给统计分析带来计算量大和信息重叠的问题，而消减变量个数必然会导致信息丢失和信息不完整等问题的产生。

因子分析是解决上述问题的一种非常有效的方法。它以最少的信息丢失，将原始众多变量综合成较少的几个综合指标（因子），能够起到有效降维的目的。

11.2.1 因子分析原理

设 $X=(x_1,x_2,\cdots x_n)$ 为观察到的随机向量，$F=(F_1,F_2,\cdots F_n)$ 是不可观测的向量，得到公式为

$$\begin{gathered}x_1=a_{11}F_1+\cdots a_{1m}F_m+\varepsilon_1\\x_2=a_{21}F_1+\cdots a_{2m}F_m+\varepsilon_2\\\vdots\\x_p=a_{n1}F_1+\cdots a_{nm}F_m+\varepsilon_n\end{gathered}$$

式中：$\varepsilon=(\varepsilon_1,\cdots\varepsilon_n)$ 为误差。

如果满足假设：$m\leqslant n$；$\mathrm{cov}(F,\varepsilon)=0$；$\mathrm{var}(F)=I_m$；$\mathrm{var}(\varepsilon)=diag(\sigma_1^2,\cdots,\sigma_n^2)$，则称 F_i 为第 i 个公共因子，a_{ij} 为因子荷载。公共因子是指因子荷载和变量共同度的统计意义。

假定因子模型中，所有变量和因子都已经标准化。

因子荷载的统计意义：设 $x_i=a_{i1}F_1+\cdots a_{im}F_m+\varepsilon_i$，（$i=1,\cdots,n$），则：

$$E(x_iF_j)=\sum_{K=1}^{m}a_{ik}E(F_kF_j)=\sum_{K=1}^{m}a_{ik}r_{(F_kF_j)}=a_{ij}$$

由于 F_k 与 F_j 不相关，且 $r_{(F_jF_j)}=1$，即 $a_{ij}=r_{(x_iF_j)}$，因子荷载 a_{ij} 是第 i 个变量与第 j 个公共因子的相关系数。

变量共同度的统计意义：$h_i^2=\sum_{j=1}^{m}a_{ij}^2$，（$i=1,\cdots,n$）称作 x_i 的共同度

$$\mathrm{var}(x_i)=\sum_{j=1}^{m}\mathrm{var}(a_{ij}F_j)+\mathrm{var}(\varepsilon_i)=\sum_{j=1}^{m}a_{ij}^2+\sigma_i^2=h_i^2+\sigma_i^2$$

即 $h_i^2+\lambda_i^2=1$，这说明共同度是公共因子所占的 x_i 的方差，其共同度越大，说明公共因子包含 x_i 的信息就越多。

因子荷载的估计方法：

设随机向量 $X=(x_1,x_2,\cdots x_n)'$ 的协方差为λ，其特征值为 $\lambda_1\geqslant\lambda_2\geqslant\cdots\geqslant\lambda_n>0$，其相应的特征向量为 $e_1,e_2,\cdots e_n$（标准正交基），则：

$$\lambda=Udiag(\lambda_1,\cdots\lambda_n)U'=p\sum_{i=1}\lambda_i e_i e_i'=(\sqrt{\lambda_1}e_1,\cdots,\sqrt{\lambda_n}e_n)(\sqrt{\lambda_1}e_1',\cdots\sqrt{\lambda_n}e_n')'$$

当公共因子 F_i 有 n 个时，误差为 0，所以 $X=AF$，其中 A 为因子荷载阵。

因此，$D(X)=\mathrm{var}(AF)=A\,\mathrm{var}(F)A'=AA'$，$\lambda=AA'$。因此可以得出，$A=(\sqrt{\lambda_1}e_1,\cdots,\sqrt{\lambda_n}e_n)$。

因子旋转：

建立因子分析数学模型的目的不仅是为了找出公共因子，更重要的是要知道每个公共因子的意义，以便对实际问题进行分析。如果每个公共因子的涵义不清，不便于对实际背景进行解释，这时根据因子载荷阵的不唯一性，可对因子载荷阵实行旋转，即用一个正交阵右乘使旋转后的因子载荷阵结构简化，便于对公共因子进行解释。所谓结构简化就是使每个变量仅在一个公共因子上有较大的载荷，而在其余公共因子上的载荷比较小。这种变换因子载荷的方法称为因子旋转。

因子旋转有方差最大正交旋转和斜交旋转，此处只介绍方差最大正交旋转。

先考虑两个因子的平面正交旋转，设因子载荷矩阵为

$$A=\begin{pmatrix}a_{11} & a_{12}\\ a_{21} & a_{22}\\ \vdots & \vdots\\ a_{n1} & a_{n2}\end{pmatrix}$$

设正交阵τ

$$\tau=\begin{pmatrix}\cos\varphi & -\sin\varphi\\ \sin\varphi & \cos\varphi\end{pmatrix}$$

记 $B=A\tau$，则

$$B=\begin{pmatrix}a_{11}\cos\varphi+a_{12}\sin\varphi & -a_{11}\sin\varphi+a_{12}\cos\varphi\\ \vdots & \vdots\\ a_{n1}\cos\varphi+a_{n2}\sin\varphi & -a_{n1}\sin\varphi+a_{n2}\cos\varphi\end{pmatrix}=\begin{pmatrix}b_{11} & b_{12}\\ \vdots & \vdots\\ b_{n1} & b_{n2}\end{pmatrix}\quad (*)$$

φ应满足

$$\tan 4\varphi=\left(2\sum_{i=1}^{n}u_iv_i-\left(2\sum_{i=1}^{n}u_i\sum_{i=1}^{n}v_i\right)\Big/n\right)\Bigg/\left(\sum_{i=1}^{n}(u_i^2-v_i^2)-\left(\left(\sum_{i=1}^{n}u_i\right)^2-\left(\sum_{i=1}^{n}v_i\right)^2\right)\Big/n\right)$$

式中：$u_i=\left(\dfrac{a_{i1}}{h_i}\right)^2-\left(\dfrac{a_{i2}}{h_i}\right)^2$，$v_i=\dfrac{2a_{i1}a_{i2}}{h_i^2}$，$h_i^2=\sum_{k=1}^{m}a_{ik}^2$。

使得载荷矩阵的每一列元素按其平方值或者尽可能大或者尽可能小，即向 1 和 0 两极分化。这实际上是将变量 $x_1,x_1,\cdots x_n$ 分成两个部分，第 1 部分主要与第 1 因子有关，第 2 部分主要与第 2 因子有关，即 $(b_{11}^2,\cdots,b_{n1}^2)$，$(b_{12}^2,\cdots,b_{n2}^2)$ 这两组数据的方差要尽可能大，考虑各列的相对方差：

$$V_\alpha=\frac{1}{n}\sum_{i=1}^{n}\left(\frac{b_{i\alpha}^2}{h_i^2}\right)^2-\left(\frac{1}{n}\sum_{i=1}^{n}\frac{b_{i\alpha}^2}{h_i^2}\right)^2=\frac{1}{n^2}\left(n\sum_{i=1}^{n}\left(\frac{b_{i\alpha}^2}{h_i^2}\right)^2-\left(\sum_{i=1}^{n}\frac{b_{i\alpha}^2}{h_i^2}\right)^2\right)$$

式中：$\alpha=1,2$。

这里取 $b_{i\alpha}^2$ 可以消除符号不同的影响，除以 h_i^2 可以消除各个变量对公共因子依赖程度不同的影响。现在要求总的方差达到最大，即要求 $G=V_1+V_2$ 达到最大值，于是考虑 G 对 φ 的导数，求出最大值。

当公共因子数 $m>2$ 时，我们可以逐次对每 2 个进行上述的旋转，当公共因子数 $m>2$ 时，可以每次取 2 个，全部配对旋转，旋转时总是对 A 阵中第 α 列、β 列两列进行，此时公式（*）中将 a_{j1} 换为 $a_{j\alpha}$，a_{j2} 换为 $a_{j\beta}$ 则可。此过程可以多次重复进行，直到总的方差越来越大，收敛于某一直线。

11.2.2 因子分析实例

下面使用 Excel 2007 对例 11.1 进行因子分析，具体操作步骤如下。

Step 01：打开“某农业生态经济系统.xlsx”。求出两个数据的均值、方差和标准差。单击 B23 单元格，在编辑栏中输入“=AVERAGE(B2:B22)”，将鼠标移动到 B23 单元格右下角，当鼠标变为黑色十字的时候拖拽至 C23 单元格，求出两个变量的均值；单击 B24 单元格，在编辑栏中输入“=VARP(B2:B22)”，将鼠标移动到 B24 单元格右下角，当鼠标变为黑色十字的时候拖拽至 C24 单元格，求出两个变量的方差；单击 B25 单元格，在编辑栏中输入“=STDEV(B2:B22)”，将鼠标移动到 B25 单元格右下角，当鼠标变为黑色十字的时候拖拽至 C25 单元格，求出两个变量的标准差，如图 11.20 所示。

	A	B	C
4	3	1.411	0.656
5	4	0.831	0.332
6	5	1.623	0.866
19	18	0.737	0.542
20	19	0.598	0.559
21	20	1.245	0.545
22	21	0.731	0.491
23	均值	0.934	0.55
24	方差	0.161	0.029
25	标准差	0.411	0.173

图 11.20 均值、方差及标准差

Step 02：对数据进行标准化。单击 D2 单元格，在编辑栏中输入“=(B2-$B$23)/$B$25”，将鼠标移动到 D2 单元格右下角，当鼠标变为黑色十字的时候拖拽至 D22 单元格，求出标准化后的 x_1；单击 E2 单元格，在编辑栏中输入“=(C2-$C$23)/$C$25”，将鼠标移动到 E2 单元格右下角，当鼠标变为黑色十字的时候拖拽至 E22 单元格，求出标准化后的 x_2。

Step 03：求标准化数据的相关系数矩阵。单击【数据】/【数据分析】命令，在弹出的【数据分析】的【分析工具】栏中选择【相关系数】，单击【确定】按钮，如图 11.21 所示。

在弹出的【相关系数】对话框的【输入】/【输入区域】后的折叠按钮，选择 D2:E22 单元格；单击【输出选项】/【输出区域】后的折叠按钮，选择 G2 单元格，单击确定按钮，得到相关系数矩阵如图 11.22 所示。

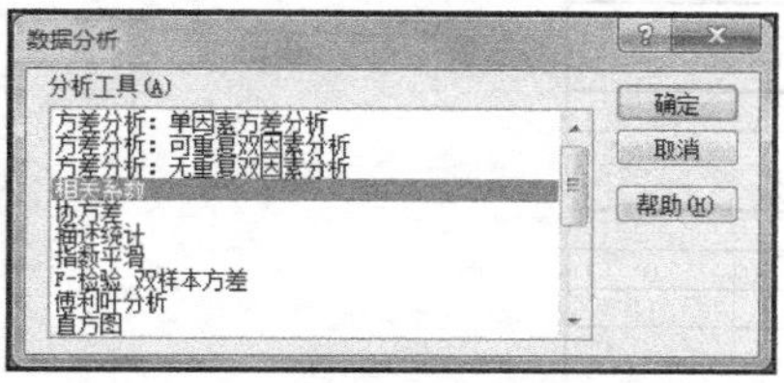

图 11.21　数据分析对话框

	G	H	I
1			
2		列 1	列 2
3	列 1	1	
4	列 2	0.711987	1

图 11.22　生成的相关系数矩阵

将 H4 单元格中的数字复制到 I3 单元格中，得到完整的相关系数矩阵。

Step 04：求相关系数矩阵的特征值与特征向量。单击 H6 单元格，在编辑栏中输入“1”；单击 H7 单元格，在编辑栏中输入“0”；单击 I6 单元格，在编辑栏中输入“0”；单击 I7 单元格，在编辑栏中输入“1”；单击 G6 单元格，在编辑栏中输入“−10”；单击 G7 单元格，在编辑栏中输入“=MDETERM(H3:I4-H6:I7*G6)”。

单击【数据】/【规划求解】弹出【规划求解】对话框，如图 11.23 所示。单击【设置目标单元格】后的折叠按钮，选择 G7 单元格；在【值为】后的文本框中输入“0”；单击【可变单元格】后的折叠按钮，选择 G6 单元格。

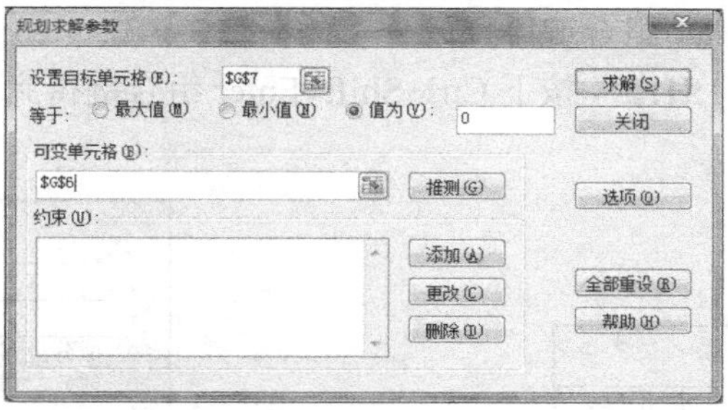

图 11.23　规划求解对话框

G6 单元格数值变化为 0.288，此值为相关系数矩阵其中一个特征值。

再次单击 G6 单元格，在编辑栏中输入“10”，单击【数据】/【规划求解】弹出【规划求解】对话框，单击【设置目标单元格】后的折叠按钮，选择 G7 单元格；在【值为】后的文本框中输入“0”；单击【可变单元格】后的折叠按钮，选择 G6 单元格。

G6 单元格数值变化为 1.712，此值为相关系数矩阵另一个特征值。

在 Excel 2007 中，没有直接求出特征值对应特征向量的方法。所以笔者使用 Matlab 计算出了所有特征值对应的特征向量组成的正交矩阵。

$$P=[e_1\,e_2]=\begin{bmatrix} -1/\sqrt{2} & 1/\sqrt{2} \\ 1/\sqrt{2} & 1/\sqrt{2} \end{bmatrix}$$

Step 05：求对角阵。特征向量的正交矩阵 P 有 $P^T=P^{-1}$，即矩阵的转置等于矩阵的逆。单击 H11 单元格，在编辑栏中输入“=−1/2^(1/2)”；单击 I11 单元格，在编辑栏中输入“=1/2^(1/2)”；

单击 H12 单元格，在编辑栏中输入“=1/2^(1/2)”；单击 I12 单元格，在编辑栏中输入“=1/2^(1/2)”。

选中 H14:I15 单元格区域，在编辑栏中输入“=MMULT(H11:I12,MMULT(H3:I4,H11:I12))”，按下 Ctrl+Shift+Enter 组合键得到的对角阵如图 11.24 所示。

	G	H	I
1			
2		列 1	列 2
3	列 1	1	0.712
4	列 2	0.712	1
5			
6	1.712	1	0
7	0	0	1
8			
9			
10	特征向量	e_1	e_2
11		-0.70711	0.707107
12		0.707107	0.707107
13			
14	对角化矩阵	0.288	0
15		0	1.712

图 11.24　生成的对角阵

从图 11.24 中可以看出，λ_1 为 0.288，λ_2 为 1.712。

Step 06：根据特征根计算累计方差贡献率。单击 H17 单元格，在编辑栏中输入“=H14”；单击 H18 单元格，在编辑栏中输入“=I15”；单击 H19 单元格，在编辑栏中输入“=H17/SUM(H17:H18)”；单击 H20 单元格，在编辑栏中输入“=H18/SUM(H17:H18)”，如图 11.25 所示。

Step 07：计算荷载矩阵。选中 H21:H22 单元格区域，在编辑栏中输入“=H17^(1/2)*H11:H12”，按下 Ctrl+Shift+Enter 组合键得到成分 1 的荷载；选中 H23:H24 单元格区域，在编辑栏中输入“=H18^(1/2)*H11:H12”，按下 Ctrl+Shift+Enter 组合键得到成分 2 的荷载，如图 11.26 所示。

	G	H
16		
17	λ_1	0.288
18	λ_2	1.712
19	成分1贡献率	0.144
20	成分2贡献率	0.856

图 11.25　各成分贡献率

	G	H
16		
17	λ_1	0.288
18	λ_2	1.712
19	成分1贡献率	0.144
20	成分2贡献率	0.856
21	成分1荷载	成分2荷载
22		
23	-0.3795	0.9252
24	0.3795	0.9252

图 11.26　荷载矩阵

Step 08：求出旋转弧度值。首先分别求出φ、u_i、v_i的值。单击 P2 单元格，在编辑栏中输入“=G23^2+H23^2”；单击 Q2 单元格，在编辑栏中输入“=G24^2+H24^2”；单击 P3 单元格，在编辑栏中输入“=(G23/P2)^2-(H23/P2)^2”；单击 Q3 单元格，在编辑栏中输入“=2*G24*H24/Q2^2”；单击 P4 单元格，在编辑栏中输入“=2*G23*H23/P2^2”；单击 Q4 单元格，在编辑栏中输入“=2*G24*H24/Q2^2”；单击 P5 单元格，在编辑栏中输入“=ATAN(((2*(P3*P4))-2*P3*P4/21)/((P3^2-P4^2)-(P3^2-P4^2)/21))/4”，得到旋转弧度如图 11.27 所示。

Step 09：求出 sinφ 和 cosφ 的值并写出正交旋转矩阵。单击 P6 单元格，在编辑栏中输入“=SIN(P5)”；单击 Q6 单元格，在编辑栏中输入“=(1-P6^2)^(1/2)”，得到 sinφ和 cosφ的值；单击 P9 单元格，在编辑栏中输入“=P7”；单击 Q9 单元格，在编辑栏中输入“=-P6”；单击

P10 单元格，在编辑栏中输入“=P6”；单击 Q10 单元格，在编辑栏中输入“=P7”，得到正交旋转矩阵，如图 11.28 所示。

	O	P	Q
1		成分1	成分2
2	h	1	1
3	u	-0.712	-0.712
4	v	-0.70218	0.702179
5	Φ	0.389227	
6			

图 11.27　旋转弧度

	O	P	Q
1		成分1	成分2
2	h	1	1
3	u	-0.712	-0.712
4	v	-0.70218	0.702179
5	Φ	0.389227	
6	sin	0.379473	
7	cos	0.925203	
8			
9	旋转矩阵	0.925203	-0.37947
10		0.379473	0.925203

图 11.28　正交旋转矩阵

Step 10：计算因子得分。选中 P11:Q12 单元格，在编辑栏中输入“=MMULT(G23:H24, P9:Q10)”，按下 Ctrl+Shift+Enter 组合键得到旋转后的因子荷载，如图 11.29 所示。

	O	P	Q
1		成分1	成分2
2	h	1	1
3	u	-0.712	-0.712
4	v	-0.70218	0.702179
5	Φ	0.389227	
6	sin	0.379473	
7	cos	0.925203	
8			
9	旋转矩阵	0.925203	-0.37947
10		0.379473	0.925203
11	旋转后的因子荷载	-5.6E-17	1
12		0.702179	0.712

图 11.29　旋转后的因子荷载

从图 11.29 可以看出，成分 1 的因子荷载为 0，成分 2 的影响为 1，说明旋转效果良好。

11.3　小　结

本章主要介绍了如何利用 Excel 2007 进行主成分分析和因子分析。主成分分析步骤复杂，其中会用到求特征值和求特征向量。如果 Excel 2007 来求解特征值和特征向量非常麻烦，建议此步骤运用 MATLAB 来实现。因子分析与主成分分析步骤基本相同，唯一的不同点是因子分析中通过因子旋转得到因子得分，此步骤中求出旋转角的弧度值是关键。主成分分析和因子分析在 Excel 2007 过程复杂，需要用到散点图、数学分析工具等共同完成。

11.4　习　题

1．填空题

（1）在很多情形，不同变量之间都具有一定的________，可以理解为这两个变量反映所研究问题的信息有重叠。

（2）主成分分析是对于原先提出的所有变量，建立尽可能少的新变量，使得这些新变量是的________，而且这些新变量在反映课题的信息方面尽可能保持原有的信息。

（3）______以最少的信息丢失，将原始众多变量综合成较少的几个综合指标（因子），能够起到有效降维的目的。

2. 操作题

以全国 30 个省市的 3 项经济指标为例，进行主成分分析和因子分析，数据如表 11.2 所示。

表 11.2　　30 个省市的 3 项经济指标

省份	国内生产	居民消费	固定资产	省份	国内生产	居民消费	固定资产
1	1394.9	2505	519.1	16	3006.7	1408	680.1
2	920.1	2720	345.6	17	2391.5	1527	571.6
3	2849.5	1258	704.5	18	2195.4	2699	422.5
4	1092.5	1256	290.9	19	5381.6	1314	1691.1
5	832.9	1387	250.3	20	1606.5	1845	385.6
6	2793.4	2397	387.9	21	364.6	1261	198.5
7	1129.2	1873	320.5	22	3534.3	942	822.4
8	2014.5	2334	433.8	23	630.9	1263	150.5
9	2462.6	5343	967.5	24	1206.4	1110	334.6
10	5155.3	1926	1434.9	25	55.8	1208	17.8
11	3524.8	2249	1009.1	26	1000.8	1107	300.3
12	2000.6	1254	474.4	27	555.0	1445	114.6
13	2016.5	2328	533.7	28	167.9	1355	47.8
14	1205.1	1189	282.9	29	156.1	1654	61.2
15	5002.34	1535	1229.4	30	834.7	1468	367.9

参 考 文 献

[1] 梁烨编著. Excel统计分析与应用. 北京：机械工业出版社. 2009，6

[2] 钟晓鸣，万小笠编著. Excel在统计分析中的应用. 北京：科学出版社. 2009，2

[3] 商熠农编著. Excel在统计分析中的应用. 北京：机械工业出版社. 2010

[4] 李朋编著. Excel统计分析实例精讲. 北京：科学出版社. 2006，1

[5] 宇传华等编著. Excel与数据分析. 北京：电子工业出版社. 2002，9

[6] 李永乐，莫媛编著. 试析城市化与耕地面积变化的关系. 安徽：安徽农业科学. 2006, 34(11):2490～2492

[7] 冯梅，徐浙峰编著. 淮安市区空气质量评价及趋势分析. 黑龙江：环境科学与管理. 2008,33(10):175～177

[8] 顾瑞环，刘玉忠编著. 城市污水处理厂剩余污泥浓缩脱水试验研究. 河南科学. 2008,26(4):475～477

[9] 陈彦光编著. 基于Excel的地理数据分析. 北京大学城市与环境学院. 2008

[10] 程毛林编著. Matlab软件在多元统计分析中的应用. 数理统计与管理. 2008,27(2):279～284

[11] 郁菁编著. 马尔可夫预测法与Excel—利用Excel的“规划求解”工具解决马尔可夫预测的计算. 重庆职业技术学院学报. 2007,16(4):159～159

[12] 邹永福等编著. 因子分析和聚类分析在长江水污染综合评价中的应用. 科技信息. 2009,19:336～337

[13] 韩加国等编著. Excel VBA从入门到精通. 北京：化学工业出版社. 2009，8

[14] [美]John Walkenbach. Excel 2007宝典. 北京：人民邮电出版社. 2008，1